GOLDMANN

Buch

Die Großen Menschenaffen – dazu zählen Schimpansen, Gorillas und Orang-Utans – haben erwiesenermaßen Eigenschaften mit uns Menschen gemeinsam, die es nach Ansicht einer Reihe von renommierten Wissenschaftlern notwendig machen, sie in die Gemeinschaft miteinzubeziehen, in der bestimmte moralische Grundsätze gelten: die Gemeinschaft der Gleichen.

Beginnend mit der *Deklaration über die Großen Menschenaffen,* stellt dieses Buch ein politisches Manifest dar, mit dem Ziel, das Recht auf Leben und den Schutz der individuellen Freiheit für alle Großen Menschenaffen durchzusetzen und in der Charta der Vereinten Nationen zu verankern.

In den Beiträgen dieses Buches schildern Verhaltensforscher wie Jane Goodall, Biologen wie Richard Dawkins und Jared Diamond oder auch der bekannte Schriftsteller Douglas Adams ihre persönlichen Erfahrungen im Kontakt mit den Großen Menschenaffen. Andere Wissenschaftler berichten von ihren aufsehenerregenden Forschungen hinsichtlich genetischer Verwandtschaft zum Menschen, Kommunikationsverhalten und Intelligenz der Tiere. Nicht zuletzt zeichnen aktive Tierschützer ein alarmierendes Bild von der Gefährdung der Tiere in der Wildnis durch schwindende Lebensräume und von deren elendem Dasein in der Gefangenschaft, in Laboratorien oder Zoos. Zusammengenommen ergeben die Beiträge ein zwingendes Argument dafür, unsere bisherige Haltung gegenüber den Großen Menschenaffen grundlegend zu revidieren.

Die Herausgeber

Paola Cavalieri ist Herausgeberin der in Mailand erscheinenden philosophischen Zeitschrift »Etica & Animali«.

Peter Singer ist ein namhafter Philosoph und Tierethiker. Er lehrt an der Monash University in Melbourne, Australien.

Menschenrechte für die Großen Menschenaffen

Das Great Ape Projekt

Herausgegeben
von Paola Cavalieri und Peter Singer

Deutsch von
Hans Jürgen Baron Koskull

Redaktionelle Betreuung:
Karin Karcher, Hamburg

GOLDMANN VERLAG

Umwelthinweis:
Alle bedruckten Materialien dieses Taschenbuches
sind chlorfrei und umweltschonend.

Der Goldmann Verlag
ist ein Unternehmen der Verlagsgruppe Bertelsmann

Vollständige Taschenbuchausgabe Dezember 1996
Wilhelm Goldmann Verlag, München

Originalverlag: Fourth Estate Limited, London
Originaltitel: The Great Ape Project. Equality beyond humanity

Der Beitrag von Douglas Adams und Mark Cawardine
basiert auf Auszügen aus deren Buch »Die letzten ihrer Art«.
Wir danken dem Verlag Rogner & Bernhard, Hamburg,
für die freundliche Abdruckerlaubnis.
Umschlaggestaltung: Design Team München
Umschlagabbildung: Magnum Photos/Michael Nichols
Druck: Presse-Druck Augsburg
Verlagsnummer: 12727
Redaktion: Karin Karcher
KF · Herstellung: Sebastian Strohmaier
Made in Germany
ISBN 3-442-12727-0

1 3 5 7 9 10 8 6 4 2

Inhaltsverzeichnis

Teil IV: Ethik

Teil V: Menschenaffen als Personen

Teil VI: Realität

Teil VII: Epilog

Vorwort

Wir sind Menschen und zugleich Große Menschenaffen. Daß wir der menschlichen Spezies angehören, verleiht uns einen hohen moralischen Status: die Zugehörigkeit zum Kreis der moralisch Gleichen. All jene, die diesem Kreis angehören, haben nach unserer Auffassung Anspruch auf einen besonderen moralischen Schutz. Es gibt Dinge, die wir ihnen nicht antun dürfen. Sie besitzen Grundrechte, die jenen, die außerhalb dieser Sphäre der moralischen Gleichheit stehen, verwehrt werden. Dieses Buch fordert dazu auf, uns bei der Bestimmung der Grenzen dieses Kreises der moralisch Gleichen nicht auf die Tatsache zu konzentrieren, daß wir menschliche, sondern daß wir intelligente Wesen mit einem reichen und vielschichtigen sozialen und emotionalen Leben sind. Dies sind Eigenschaften, die wir jedoch nicht nur mit unseren Mitmenschen, sondern auch mit den anderen – den nichtmenschlichen – Großen Menschenaffen teilen. Deshalb sollten wir die Zugehörigkeit zu dieser umfassenderen Gruppe als hinreichende Voraussetzung anerkennen, um in den Kreis der moralisch Gleichen einbezogen zu werden. Unser Ziel ist es, diesen Kreis so zu erweitern, daß er nicht nur unsere eigene Spezies umfaßt, sondern auch diejenigen Spezies, denen unsere nächsten Verwandten angehören und die uns in ihren Eigenschaften und Lebensweisen am ähnlichsten sind.

Dies ist nur ein vorsichtiger Schritt: Es gibt verhältnismäßig wenige Große Menschenaffen auf der Welt, und wenn wir das Prinzip der Gleichheit auf sie ausdehnen, würde dies eine weitaus bescheidenere Umstellung unseres Lebens erfordern als etwa die Ausdehnung auf alle Säugetiere. Manche Menschen, unter ihnen auch einige Autoren dieses Buches, befürworten eine wesentlich stärkere Erweiterung der moralischen Gemeinschaft, also die Einbeziehung eines größeren Teils nichtmenschlicher Tiere. In unserem Nachwort gehen wir darauf ein, in welcher Weise diesem Projekt eine Bedeutung zukommen kann, die weiter reicht als sein unmittelbares Ziel. Trotz seiner begrenzten Reichweite ist dieses unmittelbare Ziel jedoch ein Schritt von wirklich historischer Bedeutung. Wie die Aufsätze dieses Buches zeigen, haben wir heute ausreichende Kenntnisse über die Fähigkeiten von Schimpansen, Gorillas und Orang-Utans, um deutlich zu machen, daß die moralische Grenze, die wir zwischen uns und ihnen ziehen, unhaltbar ist. Die Zeit ist daher reif, das Prinzip der moralischen Gleichheit auch auf die Mitglieder anderer Spezies auszuweiten. Die Argumente, dies zu tun, sind überwältigend.

Zur Unterstützung unseres Vorhabens wandten wir uns nicht nur an Wissenschaftler, die diese anderen Menschenaffen aufgrund der langen Zeit der Beobachtung oder der Kommunikation mit ihnen gut kennen, sondern an Akademiker vieler verschiedener Fachrichtungen. Die daraus entstandenen folgenden Kapitel werden zeigen, daß sich hier eine enthusiastische Gruppe von Geistes- und Naturwissenschaftlern versammelt hat, die sich für das eine Ziel einsetzen: die Einbeziehung der nichtmenschlichen Großen Menschenaffen in die moralische Gemeinschaft.

Die Aufsätze sind aus unterschiedlichsten Perspektiven geschrieben – unter anderem aus der Sicht der Anthropologie, Psychologie, Ethologie und Ethik –, aber zusammen ergeben sie ein geschlossenes, herausforderndes Bild. Den Einblicken in das freie Leben der Menschenaffen innerhalb ihrer natürlichen Umgebung der Wälder wird das elende, durch die menschliche Tyrannei erzwungene Dasein vieler ihrer Artgenossen in Zoos, Laboratorien oder anderen Formen der Gefangenschaft gegenübergestellt. In einigen Aufsätzen versuchen die Autoren nicht nur die biologische Natur der Großen Menschenaffen, sondern auch deren eigene Sichtweise zu verstehen. Andere beschäftigen sich mit der Tatsache, daß wir Menschen schon immer darum bemüht waren, die Unterschiede zwischen uns und ihnen zu betonen, während wir die Ähnlichkeiten stets herunterspielten. Ethische Fragen werden aufgeworfen, wenn das Wissen über Menschenaffen mit unserem Verständnis von der

Grundlage der Gleichheit zwischen Menschen zusammengebracht wird. Damit deutet sich das Ziel des gesamten Vorhabens an: eine Neubewertung des moralischen Status von Schimpansen, Gorillas und Orang-Utans und die Anerkennung einiger nichtmenschlicher Tiere als Personen im moralischen und juristischen Sinne. Welche weitreichende Veränderung dies bedeuten würde, wird in den Aufsätzen des letzten Teils deutlich.

Der Kern dieses Buches liegt im Zusammentreffen von Ethologie und Ethik. Diese beiden Disziplinen sind durch das griechische Wort *ethos* miteinander verbunden, welches Sitte oder Gewohnheit bedeutet. Der Zusammenhang zwischen beiden Gebieten ist beinahe durch die Tatsache verlorengegangen, daß man unter Ethologie im allgemeinen die Erforschung des Verhaltens von Tieren versteht, während sich die Ethik normalerweise auf menschliche Wesen beschränkt. Zudem wird in der Ethologie das Abstammungswort in einem beschreibenden Sinne verstanden, das heißt, sie konzentriert sich darauf, wie Tiere *tatsächlich handeln.* In der Ethik hingegen ist die Betonung normativ. Sie fragt danach, wie wir *handeln sollen.* Bei bisherigen Interaktionen zwischen den beiden Disziplinen war es die Ethologie, die versuchte, die Ethik für sich in Anspruch zu nehmen, indem sie eine Art naturwissenschaftliche, genauer gesagt, evolutionäre Basis für die Ethik hervorbrachte. Dieser Versuch wird häufig als Grundlage für sehr konservative ethische Schlußfolgerungen benutzt. In diesem Buch geschieht jedoch genau das Gegenteil: Die Ethologie wird der Ethik untergeordnet, und daraus geht ein höchst innovatives soziales Projekt hervor. Ein eher grundsätzlicher Aspekt dieses Vorhabens ist, daß wir es als Teil eines Prozesses sehen, in dem der Ethik wieder der ihr angemessene Platz bei der Gestaltung der Gesellschaft, in der wir leben, zugeordnet wird.

Auf den nun folgenden Seiten haben wir die *Deklaration über die Großen Menschenaffen* abgedruckt, die das unmittelbare Ziel dieses Buches formuliert und die alle Autoren unterzeichnen. Erlöse, die die Herausgeber und Autoren durch den Verkauf dieses Buches erzielen, dienen der Verwirklichung dieses Vorhabens. Damit ein möglichst hoher Betrag zur Verfügung steht, haben sie sich bereit erklärt, auf Honorare für ihre Aufsätze zu verzichten. Wenn auch Sie dieser Deklaration zustimmen, teilen Sie uns mit, daß Sie das Great Ape Projekt unterstützen. Auf diese Weise wird ein internationaler Zusammenschluß entstehen, dessen gemeinsames Ziel es ist, die Ausdehnung der Gemeinschaft der Gleichen auf Schimpansen, Gorillas und Orang-Utans zu erreichen. In theoretischer Hinsicht bedeutet dies die Anerkennung, daß die Grenze unserer moralischen Gemeinschaft nicht parallel zur Grenze unserer Spezies verlaufen sollte. Praktisch wird es die Freilassung aller in Gefangenschaft gehaltenen Schimpansen, Gorillas und Orang-Utans zur Folge haben sowie ihre Rückkehr in eine Umgebung, die ihren physischen, mentalen und sozialen Bedürfnissen entspricht.

PAOLA CAVALIERI
PETER SINGER

Great Ape Project, PO Box 1023, Collingwood, Melbourne, Victoria, Australia 3066, Fax: 00 39-2-4 81 47 84

Deklaration über die Großen Menschenaffen

Wir fordern, daß die Gemeinschaft der Gleichen so erweitert wird, daß sie alle Großen Menschenaffen miteinschließt: Menschen, Schimpansen, Gorillas und Orang-Utans.

»Die Gemeinschaft der Gleichen« ist die moralische Gemeinschaft, innerhalb derer wir bestimmte moralische Grundsätze oder Rechte anerkennen, die unsere Beziehungen untereinander regeln und die gerichtlich einklagbar sind. Zu diesen Grundsätzen oder Rechten gehören die folgenden:

1. Das Recht auf Leben

Das Leben der Mitglieder der Gemeinschaft der Gleichen ist zu schützen. Mitglieder der Gemeinschaft der Gleichen dürfen nicht getötet werden, außer in streng festgelegten Situationen wie zum Beispiel in Notwehr.

2. Der Schutz der individuellen Freiheit

Mitglieder der Gemeinschaft der Gleichen dürfen nicht willkürlich ihrer Freiheit beraubt werden; falls sie ohne vorheriges ordentliches Gerichtsverfahren eingesperrt sein sollten, haben sie das Recht auf sofortige Freilassung. Die Inhaftierung derjenigen, die keines Verbrechens überführt oder nicht strafmündig sind, ist nur erlaubt, wenn erwiesen werden kann, daß es zu ihrem eigenen Wohl ist oder notwendig wird, um die Allgemeinheit vor einem Mitglied der Gemeinschaft zu schützen, welches in Freiheit eindeutig eine Gefahr für andere darstellen würde. In solchen Fällen haben die Mitglieder der Gemeinschaft der Gleichen das Recht, entweder direkt oder, falls ihnen die notwendigen Fähigkeiten fehlen, durch einen Rechtsbeistand ein Gericht anzurufen.

3. Das Verbot der Folter
Einem Mitglied der Gemeinschaft der Gleichen entweder böswillig oder für einen angeblichen Nutzen anderer wissentlich ernsthaften Schmerz zuzufügen, gilt als Folter und ist unrecht.

Derzeit gelten nur Angehörige der Spezies *Homo sapiens* als Mitglieder der Gemeinschaft der Gleichen. Die erstmalige Einbeziehung nichtmenschlicher Tiere in diese Gemeinschaft ist ein ehrgeiziges Vorhaben. Der Schimpanse (gemeint sind sowohl der *Pan troglodytes* als auch der Zwergschimpanse *Pan paniscus*), der Gorilla, *Gorilla gorilla*, und der Orang-Utan, *Pongo pygmaeus*, sind die nächsten Verwandten unserer Spezies. Auch sie haben geistige Fähigkeiten und ein emotionales Leben, die hinreichend sind, ihre Einbeziehung in die Gemeinschaft der Gleichen zu rechtfertigen. Auf den Einwand, daß Schimpansen, Gorillas und Orang-Utans nicht in der Lage sein werden, ihre eigenen Ansprüche innerhalb der Gemeinschaft zu verteidigen, erwidern wir, daß ihre Interessen und Rechte durch gesetzliche Vertreter in der gleichen Weise zu schützen sind, wie die Interessen junger oder geistig behinderter Angehöriger unserer eigenen Spezies.

Wir erheben unsere Forderung zu einem besonderen Zeitpunkt in der Geschichte. Nie zuvor war unsere Herrschaft über andere Tiere so durchdringend und systematisch. Aber dies ist auch ein Augenblick, da aus eben der westlichen Gesellschaft, die ihre Herrschaft so unerbittlich ausgedehnt hat, eine rationale Ethik hervorgegangen ist, die die moralische Bedeutung der Zugehörigkeit zu unserer eigenen Spezies in Frage stellt. Diese Herausforderung zielt auf die gleiche Berücksichtigung der Interessen aller Tiere, der menschlichen und nichtmenschlichen. Sie ließ eine noch nicht gefestigte, aber wachsende politische Bewegung entstehen. Die langsame, aber stetige Ausdehnung der Reichweite der goldenen Regel – »behandle andere so wie du von ihnen behandelt werden möchtest« – ist weiter fortgeschritten. Der Begriff »wir« als Gegensatz zu »den anderen«, der wie eine immer abstrakter werdende Silhouette im Laufe der Jahrhunderte die Umrisse der Grenzen des Stammes, der Nation, der Rasse und der menschlichen Spezies annahm und der für eine Zeitlang die Speziesgrenze hat verhärten und erstarren lassen, ist wieder lebendig geworden – bereit für weitere Veränderungen.

Das Great Ape Projekt wird in diesem Prozeß der Erweiterung der Gemeinschaft der Gleichen nur ein Schritt sein. Gestützt auf wissenschaftliche Erkenntnisse über die Fähigkeiten von Schimpansen, Gorillas und Orang-Utans werden wir ethische Argumente für diesen Schritt liefern. Zu entscheiden, ob diesem Schritt weitere folgen sollen, ist nicht die Aufgabe des Great Ape Projekts. Zweifellos sind einige von uns persönlich der Überzeugung, daß die Gemeinschaft der Gleichen noch auf viele andere Tiere ausgedehnt werden sollte; andere mögen der Ansicht sein, daß wir nur bis zur Ausdehnung dieser Gemeinschaft auf alle Großen Menschenaffen gehen sollten und nicht weiter. Wir überlassen die Erörterung dieser Frage einer anderen Gelegenheit.

Wir haben nicht vergessen, daß wir in einer Welt leben, in der für mindestens dreiviertel der menschlichen Bevölkerung die Rede von Menschenrechten nur eine rethorische ist und keine Realität des täglichen Lebens. In einer solchen Welt wird die Idee der Gleichheit für nichtmenschliche Tiere, selbst für die uns so beunruhigend ähnlichen Vettern, die anderen Großen Menschenaffen, möglicherweise nicht mit großem Wohlwollen aufgenommen. Wir erkennen und verurteilen die Tatsache, daß in der ganzen Welt Menschen leben, denen die Grundrechte versagt werden oder denen sogar die notwendigen Mittel für ein menschenwürdiges Dasein fehlen. Es wird jedoch den Armen und Unterdrückten der Welt bei ihrem gerechten Kampf nicht helfen, bestimmten anderen Spezies die Grundrechte zu verweigern. Ebensowenig ist es vernünftig zu verlangen, daß die Angehörigen dieser anderen Spezies so lange warten sollten, bis zuerst alle Menschen ihre Rechte erlangt haben. Dieser Vorschlag selbst unterstellt schon, daß Wesen, die anderen Spezies angehören, eine geringere moralische Bedeutung haben als menschliche Wesen. Darüber hinaus sprechen alle Anzeichen zur Zeit dafür, daß der vorgeschlagene Aufschub wohl sehr lang sein würde.

Ein weiterer Grund für Einwände gegen unsere Forderung könnte aus der Tatsache resultieren, daß die anderen Großen

Menschenaffen – besonders Schimpansen – als außerordentlich nützliche Laborwerkzeuge betrachtet werden. Da das Hauptziel der Forschung darin besteht, etwas über Menschen zu erfahren, wäre natürlich auch der Mensch das geeignetste Forschungsobjekt. An einem Menschen ohne dessen Einwilligung schädigende Versuche durchzuführen, gilt jedoch zu Recht als ethisch nicht vertretbar. Schädigende Versuche an Schimpansen, Gorillas und Orang-Utans ohne deren Einwilligung vorzunehmen, wird mit ganz anderen Augen betrachtet. Es ist Forschern erlaubt, diesen Großen Menschenaffen Dinge anzutun, die als völlig verabscheuungswürdig angesehen würden, mutete man sie Menschen zu. In der Tat liegt der Wert dieser Großen Menschenaffen als Werkzeuge der Forschung gerade in der Kombination zweier entgegengesetzter Faktoren: einerseits die Tatsache, daß sie unserer eigenen Spezies sowohl physisch als auch psychisch sehr ähnlich sind; und andererseits die Tatsache, daß man ihnen den ethischen und gesetzlichen Schutz verweigert, den wir unserer eigenen Spezies zugestehen.

Diejenigen, die den derzeitigen routinemäßigen Umgang mit nichtmenschlichen Großen Menschenaffen in Laboratorien und andernorts – über den beunruhigende Einzelheiten in diesem Buch zur Sprache kommen werden – verteidigen wollen, trifft nun die Beweislast bei der Widerlegung der in diesem Buch vorgebrachten Argumente für die Einbeziehung aller Großen Menschenaffen in die Gemeinschaft der Gleichen. Wenn unsere Argumente nicht widerlegt werden können, dann wird sich die Art und Weise, mit der wir jene Großen Menschenaffen behandeln, die keine Menschen sind, als eine willkürliche und nicht zu rechtfertigende Form der Diskriminierung erweisen. Eine Diskriminierung, für die es nicht mehr länger eine Entschuldigung geben wird.

Die Lösung einer moralischen Kontroverse ist oftmals nur der Anfang und nicht das Ende eines sozialen Problems. Auch wenn wir zeigen können, daß unsere Auffassung wohlbegründet ist, wissen wir, daß die Zeit noch fern ist, in der die über die Welt verstreuten Angehörigen der Schimpansen-, Gorilla- und Orang-Utan-Spezies befreit werden können und in der sie ihre so verschiedenen Leben als Gleiche in ihren eigenen besonderen Territorien innerhalb unserer Länder oder aber frei in den äquatorialen Wäldern leben werden, zu denen sie einst gehörten. Wie immer, wenn moralischer Fortschritt seinen Lauf nimmt, werden die Hindernisse vielfältig und der Widerstand derjenigen, deren Interessen bedroht sind, groß sein. Kann es also gelingen? Im Unterschied zu anderen unterdrückten Gruppen, die die Forderung nach Gleichheit durchsetzen konnten, sind Schimpansen, Gorillas und Orang-Utans nicht in der Lage, für sich selbst zu kämpfen. Werden wir die sozialen Kräfte vorbereitet finden, in ihrem Namen zu kämpfen, um zu erreichen, daß sie in die Gemeinschaft der Gleichen einbezogen werden? Wir glauben, daß es gelingen kann. Während einige unterdrückte Menschen ihren Sieg durch eigenen Kampf erlangt haben, sind andere immer so machtlos gewesen wie es Schimpansen, Gorillas und Orang-Utans heute sind. Die Geschichte zeigt uns, daß es immer schon innerhalb unserer eigenen Spezies diesen einen rettenden Umstand gegeben hat: einige entschlossene Menschen, die bereit sind, den Egoismus ihrer eigenen Gruppe zu überwinden, um sich für die Belange anderer einzusetzen.

Die Herausgeber und Autoren

Teil I

BEGEGNUNGEN MIT FREILEBENDEN MENSCHENAFFEN

1
Schimpansen – Die Überbrückung einer Kluft

von Jane Goodall

Wenn es jemanden gibt, der es erreicht hat, daß die Menschen die Schimpansen als Individuen mit unterschiedlichen Persönlichkeiten und komplexen sozialen Beziehungen anerkennen, dann ist das Jane Goodall. Ihr Buch In the Shadow of Man *(dt. Wilde Schimpansen), in dem sie über ihre Langzeiterfahrungen mit einer Schimpansengemeinschaft im Bezirk Gombe in Tansania berichtet, war ein internationaler Bestseller. Kürzlich hat sie auch eine detaillierte akademische Studie über Schimpansen veröffentlicht,* The Chimpanzees of Gombe *sowie das erfolgreiche Buch* Through a Window *(dt. Ein Herz für Schimpansen). Im folgenden Aufsatz erläutert Goodall die Gründe dafür, daß sie die Deklaration über die Großen Menschenaffen unterstützt, und bezieht sich dabei auf ihre mehr als dreißigjährige Erfahrung des Beobachtens von Schimpansen und des Nachdenkens über die Beziehung zwischen Menschen und Schimpansen.*

Nach der langen Reise an diesem heißen Tag war sie zu erschöpft, um sich sofort über die köstlichen Speisen herzumachen, wie es ihre Töchter taten. Sie hatte einen gelähmten Arm, die Folge einer Polioinfektion vor neun Jahren, und das Gehen fiel ihr schwer. So begnügte sie sich zunächst damit, auszuruhen und zuzusehen, wie ihre Töchter aßen. Die eine war schon erwachsen, während die andere noch mit den Widersprüchlichkeiten zu kämpfen hatte, die so bezeichnend für Jugendliche ihres Alters sind; manchmal wirkte sie bereits wie eine Erwachsene, war aber schon im nächsten Augenblick wieder Kind. Minuten vergingen. Dann schaute die Älteste, nachdem sie ihren ersten nagenden Hunger gestillt hatte, zu der alten Dame hinüber, holte für beide etwas zu essen und ging zu ihrer Mutter, um es mit ihr zu teilen.

Der Anführer des Trupps hielt an, als er unerwartet ein Geräusch hörte, und starrte in die Richtung, aus der es kam. Die drei, die ihm folgten, blieben abrupt stehen und rührten sich nicht mehr von der Stelle. Die Situation schien immer bedrohlicher zu werden, seit sie in das benachbarte Territorium vorgedrungen waren. Doch dann beruhigten sie sich, denn es war nur ein großer Vogel gewesen, der auf einem vor ihnen stehenden Baum gelandet war. Der Anführer blickte zurück, als wartete er auf die Zustimmung seiner Gefolgschaft weiterzugehen. Ohne einen Laut zu äußern, setzte sich der Trupp wieder in Bewegung. Nach zehn Minuten erreichten sie eine Stelle, von der aus sie das feindliche Gebiet überblicken konnten. Schweigend saßen sie dicht nebeneinander und warteten auf ein Zeichen oder ein Geräusch, das ihnen die Anwesenheit eines Feindes anzeigen würde. Aber alles blieb friedlich. Eine ganze Stunde blieben die vier sitzen, ohne einen Laut von sich zu geben. Dann erhob sich der Anführer schweigend, sah die anderen an und setzte sich wieder in Bewegung. Einer nach dem anderen folgten sie ihm. Nur der jüngste, noch ein Teenager, zögerte noch einige Augenblicke. Es schien, als würde er sich nur widerwillig von der Aussicht auf einen Kampf losreißen. Er war in dem Alter, in dem solche Grenzstreitigkeiten eine aufregende Sache, aber auch eine Herausforderung und eine Gefahr für ihn bedeuteten. Die Aussicht auf eine Begegnung mit dem Feind faszinierte ihn. Einerseits hoffte er, den Feind zu Gesicht zu bekommen, andererseits fürchtete er sich aber auch davor. Doch offenbar würde es an diesem Tag nicht mehr zum Kampf kommen, und so folgte auch er seinem Anführer zurück in die Sicherheit vertrauterer Gebiete.

Wir nannten sie »Tante Gigi«. Sie hatte keine eigenen Kinder, aber vor zwei Jahren hatte sie zwei Jugendliche sozusagen adoptiert, deren Mutter während einer Epidemie – wahrscheinlich an Lungenentzündung – gestorben war. Die beiden hatten Glück gehabt. Allerdings ging Gigi keineswegs besonders zärtlich oder mütterlich mit ihnen um. Sie war eine resolute alte Dame mit ausgesprochen männlichen Zügen. Aber sie nahm ihre Fürsorgepflicht mit großer Gewissenhaftigkeit wahr, duldete keinen Unsinn und genoß ein hohes gesellschaftliches Ansehen. Wer es wagte, mit einem ihrer Pfleglinge einen Streit zu beginnen, bekam es mit Tante Gigi zu tun. Bevor sie ihre Pflichten als Pflegemutter übernommen hatte, hatte der Teenager Sam für den kleinen verwaisten Mel gesorgt. Das war eigentlich erstaunlich, denn Sam war nicht einmal mit dem kleinen, schwächlichen Waisenkind verwandt. Zwischen ihm und der Mutter von Mel hatte es auch keine besondere Beziehung gegeben. Aber nachdem sie gestorben war, entwickelte sich zwischen Sam und Mel ein enges Verhältnis wie zwischen einem liebenden Vater und seinem Kind. Oft teilte Sam sein Essen mit Mel, trug ihn herum, wenn sie gemeinsam längere Ausflüge unternahmen, und ließ das Kind sogar nachts bei sich schlafen. Er gab sich die größte Mühe, den Kleinen vor allem Schaden zu bewahren. Vielleicht lag es auch daran, daß Sams Mutter während derselben Epidemie erkrankt und gestorben war wie die Mutter von Mel. Natürlich hatte er damals nicht sehr viel Zeit mit seiner Mutter verbracht, sondern war meistens mit den Jungs unterwegs. Aber trotzdem ist es immer schön, bei seiner Mutter Zuflucht zu finden, wenn man in schwierige Situationen gerät und die großen Kerle einen ärgern wollen. Doch plötzlich war seine Mutter nicht mehr dagewesen. Vielleicht half seine enge Beziehung zu dem kleinen hilflosen Kind, den leeren Platz in seinem Herzen auszufüllen. Jedenfalls wäre Mel höchstwahrscheinlich gestorben, wenn sich Sam nicht seiner angenommen hätte. Nach einem Jahr waren die beiden aber nicht mehr so häufig zusammen, und nun übernahm Tante Gigi die Fürsorge für das Kind.

Diese Begebenheiten wurden während der einunddreißig Jahre aufgezeichnet, in denen wir die Schimpansen im tansanischen Gombe beobachteten. Man könnte allerdings fast den Eindruck gewinnen, daß es sich hier um Menschen handelte. Das liegt zum Teil daran, daß die Schimpansen uns in ihrem Verhalten so ähnlich sind. Ich habe aber auch alles absichtlich so geschildert, als würde ich Menschen beschreiben, und dabei Worte verwendet wie »alte Dame«, »Teenager« und »männlich«. »Sam« hieß in Wirklichkeit »Spindel«.

Im Lauf der Jahre ist es allmählich dazu gekommen, daß viele Worte, die bisher nur für die Beschreibung menschlicher Verhaltensweisen benutzt wurden, auch in wissenschaftlichen Berichten über das Verhalten von nichtmenschlichen Tieren verwendet werden. Als ich Anfang der sechziger Jahre unbekümmert Worte wie »Kindheit«, »Jugend«, »Motivation«, »Erregung« und »Stimmung« verwendete, wurde ich scharf kritisiert. Ein noch größeres Verbrechen war meine Behauptung, daß Schimpansen »Persönlichkeit« hätten. Daß ich Tieren menschliche Eigenschaften zuschrieb, war eine der schlimmsten ethologischen Sünden. Ich hatte mich damit des Anthropomorphismus schuldig gemacht. Gewiß kann der Anthropomorphismus in die Irre führen, aber es ist in der Tat so, daß Schimpansen, unsere nächsten Verwandten im Tierreich, viele menschliche Eigenschaften zeigen – was angesichts der Tatsache, daß die menschliche DNS nur um etwas mehr als ein Prozent von derjenigen des Schimpansen abweicht, kaum überraschend ist.

Jeder Schimpanse hat eine einzigartige Persönlichkeit und seine oder ihre ganz eigene Lebensgeschichte. Wir können von der Geschichte einer Schimpansengemeinschaft sprechen, in der wichtige Ereignisse wie eine Epidemie, eine Art primitiver »Krieg« oder ein »Geburtenüberschuß« die »Regierungszeit« der fünf Ranghöchsten oder Alpha-Männer, die wir kennen, kennzeichnen. Und wir können feststellen, daß einzelne Schimpansen den Verlauf der Geschichte einer Schimpansengemeinschaft beeinflussen können, wie das auch bei den Menschen geschieht. Ich wünschte, daß ich hier diese Charaktere und Ereignisse genauer beschreiben könnte, aber wer sich im einzelnen dafür interessiert, kann diese Dinge in meinem jüngsten Buch, *Through a Window*[1] (dt. *Ein Herz für Schimpansen*), nachlesen.

Schimpansen können mehr als fünfzig Jahre alt werden. Die jungen Schimpansen werden von ihren Müttern gesäugt und getragen, bis sie fünf Jahre alt sind. Aber auch wenn das nächste Baby geboren wird, bleibt das ältere Kind noch weitere drei oder vier Jahre bei der Mutter und verbringt auch anschließend einen großen Teil seiner Zeit in ihrer Nähe. Zwischen den einzelnen Mitgliedern einer Familie bestehen enge Beziehungen, die in persönlicher Zuneigung und Hilfsbereitschaft zum Ausdruck kommen und normalerweise das ganze Leben andauern. Das Lernen aus Erfahrungen ist ein wesentlicher Bestandteil des individuellen Lebenszyklus. Schimpansen können ebenso wie Menschen durch Beobachtung und Nachahmung lernen, und das heißt, wenn ein Individuum etwas Neues, Nachahmenswertes »erfunden« hat, dann kann diese Erkenntnis an die nächste Generation weitergegeben werden. So haben wir feststellen können, daß Gruppen von Schimpansen in verschiedenen Gebieten Afrikas zwar zahlreiche gemeinsame Verhaltensweisen zeigen, aber auch ihre individuellen Traditionen haben. Das ist besonders gut im Hinblick auf die Verwendung und Herstellung von Werkzeugen dokumentiert worden. Schimpansen benutzen mehr Gegenstände als Werkzeuge für eine größere Vielfalt verschiedener Zwecke als irgendein anderes Tier mit Ausnahme des Menschen, und jede Schimpansenpopulation hat eine eigene Kultur des Werkzeuggebrauchs entwickelt. So benutzen zum Beispiel die Schimpansen in Gombe lange, gerade Stöcke, von denen sie die Rinde abschälen, um damit Wanderameisen aus ihren Nestern zu holen. Etwa hundertfünfzig Kilometer weiter südlich in den Mahale-Bergen gibt es viele solche Ameisen, aber dort werden sie nicht von den Schimpansen gegessen. Die Mahale-Schimpansen benutzen kleine Zweige, um Holzameisen aus ihren Nestern in den Ästen von Bäumen zu holen. Diese Ameisen, die es auch in Gombe gibt, werden dort allerdings nicht von den Schimpansen gegessen. Und in Ostafrika hat man bisher noch keinen Schimpansen beboachtet, der Baumfrüchte mit harter Schale mit der Hammer- und Amboßtechnik öffnet, die Teil der Kultur westafrikanischer Schimpansengruppen ist.

Die Haltungen und Gesten, mit denen Schimpansen sich verständigen, wie sie sich küssen und umarmen, sich an den Händen halten, einander auf den Rücken klopfen, sich stolz aufrichten, einander anstoßen, an den Haaren ziehen und kitzeln, gleichen nicht nur auffallend unserem Verhalten, sondern werden auch unter ganz ähnlichen Umständen gezeigt und haben offensichtlich ähnliche Bedeutungen wie bei uns. So können wir zum Beispiel beobachten, wie sich zwei Freunde umarmen, wenn sie einander begegnen, und wie jemand, der verängstigt ist, durch eine Berührung beruhigt wird, seien es nun Schimpansen oder Menschen. Schimpansen haben die Fähigkeit, auf raffinierte Weise zu kooperieren und komplexe soziale Probleme zu lösen. Wie bei uns zeigen sich auch bei ihnen die dunklen Seiten ihres Charakters. Sie können brutal sein, ihr Territorium aggressiv verteidigen, was manchmal sogar in einen primitiven Krieg ausartet. Aber andererseits beobachten wir bei ihnen ausgesprochene Hilfsbereitschaft, Fürsorgeverhalten und echten Altruismus.

Die Struktur des Gehirns und des Zentralnervensystems des Schimpansen gleicht in auffallender Weise der des Menschen. Das hat augenscheinlich zu ähnlichen Emotionen und intellektuellen Fähigkeiten bei unseren beiden Spezies geführt. Natürlich ist es, auch wenn es sich um Menschen handelt, schwierig, genaues über ihre Emotionen herauszufinden. Wenn ein Mensch *sagt*, er sei traurig, und auch traurig *aussieht*, kann ich nur vermuten, daß er das gleiche *fühlt* wie ich, wenn ich traurig bin. Ich kann es nicht wissen. Und wenn es sich um ein Lebewesen handelt, das einer anderen Spezies angehört, ist die Sache noch sehr viel schwieriger. Wenn wir behaupten, daß nichtmenschliche Tiere menschliche Emotionen haben, dann wird man uns natürlich Anthropomorphismus vorwerfen. Aber ist es nicht logisch, angesichts der Ähnlichkeiten in der Anatomie und den Funktionen der Gehirne von Schimpansen und Menschen anzunehmen, daß es auch Ähnlichkeiten in den Gefühlen, Emotionen und Stimmungen beider Spezies gibt? In der Tat werden alle, die längere Zeit eng mit Schimpansen zusammengearbeitet haben, nicht zögern zu behaupten, daß Schimpansen ebenso wie Menschen Emotionen zeigen, die denjenigen, die wir als Freude, Traurigkeit, Furcht, Verzweiflung und so weiter bezeichnen, ähnlich und manchmal wahrscheinlich sogar mit ihnen identisch sind.

Unser Erfolg als Spezies (wenn wir den Erfolg daran messen, wie weit wir uns über die ganze Welt ausgebreitet und unsere Umwelt verändert haben, um sie unseren Bedürfnissen anzupassen) sind ausschließlich der explosiven Entwicklung des menschlichen Gehirns zuzuschreiben. Unsere intellektuellen Fähigkeiten sind denen der begabtesten Schimpansen so weit überlegen, daß die ersten Versuche von Wissenschaftlern, auf die Ähnlichkeit der mentalen Vorgänge bei Menschen und Schimpansen hinzuweisen, häufig ins Lächerliche gezogen oder empört abgelehnt wurden. Doch im Lauf der Zeit sind die Beweise dafür, daß die Menschenaffen zu beachtlichen mentalen Leistungen fähig sind, immer überzeugender geworden. Man hat nachweisen können, daß sie einfache Probleme mit Hilfe bewußter Überlegungen und Einsichten lösen können. Sie können für die unmittelbare Zukunft vorausplanen. Die Experimente, bei denen sie Sprache erlernen, haben gezeigt, daß sie verallgemeinern, abstrahieren, Begriffe bilden können und die Fähigkeit haben, abstrakte Symbole zu verstehen und anzuwenden, um sich mit anderen zu verständigen. Außerdem ist sehr deutlich zu erkennen, daß sie auch eine gewisse Vorstellung von sich selbst haben.

Das alles ist für uns ein wenig demütigend, denn man hat bisher geglaubt, daß nur der Mensch über solche kognitiven Fähigkeiten verfügt. Wir müssen jedoch zugeben, daß wir uns doch nicht sosehr vom Rest des Tierreichs unterscheiden, wie wir geglaubt haben. Die Trennungslinie zwischen »Mensch« und »Tier« ist zunehmend unschärfer geworden. Die Schimpansen und die anderen Großen Menschenaffen bilden eine lebendige Brücke zwischen »uns« und »ihnen«, und diese Erkenntnis zwingt uns, unsere Beziehung zum Rest des Tierreichs, besonders zu den Großen Menschenaffen, neu zu bewerten. Wie sollen wir diese Lebewesen einstufen, die zwar keine Menschen sind, aber doch so menschenähnliche Eigenschaften besitzen? Wie sollen wir sie behandeln?

Natürlich sollten wir mit ihnen ebenso rücksichtsvoll und

freundlich umgehen wie mit unseren Mitmenschen. Und müßten wir nicht, wenn wir für uns die Menschenrechte in Anspruch nehmen, auch die Rechte der Großen Menschenaffen anerkennen? Ja – aber unglücklicherweise werden große Teile der menschlichen Bevölkerung *nicht* rücksichtsvoll und freundlich behandelt, und in unseren Zeitungen lesen wir täglich von erschreckenden Verletzungen der Menschenrechte in vielen Ländern überall auf der Welt.

Allerdings haben sich die Verhältnisse in einigen westlichen Demokratien gebessert. In den vergangenen einhundert Jahren sind die Zwangsarbeit von Kindern und Frauen, die Sklaverei, die Ausstellung verkrüppelter Menschen im Zirkus und auf Jahrmärkten sowie viele andere Scheußlichkeiten abgeschafft worden. Wir versammeln uns nicht mehr, um uns bei öffentlichen Hinrichtungen an Leid und Tod zu ergötzen. Wir leben in Wohlfahrtsstaaten, in denen (theoretisch) niemand mehr verhungern oder erfrieren muß und jeder Kranke und Arbeitslose mit staatlicher Hilfe rechnen darf. Natürlich gibt es noch ungezählte soziale Ungerechtigkeiten und Mißbräuche, aber wenigstens werden diese nicht mehr öffentlich von den Regierungen entschuldigt, und wenn das Mitgefühl der Öffentlichkeit geweckt wurde, wird allmählich etwas dagegen unternommen. So versuchen wir zum Beispiel, die letzten Spuren des alten Sadismus zu beseitigen, mit dem psychisch Kranke in den Nervenheilanstalten behandelt wurden.

Schließlich können wir feststellen, daß sich die Öffentlichkeit mehr als bisher für die Not der nichtmenschlichen Tiere in unserer Gesellschaft interessiert. Aber diejenigen, die versuchen, das Bewußtsein für den Mißbrauch von Haustieren, Tieren, die als Nahrungsmittel gezüchtet werden, Zoo- und Zirkustieren, oder Opfern in den Laboratorien zu schärfen und die sich für eine verbesserte Gesetzgebung zum Schutz von Tieren einsetzen, werden immer wieder gefragt, weshalb sie so viel Zeit, Energie und öffentliche Gelder für »Tiere« verschwenden, während es so viele Menschen gibt, die deren bedürfen. In vielen Teilen der Welt gibt es in der Tat unaussprechliches menschliches Leid. Wir sind entsetzt, wenn wir in der Presse von Millionen hungernden und heimatlosen Menschen lesen, von den Folterungen durch die Polizei, von Kindern, deren Gliedmaßen absichtlich verstümmelt werden, damit sie sich vom Betteln ernähren können, und von Kindern, die von ihren Eltern zur Prostitution gezwungen oder sogar verkauft werden. Wir sehnen den Tag herbei, an dem sich die Lebensverhältnisse der Menschen auf der ganzen Welt bessern, und wir können uns darum bemühen, dieses Ziel zu verwirklichen. Aber wir dürfen uns nicht verleiten lassen zu glauben, daß es moralisch vertretbar sei, das Leiden der nichtmenschlichen Tiere zu übersehen, solange es menschliches Leiden gibt. Wer sind wir, daß wir sagen können, daß das Leiden eines menschlichen Wesens schrecklicher ist als das eines nichtmenschlichen Wesens oder daß es wichtiger sei.

Historisch betrachtet ist es nicht lange her, daß wir den Sklavenhandel abgeschafft haben. Die Sklaven gehörten den »wilden« Volksstämmen aus abgelegenen Weltgegenden an. Wahrscheinlich fiel es den Sklavenhändlern und den Besitzern der Sklaven nicht schwer, sich psychologisch von diesen Gefangenen zu distanzieren, die so wenig den Menschen glichen, die diese »Herren« bis dahin kennengelernt hatten. Und obwohl sie erkannt haben müssen, daß ihre Sklaven Schmerzen empfanden und leiden konnten, was kümmert sie das schon? Diese dunkelhäutigen, fremdartigen Heiden waren so *anders* – sie ließen sich kaum mit menschlichen Wesen vergleichen. Und deshalb brauchte man ihre Verzweiflung nicht zu beachten. Heute wissen wir, daß die DNS der Menschen aller ethnischen Gruppen praktisch die gleiche ist, daß wir alle, ob unsere Haut nun gelb, braun, schwarz oder weiß ist, Brüder und Schwestern auf diesem Erdball sind. Angesichts unseres erweiterten Wissens sind wir entsetzt, wenn wir bedenken, daß es intelligente und mitfühlende Menschen gewesen sind, die die Sklaverei und alles, was sie bedeutete, entschuldigt haben. Aufgrund der Erkenntnisse und der hohen moralischen Grundsätze einiger weniger entschlossener Menschen wurden die Sklaven glücklicherweise befreit. Aber sie wurden *nicht* befreit, weil es den Wissenschaftlern gelungen war, die DNS zu analysieren, sondern weil sie offensichtlich die gleichen Emotionen, die gleichen intellektuellen Kapazitäten und die gleiche Fähigkeit, Leid und Freude zu empfinden, zeigten wie ihre weißen Eigentümer.

Nun stellen wir uns einmal Lebewesen vor, die zwar in ihren genetischen Anlagen um etwa ein Prozent vom *Homo sapiens* abweichen und nicht sprechen können, aber sich sehr ähnlich verhalten wie wir, Schmerzen empfinden können und die gleichen Emotionen und differenzierte intellektuelle Fähigkeiten haben. Würden wir es heute zulassen, daß diese Lebewesen zu Sklaven gemacht werden? Würden wir es dulden, daß sie gefangen und aus ihrem heimatlichen Afrika in andere Länder gebracht werden? Würden wir darüber lachen, wenn man ihnen mit grausamen Methoden demütigende Verhaltensweisen beibrächte und dies im Fernsehen vorführte? Wären wir blind dafür, daß sie, oft einzeln, in kahle kleine Zellen eingesperrt werden, obwohl sie nichts verbrochen haben? Würden wir Produkte kaufen, die an ihnen unter Zufügung mentaler und physischer Qualen getestet worden sind?

Es gibt diese Lebewesen, und wir *lassen es zu*, daß sie mißhandelt werden. Man nennt sie Schimpansen. Sie werden in Zoos gefangengehalten, an jeden verkauft, der sie als »Haustiere« halten will, werden verkleidet, und man bringt ihnen bei, zu unserer Unterhaltung zu rauchen oder Fahrrad zu fahren. Sie werden im Namen der Wissenschaft in medizinischen Laboratorien eingesperrt und oft psychisch und sogar physisch gequält. Und das alles geschieht mit Zustimmung der Regierungen und einer breiten Öffentlichkeit. Es hat eine Zeit gegeben, in der Menschen die Opfer der Laboratoriumsversuche gewesen waren. Wir haben es einer sehr kleinen Zahl engagierter Menschen zu verdanken, die sich energisch gegen das Establishment gestellt und die Öffentlichkeit über die grauenhaften Vorgänge unterrichtet haben, zu denen es hinter geschlossenen Türen gekommen war, daß psychisch Kranke und andere Unglückliche jetzt vor diesen Göttern in weißen Kitteln sicher sind. Aber nun muß ein weiterer Schritt getan werden, um unsere nächsten Verwandten vor ihrer Ausbeutung zu schützen. Wie können wir dies erreichen?

Wenn es genügte, deutlich zu sagen, daß es moralisch verwerflich ist, ein intelligentes, denkendes Lebewesen, das leiden und Schmerz empfinden kann, das Furcht und Verzweiflung kennt, physisch und psychisch zu mißhandeln, dann wäre es ganz einfach – wir haben bereits gezeigt, daß die Schimpansen und die anderen Großen Menschenaffen diese Fähigkeiten besitzen. Aber das ist augenscheinlich noch nicht genug. Immer wieder stoßen wir gegen jene, in Wirklichkeit nicht existierende Barriere, die vielen so real erscheint: die Barriere zwischen »Mensch« und »Tier«. Sie wurde aus Unwissenheit errichtet, als Folge der arroganten und leider von vielen geteilten Auffassung, daß der Mensch allen nichtmenschlichen Tieren in jeder Hinsicht überlegen sei. Selbst wenn nichtmenschliche Lebewesen intelligent sind, leiden können und Schmerzen und Verzweiflung empfinden, kommt es nicht darauf an, wie wir sie behandeln, vorausgesetzt es geschieht zum Nutzen der Menschheit – und dazu gehört offensichtlich auch unser Vergnügen. Diese Geschöpfe gehören nicht zu jenem exklusiven Klub, der seine Türen guten Glaubens nur dem *Homo sapiens* öffnet.

Darum finden wir in der Gesetzgebung bezüglich medizinischer Forschung zwei verschiedene Maßstäbe. Während es ungesetzlich ist, medizinische Experimente an einem hirntoten menschlichen Wesen vorzunehmen, das weder sprechen noch fühlen kann, ist es gesetzlich zulässig, diese an einem wachen, fühlenden und hochintelligenten Schimpansen durchzuführen. Einen unschuldigen Schimpansen darf man laut Gesetz lebenslang in einer leeren Laboratoriumszelle mit einem Rauminhalt von 1,52 mal 1,52 mal 2,13 Meter hinter Eisengittern einsperren, während für einen psychopathischen Massenmörder eine wesentlich größere Zelle vorgeschrieben ist. Diese verschiedenen Maßstäbe gelten nur deshalb, weil der hirntote Patient und der Massenmörder *Menschen* sind. Sie sind beseelte Wesen, und wir können natürlich nicht beweisen, daß Schimpansen Seelen haben. Die Tatsache, daß wir nicht beweisen können, daß *wir* selbst Seelen haben, Schimpansen aber nicht, spielt hier offenbar keine Rolle.

Wie könnten wir also einen verbesserten gesetzlichen Status für die Großen Menschenaffen erreichen? Indem wir vielleicht versuchen, nachzuweisen, daß auch wir »nur« Menschenaffen sind und daher alles, was für uns gilt, auch für sie gelten muß? Ich würde es für sinnlos halten, unseren Status als Menschen zu ändern, indem wir ständig darauf hinweisen, daß der Unterschied zwischen uns und den Menschenaffen *allein* darin liegt, daß wir größere und leistungsfähigere Gehirne haben. Zugegebenermaßen sind wir schlimmstenfalls fähig, sogar den Teufel an Gemeinheit zu übertreffen, aber bestenfalls haben wir die Möglichkeit, nahezu die Vollkommenheit von Engeln zu erreichen. Das Leben und die Leistungen einzelner Menschen zeigen uns sehr deutlich das Ausmaß des menschlichen Potentials. Auf unserem mühsamen Weg von der Wiege bis zur Bahre brauchen wir alle nur denkbare Ermutigung und Inspiration, die wir bekommen können, und manchmal erweist es sich dann als hilfreich zu wissen, daß wir Flügel und Heiligenschein erringen können. Ich würde es auch nicht für richtig halten, die Großen Menschenaffen als *Menschen* zu klassifizieren. Unsere Aufgabe ist schon schwierig genug, auch ohne daß wir rote Fahnen schwenken.

Zum Glück gibt es Menschen (wie die Herausgeber dieses Buches), die wie diejenigen, die sich um die Verwirklichung der Menschenrechte bemühen, Großes leisten und für die Rechte der Großen Menschenaffen kämpfen. Wenn wir doch nur unter einer Flagge marschieren könnten, um mit all unserer Intelligenz und unserem Mitgefühl – unserer Menschlichkeit – für Menschenaffen wie für Menschen zu arbeiten und uns darum bemühen, daß immer mehr Menschen verstehen. Verstehen, daß wir den einzelnen Menschenaffen ebenso respektieren müssen wie den einzelnen Menschen, daß wir das Recht eines jeden Menschenaffen anerkennen, ein, wenn nötig mit menschlicher Hilfe, von Menschen ungestörtes Leben zu führen, und daß die gleichen ethischen und moralischen Grundsätze für die Menschenaffen gelten müssen wie für die Menschen. Dann werden wir – so lautet die These dieses Buches – bereit sein, diese Menschenaffen in eine »moralische Gemeinschaft« aufzunehmen, zu der auch wir Menschen gehören.

Ich möchte meine Ausführungen mit einer Botschaft von zwei ganz besonderen Mitgliedern dieser moralischen Gemeinschaft abschließen. Der erste ist ein Schimpanse namens »Old Man«. Im Alter von etwa zwölf Jahren wurde er aus einem Laboratorium befreit und kam zu Lion Country Safaris nach Florida. Dort brachte man ihn mit drei weiblichen Schimpansen auf eine künstliche Insel.

Sie waren alle vier mißhandelt worden. Der junge Marc Cusano übernahm die Aufgabe, für die Schimpansen zu sorgen. Man sagte ihm, er dürfe sich ihnen nicht nähern, denn sie haßten Menschen und seien bösartig. Das Futter sollte er von seinem kleinen Boot aus auf die Insel werfen. Die Tage vergingen, und Marc war mehr und mehr von dem menschenähnlichen Verhalten der Schimpansen fasziniert. Wie sollte er für sie sorgen, wenn er nicht auch eine gewisse Beziehung zu ihnen hatte? So fuhr er mit seinem Boot immer näher an die Insel heran, und eines Tages hielt er ihnen eine Banane hin. Old Man nahm sie ihm aus der Hand. Nach einigen Wochen wagte er es sogar, die Insel zu betreten. Und dann kam der große Augenblick, den er nie vergessen sollte: Old Man ließ sich von Marc das Fell säubern. Sie waren Freunde geworden. Als Marc einige Tage später beim Aufräumen der Insel ausrutschte und hinfiel, erschreckte er einen Säugling, den eine der drei Schimpansenfrauen auf der Insel geboren hatte. Das Kind fing an zu schreien, und die Mutter stürzte sich instinktiv auf Marc, um ihr Kind zu verteidigen, und biß ihn in den Hals. Die beiden anderen Schimpansenfrauen kamen ihrer Freundin zu Hilfe, und die eine von ihnen biß ihn ins Handgelenk, die andere ins Bein. Doch dann erschien Old Man auf der Bildfläche, und Marc glaubte, das sei sein sicheres Ende. Aber Old Man packte die beiden Schimpansenfrauen, stieß sie zur Seite und stellte sich schützend vor Marc, bis sich dieser, schwer verletzt, in Sicherheit bringen konnte.

»Kein Zweifel«, sagte Marc später zu mir, »Old Man hat mir das Leben gerettet.«

Der Held meiner zweiten Geschichte ist ein Mensch mit Namen Rick Swope. Er und seine Familie besuchen jedes Jahr einmal den Zoo in Detroit. Als er bei einer solchen Gelegenheit vor dem neueingerichteten großen Schimpansengehege stand, kam es zwischen zwei erwachsenen männlichen Schimpansen zum Streit. Jojo, der schon seit einigen Jahren in diesem Zoo lebte, wurde von einem jüngeren und stärkeren Neuankömmling angegriffen und in die Flucht geschlagen. In seiner Angst sprang er in den das Gehege umgebenden Wassergraben, der erst vor kurzem angelegt worden war. Jojo war bisher noch niemals mit Wasser in Berührung gekommen. Er war über den Zaun gesprungen, der die Schimpansen daran hindern sollte, in den Graben zu fallen, denn sie können nicht schwimmen. Die Zoobesucher und Wärter, die in der Nähe standen, sahen entsetzt zu, wie Jojo zu ertrinken drohte. Dreimal ging er unter und tauchte wieder auf. Das konnte Rick Swope nicht mehr länger mit ansehen. Er kletterte über die Umzäunung und sprang in den Graben, um den Schimpansen zu retten. Er sprang, obwohl die Zuschauer ihn mit lauten Rufen vor der Gefahr warnten. Schließlich gelang es ihm, den bereits bewußtlosen Jojo mit all seinem Gewicht auf die Schulter zu heben, über den niedrigen Zaun zu steigen und ihn auf das Steilufer hinaufzuziehen. Dort hielt er ihn fest (denn das Ufer war so steil, daß Jojo wieder ins Wasser zurückgerutscht wäre, wenn er ihn losgelassen hätte), ohne sich um die anderen Schimpansen zu kümmern, die sich ihm laut schreiend näherten. Er hielt ihn, bis Jojo den Kopf hob, mit ein paar unsicheren Schritten eine flachere Stelle erreichte und dort liegenblieb.

Anschließend bat der Zoodirektor Rick zu sich und sagte: »Sie haben großen Mut bewiesen. Sie müssen gewußt haben, wie gefährlich das war. Warum haben Sie es getan?«

»Nun, ich schaute ihm in die Augen, und es war so, als blickte ich in die Augen eines Menschen, und sie sagten mir: ›Will mir denn *niemand* helfen?‹«

Old Man, ein Schimpanse, der von Menschen mißhandelt worden war, überwand die scheinbare Barriere zwischen den Spezies, um einem menschlichen Freund in der Not zu helfen. Rick Swope begab sich in Lebensgefahr, um einen Schimpansen zu retten, ein nichtmenschliches Lebewesen, dessen Hilferuf ein Mensch verstehen konnte. Es wird Zeit, daß wir ihrem Beispiel folgen.

Anmerkung

1. J. Goodall, Through a Window: My Thirty Years with the Chimpanzees of Gombe; Boston 1990 (dt. *Ein Herz für Schimpansen*, Rowohlt Verlag 1991).

2
Begegnung mit einem Gorilla

von Douglas Adams und Mark Carwardine

Die Schriften von Douglas Adams zeigen uns die Welt aus ganz neuen Perspektiven. Zu seinen zahlreichen außergewöhnlichen Büchern gehört die sehr beliebte Reihe, die mit dem Titel The Hitchhiker's Guide to the Galaxy *beginnt (dt.* Per Anhalter durch die Galaxis*) und die auch im Radio und im Fernsehen gesendet worden ist. Der in diesem Kapitel abgedruckte Text ist dem Buch von Adams und dem Zoologen Mark Carwardine,* Last Chance to See, *(dt.* Die letzten ihrer Art*) entnommen. Das Buch ist ein Bericht über die Reisen des Verfassers, die er mit Hilfe der BBC durch die ganze Welt unternommen hat, um über die Situation der vom Aussterben bedrohten Tiere zu berichten. Hier schildert Adams eine Begegnung mit einem in Freiheit lebenden Gorilla in Zaire. Dieser Teil seines Buchs wurde mit der freundlichen Erlaubnis der Verfasser und ihres deutschen Verlages veröffentlicht.*

Wir waren nicht nach Zaire gekommen, um uns die Gorillas anzusehen. Nur ist es kaum möglich, den weiten Weg nach Zaire auf sich zu nehmen und sie sich dann entgehen zu lassen. Ich wollte das gerade damit begründen, daß sie unsere engsten Verwandten sind, bin aber nicht ganz sicher, ob diese Erklärung ausreicht. Meiner Erfahrung nach ist es normalerweise so, daß man sich bei einem Besuch in einem Land, in dem man Verwandte hat, am liebsten flach hinlegen und hoffen möchte, sie bekämen gar nicht mit, daß man in der Gegend ist. Bei den Gorillas setzt man sich aber wenigstens nicht der Gefahr aus, zum Essengehen gezwungen zu werden und sich ein paar Millionen Jahre Familiengeschichte anhören zu müssen, also kann man ungestraft vorbeischauen. Natürlich sind sie nur entfernte Verwandte – n-te Cousins, n-ten Grades. Wir stammen beide vom selben Vorfahren ab, der bedauerlicherweise nicht mehr unter uns weilt und seit Darwins Zeiten Anlaß zu endloser Spekulation darüber gegeben hat, was für eine Art Lebewesen er/sie denn eigentlich gewesen ist.

Der Zweig der Primatenfamilie, dem wir angehören (als reiche, erfolgreiche Angehörige der Familie, diejenigen, denen es gut geht und die sich in jeder Hinsicht um die anderen, weniger gut weggekommenen Familienmitglieder kümmern sollten), ist der der Großen Menschenaffen – wir sind Große Menschenaffen.

Die anderen Großen Menschenaffen sind die Gorillas (die in drei Unterarten eingeteilt sind: Berggorillas, Östliche Flachlandgorillas und Westliche Flachlandgorillas), zwei Schimpansenarten sowie die Orang-Utans von Borneo und Sumatra. Unter diesen sind wiederum die Gorillas, die Schimpansen und wir am engsten verwandt. Von den Gorillas haben wir uns – evolutionsgeschichtlich gesehen – vor kürzerer Zeit getrennt als von den anderen Großen Menschenaffen, und deswegen sind die Gorillas enger mit uns verwandt als mit den Orang-Utans. Wir sind wirklich sehr, sehr nahe Verwandte – einander so nah wie der Indische und der Afrikanische Elefant, die ebenfalls einen gemeinsamen ausgestorbenen Vorfahren haben.

Die Virunga-Vulkane, auf denen die Berggorillas leben, erstrekken sich entlang der Grenze zwischen Zaire, Ruanda und Uganda. Etwa zwei Drittel der ungefähr zweihundertachtzig in diesem Gebiet ansässigen Gorillas leben in Zaire, das restliche Drittel in Ruanda. Ich sage ungefähr, weil die Gorillas hinsichtlich evolutionärer Rahmenbedingungen bisher noch nicht weit genug entwikkelt sind, um den Nutzen von Pässen, Devisen-Einfuhrformularen und Beamtenbestechung herausgefunden zu haben, und deshalb dazu neigen, hin und her über die Grenze zu wandern, wann immer sie diese tierische, primitive Laune packt. Obwohl einige Versprengte ab und zu einen Abstecher nach Uganda machen, gibt es grundsätzlich keine ständig dort lebenden Gorillas, weil der ugandische Teil der Virungas nur fünfundzwanzig Quadratkilometer groß, ungeschützt und voller Menschen ist, denen die Gorillas, sofern man ihnen die Wahl läßt, lieber aus dem Weg gehen.

Das Geschäft mit dem Tourismus ist und bleibt vertrackt. Ich selbst hatte die Gorillas schon seit Jahren besuchen wollen, mich jedoch aus Sorge, der Tourismus könne sowohl ihren Lebensraum als auch ihre Lebensgewohnheiten beeinträchtigen, abschrecken lassen. Außerdem besteht die Gefahr, die Gorillas Krankheiten auszusetzen, gegen die sie nicht immun sind. Bekanntlich war ja auch Dian Fossey, die berühmte, einzigartige Vorkämpferin des Gorillaschutzes, die meiste Zeit ihres Lebens eine leidenschaftliche Gegnerin des Tourismus und wollte die Welt von ihren Gorillas fernhalten. Dennoch hat aber auch sie sich gegen Ende ihres Lebens, wenn auch schweren Herzens, zu einer anderen Auffassung durchringen können, und nach heute vorherrschender Meinung ist der Tourismus, solange er sorgfältig kontrolliert und überwacht wird, der einzige Garant für den künftigen Fortbestand der Gorillas. Es ist traurig, aber leider nicht von der Hand zu weisen, daß es letztlich auf simple Ökonomie hinausläuft. Ohne Touristen stellt sich nur die Frage, was zuerst passiert – entweder wird der Lebensraum der Gorillas vollständig zerstört, um als Anbaufläche oder Feuerholz zu dienen, oder die Gorillas werden von Wilderern gejagt, bis sie ausgerottet sind. Ungeschminkt formuliert, sind die Gorillas heute für die Einheimischen (und die Regierung) tot weniger wert als lebendig.

Die Beschränkungen, die mit Nachdruck durchgesetzt werden, sehen so aus: Jede Gorillafamilie darf nur einmal täglich, normalerweise eine Stunde lang, von einer höchstens sechs Personen umfassenden Gruppe besucht werden, deren Mitglieder für dieses Privileg je einhundert US-Dollar zu zahlen haben. Wofür sie die Gorillas unter Umständen nicht mal zu sehen bekommen.

Wir hatten Glück; wir fanden sie.

Wir blieben ganz ruhig und sahen uns sehr vorsichtig um. Es war nichts in unserer Nähe, es war nichts in den Bäumen über uns, und es war auch nichts in den Büschen, das uns verstohlen anspähte. Es dauerte ein paar Sekunden, bis wir überhaupt etwas sahen, aber dann bemerkten wir aus den Augenwinkeln eine kurze Bewegung. Ohne jede Deckung stand etwa dreißig Meter hinter uns auf dem Pfad etwas, das so groß war, daß wir es gar nicht bemerkt hatten. Es war ein Berggorilla oder vielleicht sollte ich besser sagen, ein Gorilla-Berg, der, auf seine Vorderknöchel gestützt, dastand und in dieser Haltung die Form eines großen, muskulösen, schrägen Hauszelts annahm.

Sie werden bestimmt schon häufiger gehört haben, daß diese Geschöpfe furchterregende Bestien sind, und ich möchte hier meinen ureigensten Eindruck hinzufügen: Diese Lebewesen sind furchterregende Bestien. Ich wüßte wirklich nicht, wie man sie sonst beschreiben sollte. Eine Art summende geistige Lähmung überkommt einen, wenn man einem derartigen Lebewesen zum erstenmal in freier Wildbahn begegnet, und tatsächlich gibt es ja auch keine anderen derartigen Lebewesen. Alle möglichen wilden und schwindelerregenden Gefühle steigen einem ins Hirn, die man nicht einordnen oder benennen kann, vielleicht, weil es Tausende oder Millionen von Jahren her ist, seit diese Gefühle zum letztenmal erweckt wurden.

Dem Gorilla war mittlerweile offenbar aufgegangen, daß wir gerade mit dem Fotografieren seines Kots beschäftigt gewesen waren, also stapfte er zurück ins Unterholz. Wir nahmen die Verfolgung auf, waren aber – im Gegensatz zu ihm – nicht in unserem Element. Wir hätten nicht mal sagen können, wo ungefähr er eigentlich in seinem Element war, und nach einer Weile gaben wir auf und begannen, das Gebiet wieder etwas grundsätzlicher zu erforschen.

Wir stießen schließlich auf einen Silberrücken, der unter einem Busch auf der Seite lag, sich mit seinem hinter dem Kopf verschränkten langen Arm am gegenüberliegenden Ohr kratzte und dabei ein einigermaßen untätiges Astbüschel betrachtete. (Silberrücken bedeutet, daß sein Rücken silbrig oder grauhaarig war. Nur die Rücken der Männchen verfärben sich, und das auch erst, wenn sie ausgewachsen sind.) Uns war sofort klar, was er tat. Er lungerte herum. Das war ganz offensichtlich. Oder besser: Die Versuchung, es ganz offensichtlich zu finden, war überwältigend.

Sie sehen aus wie Menschen, sie bewegen sich wie Menschen, sie halten Dinge in den Händen wie Menschen, und ihre Mimik und die ungemein menschlichen Blicke drücken etwas aus, das wir ganz instinktiv als Ausdruck menschlicher Gefühle empfinden. Wir sehen ihnen ins Gesicht und denken: »Wir wissen, wie sie sind«, aber genau das wissen wir nicht. Oder blockieren zumindest jeden möglichen Verständnisschimmer, indem wir uns mit ebenso einfachen wie verlockenden Mutmaßungen begnügen.

Auf Händen und Knien kroch ich langsam und ruhig dichter an den Silberrücken heran, bis ich nur noch einen halben Meter von ihm entfernt war. Er warf mir einen unbeteiligten Blick zu, als sei ich nur irgendwer, der gerade ins Zimmer gekommen war, und setzte seine Betrachtungen fort.

Ich schätzte, daß das Tier ungefähr so groß war wie ich – fast zwei Meter –, hielt es aber für ungefähr doppelt so schwer. Größtenteils Muskeln, mit weicher schwarzgrauer Haut, die ihm ziemlich locker und, von groben schwarzen Haaren bedeckt, von der Vorderseite hing.

Als ich mich erneut bewegte, rückte er von mir ab, ungefähr fünfzehn Zentimeter, als ob ich mich etwas zu dicht neben ihn aufs Sofa gesetzt hätte und er jetzt grummelnd ein bißchen Platz machte. Dann legte er sich, die Faust unter das Kinn gestemmt, auf den Bauch und kratzte sich träge mit der anderen Hand die Wange. Ich blieb so ruhig und still wie möglich sitzen, obwohl mir aufging, daß ich gerade von Ameisen zu Tode gebissen wurde. Er sah uns ohne besondere Anteilnahme nacheinander an und wandte seine Aufmerksamkeit dann wieder seinen Händen zu, während er sich mit dem Daumen träge einige Schmutzflecken von einem der Finger kratzte. Ich hatte den Eindruck, daß wir für ihn ungefähr so interessant waren wie ein langweiliger Sonntagnachmittag vor dem Fernseher. Er gähnte.

Es ist so verflucht schwierig, Tiere nicht zu vermenschlichen. Derartige Eindrücke drängen sich einem ununterbrochen auf, weil sie soviel spontanes Wiedererkennen auslösen, wie illusorisch dieses Wiedererkennen auch immer sein mag. Nur auf diese Art und Weise läßt sich vermitteln, an was es *erinnerte*.

Nach einer längeren schweigsamen Pause zog ich vorsichtig mein rosa Schreibpapier aus der Tasche und begann mir die Notizen zu machen, von denen ich gerade abschreibe. Das schien ihn schon mehr zu interessieren. Ich nehme mal an, daß er vorher einfach noch nie rosa Schreibpapier gesehen hatte. Er verfolgte meine über das Blatt kritzelnde Hand eine Zeitlang mit den Augen, stand schließlich auf und berührte zuerst das Papier und dann die Spitze meines Kugelschreibers – nicht, um ihn mir wegzunehmen oder mich auch nur zu unterbrechen, sondern um zu sehen, was das war und wie es sich anfühlte. Ich war wirklich gerührt und wurde von dem albernen Impuls gepackt, ihm auch noch meine Kamera zu zeigen.

Er zog sich ein Stück zurück und legte sich etwa einen Meter von mir entfernt wieder hin, das Kinn wie zuvor auf die Faust gestützt. Mir gefielen sein ungewöhnlich nachdenklicher Gesichtsausdruck und die Art und Weise, wie sich seine Lippen durch den nach oben gerichteten Druck der Faust aufbauschten. Der beunruhigendste Hinweis auf Intelligenz allerdings schien mir aus den plötzlichen Seitenblicken hervorzugehen, die er mir nicht infolge bestimmter Bewegungen meinerseits zuwarf, sondern offenbar immer dann, wenn ihm gerade eine Idee gekommen war.

Ich begriff, welche Überheblichkeit hinter unserer Annahme steckt, wir könnten ihre Intelligenz beurteilen – als wäre die unsere irgendeine Norm, an der alles andere zu messen ist. Also versuchte ich mir vorzustellen, wie er uns sah, nur ist das natürlich so gut wie unmöglich, weil man beim Versuch, seine Vorstellungslücken zu überbrücken, unwillkürlich wieder bei den eigenen Annahmen landet und die irreführendsten Annahmen zudem ausgerechnet jene sind, von denen man gar nicht bewußt ausgeht.

Ich malte mir aus, wie er da unbeschwert in seiner eigenen Welt lag, meine Gegenwart darin tolerierte, obwohl er mir, wie ich glaube, womöglich Signale zuschickte, auf die ich nicht zu reagieren wußte.

Und dann malte ich mir aus, wie ich da neben ihm saß, geschmückt mit meinen Intelligenzapparaten – meiner Gore-Tex-Kutte, meinem Stift und meinem Papier, meiner autofokussierenden, belichtungsautomatischen Nikon F4 – und meiner ganzen Unfähigkeit, auch nur irgend etwas von dem Leben zu begreifen, das wir hinter uns im Wald zurückgelassen haben. Aber irgendwo in der genetischen Geschichte, die wir alle in jeder einzelnen Körperzelle mit uns herumtragen, bestand eine innige Verbindung zu diesem Lebewesen – für uns so unerreichbar wie die Träume vom letzten Jahr, aber, genau wie sie, immer unsichtbar und unergründlich gegenwärtig.

Was mir daraufhin in den Sinn kam, war, glaube ich, die vage Erinnerung an einen Film, in dem ein New Yorker, Sohn osteuropäischer Einwanderer, aufbricht, um das Dorf zu finden, aus dem seine Familie ursprünglich stammt. Er ist wohlhabend und erfolgreich und erwartet, aufgeregt in Empfang genommen und bestaunt zu werden.

Statt dessen wird er zwar nicht gerade abgelehnt oder gar weggeschickt, aber in einer für ihn vollkommen unverständlichen Art und Weise empfangen.

Es irritiert ihn, daß man nicht angemessen auf seine Anwesenheit reagiert, bis er begreift, daß die Zurückhaltung, mit der man ihm begegnet, keine Ablehnung ist, sondern nur der Friede, in dem er als Gast, aber nicht als Störer, jederzeit willkommen ist. Die Geschenke, die er aus der Zivilisation mitgebracht hat, zerfallen in seinen Händen zu Staub, als ihm klar wird, das alles, was er besitzt, nur ein Abglanz dessen ist, was er verloren hat.

Wieder betrachtete ich die Augen des Gorillas, weise und wissende Augen, und machte mir meine Gedanken über die Versuche, Affen eine Sprache beizubringen. Unsere Sprache. Wozu? Es gibt doch genügend Mitglieder unserer eigenen Spezies, die in und mit dem Wald leben und diese Sprache kennen und verstehen. Denen hören wir doch auch nicht zu.

Wie kommen wir also darauf, daß wir uns ausgerechnet das anhören würden, was uns ein Affe zu sagen hätte? Oder darauf, daß er uns etwas von seinem Leben mitteilen könnte, in einer Sprache, die nicht aus diesem Leben entstanden ist? Vielleicht, dachte ich, ist es gar nicht so, daß sie eine Sprache erwerben müßten, sondern daß wir eine verloren haben.

Unsere Anwesenheit schien den Silberrücken schließlich doch zu ermüden. Er wuchtete sich auf die Füße und schleppte sich gemächlich in einen anderen Teil seiner Behausung.

3
Verblüffende Schimpansen

von Toshisada Nishida

Toshisada Nishida ist Professor für Zoologie an der Universität von Kioto. Seit 1965 studiert er das Leben der Schimpansen bei Kasoje am Fuß der Mahale-Berge in Tansania. Dabei gilt sein Hauptinteresse den sozialen Strukturen und den Beziehungen zwischen den Schimpansen. Hier erläutert er kurz, weshalb ihn die Erfahrungen, die er bei der langjährigen Beobachtung der Schimpansen gemacht hat, dazu gebracht haben, die »Deklaration über die Großen Menschenaffen« zu unterstützen.

Es gibt kein Tier, das dem Schimpansen gleicht. Viele Menschen haben die Schimpansen über mehr als fünfzehn Jahre in der Wildnis beobachtet. Wenn die Wissenschaftler einmal von den Schimpansen fasziniert sind, dann denken sie, solange sie ihre Forschungen fortsetzen können, nicht daran, ihren Forschungsgegenstand zu wechseln und sich mit einem anderen Tier zu beschäftigen. Andererseits hat wahrscheinlich niemand irgendeine andere Spezies länger als zwanzig Jahre lang studiert. Worin unterscheidet sich das Studium der Schimpansen von dem anderer Tiere? Darauf gibt es eine ganz einfache Antwort: Das Verhalten der Schimpansen ist flexibel, in seiner Art kennzeichnend für diese eine Spezies, und es weist ein außergewöhnlich vielfältiges Repertoire auf.

Obwohl ich viele tausend Stunden mit Schimpansen verbracht habe, erlebe ich jedesmal, wenn ich wieder nach Mahale komme, für mich völlig neue Verhaltensweisen. Auch noch nach fünfundzwanzig Forschungsjahren sind die Schimpansen von Mahale für mich eine ständige Quelle des Staunens, des Interesses und des Vergnügens. Um nur ein Beispiel zu nennen, werde ich im folgenden schildern, wie sich Schimpansen beim Kontakt mit Wasser verhalten können.

Vor zwei Jahren wurde ein erwachsener männlicher Schimpanse, Musa, dabei beobachtet, wie er die Haut eines Kolobusaffen in einem Fluß »wusch«. Am Abend zuvor hatten die Schimpansen mindestens zwei Kolobusaffen erlegt, und am nächsten Morgen begann der männliche Schimpanse, der die Haut offenbar zu seinem Schlafplatz mitgenommen hatte, das Fleisch davon abzukratzen und das Fell zu kauen. Dann brachte er das Fell an den Fluß, tauchte es wiederholt ins Wasser und zog es wieder heraus. Danach versenkte er es eine Zeitlang auf den Grund des Flusses und schüttelte es dann heftig unter Wasser. Er stellte sich dabei sogar auf die Hinterbeine und stampfte mit einem Fuß auf dem auf einem Stein liegenden Fell herum, ähnlich wie manche Menschen auf ihre Wäsche stampfen, um sie zu waschen. Vielleicht hielt er das Fell für schmutzig und wollte es reinigen, oder es erschien ihm zu zäh, und er versuchte es aufzuweichen, um es besser essen zu können. Drei ältere und jüngere männliche Schimpansen beobachteten Musa bei dieser Beschäftigung sehr aufmerksam.

Jahrzehntelang hat man geglaubt, daß Schimpansen in der Wildnis sich vor fließendem Wasser fürchten. Es ist richtig, daß sie gewöhnlich alles unternehmen, um bei der Überquerung eines Flusses nicht naß zu werden. Doch einmal stand eine junge Schimpansin, Tula, mit allen vieren neben einer kleinen Gumpe in einem Wasserlauf und versuchte, das Wasser aus der Vertiefung mit einer Hand herauszuschöpfen. Dann sprang sie selbst ins Wasser, ließ es aufspritzen und versuchte, einen Ast herauszuziehen, der sich festgeklemmt hatte. Sie nahm einen großen Stein aus dem Teich, trug ihn mit beiden Händen zu einer größeren, tiefen Stelle und warf ihn ins Wasser. Dann fing sie an, mit der Hand im Wasser herumzurühren.

Ein aufsehenerregendes Schauspiel erwachsener männlicher Schimpansen in Mahale besteht darin, Steine in den Fluß zu werfen.

Sie zielen auf eine bestimmte Stelle auf der Oberfläche des Wassers, und mehr als neunzig Prozent der Steine treffen das Ziel. Das Geräusch des Aufklatschens im Wasser und der Anblick der auf die Steine herabregnenden Tropfen scheint die anderen Schimpansen zu ängstigen. Dabei kann man auch beobachten, daß jeder Schimpanse seine eigene Art hat, die Steine zu werfen. Einige tun es nur mit der rechten Hand, andere benutzen die rechte oder die linke, und der derzeitige Anführer hebt mit beiden Armen einen möglichst großen Stein auf und wirft ihn dann ins Wasser.

Es ist interessant, zu beobachten, wie die Schimpansen der Gruppe M den etwa fünfzehn bis zwanzig Meter breiten, größten Fluß in unserem Forschungsgebiet überqueren. Sie laufen über im Wasser liegende Steine. Das ist ein riskantes Unternehmen, denn während des Überquerens bietet sich für Raubvögel und Löwen die beste Gelegenheit, die schwächsten Tiere der Gruppe zu fangen und zu töten. Wenn sich die Schimpansen dem Fluß nähern, warten die ersten am Flußufer auf das Eintreffen der anderen und beschäftigen sich währenddessen mit gegenseitiger Fellpflege. Nach einiger Zeit hat sich die ganze Gruppe versammelt, und der Anführer gibt das Zeichen zum Überqueren des Flusses. Die kleinen Schimpansenkinder, die bereits selbständig laufen können, klammern sich an die Bäuche ihrer Mütter und lassen sich von ihnen tragen. In manchen Fällen klammert sich ein Säugling an den Bauch der Mutter, während sie das bereits entwöhnte Kind auf dem Rücken trägt. Sobald die Mutter das gegenüberliegende Ufer errreicht hat, klettert das größere Kind wieder hinunter auf den Boden.

Gegenwärtig beschäftige ich mich vor allem mit den sozialen Beziehungen zwischen den erwachsenen männlichen Schimpansen. Der frühere führende Alpha-Mann, Ntologi, hatte diese Rangstufe elf Jahre inne, bevor eine Koalition erwachsener Männer ihm seine Stellung aberkannte. Der Status des gegenwärtigen Alpha-Mannes, Kalunde, ist noch nicht ganz gefestigt. Er hat zwei männliche Verbündete, einen jungen (der in der Hierarchie der Gruppe den vierten Rang einnimmt) und einen alten (der auf der sechsten Rangstufe steht). Drei erwachsene männliche Schimpansen (die Inhaber der zweiten, dritten und fünften Rangstufe) sind offenbar seine Rivalen und bemühen sich um die Führung der Gruppe. Die Bildung von Cliquen und die gegen solche Cliquenbildung getroffenen Maßnahmen sind täglich zu beobachtende Erscheinungen, die jedoch zu komplex, subtil und vielgestaltig sind, als daß ich sie hier zusammenfassen könnte. Man könnte sagen, daß männliche Schimpansen dazu neigen, sich gegen einen starken Rivalen zu verbünden. Aber so einfach ist die Sache nicht. Auch die Beziehungen zwischen Verbündeten sind oft ambivalent, und sie können so kompliziert sein, daß es unter Umständen zehn Jahre dauert, bis man sich ein klares Bild davon hat verschaffen können.

Die am Anfang dieses Buches stehende »Deklaration« verlangt die Aufnahme der Schimpansen in die »moralische Gemeinschaft der Gleichen«. Ein solcher Vorstoß ist lang ersehnt, aber er verlangt Mut. Lang ersehnt ist er, weil ich nicht nur fühle, daß der Schimpanse so ist wie wir, sondern auch, daß ich so bin wie ein Schimpanse. Er verlangt Mut, weil möglicherweise viele Menschen gegen ihn protestieren werden. Einige werden sagen, die menschlichen Belange seien wichtiger als alles andere, während andere behaupten werden, die logische Erweiterung der Idee, die Großen Menschenaffen in die Gemeinschaft der Gleichen einzuschließen, sei die Einbeziehung aller anderen Lebensformen in diese Gemeinschaft.

Ich glaube, wir sollten das Recht auf Mitgliedschaft auf andere Lebensformen ausdehnen, wo und wann das möglich werden wird. Aber als ersten Schritt können wir Schimpansen und die anderen Großen Menschenaffen in unsere moralische Gemeinschaft aufnehmen, und wir sollten es sofort tun. Erinnern wir uns daran, daß die Menschen vor gar nicht so langer Zeit glaubten, nicht einmal ihre Nachbarn gehörten der gleichen Art an wie sie. Der Begriff »Mensch« (people) wurde nur den Angehörigen des eigenen Stammes zugestanden. Ein Brite, der Anfang dieses Jahrhunderts die Malaiische Halbinsel bereiste, glaubte, die nackten eingeborenen Jäger und Sammler, die er dort beobachtete, seien keine menschlichen Wesen, sondern eine Art anthropoider Affen. Er hielt an dieser Überzeugung fest, obwohl er gesehen hatte, daß diese Jäger und Sammler aufrecht auf zwei Beine gingen und als Jagdwaffen Blasrohre benutzten.

Vielleicht werden Sie über diesen britischen Gentleman lachen und sagen, es habe ihm an gesundem Menschenverstand gemangelt. Aber dürfen Sie wirklich lachen? Nachdem ein weiteres Jahrhundert vergangen sein wird, werden unsere Nachkommen vielleicht über diejenigen lachen, die zögerten, den Schimpansen – dieser anderen Art Mensch – die Grundrechte zu gewähren.

Teil II

GESPRÄCHE MIT MENSCHENAFFEN

4

Wie sich Schimpansen einer Zeichensprache bedienen

von ROGER S. FOUTS und DEBORAH H. FOUTS

Roger und Deborah Fouts sind die Begründer des Chimpanzee and Human Communication Institute an der Central Washington University in Ellensburg, Washington. Einer der Schimpansen, die in diesem Institut leben, ist Washoe, die ersten Schimpansin, die jemals mit Hilfe einer menschlichen Sprache mit menschlichen Wesen ein Gespräch geführt hat. Der persönliche Bericht der Verfasser über ihre Erfahrungen mit Schimpansen liefert uns den überzeugenden Beweis für die bemerkenswerten intellektuellen Fähigkeiten dieser Menschenaffen – und für den ebenso bemerkenswerten Widerstand vieler Menschen gegenüber der Vorstellung, daß andere Menschenaffen uns so ähnlich sein können.

Washoe war von Menschen aufgezogen worden.[1] Dabei wurde sie behandelt wie ein taubstummes menschliches Kind und lernte die Gebärden der amerikanischen Zeichensprache. Die Angehörigen ihrer menschlichen Ersatzfamilie waren die einzigen Leute, die sie näher kennengelernt hatte. Sie war auch anderen Menschen begegnet, die gelegentlich zu Besuch kamen, und hatte oft Fremde jenseits des Gartenzaunes oder in Autos auf der belebten Hauptstraße vorbeifahren sehen, die am Haus ihrer Adoptiveltern entlangführte. Sie hatte keinerlei Umgang mit irgendwelchen Haustieren gehabt. Manchmal hatte sie in einiger Entfernung Hunde gesehen, die ihr aber offensichtlich nicht gefielen. Wenn sie im Auto mitgenommen wurde, steckte sie den Kopf zum Fenster hinaus und schlug mit der Hand gegen die Tür, sobald sie einen Hund sah. Hunde gehörten offenbar nicht zu »ihrer Gruppe«. Sie waren anders, und deshalb war ihnen nicht zu trauen.

Katzen mochte sie ebenfalls nicht. Wenn eine Katze es wagte, auf ihren Streifzügen durch den Garten hinter dem Haus zu laufen, wurde sie sofort verjagt. Auch Käfer gehörten nicht zu ihren Lieblingen. Sie vermied es entweder, mit ihnen in Berührung zu kommen, oder wenn das nicht möglich war, wurden sie mit dem Finger fortgeschnippt. Washoe hatte von Anfang an die Überlegenheit des Menschen – fast zu bereitwillig – akzeptiert. Und das Gefühl, anderen überlegen zu sein, steigt jedem sehr bald zu Kopf.

Im Alter von fünf Jahren mußte Washoe die meisten Menschen verlassen, mit denen sie bis dahin zusammengelebt hatte, und wurde in das Primateninstitut von Oklahoma gebracht. Hier lebten etwa fünfundzwanzig Schimpansen, und hier begegnete Washoe zum ersten Mal einem anderen Schimpansen. Man stelle sich vor, was es bedeuten würde, erst mit fünf Jahren den ersten Artgenossen kennenzulernen. Nach einer Flugreise, für die man ihr ein Beruhigungsmittel gegeben hatte, traf Washoe an ihrem Bestimmungsort ein. Der Direktor des Instituts ordnete an, sie in einem Käfig im Hauptgebäude zusammen mit anderen erwachsenen Schimpansen unterzubringen. Obwohl wir dagegen protestierten, nahm er ihr ihre Decke weg, und zwar mit der Begründung, es sei Zeit für sie zu lernen, was es bedeute, ein Schimpanse zu sein. Der Direktor vertrat die alte, aber immer noch populäre Schule, die besagte, daß gefangene Tiere von den Menschen, denen sie gehörten, beherrscht werden müßten und daß die beste Art die sei, sie zu mißhandeln.

Als Washoe wieder zu Bewußtsein kam, befand sie sich in einem Käfig. Nach einigem Debattieren erlaubte der Direktor widerwillig einem von uns, dazubleiben. So war wenigstens einer ihrer vertrauten Freunde bei ihr, als sie aufwachte. Als sie anfing, sich zu bewegen, begannen die Schimpansen in den Nachbarkäfigen ein lautes Geschrei und schlugen mit den Fäusten auf den Boden. Als sie ihre Sinne wieder ganz beisammen hatte, fragte sie ihr menschlicher Freund in der Zeichensprache, was die Schimpansen seien. Sie nannte sie »schwarze Katzen« und »schwarze Käfer«. Sie empfand sie nicht als ihresgleichen, und wenn sie ihre Artgenossen mit Katzen und Käfern verglich, bedeutete das, daß sie sie nicht mochte. Offenbar hatte Washoe von uns auch die menschliche Arroganz gelernt.

Doch schon bald fing Washoe an, die anderen Schimpansen zu akzeptieren und als ihresgleichen anzuerkennen. Wie Wendy in Peter Pan übernahm sie gegenüber den Jungen die Rolle der Mutter und verteidigte die Schwächeren gegen die Angriffe der anderen. Sie schien ein echtes Mitgefühl für ihre neuentdeckte Spezies zu entwickeln. Während ihres ersten Jahres im Institut durfte sie sich gelegentlich zusammen mit den jungen Schimpansen die Zeit auf einer kleinen Insel vertreiben. Das Ufer der Insel bestand aus rotem Ton und fiel steil in einen Wassergraben ab. Vor dem Wassergraben befand sich am Rand der Insel ein neunzig Zentimeter hoher, elektrisch geladener Zaun. Eines Tages ließ der Direktor einen neueingetroffenen jungen Schimpansen auf die Insel bringen. Der Neuankömmling ängstigte sich offenbar in der ungewohnten Umgebung und versuchte, über den Graben zu springen, landete aber im Wasser. Washoes Reaktion war interessant, weil es sich um einen neuen Schimpansen handelte, den sie kaum kannte, der aber offensichtlich in Gefahr war. Er versank und tauchte dann wieder auf. Nun sprang Washoe über den elektrischen Zaun und landete auf einem etwa dreißig Zentimeter breiten Grasstreifen vor dem Zaun. Sie hielt sich am unteren Ende eines Pfahls fest, an dem der elektrische Zaun befestigt war, stieg ins Wasser, rutschte das steile, überschwemmte Ufer hinunter, reichte dem ertrinkenden Schimpansenkind die Hand und zog es zu sich in Sicherheit. Washoe hatte sich bei der Rettung dieses Fremden in große Gefahr begeben. Es war eine durchaus altruistische Verhaltensweise. Wenn sie jemanden nicht mochte, dann waren es die Menschen, die ihre Freunde mißhandelten.

Während der zehn Jahre, die sie im Institut zubrachte, hat sie ihr Selbstwertgefühl nie aufgegeben, auch wenn der Direktor gelegentlich versuchte, sie einzuschüchtern, wenn ihre menschlichen Freunde nicht anwesend waren.

Ich habe mir oft überlegt, wie es wäre, wenn man plötzlich feststellen würde, daß man ein ganz anderer ist, als man bisher geglaubt hat. Würden wir uns verhalten wie Washoe, es akzeptieren und unseren neuentdeckten Artgenossen Mitgefühl und Fürsorge entgegenbringen? Oder würden wir unsere Arroganz nicht aufgeben, unsere Artgenossen nicht anerkennen, sondern sie auch weiterhin unterdrücken?

Der einzelne Mensch könnte niemals das erleben, was Washoe geschah, aber auf einer anderen Ebene haben wir es alle erfahren, als nämlich Charles Darwin uns sagte, daß diese »schwarzen Käfer« in Wirklichkeit unsere Verwandten sind. Auf dieses unsanfte Erwachen haben einige reagiert, indem sie an ihrer menschlichen Arroganz und Eitelkeit festhielten und ihre Mitgeschöpfe auch weiterhin unterdrückten und mißbrauchten. Andere haben diese ungerechtfertigte Eitelkeit aufgegeben und versucht, die durch ihre Arroganz bedingte Unwissenheit dadurch zu beseitigen, daß sie ihre neuentdeckten Verwandten besser kennenlernten. Einige von uns zeigen sogar Mitgefühl und Sorge um sie.

Menschliche Arroganz

Weshalb ist die menschliche Arroganz so weitverbreitet, und wo liegen ihre Ursachen? Der erste Teil dieser Frage läßt sich leicht beantworten. Die Arroganz ist weitverbreitet, weil sie unserer Eitelkeit schmeichelt. Es gefällt uns, wenn man uns sagt, wir hätten einen hohen Intelligenzquotienten, sähen gut aus und seien etwas Besonderes. Nur selten bedenken wir, daß mit der Behauptung, einen hohen Intelligenzquotienten zu haben, auch gesagt wird, daß jemand anderes einen niedrigen IQ hat; und wenn ich gut aussehe, dann muß es andere geben, die häßlich sind. Wenn ich etwas Besonderes bin, dann müssen die meisten anderen Menschen gewöhnliche Leute sein. Wenn das zutrifft, dann ist alles, was nicht wie ich ist, in bedauerlicher Weise unvollkommen oder sogar mit starken Mängeln behaftet. Wenn sich diese Meinung stabilisiert hat, hat man nur die Wahl zwischen dem Streben nach Vollkommenheit oder der Unvollkommenheit. Das einzig Vernünftige ist dann, sich für die Vollkommenheit zu entscheiden. Und was soll man ausbeuten, um Vollkommenheit zu erreichen? Natürlich die Unvollkommenheit, das heißt, die Unglücklichen, die anders sind als man selbst. Auf diese Weise wird man selbst immer »vollkommener« und beseitigt gleichzeitig gewisse Unvollkommenheiten des Lebens.

Woher kommt die Arroganz des Menschen? Sie entsteht als Folge unserer Vorstellungen vom Wesen des Tieres. Der Philosoph René Descartes aus dem siebzehnten Jahrhundert hat behauptet, Tiere seien des Denkens und Fühlens nicht fähige Automaten und so anders als wir, daß sie sich mit uns nicht vergleichen lassen. Wie sollen wir nicht arrogant werden, wenn sogar Descartes diese Haltung rechtfertigt? Wenn das zutrifft, dann müssen wir fragen, woher unsere Auffassungen vom Wesen des Tieres kommen. Die Antwort ist, daß unsere Auffassung vom Wesen des Tieres nicht von den nichtmenschlichen Tieren selbst stammen, sondern daß sie im Grunde auf die falschen Vorstellungen vom Wesen des Menschen zurückzuführen sind.[2] Wir haben uns nicht die Mühe gemacht, die Tiere zu fragen, was sie sind, sondern wir begnügen uns damit, sie als nicht menschlich zu definieren. Wenn der Mensch denken kann, dann kann ein Tier das nicht; wenn der Mensch Vorstellungskraft hat, dann fehlt sie dem Tier und so weiter. Als Reaktion auf die von Darwin vertretene Vorstellung von der Kontinuität versuchen viele von uns, unsere vermeintliche Überlegenheit dadurch zu sichern, daß wir starr an unserer Unwissenheit festhalten. Wir benutzen das Nichtvorhandensein eines Beweises, um den Beweis des Nichtvorhandenseins irgendwelcher gemeinsamer Züge zu behaupten, die wir als besonders wichtig für die Einzigartigkeit unserer Spezies erachten.

Washoe und viele andere Schimpansen haben den Gegenbeweis zu dieser von menschlicher Arroganz genährten, bewußten Unwissenheit geliefert. Mit ihren Leistungen haben sie vielen Akademikern den Mund gestopft. Ihre Leistungen und diejenigen ihrer afrikanischen Vettern haben ein kleines Licht in den dunklen Räumen menschlicher Unwissenheit angezündet. Erst als einige Menschen bescheiden genug waren, die Schimpansen zu fragen, was sie ihrem Wesen nach seien, konnten diese Entdeckungen gemacht werden. Doch solche Entdeckungen sind nicht immer positiv aufgenommen worden, weil daraus offensichtlich Schlußfolgerungen zu ziehen sind, und zwar müssen wir jetzt zugeben, daß wir keine Demiurgen sind. Ebenso wie wir menschliche Wesen sind, werden Schimpansen zu Schimpansen-Wesen, und hier liegt die Betonung auf dem Begriff der »Wesenheit«. »Menschlich« ist nicht mehr länger eine besondere Klassifizierung, sondern nur noch ein Adjektiv, das unser Wesen als Tier näher beschreibt.

Die Mentalität des Schimpansen

Bereits in den ersten Tagen des Projekts Washoe wurden die Voraussetzungen für die späteren faszinierenden Entdeckungen geschaffen, und die Gardners entwickelten eine beispielhafte Methode, der spätere Forscher folgen konnten: Es war die Kombination aus der persönlichen Zuwendung zu Washoe, die es ihr erlaubte, ganz sie selbst zu sein, und einer streng experimentellen Vorgehensweise.[3] Die Anwendung eines doppelblinden Testverfahrens bei den auf das Tempo von Washoe abgestimmten Versuchen und die genauen Tagebuchaufzeichnungen über die täglichen Aktivitäten von Washoe erfüllen die höchsten Anforderungen, die man auf diesem Forschungsgebiet stellen kann. Die jüngsten mit Washoe und ihrer Familie gemachten Entdeckungen tragen auch weiterhin zu diesem eindrucksvollen Bericht bei. Wir werden im folgenden genauer auf einige dieser in letzter Zeit gemachten Entdeckungen eingehen, um zu zeigen, wie groß unsere Unwissenheit bisher gewesen ist.

Die Weitergabe kultureller Errungenschaften

Als Washoe begann, die Zeichensprache zu lernen, wiesen einige Kritiker sofort darauf hin, sie werde ihr von Menschen beigebracht, und sie hätte sie ohne menschliches Eingreifen niemals lernen können. Diese Kritiker behaupteten, Schimpansen seien unfähig, Informationen von einer Generation zur nächsten weiterzugeben, insbesondere etwas so Komplexes wie eine Sprache. 1979, als Washoe alt genug geworden war, um Nachwuchs zu bekommen, begann man mit einer Studie, die diese voreilige Kritik widerlegen sollte.

Washoe wurde schwanger, und wir entwarfen eine Testreihe, um zu sehen, ob sie ihre Zeichensprache an ihren Sprößling weitergeben würde.[4] Angesichts der Tatsache, daß Schimpansen in der Gefangenschaft bereitwillig menschliche Fertigkeiten imitieren, daß in der Wildnis lebende Schimpansen von ihren Freunden und Familienangehörigen lernen, Werkzeuge herzustellen, und wildlebende Schimpansen gezeigt haben, daß sie sich mit Gesten verständigen können, die sich in den einzelnen Schimpansen-Gemeinschaften wie Dialekte voneinander unterscheiden,[5] schien es wahrscheinlich, daß Washoes Kind die Zeichensprache von seiner Mutter lernen würde.

Leider starb Washoes Kind, und deshalb ließen wir einen zehn Monate alten Schimpansen aus dem Yerkes-Regional-Primatenzentrum kommen, der die Stelle des toten Kindes einnehmen und Washoe trösten konnte. Dieser junge Schimpanse heißt Loulis, und Washoe adoptierte ihn bereitwillig. Um die Möglichkeit auszuschließen, daß Loulis die Zeichensprache von Menschen lernte, verwendeten wir in seiner Gegenwart nicht mehr als sieben Zeichen und verständigten uns im übrigen mit Washoe und Loulis durch die englische Sprache, die sie beide gut verstanden.

Schon nach acht Tagen des Zusammenseins mit Washoe imitierte Loulis das erste Zeichen. Ein Alter von zehn Monaten ist nicht besonders jung, um die Zeichensprache zu erlernen. Andere Schimpansen, die die Zeichensprache benutzen, haben ihre ersten Zeichen in ihrem vierten und fünften Lebensmonat gelernt. Unsere Videoaufnahmen zeigten, daß Washoe bei der Vermittlung dieser

Zeichen sehr subtil vorging. Zunächst wendete sie sich Loulis zu, dann machte sie das Zeichen »komm«, ging daraufhin auf ihn zu und zog ihn an sich. Allmählich verzichtete sie auf das Heranziehen, ging dann auch nicht mehr auf ihn zu, und schließlich mußte sie sich ihm nur noch zuwenden und das Zeichen machen. Gelegentlich griff sie auch aktiv ein, um ihm die Zeichen beizubringen. In einem Fall nahm sie seine Hand und bildete aus ihr – im entsprechenden Zusammenhang – das Zeichen für Nahrung. Ein anderes Mal beobachteten wir sie dabei, wie sie einen Spielzeugstuhl vor Loulis stellte und ihm dabei das Zeichen für »Stuhl/sitzen« zeigte. Im Alter von fünfzehn Monaten verwendete Loulis zum ersten Mal aus zwei Zeichen bestehende Kombinationen. Wir konnten feststellen, daß Loulis seine Zeichen von Washoe erlernte und daß sie ihm einige aktiv beigebracht hatte. Er verwendete seine Zeichen, um sich mit anderen Schimpansen und auch mit Menschen zu verständigen.

Die Hartnäckigkeit der menschlichen Ignoranz zeigte sich, nachdem die ersten Ergebnisse der Zusammenarbeit zwischen Washoe und Loulis auf den Kongressen der Psychonomics Society im Jahr 1979 vorgestellt und sogar nachdem mehrere wissenschaftliche Artikel über die Leistungen von Loulis (zum ersten Mal 1982) veröffentlicht worden waren. Selbst das Interesse der öffentlichen Medien konnte die Ignoranz einiger Wissenschaftler nicht erschüttern. Noch Ende 1988 glaubte B. F. Skinner, öffentlich erklären zu können: »Keine andere Spezies hat das verbale Umfeld entwickelt, das wir Sprache nennen. Ich bezweifle, daß die Gardners jemals einen Schimpansen gesehen haben, der einem anderen gezeigt hat, wie man sich mit Zeichen verständigt.«[6]

Gespräche unter Schimpansen

In der nächsten Phase unseres Forschungsvorhabens beobachteten wir, wie Loulis sich mit seiner Mutter und anderen Schimpansen mit Hilfe der von allen beherrschten Zeichensprache verständigte.[7] Wir hatten Oklahoma inzwischen verlassen, und drei Schimpansen, die die Gardners im Rahmen ihres zweiten Zeichensprachenprojekts aufgezogen hatten, waren zu uns gekommen, um mit

Washoe und Loulis zusammenzuleben.[8] Moja war 1979 und Dar und Tatu waren 1981 zu Washoe und Loulis gekommen. Mit fünf Schimpansen konnten wir untersuchen, wie sie sich mit Hilfe der Zeichensprache untereinander verständigen. Wir stellten fest, daß der Hauptgesprächspartner von Loulis, als er heranwuchs, nicht mehr seine Adoptivmutter Washoe, sondern sein neuer Spielkamerad Dar war. Das ist auch für das Verhalten menschlicher Kinder typisch. Das Hauptgesprächsthema von Loulis und Dar waren ihre gemeinsamen Spiele. Sie forderten sich gegenseitig auf, sich zu kitzeln oder Fangen zu spielen. Wenn das Spiel jedoch zu grob wurde und einer dem anderen Schmerzen zufügte, dann wendete sich dieser an Washoe, um von ihr getröstet zu werden, indem er das Zeichen »Umarmen/Liebe« machte oder auf andere Weise beruhigt werden wollte. Wir konnten sogar beobachten, daß Loulis seinen Spielkameraden Dar beschuldigte, den Streit angefangen zu haben. Als beide laut schreiend aufeinander losgingen und Washoe wie gewöhnlich versuchte, den Streit zu schlichten, signalisierte ihr Loulis »gut gut Ich« und wies dann schreiend auf Dar. Daraufhin rief Washoe Dar zur Ordnung. Nach einigen Monaten hatte Dar gelernt, die gleiche Taktik anzuwenden, und wenn Washoe sich zeigte, warf er sich auf den Boden, fing an zu schreien und gab ihr das Zeichen »komm Umarmen«, woraufhin sie sich ihm zuwendete und ihn tröstete. Dann richtete sie sich auf zwei Beine auf, schalt Loulis und gab ihm das Zeichen »gehe dorthin«. Dabei wies sie auf den höhergelegenen Ausgang aus dem Raum, in dem sie sich befanden.

In einer Studie registrierten wir fünftausendzweihundert Fälle, in denen sich die Schimpansen durch Zeichen verständigt hatten.[9] Die dabei verwendeten Zeichen wurden analysiert und in verschiedene Kategorien eingeteilt. Die meisten Zeichen betrafen die drei Kategorien des »Spiels«, der »sozialen Interaktion« und »Rückversicherung«. In mehr als achtundachtzig Prozent aller mit Hilfe der Zeichensprache aufgenommenen Kontakte zwischen Schimpansen ging es um Anliegen in diesen Bereichen. Die restlichen zwölf Prozent betrafen die Kategorien des »Fütterns«, der »Körperpflege«, der »Selbstgespräche« (sign to self), der »Sauberkeit« und der »Disziplin«. Ein interessanter Aspekt dieser Forschungsergebnisse ist, daß demnach die Schimpansen die Zeichensprache in erster Linie für die Verständigung über verschiedene Formen der sozialen Interaktion benutzten. Es zeigte sich auch, daß Nahrung kein wichtiges Thema war, denn sie wurde nur in fünf Prozent ihrer Gespräche erwähnt. Einige Kritiker, die die Studien über die Verständigung der Schimpansen mit Hilfe der Zeichensprache diskreditieren wollten, behaupteten, die Schimpansen bettelten mit ihren Zeichen nur um Futter. (Tatsächlich traf das für eine Studie zu, in der dem armen Schimpansen das Futter vorenthalten wurde, weil man ihn damit zwingen wollte, mit Zeichen darum zu bitten.[10])

In der vorliegenden Studie wurden die Schimpansen in ähnlicher Weise von Menschen beobachtet, die ihr Verhalten aufzeichneten, wie es Jane Goodall bei ihrer Arbeit mit wildlebenden Schimpansen getan hatte. Doch nach dem Vorbild der von den Gardners sehr sorgfältig vorbereiteten Experimente wollten wir nach Möglichkeit jedes menschliche Eingreifen vermeiden, und deshalb begann Debbi Fouts eine Studie, bei der das Verhalten der Schimpansen von automatischen Videokameras aufgezeichnet wurde.[11] Dazu wurden außerhalb der Umzäunung in einem der Räume, in denen sich die Schimpansen aufhielten, drei oder vier Videokameras installiert und dann mit Kabeln durch die Decke mit Monitoren in einem anderen Raum verbunden. So konnten wir die Schimpansen beobachten, während sie sich mit der Zeichensprache verständigten, ohne daß sie dabei von Menschen beeinflußt wurden. Debbi begann 1983 damit, fünfzehn Tage lang jeweils dreimal täglich zwanzig Minuten dauernde Videoaufnahmen zu machen. In diesen fünfzehn Stunden verständigten sich die Schimpansen mehr als zweihundert Mal mit Hilfe der Zeichensprache. Bei einigen dieser zwanzigminütigen Stichproben wurden natürlich keine Zeichen gewechselt, weil die Schimpansen gerade schliefen. Aber in einer anderen, zwanzigminütigen Stichprobe wurden neunundzwanzig Gespräche zwischen Schimpansen aufgezeichnet. Wie bei ihren direkten Beobachtungen stellte Debbi fest, daß sich die Schimpansen in der Hauptsache über ihre sozialen Interaktionen unterhielten. Wenn sie über ihr Futter sprachen, dann taten sie es im übrigen nicht, weil sie nach Futter verlangten. Sie sprachen so darüber, wie man sich über seine Lieblingsspeisen unterhält, ohne sie essen oder sehen zu müssen.

Im Zeitraum von drei Jahren sammelte Debbi für jedes Jahr Videoaufnahmen in der Länge von fünfzehn Stunden. Das waren insgesamt fünfundvierzig Stunden. Hiermit konnte sie recht interessante Feststellungen machen. Washoe schien es zum Beispiel nicht zu gefallen, daß die Schimpansen für diese Aufnahmen allein gelassen wurden (zumindest, daß die Menschen sich entfernen mußten). Nachdem Debbi eines Tages die Kameras aufgestellt, alle Anwesenden hinausgeschickt hatte und in das Zimmer gegangen war, in dem sich die Monitore befanden, sah sie auf dem Bildschirm, daß Washoe sich den Kameras näherte. Sie kletterte auf die Umzäunung, schaute direkt in die Linse der Kamera und machte das Zeichen »Deb schmutzig Deb«. Washoe gebrauchte das Zeichen für »schmutzig« für Fäkalien, verschmutzte Gegenstände oder Menschen und Schimpansen, über die sie sich geärgert hatte.

Private Gedanken

Bei unseren direkten Beobachtungen und auf den später aufgezeichneten Videoaufnahmen von den Schimpansen stellten wir fest, daß sie Selbstgespräche führten. Das war nichts Neues, denn schon die Gardners hatten das bei Washoe bemerkt, als diese noch jung war. Ihre Selbstgespräche waren sogar etwas sehr Privates, da sie sich von uns abwendete, wenn wir zuzuschauen versuchten. Und wenn wir uns weiterhin darum bemühten, ihre Zeichen zu erkennen, stand sie auf und ging an einen abgeschiedeneren Ort. In diesen Selbstgesprächen benannte sie Dinge, die sie auf Fotos in Zeitschriften gesehen hatte oder machte sich selbst Zeichen. Sie tat das, wenn sie allein in ihrem Schlafzimmer war. Manchmal, wenn sie nicht gestört werden wollte, nahm sie eine illustrierte Zeitschrift, kletterte damit auf eine zehn Meter hohe Weide und benannte dort die abgebildeten Dinge mit den entsprechenden Zeichen. Von den fünftausendzweihundert Gesprächen, die die Schimpansen in der für unsere Studie überwachten Zeit führten, waren einhundertneunzehn Selbstgespräche.[12]

Wenn Menschen Selbstgespräche führen, dann sagt man, sie dächten laut. Dies ist eine der wenigen Gelegenheiten, bei denen ein Beobachter zum Zeugen privater Gedanken einer anderen Person wird. Viele Philosophen und andere Intellektuelle haben behauptet, daß das Denken dem Menschen vorbehalten sei und über die Fähigkeiten anderer Tiere hinausginge. Diese Behauptung geht auf Aristoteles zurück, wir finden sie ebenfalls bei Thomas von Aquin und Descartes, und auch moderne Philosophen vertreten sie.[13] Die Forschungen, deren Ergebnisse wir im folgenden besprechen, liefern uns solide empirische Beweise für das Denkvermögen nichtmenschlicher Tiere.

Die von Debbi Fouts über fünfundvierzig Stunden aufgenommenen Videofilme zeigten neunzig Selbstgespräche der Schimpansen. Mark Bodamer, einer unserer graduierten Studenten zu jener Zeit, hat diese Videoaufnahmen für seine Magisterarbeit analysiert,[14] wobei er nach den gleichen Methoden vorging, wie sie schon vorher bei ähnlichen Versuchen mit Menschen angewendet worden waren. Er stellte fest, daß die Schimpansen ebenso wie die Menschen ihre Selbstgespräche für verschiedenste Funktionen verwendeten. Eine wichtige Frage, die sich bei der Arbeit von Mark ergab, war, ob die von ihm analysierten Aufnahmen unter Bedingungen entstanden waren, unter denen die Schimpansen weniger bereit waren, Selbstgespräche zu führen, denn Debbi hatte bei ihren Aufnahmen in den meisten Fällen zwei oder mehr Schimpansen ins Bild gesetzt und darauf verzichtet, einzelne Schimpansen aufzunehmen. Sie hatte es getan, weil sie die Gespräche zwischen den Schimpansen dokumentieren wollte. Nach Abschluß von Marks Magisterarbeit machten wir noch einmal im Zeitraum von sechsundfünfzig Wochen an fünf Tagen jeder Woche jeweils zwölf Minuten dauernde Videoaufnahmen. Damit hatten wir sechsundfünfzig Stunden neues Material, das wir analysieren konnten, aber diesmal sollten diejenigen, die die Aufnahmen machten, sobald sie die Wahl hatten, von jener Kamera aufnehmen, die nur einen Schimpansen im Bild hatte, anstatt von der Kamera aufzunehmen, die mehrere Schimpansen im Ausschnitt hatte. Damit erhöhte sich die Zahl der Selbstgespräche auf dreihundertachtundsechzig in sechsundfünfzig Stunden um das Dreifache.

Eine der häufigen Zeichenkategorien bei Schimpansen und Menschen sind »referentielle Zeichen«. Das geschieht zum Beispiel dann, wenn Washoe ein Bild in einer illustrierten Zeitschrift benennt oder wenn Dar das Zeichen »Hund« macht, wenn ein Hund an seinem Fenster vorbeiläuft. Im Grunde sind das einfach Kommentare über Dinge oder Ereignisse in ihrer Umgebung. Wenn diese Dinge erwähnt werden, dann offensichtlich nur um des Erwähnens willen, nicht weil sie danach fragen oder um etwas bitten. Einige Wissenschaftler haben behauptet, daß Schimpansen sich nicht sprachlich auf Dinge beziehen können, sondern die Zeichensprache nur um einer Belohnung willen verwenden. Mit dieser arroganten Haltung wird der Schimpanse zu einer seelen- und gedankenlosen Maschine gemacht, und es wird bestritten, daß er, wie es die Wirklichkeit zeigt, ein aktiv nach Informationen verlangendes Lebewesen ist.

Auch in anderer Weise zeigen Schimpansen ein Verhalten, das angeblich nicht bei ihnen anzutreffen ist. Es wird behauptet, daß Schimpansen nur nach Dingen in ihrer unmittelbaren Umgebung fragen, nicht aber nach Dingen, die nicht anwesend sind. Mit anderen Worten, für sie gelte das Sprichwort »Aus den Augen, aus dem Sinn«. In den sogenannten »informativen Selbstgesprächen« erwähnen Schimpansen Dinge, die sie nicht in ihrer unmittelbaren Umgebung wahrnehmen können. Auch das ist ein starkes Indiz dafür, daß die Schimpansen ebenso wie wir an Dinge denken können, die sich nicht in ihrer unmittelbaren Nähe befinden. Die Schimpansen führten in zwölf bis vierzehn Prozent der in den beiden Studien aufgezeichneten Fälle derartige Selbstgespräche. Auch darin zeigt sich das reiche mentale Leben des Schimpansen.

Washoe führte häufig »expressive Selbstgespräche«. Das ist eine Kategorie der Selbstgespräche, die beim Menschen häufiger bei Erwachsenen als bei Kindern zu beobachten ist. Der Mensch äußert sich in dieser Weise, wenn er über etwas aufgeregt oder aus der Fassung gebracht ist. Wenn man sich zum Beispiel zufällig mit einem Hammer auf den Daumen schlägt oder feststellt, daß einem ein Streifenwagen der Polizei folgt, nachdem man bei Rot über eine Kreuzung gefahren ist, wird man, auch wenn man allein ist, oft irgend etwas zum Ausdruck bringen. Mein Lieblingsbeispiel für das Verhalten der Schimpansen in einer solchen Situation bot mir Washoe. Der Videofilm zeigte sie, wie sie auf einer Bank lag und sich eine illustrierte Zeitschrift ansah. Nun kam Loulis durch einen über ihr liegenden Tunnel in das Zimmer und lief schnell unter die Bank, ohne daß Washoe ihn beachtete. Dann streckte er die Hand aus, griff sich die Zeitschrift und lief sofort wieder durch den Tunnel aus dem Zimmer hinaus. Bis Washoe aufgestanden war, war er verschwunden. Daraufhin ging sie im Zimmer auf und ab und machte immer wieder das Zeichen »schmutzig, schmutzig«. Wie bereits erwähnt, war das Wort »schmutzig« für Washoe eine Beschimpfung.

Andere von den Schimpansen benutzte Zeichen ließen sich in folgende Kategorien einordnen: »selbstregelnd«, »regelnd«, »die Aufmerksamkeit anzeigend«, »interagierend«, »instrumentell«, »eigene Aktivitäten beschreibend«, »fragend« und »imaginär«. Mit dieser letzten Kategorie hat sich unsere Studentin Mary Lee Abshire in einer Studie über das Vorstellungsvermögen der Schimpansen eingehender beschäftigt, in der sie sowohl Selbstgespräche über nur in der Vorstellung bestehende Dinge als auch andere Verhaltensweisen untersucht hat, bei denen die Vorstellungskraft der Schimpansen zum Ausdruck kommt.[15]

Phantasiebegabte Schimpansen

Die Vorstellungskraft ist eine weitere besondere mentale Fähigkeit, die nach Auffassung gewisser Leute der menschlichen Spezies vorbehalten ist. Einige der beeindruckendsten Leistungen des Menschen sind unserem Vorstellungsvermögen zugeschrieben worden. Wir hätten vielleicht niemals eine Expedition zum Mond unternommen, wenn wir uns nicht vorgestellt hätten, daß dies möglich sei. In der Studie über Selbstgespräche wird die Vorstellung als eine Äußerung definiert, die »gesungen« wird, ein Wortspiel ist oder eine Umwandlung realer Gegenstände oder Ereignisse darstellt, ob diese nun vorhanden sind oder nicht: Wir haben festgestellt, daß fünf Prozent der Äußerungen von Schimpansen in der Phantasie entstandene Vorstellungen betrafen. Zum Beispiel von rhythmischen Bewegungen begleitete Zeichen oder formale Alliterationen von Zeichen waren mit Gesang vergleichbar. Das waren zum Beispiel Verhaltensweisen, wie sie Loulis zeigte, als er sich ein Stück Holz auf den Kopf legte und es als »Hut« bezeichnete. In einem anderen Fall schuf Moja eine Alliteration, als sie Zeichen »reimte«, die alle mit der gleichen Handstellung begannen.

Mary Lee Abshire ging in ihrer Arbeit auch auf andere Verhaltensweisen, wie etwa auf das Spiel der Schimpansen, ein. Sie hatte festgestellt, daß spielende Schimpansen die Gegenstände, mit denen sie spielten, so behandelten, als seien es lebendige Wesen. Mit anderen Worten, die Vorstellung bewirkt, daß Situationen oder Dingen Eigenschaften zugeschrieben werden, die sie in Wirklichkeit nicht besitzen. Auf einem Videofilm hatte sie Dar dabei aufgenommen, wie er beim Spiel mit einem Teddybär das Zeichen für »Versteckspiel« machte. Sie bezeichnete diese Art der Vorstellung als »Animation«. Moja zeigte einen weiteren Typ von Vorstellung, die als »Substitution« bezeichnet wurde, als sie begann, einen Geldbeutel so zu benutzen, als sei es ein Schuh. Im Verlauf von fünfzehn Stunden Videofilm konnte Mary Lee in sechs Fällen Vorstellungsvermögen bei den Schimpansen aufnehmen. Das ist beeindruckend, wenn man bedenkt, daß von den fünftausendzweihundert Beobachtungen von Schimpansen bei der Verwendung der Zeichensprache nur zwei Prozent (einhundertneunzehn) als Selbstgespräche klassifiziert wurden und daß bei den Studien über Selbstgespräche nur vier bis fünf Prozent von ihnen Vorstellungen betrafen. Mit anderen Worten, Vorstellung ist im Vergleich mit allen anderen Dingen, die sie tun, ein verhältnismäßig seltenes Verhalten und in dieser Beziehung geht es ihnen ähnlich wie uns.

Erinnerungsvermögen

Das Erinnerungsvermögen und das Zeitgefühl sind geistige Fähigkeiten, die, wie die Menschen bisher glaubten, ihren Mitgeschöpfen, den Tieren, fehlen. Unser schönstes Beispiel dafür, daß Schimpansen ein Gedächtnis haben, erlebten wir mit Washoe. Etwa ein Jahr, nachdem wir mit Washoe nach Oklahoma gezogen waren, bekam sie Besuch von den Gardners. Es war ihnen sehr schwergefallen, sich von Washoe zu trennen und sie uns nach Oklahoma mitzugeben, und vielleicht waren es diese schmerzlichen Gefühle, die sie veranlaßten, Washoe während der folgenden elf Jahre nicht zu besuchen. Inzwischen waren wir in den Staat Washington in unser gegenwärtiges Haus gezogen, und die Schimpansen, die an Gardners zweitem Projekt teilgenommen hatten, Moja, Tatu und Dar, lebten jetzt mit Washoe und Loulis zusammen. Moja hatte die Gardners etwa drei Jahre nicht mehr gesehen, und Dar und Tatu hatten sie vor mehr als einem Jahr verlassen, als sie uns besuchten. Loulis war der einzige Schimpanse, der sie noch nicht kannte.

Wir hatten den Schimpansen nicht gesagt, daß die Gardners kommen würden. Wir wollten sie damit überraschen. Als sie ins Haus kamen, taten die vier Schimpansen, die die Gardners kannten, etwas für sie völlig Ungewöhnliches. Wenn Fremde uns besuchen, zeigen die Schimpansen normalerweise ein drohendes Verhalten, um die Fremden einzuschüchtern und zu vertreiben. Wenn wir als ihre vertrauten Freunde zu ihnen kommen, begrüßen sie uns gewöhnlich mit keuchenden Lauten, und Washoe und die anderen zeigen uns »komm/umarmen« oder wollen uns berühren. Doch als die Schimpansen die Gardners sahen, verhielten sie sich mit Ausnahme von Loulis völlig anders; sie setzten sich auf den Boden und starrten ihre Gäste an, als seien sie sprachlos. Nur Loulis stand auf, schwankte hin und her und schlug gegen die Wände des Tunnels, in dem er sich befand. Dabei sträubten sich sogar seine Haare. Washoe und Dar, die neben ihm saßen, packten ihn, Dar hielt ihm den Mund mit der Hand zu, und Washoe faßte ihn an Arm und Schultern und brachte ihn dazu, sich hinzusetzen und sich zu beruhigen. Loulis nahm das ebenso überrascht zur Kenntnis wie wir, denn soweit wir wußten, hatten die anderen Schimpansen ihn bisher noch nie so behandelt.

Die nächste Überraschung war, daß Washoe, als sie die Gardners anschaute, in der Zeichensprache ihre Namen nannte. Sie hatte sie zum letztenmal vor elf Jahren gesehen, als sie sieben Jahre alt war, und sie erinnerte sich noch jetzt an sie und die Zeichen für ihre Namen. Dann wendete sich Washoe an Beatrice Gardner und machte die Zeichen »komm, Mrs. G.«. Damit führte sie Mrs. Gardner in ein benachbartes Zimmer und fing an, mit ihr ein Spiel zu spielen, das sie zum letztenmal als Fünfjährige in Reno gespielt hatte.

Zweimal, und zwar im Abstand von zwei Jahren und neun Monaten, konnten wir beobachten, daß Tatu nicht nur ein gutes Gedächtnis, sondern gleichzeitig auch ein erstaunliches Zeitgefühl hatte. Zum erstenmal erlebten wir dies während der Thanksgiving-Feiertage im Jahr 1989. Wir hatten es uns zur Gewohnheit gemacht, alle Geburtstage und Feiertage zu feiern, denn diese jahreszeitlich festgelegten Ereignisse unterbrechen die langweilige Routine, die ein Leben in der Gefangenschaft oft mit sich bringt. Zu Weihnachten schmücken wir die Räume mit an Schnüren aufgereihten Trockenfrüchten und Süßigkeiten, und auch der traditionelle Weihnachtsbaum wird mit solchen Leckerbissen behängt. Der Baum wird jedesmal am Wochenende nach dem Thanksgiving-Donnerstag aufgestellt und geschmückt. Er steht außerhalb des Wohnbezirks der Schimpansen, und in den Tagen bis zum Beginn des Weihnachtsfestes erhöht sich ständig die Zahl der eßbaren Köstlichkeiten. Natürlich ist der Weihnachtsbaum ein besonders beliebtes Gesprächsthema bei den Schimpansen, und sie bezeichnen ihn mit einer von ihnen selbst erfundenen Zeichenkombination als »Bonbon-Baum«. Am Weihnachtstag bekommen die Schimpansen einen Teil des Baumschmucks zu essen, und der Rest reicht aus, um ihnen bis zum Neujahrstag täglich etwas davon zu geben.

1989 am Freitag nach Thanksgiving fing es an zu schneien, und als Tatu das bemerkte, stellte er die Frage »Bonbon-Baum?«. Das beeindruckte uns, denn wir konnten daraus schließen, daß er sich nicht nur an den Weihnachtsbaum erinnerte, sondern auch wußte, daß es jetzt die Jahreszeit war, ihn aufzustellen, und das setzt Zeitwahrnehmung voraus. Wir waren uns jedoch auch der Tatsache bewußt, daß es sich nur um eine einzelne Beobachtung eines solchen Verhaltens handelte. Erst im August 1991 konnten wir zum zweitenmal ein ähnliches Verhalten feststellen.

Wie schon gesagt, feierten wir jedes Jahr alle Geburtstage. Zwei von ihnen folgten unmittelbar aufeinander. Debbi Fouts' Geburtstag ist am 1. und Dars Geburtstag am 2. August. Dieses Jahr feierten wir Debbis Geburtstag wie gewöhnlich mit einem Festessen und Geburtstagsliedern. Am Nachmittag fragte Tatu »Dar Eiskrem?« Bei den Geburtstagsfeierlichkeiten gibt es gewöhnlich Eiskrem, und es scheint als hätte Tatu gewußt, was nach Debbis Geburtstag kam.

Rückbesinnung auf Kain und Abel

Die Schimpansen sind unsere nächsten lebenden Verwandten. Blutuntersuchungen[16] haben ebenso wie Untersuchungen des Erbgutes[17] ergeben, daß die Schimpansen biochemisch und genetisch dem Menschen näher sind als dem Gorilla, obwohl die Unterschiede zwischen diesen drei Primaten jeweils nur bis zu einem Prozent betragen.

Die Ähnlichkeiten im Verhalten der wildlebenden Schimpansen mit dem des Menschen sind ebenso auffallend wie die biochemischen und genetischen Ähnlichkeiten. Die Arbeit von Jane Goodall[18] und anderen hat uns gezeigt, daß sich das Verhalten wildlebender Schimpansen nicht wesentlich von dem noch nicht mit der industriellen Technik in Berührung gekommener Gruppen von Menschen unterscheidet. In der Wildnis leben die Schimpansen in Gemeinschaften innerhalb traditioneller Grenzen; sie jagen, sie haben eine enge Beziehung zu ihren Müttern (die in einzelnen Fällen so weit führt, daß sie sich beim Tode ihrer Mutter selbst zu Tode trauern), sie stellen Werkzeuge her, und – das ist vielleicht das Wichtigste – sie können unter seelischen und körperlichen Schmerzen leiden.

Außer den deutlich erkennbaren Ähnlichkeiten zwischen ihrer und unserer Kultur gibt es auch auffallende Ähnlichkeiten im Hinblick auf das Begriffsvermögen. Die Gardners haben festgestellt, daß Schimpansen die menschliche Zeichensprache erlernen können.[19] Wir haben in diesem Kapitel gezeigt, daß Schimpansen diese Zeichensprache an die folgende Generation weitergeben, daß sie sie spontan benutzen können, um sich untereinander und mit Menschen zu verständigen, daß sie die Fähigkeit haben, mittels dieser Sprache ihre Gedanken zum Ausdruck zu bringen, was auch bei ihren Selbstgesprächen deutlich wird, daß sie Vorstellungsvermögen besitzen, daß sie ein gutes Gedächtnis haben und vielleicht sogar die einzelnen Jahreszeiten voneinander unterscheiden können.

Aus dieser Forschungsarbeit mit Schimpansen und anderen Großen Menschenaffen ergibt sich, daß es zwischen den Menschen und den Menschenaffen nur einen graduellen Unterschied gibt und Darwins Vorstellung von Kontinuität zutrifft. Diese Überzeugung widerspricht der stärker verbreiteten Auffassung, daß sich der Mensch grundsätzlich von allen anderen Tieren unterscheidet. Leider setzt ein großer Teil der biomedizinischen Forschung an Schimpansen eine in gewisser Weise schizophrene Haltung voraus: Sie rechtfertigt die Verwendung von Schimpansen als medizinische Modelle mit der Darwinschen Kontinuität, beansprucht jedoch zugleich moralische Immunität im Hinblick auf den physischen und mentalen Schaden, der den Schimpansen zugefügt wird, und zwar mit der Begründung, daß der Mensch anders sei als alle anderen Tiere. Die Folge ist, daß Schimpansen behandelt werden, als seien sie gefühllose Automaten.

Während der vergangenen fünfundzwanzig Jahre hat uns unsere Forschungsarbeit geholfen, die verbreitete Vorstellung zu überwinden, wir Menschen unterschieden uns grundsätzlich von allen anderen Lebewesen. Wir haben gezeigt, daß Schimpansen Bewußtsein besitzen, daß sie fühlen und ein reiches geistig-seelisches Leben haben. Von nun an sind wir Menschen verantwortlich, dafür zu sorgen, daß unsere Beziehung zu unseren verschwisterten Spezies, zu den Schimpansen ebenso wie zu den anderen Großen Menschenaffen, nicht derjenigen zwischen Kain und Abel gleicht, sondern statt dessen dem humaneren Gebot folgt, das lautet: »Liebe deinen Bruder.«

Anmerkungen

1. R. A. Gardner und B. T. Gardner, »A cross-fostering laboratory« in R. A. Gardner, B. T. Gardner und T. E. Van Cantfort (Hrsg.), *Teaching Sign Language to Chimpanzees*, Albany, New York 1989, S. 1–28.
2. H. Sarles, *After Metaphysics: Toward a Grammar of Interaction and Discourse*, Lisse 1977, S. 27.
3. R. A. Gardner und B. T. Gardner, »A test of communication« in R. A. Gardner, B. T. Gardner und T. E. Van Cantfort (Hrsg.), *Teaching Sign Language to Chimpanzees*, Albany, New York 1989, S. 181–197.
4. R. S. Fouts, A. Hirsch und D. H. Fouts, »Cultural transmission of a human language in a chimpanzee mother/infant relationship« in H. E. Fitzgerald, J. A. Mullins und P. Page (Hrsg.), *Phsychobiological Perspective: Child Nurturance Series*, Bd. 3, New York 1982, S. 159–193; R. S. Fouts, D. H. Fouts und T. E. Van Cantfort, »The infant Loulis learns signs from cross-fostered chimpanzees« in R. A. Gardner, B. T. Gardner und T. E. Van Cantfort (Hrsg.), *Teaching Sign Language to Chimpanzees*, Albany 1989, S. 280–292.
5. F. X. Plooij, »Some basic traits of language in wild chimpanzees« in A. J. Lock (Hrsg.), *Action, Gesture and Symbol: The Emergence of Language*, New York 1978.
6. B. F. Skinner, »Signs and countersigns«, *Behavioural and Brain Sciences*, Bd. 11, Nr. 3, 1988, S. 466–467.
7. D. H. Fouts, »Remote videotaping of a juvenile chimpanzee's sign language interactions within his social group« (unveröffentlichte Arbeit zum Magisterexamen, Ellensburg, 1984); R. S. Fouts und D. H. Fouts, »Loulis in conversation with cross-fostered chimpanzees«, in R. A. Gardner, B. T. Gardner und T. E. Van Cantfort (Hrsg.), *Teaching Sign Language to Chimpanzees*, Albany 1989, S. 293–307.
8. R. A. Gardner und B. T. Gardner, »A cross-fostering laboratory«.
9. R. S. Fouts, D. H. Fouts und D. Shoenfeld, »Sign language conversational interactions between chimpanzees«, *Sign Language Studies*, Bd. 34, 1984, S. 1–12.
10. H. Terrace, *Nim*, New York 1979.
11. D. H. Fouts, »Remote videotaping of a juvenile chimpanzee's sign language interactions within his social group«; Fouts und Fouts, »Loulis in conversation«.
12. Fouts u. a., »Sign language conversational interactions«.
13. Aristoteles, *De Anima II*, 3, 414a (28) – 414a (10); Thomas von Aquin, *Summa contra Gentiles*, Buch III, Teil II, Kap. CXII; R. Descartes, *The Philosophical Works of Descartes*, ins Englische übersetzt von E. S. Haldane und G. R. T. Ross, Dover, New York 1955; einschlägige Auszüge aus den Werken dieser drei Philosophen finden sich in T. Regan und P. Singer (Hrsg.), *Animal Rights and Human Obligations*, 2. Auflage, Englewood Cliffs 1989, S. 4–19. Über zeitgenössische Vertreter der Auffassung, daß Tiere nicht denken können, siehe R. G. Frey, *Interests and Rights: The Case Against Animals*, Oxford 1980, und Michael Leahy, *Against Liberation: Putting Animal in Perspective*, London 1991.

14. M. Bodamer, »Chimpanzees signing to themselves«, unveröffentlichte Prüfungsarbeit zum Magisterexamen, Ellensburg 1987; M. Bodamer, R. S. Fouts, D. H. Fouts und M. L. Abshire, »Functional analysis of chimpanzee (Pan troglodytes) private signing«, eingereicht bei *Journal of Comparative Psychology* 1993.
15. M. L. Abshire, »Imagination in chimpanzees«, *Friends of Washoe Newsletter*, Bd, 9, Nr. 4, 1989, S. 2–10.
16. M. E. King und A. C. Wilson, »Evolution at two levels in humans and chimpanzees«, *Science*, Bd. 188, 1975, S. 107–116.
17. R. Lewin, »DNA reveals surprises in human family tree«, *Science*, Bd. 226, 1984, S. 1179–1183.
18. J. Goodall, *The Chimpanzees of Gombe: Patterns of Behavior*, Cambridge, MA, 1986.
19. Gardner und Gardner, »A test of communication«.

5

Die Sprache und der Orang-Utan: Die alte »Person« des Waldes

von H. Lyn White Miles

Die Orang-Utans sind, wie H. Lyn White Miles uns in diesem Kapitel erzählt, die rätselhaftesten unter den Großen Menschenaffen. Über die Orang-Utans wissen wir weniger als über die Schimpansen und Gorillas. Aber Dr. Miles kennt wenigstens einen Orang-Utan, Chantek, sehr gut, weil sie, wie sie hier berichtet, einige Jahre damit zugebracht hat, ihm die Zeichensprache beizubringen und mit ihm zu sprechen. Das Ergebnis ist das Porträt eines intelligenten, einfallsreichen, nachdenklichen und gelegentlich urteilenden Wesens. Dr. Miles lehrt an der soziologischen und anthropologischen Fakultät der Universität von Tennessee in Chattanooga. Gegenwärtig arbeitet sie zusammen mit Robert Mitchell und N. S. Thomson an der Herausgabe eines Buches mit dem Titel Animals, Anecdotes and Anthropomorphism.

Und doch behaupte ich, daß seine (des Orang-Utans) Fähigkeit, es (das Sprechen) zu erlernen, da er sowohl die menschliche Intelligenz als auch das Sprachorgan besitzt und die dafür erforderlichen geistigen Gaben wie Sanftheit, Freundlichkeit und Humanität, ausreicht, um ihn als Menschen zu bezeichnen.

Lord J. B. Monboddo,
Of the Origin and Progress of Language, 1973[1]

Wenn wir sagen, daß die Grundvoraussetzung dafür, ein Lebewesen als Person zu bezeichnen, seine Fähigkeit sei, zu denken und zu sprechen, dann sollten wir jetzt fragen: »Sind Orang-Utans oder andere Lebewesen Personen?« Aus dieser Frage ergeben sich komplexe Probleme, doch mit Sicherheit haben Arroganz und Unwissenheit wesentlich dazu beigetragen, daß wir uns davor scheuen, die intellektuellen Fähigkeiten unserer nächsten biologischen Verwandten, der nichtmenschlichen Großen Menschenaffen, anzuerkennen.

Durch unsere beachtlichen geistigen und kulturellen Leistungen haben wir uns von den Tieren abgehoben. Zwar gab es religiöse Strömungen wie die Lehren des hl. Franziskus und bestimmte Formen der Naturreligionen, die der Entfremdung des Menschen von der Natur widersprachen, aber die vorherrschende jüdisch-christliche Tradition hielt daran fest, daß der weiße »Mann« etwas Besonderes war und den göttlichen Auftrag hatte, die Herrschaft über die Erde, über alle anderen Rassen, über Frauen, Kinder und Tiere auszuüben. Dieser Herrschaftsanspruch wurde von der westlichen Philosophie in den Auffassungen von Descartes übernommen, der behauptete, Tiere seien wie Maschinen ohne bedeutende Sprache, ohne Gefühle und ohne Gedanken. Sogar bestimmten Gruppen von Menschen, die vom europäischen und amerikanischen Kolonialismus versklavt worden waren, wurde der Personenstatus abgesprochen. Noch vor etwa einhundert Jahren haben Wissenschaftler die Auffassung vertreten, daß die Sprachen der »Wilden« den Sprachen in den kultivierten Gesellschaften unterlegen seien. Während die Anthropologen im 19. Jahrhundert in ihrem Hochmut glaubten, die Überlegenheit der weißen Rasse an den Ausmaßen des menschlichen Schädels nachweisen zu können, hatte kaum jemand Verständnis für die Vorstellung, daß auch Tiere Personen sein könnten.

Wenn Verschiedenheit als »das andere« definiert wird, ist fast immer Unwissenheit die Ursache. Da es im Westen keine Vertreter unserer nächsten Verwandten, der Menschenaffen, gab, wußten wir nichts von unserer Primatenherkunft und von den Spezies, durch die wir enger mit der Natur verbunden sind.[2] In Kulturen, wo die Menschen regelmäßig Menschenaffen beobachten konnten, haben sich ganz andere Weltanschauungen entwickelt. Beispielsweise wird das malaiische Wort »Orang-Utan« übersetzt als »in den Wäldern lebendes, vernünftiges Wesen«[3] oder »alte Person des Waldes«.[4] Das Wort »Orang« bedeutet Intelligenz, Respekt und Ehrfurcht.[5] Das malaiische Volk der Dajak kennt eine Sage, nach der der Orang-Utan eine ältere Form der Person war, die in ihrer Weisheit die Menschen nicht wissen ließ, daß sie sprechen konnte, weil sie fürchtete, dann arbeiten zu müssen.[6] Weil die Dajak mit Orang-Utans in engem Kontakt leben, begriffen sie, daß diese Geschöpfe in gewisser Weise »Personen« waren.

In diesem Jahrhundert verwandelt sich unsere Unwissenheit in ein reiferes Verständnis für unseren Platz im Kosmos. Wir haben dieses Bewußtsein durch die Erforschung des Wesens des Universums und der Evolution des Lebens und unserer Spezies entwickelt. Wir haben die Komplexität des menschlichen Geistes und Körpers erkannt. Wir bemühen uns, Menschen- und Tierrechte voranzutreiben. Wir arbeiten an der Lösung weltweiter Probleme des Umweltschutzes, der Wirtschaft, der Politik und der Kommunikation, und wir erforschen den Weltraum und schließen dabei die Möglichkeit nicht aus, auf andere zu stoßen, die so sind wie wir. Als die Wissenschaft des Westens darum bemüht war, sich eingehender mit dem Leben der Menschenaffen in ihrer natürlichen Umwelt und in der Gefangenschaft zu beschäftigen, wurde es für sie immer schwieriger, das Verhalten der Menschenaffen zu erklären, ohne auf das Verhalten des Menschen Bezug zu nehmen. Beobachter haben komplexere Methoden für das Studium der Primaten entwickelt und eine ganze Reihe menschenähnlicher Verhaltensweisen entdeckt. Dazu gehören auch die familiären Strukturen, ebenso das Herstellen von Werkzeugen, das Jagen, die Errichtung von Behausungen und ein komplexes System der Kommunikation und der Täuschung.[7] Forscher haben es nach Möglichkeit zu vermeiden versucht, in einen naiven Anthropomorphismus zu verfallen, stellten jedoch fest, daß es anscheinend starke Ähnlichkeiten zwischen den Kulturen der Menschen und der Menschenaffen gibt. Frans de Waal sah sich gezwungen, die Persönlichkeiten und das politische

Verhalten der Menschenaffen mit menschlichen Begriffen zu beschreiben, und er erklärt, daß sie »nur zutreffend dargestellt werden können, wenn wir die gleichen Adjektive verwenden, mit denen wir unsere Mitmenschen charakterisieren«.[8] Damit begann »der andere« uns mehr zu gleichen, als wir es für möglich gehalten hatten.

Wir befinden uns jetzt an einem ethischen Scheideweg, an den uns bemerkenswerte Entdeckungen über unsere enge genetische Verwandtschaft mit den Menschenaffen und das Ausmaß ihrer intellektuellen und emotionalen Fähigkeiten geführt haben. Wir fragen uns, ob Menschenaffen über die geistige Kapazität verfügen, eine Kultur zu entwickeln, eine Sprache zu lernen, vernünftig zu denken, anderen Wissen zuzuschreiben, andere zu täuschen, sich ihrer selbst bewußt zu sein und ein moralisches Empfinden zu entwickeln. Das heißt, wir fragen, ob sie Personen sind. Darwin hat gezeigt, daß uns gemeinsame Vorfahren mit unseren biologischen Vettern, den Menschenaffen, verbinden. So haben charakteristische Merkmale und soziale Strukturen des Menschen ihre Wurzeln tief in unserem von den Primaten überlieferten Erbe. Natürlich gibt es wichtige Unterschiede zwischen Menschen und Tieren, aber die Vorstellungen über das Ausmaß der menschlichen Einzigartigkeit sind ins Wanken geraten. Das ist unter anderem durch die neueren Versuche, Menschenaffen eine Sprache zu lehren, geschehen. Dies war während der vergangenen fünfzehn Jahre der Inhalt meiner Forschungen. Wenn ein Orang-Utan eine Sprache erlernen kann, ist er dann möglicherweise eine Person? Es ist Zeit, diesem »anderen« tief in die Augen zu sehen und darauf zu hören, was er zu sagen hat.

Der Orang-Utan

Der Orang-Utan ist der rätselhafteste der Großen Menschenaffen, weil wir verhältnismäßig wenig von ihm wissen. Die Pioniere auf dem Gebiet der Primatologie, Robert und Ada Yerkes, beschrieben Orang-Utans als ruhig, nachdenklich und melancholisch.[9] In vorgeschichtlicher Zeit waren sie über einen sehr viel weiteren Bereich verteilt als heute. Sie lebten in ganz Asien in den verschiedensten

Lebensräumen. Heute finden wir die Orang-Utans nur noch auf den Inseln Borneo und Sumatra, wo sie hügelige und gebirgige Gegenden ebenso bewohnen wie das sumpfige Tiefland. Bis vor einiger Zeit glaubte man, daß sie ausschließlich Baumbewohner seien. Heute wissen wir, daß Orang-Utans große Entfernungen am Boden zurücklegen und auch Höhlen bewohnen. Ihre Hauptnahrung sind Früchte, aber insgesamt können sie sich auf vielfältige Weise ernähren, und darauf ist vielleicht ihre Körpergröße und soziale Organisation zurückzuführen, die umfassender ist, als man zunächst geglaubt hat.[10]

Es gibt entscheidende Unterschiede zwischen Menschen und Großen Menschenaffen, aber achtundneunzig bis neunundneunzig Prozent unserer Erbanlagen sind mit den ihren identisch. Wollten wir dem bei uns üblichen Klassifizierungssystem folgen, dann müßten die Wissenschaftler die Großen Menschenaffen in die gleiche zoologische Gattung mit den Hominiden einordnen (Menschen und ihre hominiden Vorfahren). Da jedoch im allgemeinen eine anthropozentrische Auffassung vorherrscht, wird der Mensch bequemerweise in eine andere Gattung als die Großen Menschenaffen gesteckt. Im allgemeinen glaubt man, daß die Schimpansen und Gorillas näher mit dem Menschen verwandt sind als die Orang-Utans, in erster Linie aufgrund genetischer Studien, obwohl das auch bezweifelt worden ist.[11] Mit dem Ergebnis solcher Studien läßt es sich kaum vereinbaren, daß die Orang-Utans eine überraschende Vielzahl an verhaltensmäßigen und biologischen Ähnlichkeiten mit dem Menschen zeigen, und das sorgt für Verwirrung. Von allen Menschenaffen gleichen die Orang-Utans den Menschen am meisten im Hinblick auf die Dauer der Schwangerschaft, die Asymmetrie der Gehirnhälften, das Zahnsystem, die Sexualphysiologie, das Verhalten bei der Begattung, die Hormonspiegel, die Behaarung, die Verteilung der Milchdrüsen und die Fähigkeit zu einsichtsvoller Erkenntnis. Weshalb sollten Orang-Utans solche verhaltensmäßigen und morphologischen Ähnlichkeiten trotz ihrer genetischen Distanz zeigen?

In jüngster Zeit erklärt man das damit, daß Menschen und afrikanische Menschenaffen erst in neuerer Zeit eine voneinander getrennte Entwicklung genommen haben, daß jedoch der Schimpanse und der Gorilla ihre eigenen Merkmale entwickelten. Sowohl die aus Fossilien gewonnenen Erkenntnisse als auch der Vergleich der jeweiligen DNS und anderer biochemischer Meßwerte lassen vermuten, daß der Orang-Utan der konservativste oder auch primitivste der Großen Menschenaffen ist. Er gleicht am meisten seinem hominoiden Vorfahren (einem menschenähnlichen Primaten), der vor etwa zwölf Millionen Jahren gelebt hat und dessen Nachfahren die Menschenaffen und der Mensch sind.[12] Die Orang-Utans haben eine größere Zahl der charakteristischen Merkmale jener Hominoiden bewahrt als die afrikanischen Menschenaffen. Deshalb hat man die Orang-Utans auch als »lebende Fossilien« bezeichnet, und so sind sie eine Art Zeitreisende.[13]

Die Orang-Utans besitzen erstaunliche Fähigkeiten, die sowohl in der Öffentlichkeit als auch in der Wissenschaft särker zur Kenntnis genommen werden sollten. Studien über die Erkenntnisfähigkeit der Orang-Utans haben gezeigt, daß sie zumindest ebenso intelligent sind wie die afrikanischen Menschenaffen und über ein menschenähnliches einsichtsfähiges Denkvermögen verfügen, das durch längere Phasen der Aufmerksamkeit und ruhige, überlegte Handlungen gekennzeichnet ist.[14] Susan Essock und Duane Rumbaugh vertreten die Auffassung: »Schimpansen werden oft als die ›schlauesten‹ Menschenaffen bezeichnet, und die Orang-Utans haben den Ruf, langweilig und träge zu sein. Sie mit solchen Etiketten zu versehen ist unangemessen und widerspricht den Forschungsergebnissen.«[15]

Orang-Utans bauen sich Unterkünfte in ihrer natürlichen Umwelt und stellen Werkzeuge her. In der Gefangenschaft lernen sie, Knoten zu binden,[16] erkennen sich im Spiegel,[17] verwenden ein Werkzeug, um ein anderes herzustellen, und sind bei der Handhabung von Gegenständen die geschicktesten aller Menschenaffen.[18] In Zoos sind sie die besten Ausbruchskünstler, denn sie haben die Fähigkeit, Riegel und Drähte zu manipulieren, um aus ihren Käfigen zu entkommen, eine Begabung, die ich besonders häufig bei ihnen erlebt habe. In diesem Zusammenhang hat Benjamin Beck die Art, einen Schraubenzieher zu verwenden, bei Schimpansen,

Gorillas und Orang-Utans verglichen. Er sagt, der Gorilla kümmere sich im allgemeinen nicht um ein solches Werkzeug, der Schimpanse versuche hingegen, den Schraubenzieher für alles mögliche zu benutzen, aber nicht als Schraubenzieher, und:

> Der Orang-Utan wird das Werkzeug sofort entdecken, aber es zunächst ignorieren, damit kein Wärter bemerkt, daß es aus Nachlässigkeit liegengeblieben ist. Wenn der Wärter den Schraubenzieher doch bemerkt, wird sich der Affe seiner bemächtigen und den Schraubenzieher erst zurückgeben, wenn er dafür einen besonderen Leckerbissen bekommt. Bemerkt der Wärter den Schraubenzieher nicht, dann wird der Affe bis zum Einbruch der Dunkelheit warten und ihn dann dazu benutzen, das Türschloß zu öffnen oder das Gitter des Käfigs auseinanderzunehmen, um zu fliehen.[19]

Wright zeigte einem Orang-Utan mit Namen Abang, wie man von einem Feuerstein Splitter abschlägt, um ein Messer daraus zu machen, wie unsere hominiden Vorfahren das vor zweihundert Millionen Jahren getan haben. Nachdem Abang gelernt hatte, ein solches Feuersteinmesser herzustellen, öffnete er eine Schachtel, in der sich etwas zu essen befand, indem er einen Bindfaden durchschnitt, mit dem die Schachtel verschnürt war.[20]

Die Feststellung, daß im Sprachzentrum der Gehirne von Orang-Utans und Menschen eine gewisse Ähnlichkeit besteht, hat Wissenschaftler zu der Überlegung veranlaßt, man könnte Orang-Utans vielleicht eine Zeichensprache beibringen.[21] Seit 1973 habe ich genau das getan, zuerst mit Schimpansen und in letzter Zeit mit einem Orang-Utan namens Chantek. Jetzt müssen wir uns nicht mehr fragen, was im Bewußtsein der Menschenaffen vorgehen könnte, oder welche Emotionen sie haben. Wenn wir unsere Erwartungen in realistischen Grenzen halten und menschliche Kinder als unser Modell benutzen, dann können wir sie einfach danach fragen. Ich habe viel über diese Geschöpfe gelernt und, ähnlich wie meine Kollegen, die sich mit vergleichbaren Forschungen beschäftigen, festgestellt, daß ich sie unbewußt als Personen erlebe.

Chantek: Ein Orang-Utan, der sich mit Zeichensprache verständigen kann

Die biochemischen Ähnlichkeiten zwischen Menschenaffen und Menschen schienen zunächst den Unterschieden in unserem Verhalten zu widersprechen, bis die Versuche, den Menschenaffen eine Sprache beizubringen, die Wissenschaftler veranlaßten, ihre Meinung zu ändern, und sich die Kluft zu schließen begann. Die Versuche, Orang-Utans das Sprechen zu lehren, sind nicht sehr erfolgreich gewesen, weil den Menschenaffen die flexible rechtwinkelige Krümmung zur Stimmritze fehlt, die den besonderen Klang der menschlichen Stimme ermöglicht.[22] Nachdem Forscher begonnen hatten, die amerikanische Zeichensprache für Taubstumme für die Verständigung mit Schimpansen und Gorillas zu benutzen,[23] begann ich die erste Langzeitstudie über das Sprachvermögen eines Orang-Utans mit Namen Chantek, der im Yerkes Primate Center in Atlanta, Georgia, USA, geboren worden war.[24] Kritiker vermuteten, daß Menschenaffen, die Symbole verwenden, ihre menschlichen Pfleger vielleicht nur imitieren, aber inzwischen gibt es eine wachsende Übereinstimmung darüber, daß Orang-Utans, Gorillas und beide Schimpansenspezies die sprachlichen Fähigkeiten eines zwei- bis dreijährigen menschlichen Kindes entwickeln können.[25]

Das Ziel des Projekts Chantek war es, das Bewußtsein eines Orang-Utans im Rahmen einer Entwicklungsstudie über seine kognitiven und sprachlichen Fähigkeiten zu erforschen. Es bedeutete eine große ethische und emotionale Verantwortung, mit einem Orang-Utan eine, wie Anthropologen es nennen, »Enkulturation« durchzuführen, denn dabei würde ich ihm nicht nur eine neue Art der Verständigung beibringen, sondern ihn auch gewisse Aspekte der Kultur lehren, auf die sich diese Sprache stützt. Wenn mein Entwicklungsprojekt erfolgreich verliefe, würde ich ein Symbole benutzendes Geschöpf schaffen, das auf einer Entwicklungsstufe stünde, die irgendwo zwischen der eines in seiner natürlichen Umwelt lebenden Menschenaffen und eines erwachsenen Menschen läge, und daraus würden sich ebenso viele Fragen ergeben, wie ich zu beantworten suchte.

Im Alter von neun Monaten kam Chantek an der Universität von Tennessee in Chattanooga in die Obhut einer kleinen Gruppe von Pflegern, die sich mit ihm mit Hilfe von Zeichen, die auf der amerikanischen Zeichensprache für Taubstumme basierten, verständigten. Nach einem Monat begann Chantek, diese Zeichen zu benutzen und erlernte im Lauf der Zeit einhundertfünfzig verschiedene Zeichen. Das entsprach dem Wortschatz eines sehr jungen menschlichen Kindes. Chantek lernte die Namen von Menschen (Lyn, John), die Bezeichnung von Orten (Hof, Brock-hall), die Namen von Lebensmitteln (Joghurt, Schokolade), die Bezeichnungen für Tätigkeiten (arbeiten, umarmen), von Gegenständen (Schraubenzieher, Geld), von Tieren (Hund, Menschenaffe), von Farben (rot, schwarz), Pronomen (du, ich), Ortsangaben (oben, Stelle), Eigenschaften (gut, schmerzlich) und Betonung (mehr, es ist Zeit, etwas zu tun). Wir stellten fest, daß Chantek die Zeichen spontan verwendete, und nicht wiederholend. Er imitierte nicht nur seine Pfleger, wie das angeblich der Schimpanse Nim tat, dem man die Zeichensprache beigebracht hatte, sondern er verwendete die Zeichen aktiv, um eine Kommunikation zu beginnen oder nach etwas zu verlangen.

Schon sehr bald begann Chantek seine Zeichen miteinander zu kombinieren und ihre Bedeutung zu modifizieren, indem er ihre Artikulation und Zusammensetzung leicht veränderte. Nachdem er zum Beispiel Coca Cola getrunken hatte, machte er die Zeichen »Coke trinken«, und als er einen seiner Pfleger durch den Zaun an den Haaren gezogen hatte, machte er die Zeichen »ziehen Bart«. Als er in seinem Käfig war und seine Pflegerin auf die Uhr sah, teilte er ihr in der Zeichensprache mit »Zeit umarmen« und beim Anblick einiger Farbdosen sagte er in der Zeichensprache »rot schwarz Stelle«. Zunächst verwendete er die Zeichen, um zu veranlassen, daß die Menschen und Gegenstände seinen Wünschen entsprachen, und nicht, um sie zu bezeichnen. Er kannte seine Zeichen, so wie ein Haustier eine Dose Futter oder ein Wort mit der Fütterungszeit verbindet. Aber konnte er diese Zeichen auch als Symbole benutzen, das heißt in mehr abstrakter Weise, um eine Person, einen Gegenstand, eine Tätigkeit oder eine Idee zu bezeichnen, und zwar unabhängig vom Kontext oder auch, wenn diese Dinge im Augenblick nicht vorhanden waren?

Ein Beweis dafür, daß taubstumme und nicht taubstumme menschliche Kinder die Fähigkeit haben, die Symbolsprache zu benutzen, ist, wenn sie auf die Dinge zeigen können. Einige Forscher behaupteten nun, daß Menschenaffen nicht in der Lage seien, dies spontan zu tun. Chantek begann auf Gegenstände zu deuten, als er zwei Jahre alt war – wie wir erwartet hatten, etwas später als menschliche Kinder. Zuerst zeigte und gab er uns Gegenstände. Dann begann er, an die Stelle zu zeigen, wo er gekrault werden wollte, oder wohin wir ihn tragen sollten. Schließlich konnte er Fragen beantworten wie »wo Hut?«, »was anders?« und »was wollen?«, indem er auf den betreffenden Gegenstand zeigte.

Mit der Erweiterung seines Wortschatzes wurden die Ideen, die Chantek zum Ausdruck brachte, zunehmend komplexer, etwa wenn er Vögel, die Warnrufe ausstießen, als »böser Vogel« bezeichnete und Quark »weißer Käse Nahrung essen« nannte. Er begriff, daß die Dinge bestimmte Merkmale oder Eigenschaften hatten, die sich beschreiben ließen. Zudem schuf er Kombinationen von Zeichen, wie wir sie bis dahin noch nicht verwendet hatten. Ebenso wie ein Kind, das eine Sprache lernt, begann Chantek, die Bedeutung seiner Zeichen zu erweitern oder zu begrenzen, was uns einen Einblick in seine Emotionen verschaffte und zeigte, wie er seine Welt ordnete. So verwendete er zum Beispiel das Zeichen »Hund« für Hunde, das Bild eines Hundes auf einem Bildschirm, Orang-Utans im Fernsehen, bellende Geräusche im Radio, Vögel, Pferde, einen Tiger im Zirkus, eine Kuhherde, das Bild eines Geparden und das Motorengeräusch eines Hubschraubers, das offenbar wie das Bellen eines Hundes klang. Das Zeichen »Käfer« bedeutete für Chantek auch Grillen, Küchenschaben, das Bild einer Küchenschabe, Wanzen, Schnecken, kleine Motten, Spinnen, Würmer, Fliegen, eine graphische Darstellung in Form eines Schmetterlings, kleine braune Stücke Katzenfutter und kleine Teile Kot. Er machte das Zeichen für »zerbrechen«, bevor er einen Keks zerbrach und verteilte und nachdem er seinen Toilettensitz zerbrochen hatte. Er machte für sich das Zeichen »schlecht«, bevor er nach einer Katze griff, als er in einen Rettich biß und als er einen toten Vogel sah.

Außerdem stellten wir fest, daß Chantek auch das gesprochene Englisch verstehen konnte (nachdem wir zwei Jahre mit ihm zusammengelebt hatten, benutzten wir im Umgang mit ihm nicht nur die Zeichensprache, sondern auch das gesprochene Englisch). Eines Tages wurde in einer Kindersendung im Radio die Geschichte einer Katze erzählt. Als der Sprecher das Wort »Katze« aussprach oder wie eine Katze miaute, machte Chantek das Zeichen »Katze«. Als wir ihn mündlich aufforderten, die Zeichen für eine Reihe von Worten in seinem Vokabular zu machen, tat er es sofort und zeigte damit, daß er, ohne daß wir ihn darin unterrichtet hatten, die Entsprechung von Zeichen und gesprochenen Worten kannte.

Eine weitere Komponente der Fähigkeit, Symbole zu benutzen, ist die »Verlagerung«, d. h. sich auf Dinge oder Ereignisse beziehen zu können, die örtlich oder zeitlich nicht gegenwärtig sind. Es ist ein wichtiges Anzeichen dafür, daß Symbole auch geistige Vorstellungen sind, deren man sich bewußt sein kann, wenn die Objekte, auf die sie sich beziehen, nicht wahrzunehmen sind. Das war eine außerordentlich wichtige Entwicklung in der Evolution der menschlichen Sprache, weil das Individuum damit von seiner unmittelbaren Umgebung unabhängig wurde und unsere Vorfahren nun über längst vergangene Zeiten und weit entfernte Orte sprechen konnten. Chantek begann im Alter von zwei Jahren, Dinge mit der Zeichensprache zu bezeichnen, die er in diesem Augenblick nicht wahrnehmen konnte. Oft bat er darum, in seinem Hof an bestimmte Stellen gehen zu dürfen, um dort nach seinen Spielgefährten, einem Eichhörnchen oder einer Katze zu suchen. Er bat uns auch darum, ihm »Eiskrem« zu geben, und machte dazu das Zeichen für »Autofahrt«. Dann nahm er uns an der Hand und wollte uns zum Parkplatz führen, damit wir mit ihm zum nächsten Eisverkäufer fuhren.

Wir stellen auch fest, daß ein Orang-Utan lügen kann. Die Fähigkeit, einen anderen zu täuschen, zeigt deutlich, daß derjenige, der es versucht, die Sprache beherrscht, denn dazu muß die Wirklichkeit bewußt und absichtlich verfälscht werden. Um einen anderen zu täuschen, muß man die Ereignisse aus dessen Perspektive sehen und seine Wahrnehmung negieren.[26] Chantek begann bereits in einem relativ frühen Alter mit solchen Täuschungsversuchen, und wir erwischten ihn etwa dreimal wöchentlich bei einer Lüge. Er lernte, daß er das Zeichen »schmutzig« machen konnte, um dann ins Badezimmer zu gelangen und mit der Waschmaschine, dem Wäschetrockner, der Seife usw. zu spielen, anstatt die Toilette zu benutzen. Er verwendete die Zeichensprache auch dazu, um uns bei irgendwelchen Spielen zu seinem Vorteil zu täuschen, unsere Aufmerksamkeit bei sozialen Interaktionen abzulenken, Testsituationen zu vermeiden und nach Spaziergängen nach Hause zu kommen. Einmal stahl er mir einen Leckerbissen aus der Tasche, während er gleichzeitig meine Hand in die entgegengesetzte Richtung zog. Ein anderes Mal stahl er einen Radiergummi und tat so, als habe er ihn verschluckt. Um das zu »bekräftigen«, öffnete er den Mund und machte das Zeichen für »essen«, als wollte er sagen, daß er ihn schon gegessen habe. In Wirklichkeit behielt er den Radiergummi in der Backe, und später fanden wir ihn in seinem Schlafzimmer an einer Stelle, wo er auch andere Gegenstände zu verstecken pflegte.

Wir führten Tests zur Überprüfung der geistigen Fähigkeiten Chanteks durch, bei denen wir nach Methoden vorgingen, die für menschliche Kinder entwickelt worden waren. Chantek erreichte eine geistige Entwicklungsstufe, die etwa der eines zwei- bis dreijährigen Kindes entsprach. Dabei zeigte er aber auch gewisse Fähigkeiten, die nur bei älteren Kindern zu beobachten sind. Bei manchen Aufgaben, die von Kindern bereitwillig gelöst werden, etwa bei der Verwendung eines Objekts, um einen anderen Gegenstand darzustellen und bei der Vortäuschung eines Spiels, verhielt sich Chantek ganz ähnlich wie menschliche Kinder, jedoch geschah dies weniger häufig. Er tat zum Beispiel so, als liefe er vor jemandem fort, indem er beim Wegrennen über die Schulter zurückblickte, obwohl er von niemandem verfolgt wurde. Ebenso wie menschliche Kinder zeigte Chantek Anzeichen für Animismus, das heißt, er gab Gegenständen und Ereignissen Eigenschaften lebender Wesen. Obwohl keines dieser symbolischen Spielverhalten so ausgeprägt war wie bei den meisten menschlichen Kindern, bestand hier offenbar nur ein gradueller, aber kein grundsätzlicher Unterschied.

Chantek experimentierte auch spielerisch mit der Lösung von Problemen. Zum Beispiel versuchte er sich selbst abzusaugen, und erfand viele Methoden, den Strom in dem elektrischen Zaun abzuschalten, der den Hof umgab, auf dem er spielte. Er lernte, mit den verschiedensten Werkzeugen umzugehen, zum Beispiel mit Hämmern, Nägeln und Schraubenziehern, und konnte mit diesen Werkzeugen Aufgaben bewältigen, die bis zu zweiundzwanzig problemlösende Schritte erforderten. Im Alter von zwei Jahren imitierte er Zeichen und Tätigkeiten. So machten wir zum Beispiel etwas Bestimmtes und forderten ihn durch die Zeichen »tue dasselbe« auf, uns zu kopieren. Dann imitierte er sofort unser Verhalten, das er manchmals allerdings auch leicht modifizierte, etwa, wenn er uns zuzwinkerte, indem er sein Augenlid mit dem Finger auf und ab bewegte. Chantek beschäftigte sich auch gern mit Farben, und seine freien Zeichnungen glichen denen dreijähriger menschlicher Kinder. Er lernte, horizontale und vertikale Linien sowie Kreise zu kopieren. Mit viereinhalb Jahren erkannte sich Chantek im Spiegel und benutzte ihn, um sein Fell zu säubern. Er zeigte die Fähigkeit, seine Handlungen vorauszuplanen, kreativ zu simulieren und Gegenstände in neue Beziehungen zueinander zu setzen, um ihnen eine neue Bedeutung zu verleihen. So simulierte er beispielsweise die Situation der Essenszubereitung, indem er seiner Pflegerin zwei für die Zubereitung seines Milchmischgetränks benötigte Zutaten gab und seinen Blick auf die Stelle richtete, wo sich die fehlende Zutat befand.

Die oben erwähnten Beispiele zeigen, daß er fähig war, absichtlich und mit Vorsatz zu handeln, die Perspektive anderer einzunehmen, Dinge gedanklich zu verlagern und einen symbolischen Gebrauch von der Sprache zu machen. Eine Voraussetzung für diese Erkenntnisprozesse war es, daß er sich eine Art geistige Vorstellung davon machen konnte, zu welchen Ergebnissen bestimmte Ereignisse führen würden. Ein weiterer Hinweis darauf, daß Chantek geistige Vorstellungen besaß, lag in seiner Fähigkeit, auf die Bitte seiner Pflegerin, seine Zeichen deutlicher zu artikulieren, zu reagieren. Wenn seine Artikulation nachlässiger wurde, baten wir ihn »Zeichen besser«. Dann sah er uns aufmerksam in die Augen und wiederholte seine Zeichen langsam und exakt, wobei er mit der einen Hand die andere in die richtige Position brachte. Ein weiterer Hinweis für bildliche Vorstellung war, daß er bei der Verwendung der Zeichensprache gelegentlich spontan die Füße benutzte, was wir ihm nicht beigebracht hatten. Chantek begann sogar, Gegenstände zueinander in Beziehung zu setzen, um daraus Zeichen zu formen. So benutzte er zum Beispiel die zwei Teile einer Schere anstelle seiner Hand, um mit ihr das Zeichen für »beißen« zu machen.

Chantek war außerordentlich neugierig und einfallsreich. Wenn er den Namen eines Gegenstands wissen wollte, hielt er uns seine Hände hin und forderte uns auf, das entsprechende Zeichen aus ihnen zu formen. Aber Sprache ist ein kreativer Vorgang, und deshalb freute es uns zu sehen, daß Chantek begann, seine eigenen Zeichen zu erfinden. Eines der von ihm erfundenen Zeichen war »keine Zähne«, um uns zu zeigen, daß er bei einer Balgerei seine Zähne nicht benutzen würde. Als »Augen-Getränk« bezeichnete er eine von seiner Pflegerin verwendete Lösung für Kontaktlinsen. Einen Angestellten der Universität, den er besonders schätzte und dem der Finger einer Hand fehlte, nannte er »Dave-fehlender-Finger«. Ein Guckkasten, in dem er kleine Bilder betrachten konnte, hieß bei ihm »Viewmaster«. Auch für einen Luftballon erfand er ein eigenes Zeichen. Wie unsere Vorfahren war auch Chantek zu einem Sprachschöpfer geworden. Das war das Kriterium, von dem Lord Monboddo vor zweihundert Jahren gesagt hatte, es würde die Orang-Utans zu Personen machen.

Wir hatten eine enge persönliche Beziehung zu Chantek. Er selbst fühlte sich eng mit seinen Pflegern verbunden, und das zeigte sich in seinem starken Einfühlungsvermögen und der Eifersucht, die er im Umgang mit uns zum Ausdruck brachte. Er war sofort bereit, uns vor jedem »Angriff« eines Spielzeugtiers oder vor sonstigen vermeintlichen Bedrohungen zu schützen. Wenn seine Lieblingspfleger nicht anwesend waren, war deutlich zu spüren, daß er sie vermißte. Dann verlangte er manchmal auch danach, uns zu sehen. Im Alter von acht Jahren wurde er zu groß, um weiter auf unserem Campus zu leben, und so kehrte er zum Yerkes Center in Atlanta, Georgia, zurück. Das war eine schwere Umstellung für ihn, und er vermißte die ihm vertrauten Gefährten und Aktivitäten. Eines Tages saß er traurig da und signalisierte »Point give Ann« und wies dabei auf die Tür. Er ließ die Tür nicht aus den Augen, beobachtete die verschiedenen Wagen und Personen, die vorbeigingen oder -fuhren, und wartete auf Ann. Er hat seine Einsamkeit wahrscheinlich nicht mehr so schmerzlich empfunden, als man ihn am Yerkes Center mit zwei weiblichen Orang-Utans bekanntmachte. Zwar schwängerte er eine von ihnen, aber das Baby starb kurze Zeit nach der Geburt. In Zukunft ist es nicht nur wichtig, daß Chantek die Gelegenheit hat, Kontakte mit anderen Orang-Utans zu pflegen, sondern man darf auch seine Enkulturation nicht vergessen. Mein Ziel ist es, meine Beziehung zu ihm fortzusetzen und ihm die Gelegenheit zu verschaffen, sich nicht nur mit Menschen, sondern auch mit anderen Orang-Utans mit Hilfe der Zeichensprache zu verständigen.

Tag für Tag haben wir mit Chantek gelebt und gemeinsame Erfahrungen mit ihm geteilt, als wäre er ein Kind. Wir haben seine Wunden geheilt, ihn getröstet, wenn er sich vor streunenden Katzen fürchtete, wir haben ihm spielerisch beigebracht, gefährliche Situationen zu vermeiden, wir haben ihn in den Wald mitgenommen und dort mit Steinen Nüsse geknackt, wir haben ihn beobachtet, wie er in der Zeichensprache Selbstgespräche führte, wir haben uns von ihm überlisten und zum Narren halten lassen, und wir waren enttäuscht, wenn ihn die Aufgaben langweilten, die wir ihm stellten. Wir haben von ihm geträumt, in unserer Phantasie Gespräche mit ihm geführt, und wir haben ihn geliebt. In diesen außergewöhnlichen Momenten, die ich mit dem Angehörigen einer anderen Spezies teilte, habe ich Chantek ohne Zweifel als eine Person erlebt.

Menschenaffen, Sprache und Personalität

Wie können uns Chanteks Fähigkeiten und unsere Erfahrungen mit ihm zum besseren Verständnis dessen helfen, was eine »Person« ist? Es gibt eine ganze Anzahl von Fähigkeiten, von denen man geglaubt hat, sie seien die Voraussetzung für Personalität. Und ebenso wie im Falle der Sprache sind die Definitionen dessen, was eine Person ist, immer anspruchsvoller geworden, nachdem die Grenzen der Fähigkeiten des *Homo sapiens* angesichts der Möglichkeit, daß nichtmenschliche Lebewesen Personen sein könnten, durchbrochen worden sind. Descartes hat gesagt, der Unterschied zwischen Mensch und Tier bestehe darin, daß allein der Mensch eine Sprache entwickelt hat und rational denken kann. Die Fähigkeiten, die Chantek entwickelt hat, zeigen uns, daß unsere Spezies nicht als einzige über problemlösende Intelligenz, Vernunft und geistige Vorstellungen verfügt. Darüber hinaus zeigen uns die sprachlichen Leistungen Chanteks, daß er ein rudimentäres Kommunikationssystem beherrscht, das sich auf übereinstimmende und referentielle Bedeutungen stützt, die konventionalisiert, unabhängig vom Kontext und strukturell miteinander verknüpft sind sowie innerhalb einer Gemeinschaft von Benutzern zum Ausdruck gebracht werden, um den eigenen Bedürfnissen gerecht zu werden, seine Umwelt zu charakterisieren und das Verhalten anderer zu beeinflussen. So dürfen wir sagen, daß Chantek der von Descartes aufgestellten Definition der Person entspricht, zumindest auf der Ebene eines jungen menschlichen Kindes.

Bei dem Versuch, den Begriff der Person zu definieren, nennt der Psychologe Richard Passingham als weitere Erfordernisse die Erfindungsgabe, den Willen, das Bewußtsein und das Gewissen.[27] Michael Corballis[28] hat gesagt, Wille, Bewußtsein und der Begriff des Selbst seien zwar vielleicht schwierig zu definieren, könnten aber angesichts der neuesten Erkenntnisse über das Bewußtsein der Tiere wahrscheinlich nicht nur für den Menschen in Anspruch genommen werden. Chanteks Erfindungsgabe wird offensichtlich, wenn er in kreativer Weise neue Lösungen für Probleme gefunden hat. Mit der Erfindung eigener Zeichen für bestimmte Worte hat er sogar eine höhere Stufe der Erfindungsgabe erreicht, denn er hat Symbole geschaffen, die innerhalb des konventionalisierten Rahmens seiner Sprachengemeinschaft verstanden werden. In der pragmatischen Analyse von Chanteks kommunikativen Absichten zeigt sich, daß Chantek die von Passingham erhobene Forderung, seinen Willen zum Ausdruck zu bringen, erfüllt. Er verwendet seine Zeichen, um Forderungen zu erheben, Objekte zu identifizieren und seine Meinung über seine Umwelt zum Ausdruck zu bringen. Wenn er uns täuscht, dann zeigt sich sein Wille, indem er eigensinnige Wege findet, seine Ziele zu erreichen. Das dritte Erfordernis Passinghams, Bewußtsein oder Selbstbewußtsein, wird bei Kindern oder Tieren als erfüllt angesehen, wenn sie sich im Spiegel erkennen können. Obwohl bei Chantek diese Fähigkeit erst deutlich wurde, als er etwas älter geworden war, zeigte er dabei ein ganz ähnliches Verhaltensmuster der Selbsterkennung wie menschliche Kinder.

Das Gewissen ist das letzte Element in der Definition von Passigham, und auch der Philosoph Daniel Dennett bezeichnet es als wesentliches Merkmal der Person. Dennett fügt hinzu, daß für die Entwicklung zur Person auch Selbstreflektion notwendig sei, also die Fähigkeit, selbstbewußt über das eigene Selbst in Beziehung zu anderen nachdenken zu können, sowie das Bewußtsein, daß andere die gleiche Fähigkeit besitzen.[29] Offenbar sind Chanteks kindliche Überlegungen und sein »moralisches« Verhalten abgeleitet und basieren auf seiner »Enkulturation« durch den Menschen. Aber ebenso wie menschliche Kinder hat Chantek das ethische System seiner Kultur nicht neu erfunden oder genetisch ererbt. Im Lauf der Erziehung übernehmen menschliche Kinder das bereits existierende System ihrer Kultur und verinnerlichen es als ihr eigenes.

Die Enkulturation Chanteks gründete sich auf die für Kinder des gebildeten amerikanischen Mittelstands sozial akzeptierten Verhaltensmuster. Er hatte gelernt, die Toilette zu benutzen, beim Essen Geschirr und Besteck zu verwenden, beim Spielen und in Gesprächen so lange zu warten, bis er an der Reihe war, nicht vor anderen zu masturbieren und nicht durch die Ritze unter der Toilettentür andere zu beobachten. Wir versuchten nicht, den »Orang-Utan« in ihm zu verdrängen, indem wir ihm unpraktische menschliche Kleidung anzogen oder ihn daran hinderten, sich wie ein normaler Orang-Utan zu verhalten und auf Bäume zu klettern oder die ihm gemäßen Laute von sich zu geben. Aber offensichtlich entwickelte er ein sozial strukturiertes Selbst innerhalb der allgemeinen Grenzen unserer Kultur. Er kannte seinen Namen und wußte, wie er aussah, so wie er auch die Namen und die Bilder anderer kannte. Er benutzte Spiegel, um sein eigenes Äußeres und das seiner Betreuer zu pflegen. Er konnte sich seine eigene und die Existenz anderer geistig vorstellen, sich auf Dinge beziehen, die nicht anwesend waren, und seine Gefährten suchen, wenn er sich einsam fühlte, sie beim Namen nennen und nach ihnen fragen. Seine Fähigkeit, andere zu täuschen, Dinge zu simulieren und Mitgefühl auszudrücken, zeigte, daß er die Dinge aus der Perspektive anderer sehen konnte, die nicht auf einem egozentrischen Blickwinkel basierte, und das konnte er fraglos schon im Alter von viereinhalb Jahren. Diese Fähigkeit, Perspektiven einzunehmen, ist der erste Schritt, Rücksicht auf andere und »moralisches« Verhalten zu entwickeln.

Chanteks Fähigkeit, sich sprachlich zu verständigen, machte deutlich, daß er sich ein minimales Wertsystem zu eigen gemacht hatte, das dem eines Kindes ähnlich ist. Chantek verwendete verschiedene Zeichen, um seinen Aussagen Nachdruck zu verleihen und seine Gefühle auszudrücken. Das waren etwa die Zeichen »gut« und »schlecht«, die er im jeweils richtigen Zusammenhang benutzte. Besonders interessant war das Zeichen »schlecht«, denn er verstand es nicht nur, wenn er sich selbst schlecht betragen hatte, sondern er bezeichnete damit auch das Verhalten anderer als »schlecht«, wenn er zum Beispiel Menschen, Hunde und Vögel dafür tadelte, daß sie zu laut waren. Aber auch sein eigenes unerwünschtes Verhalten bezeichnete er als »schlecht«, und zwar gelegentlich sogar im Selbstgespräch. Das ist besonders interessant, denn es zeigt, daß er über sich nachdenken und einen inneren Dialog über einfache Wertbegriffe führen konnte. Diese Selbstbetrachtung bei ihm ist noch im Entstehen und kindlich, aber Chantek hat mit Sicherheit einige kindliche »Moralbegriffe« aus der Kultur seiner Pflegeeltern verinnerlicht und zum Ausdruck gebracht.

Bei Gewissen und reflektierendem Selbstbewußtsein haben wir es nicht nur mit dem Individuum und seinen oder ihren Fähigkeiten zu tun, sondern auch mit dem sozial geformten Selbst im Zusammenhang mit den Glaubensinhalten und Verhaltensweisen, die eine Kultur einschließlich eines ethischen Systems entstehen lassen. Alle menschlichen Gruppen haben ethische Systeme, die bei ihrer kulturellen Anpassung eine Rolle spielen, aber die genauen Werte, die je nach den infrastrukturellen Bedürfnissen der Gesellschaft ausgewählt und gepflegt werden, können sehr verschieden sein. So sind zum Beispiel die Vielehe und das ritualisierte Essen des Fleisches von Verwandten oder Feinden in der einen Kultur im höchsten Grade moralisch, werden aber in einer anderen mit Gefängnis oder sogar dem Tode bestraft. Gewissen und Moralität entwickeln sich durch Enkulturation, wobei eine Generation die Wertbegriffe an die nächste weitergibt, anderenfalls hätten wir nicht die Verschiedenartigkeit, die wir in den menschlichen Kulturen antreffen.

Menschenaffen folgen natürlich ihren eigenen Verhaltensmustern innerhalb der Grenzen ihrer Gesellschaftsordnung. Diese Muster sind sozial komplex, werden von Regeln geleitet und gründen sich weitgehend auf Lernen. Ihre erworbenen Verhaltensmuster werden von Generation zu Generation weitergegeben und variieren in ihren Ausdrucksformen und in ihrem sozialen und politischen Verhalten von Gruppe zu Gruppe.[30] Obwohl das Lernen in den meisten Fällen auf einfachen Beobachtungen basiert, hat man in jüngster Zeit feststellen können, daß sich Menschenaffen gegenseitig bestimmte Verhaltensweisen bewußt beibringen, wie dies im vierten Kapitel und an anderer Stelle beschrieben wird. Aber auch das Einfühlungsvermögen und die Identifizierung mit anderen spielen dabei eine Rolle.[31] Aufgrund dieser Komplexität neigen wir zunehmend dazu, den Lebensstil von Affen und Menschenaffen in ihrer natürlichen Umwelt als Kultur oder zumindest als Protokultur zu bezeichnen. Bisher gibt es noch keinen Hinweis darauf, daß in der Freiheit lebende Menschenaffen ethische Systeme entwickelt haben, die auf ein ausgeprägtes Einfühlungsvermögen gegründet sind. Es läßt sich auch nicht nachweisen, daß Menschenaffen ein theoretisches Wissen über den Geist besitzen, das heißt, daß sie verstehen, daß andere Individuen geistige Prozesse und Überzeugungen haben wie sie selbst. Die »Kulturen« von Menschenaffen sind im allgemeinen einfach, opportunistisch, egozentrisch und pragmatisch.[32] Das trifft aber auch für das Verhalten vieler Menschen zu, besonders im frühen Kindesalter. Wenn wir darüber entscheiden sollen, ob Menschenaffen Personen sind, sollten wir nicht verlangen, daß sie als fühlende Wesen moralische Werte anerkennen, wie sie in der menschlichen Gesellschaft gelten, wenn sie solchen nicht ausgesetzt worden sind, denn ebenso wie menschliche Kinder können sie das Potential haben, Moralität zu entwikkeln, und sei sie auch noch so rudimentär.

Eine andere Möglichkeit, eine klarere Vorstellung davon zu bekommen, was eine Person ist, wäre eine Untersuchung darüber, wie das geltende Recht diesen Begriff definiert, besonders im Zusammenhang mit dem Tatbestand des Mordes.[33] Chantek ist in den Staaten Tennessee und Georgia aufgewachsen. In diesen und vielen anderen Staaten wird der Mord als das Töten »vernunftbegabter Wesen« definiert. Nach den in Tennessee geltenden Gesetzen wurde der Mord früher als das Töten »eines jeden existierenden vernunftbegabten Wesens« definiert. Gegenwärtig gilt die vereinfachte Aussage, Mord sei das Töten einer »anderen Person«.[34] Es hat in den Vereinigten Staaten eine Reihe von Gerichtsverfahren gegeben, die sich mit der Frage beschäftigt haben, was eine Person ist.[35] In einem dieser Fälle in Mississippi ging es darum, ob ein Sklave eine Person sei oder nicht. Das Gericht kam zu dem Schluß, der Sklave sei ebenso wie ein Idiot oder eine unkeusche Frau eine Person.[36] Es ist interessant, daß diese Gesetze den Tatbestand des Mordes nicht auf »menschliche Wesen« oder den *Homo sapiens* beschränken. Man könnte daher sagen, daß Chantek oder jedes andere vernunftbegabte Wesen von diesen gesetzlichen Bestimmungen geschützt würde.

Für diejenigen, die den Personenstatus nur einem Lebewesen zugestehen, das über ein reflektives Selbstbewußtsein oder vollständig ausgebildete Verstandeskräfte verfügt (oder die Möglichkeit zur Entwicklung dieser Fähigkeiten hat), oder nur ein sehr ausgeprägtes altruistisches Sozialverhalten zeigt, entsteht allerdings ein

Problem, denn es gibt mehrere Kategorien von Menschen, die diesen Forderungen nicht genügen. Soziopathen, also krankhaft asoziale Menschen, die Mitleid mit sich selbst, aber nicht mit ihren Opfern empfinden können, sind zwar in der Lage, über sich selbst nachzudenken, sie haben aber keinen Sinn für kulturelle Moralität entwickelt; sie kennen die Moralbegriffe ihrer Kultur, aber ihre persönliche Moral ist ausschließlich egozentrisch. Geistig schwerbehinderte Menschen und solche, die schwere Hirnverletzungen erlitten haben, sind nicht immer in der Lage, über sich selbst zu reflektieren, aber dennoch würden wir sie als Personen ansehen und ihnen gesetzlichen Schutz gewähren. Wir ziehen Kinder und geistig Behinderte für ihre Handlungen nicht wie Erwachsene zur Verantwortung, aber wir betrachten es als Mord, wenn sie (ohne daß der Staat es offiziell zugelassen hat) getötet werden, weil in ihnen das »Potential« für die Erlangung ihrer vollen geistigen Kräfte schlummert, auch wenn es sich niemals entfalten wird. Ethisch gesehen stehen von unserer Kultur geprägte Menschenaffen auf der gleichen Stufe wie menschliche Kinder. Diese Analogie ist besonders bedeutsam, weil das Gesetz Kinder schützt, deren Sprachvermögen und geistige Fähigkeiten geringer sind als die von Chantek.

Psychologen und Philosophen suchen nach Definitionen für »Personalität«, aber in Wirklichkeit definieren menschliche Gruppen als Person jeden, der nach ihrem Gefühl »zu uns« und nicht zu »den anderen« gehört. Wer eine »Person« und wer »ein anderer« ist, ist relativ und wechselt je nach der kulturellen Definition. Weil wir bei der genauen Beobachtung von Menschenaffen Erfahrungen aus erster Hand machen, erkennen wir in ihnen die Elemente, die dafür sprechen, daß sie Personen sind. Chantek ist kein frei lebender Menschenaffe mehr, er ist aber auch kein menschliches Wesen. Die menschliche Sprache und die Enkulturation haben ihn zu etwas gemacht, das dazwischen liegt, zu einem »vernunftbegabten Wesen«, einer Person in der Vorstellung der Dajaks wie auch nach unserem Verständnis. Während der Jahre, in denen ich mich als Sprachforscherin mit Menschenaffen beschäftigt habe, sah ich viele Menschen, die aus dem Staunen nicht mehr herauskamen, als sie sich mit Chantek unterhielten und ihn subjektiv als Person erlebten.

Wenn alle Menschen diese Erfahrung machen könnten, dann wäre es vielleicht nicht mehr nötig, dieses Buch zu schreiben.

Dank der Verfasserin: Dieses Forschungsprojekt wurde von der National Institutes of Health-Förderung HD 14918, von der National Science Foundation-Förderung BNS 8022260 und Beihilfen der UC Foundation unterstützt. Besonders anerkennen möchte ich die Hilfe, die mir das Yerkes Regional Primate Research Center, unterstützt durch die National Institutes of Health-Förderung 00165, gewährt hat. Mein besonderer Dank gilt auch Stephen Harper für seine Mitarbeit an diesem Kapitel und Robert Mitchell, Philip Lieberman, den Mitarbeitern des Projekts Chantek und Chantek selbst für ihre Unterstützung bei diesem Forschungsprojekt.

Anmerkungen

1. Lord J. B. Monboddo, *Of the Origin and Progress of Language,* Bd. 1 (1774), 2. Auflage 1973 wie zitiert in J. H. Schwartz, *The Red Ape,* Boston 1987, S. 21.
2. E. Linden, *Apes Men and Language,* New York 1981.
3. R. M. Yerkes und A. W. Yerkes, *The Great Apes: A Study of Anthropoid Life,* New Haven 1929, S. 38.
4. B. Galdikas-Brindamour, »Orangutans, Indonesia's ›People of the Forest‹«, *National Geographic,* Bd. 148, Nr. 4 (1975), S. 444–473.
5. D. Freeman, *The Great Apes,* New York 1979.
6. T. L. Maple, *Orang-utan Behavior,* New York 1980, S. 213.
7. D. L. Cheney und R. M. Seyfarth, *How Monkeys See the World: Inside the Mind of Another Spezies,* Chicago 1990 (dt. *Wie Affen die Welt sehen,* Hanser Verlag 1994); J. Goodall, *The Chimpanzees of Gombe: Patterns of Behavior, Cambridge, MA, 1986;* H. L. Miles, »How can I tell a lie?: Apes, language and the problem of deception?«, in R. W. Mitchell und N. S. Thompson (Hrsg.), *Deception: Perspectives on Human and Nonhuman Deceit,* Albany 1986, S. 245–266.
8. F. de Waal, *Chimpanzee Politics: Power an Sex Among Apes,* New York 1982, S. 54 (dt. *Wilde Diplomaten,* dtv 1993).
9. Yerkes und Yerkes, *The Great Apes.*
10. B. Galdikas, »Orangutan diet, range, and activity at Tanjung Putting, Central Borneo«, in *International Journal of Primatology,* Bd. 9, Nr. 1, 1988, S. 1–35.
11. J. H. Schwartz, *The Red Ape,* Boston 1987.
12. D. Pilbeam, »New hominoid skoll material from the Miocene of Pakistan«, *Nature,* Bd. 295, 1982, S. 232–234.
13. R. Lewin, »Is the orangutan a living fossil?«, *Science,* Bd. 222, 1983, S. 1222–1223.
14. T. L. Maple, *Orang-utan Behavior.*
15. S. M. Essock und D. M. Rumbaugh, »Development and measurement of the cognitive capabilities in capitive nonhuman primates«, in H. Marko-

witz, V.J. Stevens und L.P. Wrett (Hrsg.), *Behavior of Captive Wild Animals,* Chicago 1978, S.161–208.
16. F. Jantschke, *Orang-Utans in zoologischen Gärten,* München 1972.
17. G.G. Gallup, »Towards an operational definition of selfawareness«, in R.H. Tuttle (Hrsg.), *Socioecology and Psychology of Primates,* Paris 1975.
18. J. Lethmate, »Versuche zum ›vorbedingten‹ Handeln mit einem jungen Orang-Utan«, *Primates,* Bd. 18, Nr. 3, 1978, S. 531–543; C.E. Parker, »Responsiveness, manipulation and implementation behavior in chimpanzees, gorillas and orang-utans«, in C.R. Carpenter (Hrsg.), *Proceedings of the Second International Congress of Primatology,* Bd. 1, *Behaviour,* New York 1969, S. 160–166.
19. W.W. Beck, *Animal Tool Behavior,* New York 1980, S. 68–69
20. R.V.S. Wright, »Imitative learning of a flaked stone technology – the case of an orangutan«, *Mankind,* Bd. 8, Nr. 4, 1972, S. 296–306.
21. B. Galdikas, »Living with the great orange apes«, *National Geographic,* Bd. 157, Nr. 6, 1980, S. 1830–1853; M. LeMay und N. Geshwind, »Hemispheric differences in the brains of great apes«, *Brain Behaviour and Evolution,* Bd. 11, 1975, S. 48–52.
22. W. Furness, »Observations on the mentality of chimpanzees and orangutans«, *Proceedings of the American Philosophical Society,* Bd. 55, Nr. 3, 1916, S. 281–290; K. Laidler, *The Talking Ape, New York 1980; P. Lieberman, The Biology and Evolution of Language,* Cambridge, MA, 1984.
23. R.A. Gardner und B.T. Gardner, »Teaching sign language to a chimpanzee«, *Science, Bd. 165 (1969), S. 664–672; R.S. Fouts, »Acquisition and testing of gestural signs in four young chimpanzees«, Science,* Bd. 180 (1973), S. 978–980; F.G. Patterson, »Linguistic capabilities of a lowland gorilla«, in F.C. Peng (Hrsg.), *Sign Language and Language Acquisition in Man and Ape: New Dimensions in Comparative Pedolinguistics,* Boulder, CO, 1978; H.S. Terrace, L. Petitto, R. Sanders und T. Bever, »Can an ape create a sentence?«, *Science,* Bd. 206 (1979), S. 809–902.
24. H.L. Miles, »Acquisition of gestural signs by an infant orangutan *(Pongo pygmaeus)«, American Journal of Physical Anthropology,* Bd. 52 (1980), S. 256–257; H.L. Miles, »Apes and language: The search for communicative competence«, in J. deLuce und H.T. Wilder (Hrsg.), *Language in Primates: Perspectives and Implications,* New York 1983; H.L. Miles, (The cognitive foundations for reference in a signing orangutan« in S.T. Parker und K.R. Gibson (Hrsg.), *»Language« and Intelligence in Monkeys and Apes: Comparative Developmental Perspectives,* Cambridge 1990, S. 511–539.
25. H.L. Miles, »The communicatice competence of child and chimpanzee«, in S.R. Harnard, H.D. Horst und J. Lancaster (Hrsg.), *Anals of the New York Academy of Sciences: Origins of Evolution of Language and Speech,* New York 1976; Liebermann, *The Biology and Evolution of Language,*
26. R. Byrne und A. Whiten (Hrsg.), *Machiavellian Intelligence: Social Expertise and the Evolution of Intellect in Monkeys, Apes, and Humans,* Oxford 1988; Mitchell und Thompson (Hrsg.), *Deception: Perspectives on Human and Nonhuman Deceit,* Albany 1986.
27. R. Passingham, *The Human Primate,* Oxford 1982, S. 331–332.

28. M. Corballis, *The Lopsided Ape,* New York 1991.
29. D. Dennett, »Conditions of personhood« in *Brainstorms: Philosophical Essays on Mind and Psychology,* Cambridge, MA, 1976/1978, S. 267–285.
30. Goodall, *The Chimpanzees of Gombe.*
31. C. Boesch, »Teaching among wild chimpanzees, *Animal Behaviour, Bd. 41 (1991), S. 530–532; Goodall, The Chimpanzees of Gombe;* D. J. Povinelli, K. E. Nelson und S. T. Boysen, »Inferences about guessing and knowing by chimpanzees *(Pan troglodytes)*«, *Journal of Comparative Psychology,* Bd. 104 (1990), S. 203–210.
32. De Waal, *Chimpanzee Politics.*
33. R. B. Edwards und F. H. Marsh, »Reasonableness, murder and modern science«, *National Forum,* Bd. 58 (1978), S. 24–29.
34. *Tennessee Code Annotated,* 24:39–2401 (alt), 39–13:201 und 39–13:202; siehe auch *Tennessee Jurisprudence: An Encyclopedia of Tennessee Law,* 14:170, Charlottesville, VA, 1984.
35. State *Versus* Jones, *Mississippi Reports,* Bd. 1, Natchez, Mississippi 1821, S. 83.
36. Edwards and Marsh, »Reasonableness, murder and modern science«.

6
Zur Verteidigung des Personenstatus von Gorillas

von Francine Patterson und Wendy Gordon

Seit zwanzig Jahren kommuniziert Francine Patterson mit Koko, einem Gorilla. Patterson begann 1972, Koko die Zeichensprache beizubringen. Mit ihrer Doktorarbeit über die Studien zu dieser Kommunikation erwarb sie 1979 ihren Doktorgrad für Entwicklungspsychologie an der Stanford University. Heute ist sie Präsidentin der Gorilla Foundation, die sie und ihre Mitarbeiter 1976 gegründet haben. Diese Organisation, die als Pflegschaft für Koko und zwei andere Gorillas, Michael und Ndume, ins Leben gerufen wurde, arbeitet gegenwärtig daran, auf Hawaii ein Schutzgebiet einzurichten, wo Gorillas in einer geschützten, natürlichen Umwelt ein halbwegs freies Leben werden führen können. Wendy Gordon arbeitet als Forschungsassistentin seit 1990 an der Gorilla Foundation regelmäßig mit Koko und Michael zusammen. Vorher informierte sie vier Jahre in einem Zoo das Publikum über das Leben von Gorillas. Dieses Kapitel schildert die Beziehungen innerhalb dieser »Multi-Spezies-Familie« von Gorillas und Menschen, die mit ihnen leben und arbeiten.

Wir stellen Ihnen dieses Individuum vor und bitten Sie, eingehend über den folgenden Bericht nachzudenken:

Sie verständigt sich in einer Zeichensprache und benutzt dabei ein Vokabular aus mehr als eintausend Wörtern. Sie versteht auch gesprochenes Englisch und führt oft »zweisprachige« Gespräche, indem sie auf Englisch gestellte Fragen mit Zeichensprache beantwortet. Sie lernt die Buchstaben des Alphabets und kann einige gedruckte Worte lesen, unter anderem ihren eigenen Namen. Im Stanford-Binet Intelligenztest hat sie zwischen 85 und 95 Punkte erzielt.

Ihr Selbstbewußtsein kommt deutlich zum Ausdruck, wenn sie vor dem Spiegel auf sich selbst gerichtete Handlungen vollzieht, indem sie beispielsweise Grimassen schneidet oder ihre Zähne untersucht, und wenn sie zutreffende selbstbeschreibende Aussagen macht. Sie lügt, um die Folgen ihres eigenen Fehlverhaltens zu vermeiden, und kann die Reaktionen anderer auf ihr Handeln vorausahnen. Sie erfindet phantasievolle Spiele, die sie allein oder mit anderen spielt. Sie hat gegenständliche Bilder gemalt oder gezeichnet. Ihr Erinnerungsvermögen zeigt sich darin, daß sie über vergangene Ereignisse in ihrem Leben sprechen kann. Sie versteht und verwendet Worte, die sich auf die Zeit beziehen, wie »vorher«, »nachher«, »später« und »gestern«.

Sie lacht über ihre eigenen Scherze und die anderer. Sie weint, wenn sie verletzt oder allein gelassen wird, und schreit, wenn sie sich fürchtet oder ärgert. Sie spricht über ihre Gefühle und verwendet dabei Worte wie »glücklich«, »traurig«, »furchtsam«, »freuen«, »begierig«, »enttäuschen«, »böse« und sehr oft »Liebe«. Sie trauert um diejenigen, die sie verloren hat – eine Lieblingskatze, die gestorben ist, einen Freund, der weggegangen ist. Sie kann darüber sprechen, was geschieht, wenn jemand stirbt, aber sie wird nervös, und es ist ihr unangenehm, wenn man sie auffordert, über ihren eigenen Tod oder den Tod ihrer Freunde zu sprechen. Sie kann außerordentlich zärtlich mit jungen Katzen oder anderen kleinen Tieren umgehen. Sie hat sogar Mitgefühl für andere gezeigt, die sie nur auf Bildern gesehen hat.

Hat dieses Individuum Anspruch auf moralische Grundrechte? Man kann sich kaum ein überzeugendes Argument vorstellen, mit dem ihm nach der obigen Schilderung diese Rechte verweigert werden könnten. Sie ist selbstbewußt, intelligent, empfindsam, mitteilsam, hat Erinnerungen und verfolgt eigene Zwecke und ist mit

Sicherheit zu intensivem Leiden fähig. Wir haben keinen Grund, ihren moralischen Status anders zu beurteilen, wenn ich meiner Schilderung noch eine Mitteilung hinzufüge, nämlich, daß sie nicht der Spezies Mensch angehört. Die Person, die ich geschildert habe – und für diejenigen, die sie kennen, ist sie nichts Geringeres als eine Person –, ist Koko, ein zwanzig Jahre alter, weiblicher Tiefland-Gorilla.

Seit fast zwanzig Jahren lebt und lernt Koko in einem sprachlichen Umfeld, in dem sie die amerikanische Zeichensprache (ASL) benutzt und gesprochenes Englisch versteht.[1] Koko kombiniert die mehr als fünfhundert Zeichen ihres Arbeitsvokabulars zu Äußerungen, die durchschnittlich aus drei bis sechs Zeichen bestehen. Ihr gesamtes Vokabular – die Zeichen, die sie bei einer oder bei mehreren Gelegenheiten richtig verwendet hat –, besteht aus etwa eintausend Zeichen. Ihr passives Vokabular umfaßt mehrere Tausend gesprochene englische Worte.

Koko zeigt nicht als einzige diese Leistungen im Umgang mit der Sprache. Zu ihrer »Multi-Spezies Familie« gehört auch Michael, ein achtzehnjähriger männlicher Gorilla. Obwohl er erst im Alter von dreieinhalb Jahren mit der Zeichensprache vertraut gemacht wurde, hat er bisher mehr als vierhundert verschiedene Zeichen benutzt. Beide Gorillas beginnen in den meisten Fällen von sich aus ein Gespräch mit Menschen und benutzen ihr Vokabular in kreativen und originellen Zeichenkombinationen, um ihre Umwelt, ihre Gefühle, ihre Wünsche und sogar ihre eigene Vergangenheit zu beschreiben. Sie führen Selbstgespräche und verständigen sich auch untereinander durch Zeichen. Dabei benutzen sie die menschliche Sprache, um damit ihre eigenen natürlichen kommunikativen Gesten und Laute zu ergänzen.

Die Zeichensprache ist so sehr zum integrativen Bestandteil ihres täglichen Lebens geworden, daß Koko und Michael diese Sprache besser beherrschen als einige ihrer menschlichen Gefährten. Beide Gorillas machen ihre Zeichen langsam und wiederholen sie, wenn sie sich mit einem Menschen verständigen, der die Zeichensprache noch nicht so gut beherrscht wie sie selbst. Sie versuchen auch, anderen die Zeichensprache so beizubringen, wie sie selbst sie gelernt haben. Eines Tages hatte Michael zum Beispiel wiederholt das Zeichen »verfolgen« gemacht (dazu werden die beiden Fäuste zusammengeschlagen), aber seine Gefährtin, die das Zeichen nicht kannte, reagierte nicht darauf. Schließlich nahm er ihre Hände, schlug sie zusammen und schob sie von sich, um ihr zu zeigen, daß sie jetzt fortlaufen müsse. Koko wurde mehrmals dabei beobachtet, wie sie aus den Händen ihrer Puppen Zeichen formte.

Tests haben gezeigt, daß die Gorillas das gesprochene Wort in englischer Sprache ebensogut verstehen wie die Worte der Zeichensprache. Bei einem Standardtest, dem sogenannten Assessment of Children's Language Comprehension, wurden den Gorillas neue Wortverbindungen mit einem dazugehörigen Bildersatz vorgelegt. Dabei kannten die Prüfer die richtigen Antworten auch nicht. Die Anzahl der richtigen Antworten Kokos (siehe Tabelle 1) war doppelt so hoch, als man es hätte erwarten können, wenn sie zufällig entstanden wären, und in ihren Leistungen zeigte sich kaum ein Unterschied, ob die Anweisungen nur in der Zeichensprache oder nur auf Englisch gegeben worden waren.[2]

Weil die Gorillas sprachlich formulierte Anweisungen und Fragen verstehen, haben wir standardisierte Intelligenztests mit ihnen durchführen können, um uns ein noch genaueres Bild über ihre Fähigkeiten zu machen.[3] Bei den verschiedenen Tests, die wir in der Zeit von 1972 bis 1977 mit Koko durchgeführt haben, erreichte sie einen durchschnittlichen Intelligenzquotienten von 80,3 (siehe Tabelle 2). Noch bedeutsamer als die hier erreichten Werte ist die stetige Zunahme des geistigen Alters von Koko. Diese Zunahme zeigt, daß sie eine Reihe der Prinzipien begreifen kann, die die Grundlage dessen sind, was wir abstraktes Denken nennen.

Viele von denjenigen, die die traditionelle Barriere zwischen dem *Homo sapiens* und allen anderen Spezies verteidigen wollen, halten daran fest, daß der wesentliche Unterschied zwischen den Menschen und anderen Tieren darin liegt, daß der Mensch als einziger eine Sprache besitzt. Nachdem durch die Großen Menschenaffen dieser letzte Anspruch auf die Einzigartigkeit des Menschen in

Tabelle 1: Kokos Leistungen nach der Bewertung des ACLC-Sprachtests für Kinder (Assessment of Children's Language Comprehension)

	Korrekte Angaben in Prozent				
Anzahl der kritischen Elemente	Zufall	Zeichen + Stimme	Zeichen allein	Stimme allein	Prozent insgesamt
Eins – Vokabular (50 Begriffe)	20	72			
Zwei (z. B. Happy lady)	20	70	50	50	56,7
Drei (z. B. Happy lady sleeping)	25	50	30	50	43,3
Vier (z. B. Happy little girl jumping	20	50	50	30	43,3
korrekte Angaben in Prozent insgesamt (Zwei, drei und vier Elemente)		56,7	43,3	43,3	47.7

Die Ergebnisse des χ^2-Tests (1df) zeigen, daß die Leistungen Kokos beim ACLC bei allen Kombinationen und bei allen Schwierigkeitsebenen wesentlich besser waren, als man es vom Zufall hätte erwarten können, und daß sie in ihrem Verständnis keine wesentlichen Unterschiede zeigte, ob nun die Instruktionen in der Zeichensprache, auf Englisch oder in der Zeichensprache und in englischer Sprache gegeben wurden.

Frage gestellt wurde, zeigt es sich deutlicher als je zuvor, daß es im Hinblick auf die Definition der Sprache keine klare Übereinstimmung mehr gibt. Viele Menschen, und zu ihnen gehören alle Säuglinge, schwer geistig Behinderte und einige normal intelligente Taubstumme, die keine angemessene Erziehung genossen haben, erfüllen nicht das Kriterium des »Sprachbesitzes«, ganz gleich wie er definiert wird. Die Fähigkeit, eine Sprache zu benutzen, ist also wahrscheinlich gar kein gültiger Test dafür, ob einem Individuum Rechte zugestanden werden. Wenn aber ein Lebewesen über zumindest grundlegende Sprachfertigkeiten verfügt, dann ist dies ein

Tabelle 2: Kokos Intelligenzquotient (IQ) getestet 1975 und 1976

Datum	Test	CA*	MA+	IQ
Dez. 1976	Khulman-Anderson	65	56	84,8
Juli 1976	Peabody Picture Vocabulary Test	60	49	81,6
Jan. 1976	Stanford-Binet Intelligence Scale	54	46	85,2
Nov. 1975	Wechsler Preschool and Primary Scale of Intelligence	51	37	71,0
Juli 1975	Stanford-Binet	48	44	91,7
April 1975	McCarthy Scales of Children's Abilities	45	32	73,0++ (GCI)
Febr. 1975	Stanford-Binet	43	37	86,0

* Chronologisches Alter in Monaten
\+ Mentales Alter in Monaten
++ GCI bei McCarthy bedeutet »General Cognitive Index«. Das ist ein Punktesystem und kein Quotient.

weiterer Hinweis für die Existenz eines Bewußtseins, das berücksichtigt werden muß.

Gespräche mit Gorillas ähneln denen mit kleinen Kindern und müssen in vielen Fällen im Rahmen der jeweiligen Situation und mit Rücksicht auf die bisherige Verwendung der dabei benutzten Zeichen interpretiert werden. Oft ist es möglich, Äußerungen von Gorillas auf verschiedene Weise zu interpretieren. Und selbst wenn die Verwendung von Zeichen von Gorillas nicht einer bestimmten Definition von Sprache entspricht, kann uns das Studium dieses Verhaltens eine einzigartige Perspektive eröffnen, aus der wir ihre physischen und seelischen Bedürfnisse unmittelbarer verstehen. Wenn wir uns auf ein bestimmtes gemeinsames, aus Zeichen bestehendes Vokabular einigen, dann ermöglichen wir damit die Verständigung zwischen Menschen und Gorillas nach beiden Seiten. Wir können aus dem, was sie sagen, ebensoviel lernen wie aus der Bewertung der Art, wie sie es sagen.

Manche ihrer Aussagen entsprechen unseren Erwartungen: »Was tun Gorillas am liebsten?« »Gorilla lieben essen gut.« Oder: »Was macht dich glücklich?« »Gorilla Baum.« »Was macht dich böse?« »Arbeit.« »Was tun Gorillas, wenn es dunkel ist?« »Gorilla lauschen (Pause), schlafen.« Gelegentlich kommen aber auch völlig unerwartete Antworten: »Wie hast du letzte Nacht geschlafen?« (Man erwartet als Antwort »gut«, »schlecht« oder etwas Ähnliches.) »Fußboden, Decke« (Koko schläft mit Decken auf dem Fußboden). »Wie sollen sich deine Decken anfühlen?« »Warm Koko lieben.« »Was ist geschehen?« (nach einem Erdbeben). »Verdammt verdammt Fußboden böse beißen. Schlimm schlimm.«

Man hat behauptet, Gorillas seien zurückhaltend, schwer zu motivieren und eigensinnig. Einem solchen Gorilla-Starrsinn und einer negativen Haltung sind wir bei unserer Arbeit mit Koko und Michael begegnet und haben sie dokumentiert, aber bei genauerem Hinsehen zeigt sich, daß darin nur ihre Intelligenz und Unabhängigkeit zum Ausdruck kommt, und nicht Dummheit. Und es ist gerade diese störrische Selbständigkeit, die augenscheinlich Episoden auslöst, in denen ihr Humor und ihr Vergnügen an Wortspielen sichtbar werden. Ein charakteristisches Erlebnis hatte unsere Assistentin Barbara Hiller mit Koko. Koko richtete sich ein Lager aus einigen weißen Handtüchern her, wies auf eines davon und erklärte in der Zeichensprache: »das rot«. Barbara korrigierte sie und sagte, es sei weiß. Doch Koko wiederholte mit besonderer Betonung: »das *rot)*«. Wieder erklärte Barbara, das Handtuch sei weiß. Nachdem sich das Hin und Her noch ein paarmal wiederholt hatte, nahm Koko ein Stückchen roten Faden zwischen die Finger, hielt ihn Barbara hin, grinste und wiederholte: »das rot«.

Wir haben Koko und Michael zunächst nur mit einem allgemeinen Wortschatz ausstatten wollen, ohne ihnen irgendwelche anderen sprachlichen Feinheiten beizubringen. Die meisten Zeichen lernten sie dadurch, daß wir die Zeichen mit ihren Händen formten oder indem sie uns imitierten. Aber Koko und Michael haben sich auch selbst Zeichen ausgedacht und die Zeichensprache auf eine Weise benutzt, die wir ihnen nicht beigebracht haben. Wir wollen bei unserer Arbeit eher aufzeichnen, über welche Fähigkeiten die Gorillas verfügen, als ihnen neue Fähigkeiten beibringen. Für diese Aufzeichnungen beobachten wir ihr Verhalten in relativ unstrukturierten und unkontrollierten Situationen und führen strenge Tests mit ihnen durch. Die besten sprachlichen und kognitiven

Leistungen finden in einer ungezwungenen Atmosphäre mit Hilfe von Tests statt.

Die Gorillas haben sich für die Verständigung einen Grundstock von Zeichen angeeignet und von sich aus neue Möglichkeiten gefunden, die Bedeutung dieser Zeichen durch Modulation zu variieren. Das ist ein grammatischer Vorgang, der sich mit der Flexion der Stimme in der gesprochenen Sprache vergleichen läßt. Eine Veränderung der Höhe oder Lautstärke der Stimme oder das Hinzufügen beziehungsweise der Austausch von Lauten kann die Bedeutung eines gesprochenen Wortes verändern. In der Zeichensprache wird das durch Veränderungen in der Bewegung, der Stelle, an der die Hand gehalten wird, der Formung der Hand, des Gesichtsausdrucks und der Körperhaltung erreicht. Das Zeichen »schlecht« kann zum Beispiel »sehr schlecht« bedeuten, wenn sich der Bereich, in dem die Hand bewegt wird, vergrößert, die Geschwindigkeit und Spannung der Hand erhöht und der Gesichtsausdruck übertrieben wird. Ebenso wie Menschen, die sich einer Zeichensprache bedienen, nutzt auch Koko diese Möglichkeit der Zeichensprache, um eine Aussage besonders zu unterstreichen, indem sie beispielsweise das Zeichen für »durstig« nicht nur vom Scheitel bis zur Kehle, sondern bis hinunter zum Magen führt.

Man hat die Gorillas auch dabei beobachtet, wie sie diese Art von Variationen verwenden, um Größenverhältnisse zu bezeichnen (z. B. kleines gegenüber großem »Alligator«-Zeichen). Die Mehrzahl von Gegenständen wird dadurch ausgedrückt, daß das entsprechende Zeichen mehrmals gegeben wird, wie etwa das Zeichen für »Vogel«, wenn es »Vögel« heißen soll. Durch Variationen werden auch Ortsangaben gemacht, zum Beispiel »kratzen-am-Rücken«. Der Besitz wird dadurch verdeutlicht, daß zwei Zeichen wie etwa »Kokos-Baby« gleichzeitig gegeben werden. Art, Ausmaß, Intensität oder Betonung werden so ausgedrückt, daß die Zeichen, zum Beispiel »kitzeln«, mit beiden Händen gegeben werden. Der Ausführende oder das Objekt einer Handlung wird dadurch bezeichnet, daß die zeichengebende Hand in Richtung auf denjenigen hin bewegt wird, der eine Handlung tun soll, zum Beispiel »du-trinken«. Eine Verneinung wird dadurch verdeutlicht, daß das »Achtung«-Zeichen an einer anderen Stelle als gewöhnlich gegeben wird. Wenn das Zeichen eine Frage bedeutet, dann wird das durch den Blickkontakt und den Gesichtsausdruck angezeigt. Wenn es sich um ein Wortspiel handelt, das dem Witz oder Humor verwandt ist, dann wird unter Umständen das Zeichen verwendet, das das Gegenteil dessen aussagt, was gemeint ist. Als Koko zum Beispiel gebeten wurde, für die Kamera zu »lächeln«, machte sie das Zeichen »trauriges Gesicht«.

Ein Gespräch mit Koko, bei dem sie diese Art der Kreativität mit dem Zeichen »verdorben« entwickelte, ist auf einer Filmaufnahme festgehalten worden. Koko zeigte die Standardform des Zeichens in einem Austausch von Beleidigungen, nachdem ihr Gefährte sie »Stinker« genannt hatte. Dann verstärkte sie das Zeichen, indem sie es mit beiden Händen gab (was vielleicht bedeuten sollte, »wirklich verdorben«), und in derselben Sequenz machte sie dieses Zeichen von der Nase aus auf ihren Gefährten zu, um ihm zu verstehen zu geben, »du bist wirklich verdorben«. Wie Koko das Wort »verdorben« in diesem Gespräch benutzte, zeigt zudem, daß sie auch seine Nebenbedeutung begriffen hatte und nicht nur seine konkrete oder spezifische Bedeutung.

Die Bedeutung der Gorilla-Zeichen ist nicht unbedingt identisch mit ihrer normalen Bedeutung. In manchen Fällen soll damit etwas ganz anderes gesagt werden. Um die Aussagen von Gorillas richtig zu interpretieren, muß man zunächst herausbekommen, was die Zeichen für sie bedeuten. Dafür kann ein Spiel mit Wort-Assoziationen wichtige Hinweise geben. Man fragt den Gorilla: »Woran denkst du, wenn ich sage...?« Beispiele von Reiz-Reaktions-Paaren in Sitzungen mit Michael zeigen, mit welchen Zeichen er auf einzelne Fragen reagierte: Auf »Lehrer« mit »Hand«, auf »Michael« mit »Fuß«. Ähnliche Paarungen von Begriffen ergaben sich bei »Angst-umarmen«, »tot-Gestank« und »hungrig-essen«. Wir haben die Gorillas auch einfach aufgefordert, eigene Definitionen zu finden. Die folgenden Beispiele sind den Aufzeichnungen über Koko entnommen:

12. Februar 1984:
Lehrer: »Was ist eine Beleidigung?«
Koko: »Denken Teufel schmutzig.«
Lehrer: »Was ist ein Herd?«
Koko: »Kochen mit.«
12. Juli 1984:
Lehrer: »Was ist eine Verletzung?« (Diese Frage wurde nur mündlich gestellt.)
Koko: »Dort beißen.« (Sie zeigt auf eine Verletzung ihrer Hand.)
13. Juli 1984:
Lehrer: »Was ist verrückt?«
Koko: »Aufregung Überraschung.«
8. Februar 1985:
Lehrer: »Wann sagen Leute verdammt?«
Koko: »Arbeit abscheulich.«
21. April 1983
Lehrer: »Was ist nach deiner Meinung hart?«
Koko: »Stein ... Arbeit.«
9. Februar 1984:
Lehrer: »Was ist ein kluger Gorilla?«
Koko: »Ich.«

Es gibt auch Worte, die Koko nicht versteht, und manchmal korrigiert sie ihre Gesprächspartner, wenn sie diese Worte benutzen. Am Heiligabend 1984 nahm Koko den Telefonhörer auf, hörte das Amtszeichen, signalisierte das Wort »Ron« und reichte Barbara Hiller den Hörer. Als einer der Anwesenden sagte: »Sie ist ein Dummkopf (goofball)«, erwiderte Koko: »Nein, Gorilla.« Sie reagierte ähnlich, wenn sie als »Jugendliche« oder als »Genie« bezeichnet wurde.

Koko und Michael haben durch einen ungewöhnlichen Prägungsprozeß auch noch auf eine andere Art neue Bedeutungen für Grundbegriffe aus ihrem Zeichensprachen-Vokabular geschaffen. Sie benutzen Zeichen, deren gesprochene Äquivalente ähnlich oder genauso klingen wie englische Worte, für die sie noch keine Zeichen haben. So benutzt Koko zum Beispiel eine veränderte Form des Zeichens »knock« (klopfen) und meint damit »obnoxious« (abscheulich). Das läßt erkennen, daß sie weiß,

1. daß das Zeichen »knock« etwas mit dem gesprochenen Wort »knock« zu tun hat.
2. daß das gesprochene Wort »knock« ähnlich klingt wie »obnoxious«.
3. daß das Zeichen für »knock« semantisch so verwendet werden kann, daß es eine abscheuliche Person oder einen abscheulichen Gegenstand bedeutet.

Andere Beispiele sind die Verwendung des Zeichens »tickle« (kitzeln) für »ticket« (Fahrkarte), »skunk« (Stinktier) für »chunk« (Klotz) und »lip stink« (Lippe stinken) für »lipstick« (Lippenstift). Als Michael aufgefordert wurde, »belly button« (Bauchnabel) zu sagen, machte er zuerst das Zeichen »belly button«, zeigte auf seinen Nabel und machte dann das Zeichen »berry bottom«.

Wenn es sich nach mehrmaligen Versuchen herausgestellt hat, daß es Koko schwerfällt oder ihr nicht möglich ist, bestimmte Zeichen zu formen, löst sie das Problem oft damit, daß sie anstelle des richtigen ein anderes Zeichen für ein ähnlich klingendes englisches Wort macht: »knee« (Knie) für »need« (brauchen), »red« (rot) für »thread« (Bindfaden), »lemon« (Zitrone) für »eleven« (elf) und »bird« (Vogel) für »word« (Wort).

Die Gorillas vermitteln ihren Gesprächspartnern aber auch neue Inhalte durch die Verwendung selbst erfundener, völlig neuer Zeichen. Die Bedeutung einiger von den Gorillas erfundenen Substantive läßt sich aufgrund ihrer anschaulichen Form leicht erkennen.

Es sind Worte wie »Nagelfeile«, »Schminkstift«, »Haarspange«. Die Bedeutung abstrakter Worte wie Verben und Präpositionen (»über«, »unter« und »starten«) müssen im Lauf der Zeit aus den Aufzeichnungen der Situationen erarbeitet werden, in denen sie auftauchten.

Eine Analyse der von Koko während der ersten zehn Jahre des Projekts[4] verwendeten 876 Zeichen ergab, daß sie 54 Zeichen, das sind sechs Prozent ihres gesamten Vokabulars, selbst erfunden hatte. Weitere zwei Prozent (15 Zeichen) wurden von Koko aus Zeichen zusammengestellt, die sie gelernt hatte. Zunächst glaubten wir, daß nur zehn Zeichen (ein Prozent) als natürliche Gesten eines Gorilla angesehen werden müßten. Neue Ergebnisse genauer Beobachtungen der Gesten von Gorillas, die nicht in der Zeichensprache unterrichtet werden, zeigen, daß diese Kategorien fließend sind und auch andere Gorillas einige der von Koko erfundenen Zeichen benutzen.

Daß Gorillas solche Zeichen erfinden, zeigt an, daß sie ebenso wie menschliche Kinder im Umgang mit der Sprache die Initiative ergreifen, indem sie neue Worte erfinden und alten Worten neue Bedeutung geben. Auf der nächsten Stufe zeigt sich, daß Koko und Michael die Dinge mit neuen Namen bezeichnen können, indem sie zwei oder mehr bekannte Wörter miteinander verbinden. Für ein Feuerzeug fand Koko zum Beispiel die Bezeichnung »Flasche-Streichholz«, ein Zebra nannte sie »weißer Tiger«, und eine Maske war für sie ein »Augen-Hut«. Michael hat ähnliche Wortkombinationen erfunden wie zum Beispiel »orange Blumen-Soße« für Nektarinenjoghurt und »Bohnen-Kugel« für Erbsen. Andere von Gorillas erfundene Kombinationen von Wörtern sind »Elefant-Baby« für eine Pinocciopuppe und »Flaschen-Halsband« für einen Dosenhalter mit sechs Dosen Sodawasser. Kritiker haben gemeint, solche Wortschöpfungen seien nur Zusammenstellungen von zwei verschiedenen Aspekten dessen, was anwesend ist. Doch viele der genannten Beispiele lassen sich damit nicht erklären, denn als Koko das Feuerzeug als »Flaschen-Streichholz« bezeichnete, war weder eine Flasche noch ein Streichholz zu sehen.

Die Gorillas haben sowohl für sich selbst als auch für ihnen bisher unbekannte Objekte solche neuen Bezeichnungen gefunden. Als sie geärgert worden war, nannte sich Koko einen »roten wütenden Gorilla«. Als sie bei einer Gelegenheit mit einem dicken Gummischlauch Wasser aus einem auf dem Fußboden stehenden Kessel trank, nachdem sie wiederholt und vergeblich um Fruchtsaft gebeten hatte, bezeichnete sie sich als einen »traurigen Elefanten«.

Fasziniert von dieser Art der Verwendung der Sprache durch die

Gorillas wollten wir nun feststellen, wieweit sie in der Lage waren, die Bedeutung von Worten und Begriffen auch im übertragenen, metaphorischen Sinne zu verstehen. Dazu führten wir mit Koko einen von Howard Gardner entworfenen Test[5] durch, bei dem sie aufgefordert wurde, jeweils zwei Farben die entsprechenden, sie beschreibenden Adjektive zuzuordnen. Die dabei verwendeten Adjektive waren »hell-dunkel«, »glücklich-traurig«, »laut-leise«, »hart-weich« und »warm-kalt«. Bei diesen auf Videofilm festgehaltenen Sitzungen konnte Koko nur die jeweiligen Farbenpaare, nicht aber den Prüfer sehen, und hatte keine Schwierigkeiten, hell und dunkel (zwei Grüntöne) voneinander zu unterscheiden, rot (gegenüber blau) als warm, braun (gegenüber blaugrau) als hart, violettblau (gegenüber gelb-orange) als traurig und zitronengelb (gegenüber frühlingsgrün) als laut zu bezeichnen. Koko beantwortete die Fragen entweder durch Zeichen oder verbale Beschreibungen (z. B. »orange das fein«, als sie gefragt wurde, welche Farbe fröhlich sei). Neunzig Prozent ihrer Antworten waren metaphorische Gegenstücke wie sie von Gardner und drei Forschungsassistenten festgelegt worden waren, die sich dem gleichen Test unterzogen hatten. Laut Gardners Studie fanden Kinder im Vorschulalter nur bei siebenundfünfzig Prozent ihrer Antworten ein metaphorisches Gegenstück. Bei Siebenjährigen waren es zweiundachtzig Prozent.[6]

Ein weiterer interessanter Aspekt des Sprachverhaltens der Gorillas ist ihr Humor. Der Humor verlangt ebenso wie die Metapher die Fähigkeit, von dem, was im strengen Sinne richtig, normal oder erwartet ist, abzuweichen. Wenn Koko zum Beispiel aufgefordert wurde, für die Kamera das von ihr erfundene Zeichen für »Stethoskop« zu demonstrieren, machte sie es nicht an den Ohren, sondern an den Augen. Als sie ihre Schimpansenpuppe füttern sollte, legte sie den Sauger der Babyflasche an das Auge der Puppe und machte das Zeichen für »Auge«. Wenn man diese Art Witz verstehen will, dann muß man wissen, was hinter der Verdrehung steckt. Ein Skeptiker könnte meinen, es handle sich einfach nur um einen Irrtum, aber wenn die Gorillas das Zeichen selbst erfunden haben wie das für »Stethoskop«, ist dies unwahrscheinlich, und es gibt bei den Gorillas Übereinstimmungen im humoristischem Gebrauch von Zeichen.

Wir haben oft beobachtet, daß Koko einen hörbaren glucksenden Kehllaut von sich gibt, wenn sie selbst oder einer ihrer Gefährten eine widersprüchliche Aussage gemacht oder ein unerwartetes Verhalten gezeigt hat. Sie hatte festgestellt, daß ihre Gefährten anfingen, zu kreischen und herumzuspringen, wenn sie ihnen irgendwelche Insekten auf das Fell blies. Zunächst lachte sie über die Reaktionen, aber mittlerweile tut sie es schon in Erwartung dessen, was sie mit einem solchen Streich auslöst. Koko lachte unter Umständen auch, wenn anderen ein Mißgeschick geschieht oder sie etwas Unerwartetes tun. Das geschah zum Beispiel, als eine unserer Forschungsassistentinnen sich versehentlich auf ein Sandwich setzte und eine andere so tat, als füttere sie einen Spielzeugalligator mit Süßigkeiten. Entwicklungspsychologen haben festgestellt, daß die frühesten Formen des Humors bei kleinen Kindern Reaktionen auf Widersinniges sind, die auf ähnlichen Prinzipien der Unvereinbarkeit beruhen, die sich im Hinblick auf Gegenstände, Aktionen und Aussagen ergeben.

Koko versucht gelegentlich auch verbale »Scherze« zu machen. Am 30. Oktober 1982 zeigte ihr Barbara Hiller das Bild eines Vogels, der seine Jungen füttert.

Koko: »Das ich« (und zeigt dabei auf den erwachsenen Vogel).
Barbara: »Bist du das wirklich?«
Koko: »Koko guter Vogel.«
Barbara: »Ich dachte, du bist ein Gorilla.«
Koko: »Koko Vogel.«
...
Barbara: »Kannst du fliegen?«
Koko: »Gut.« (»Gut« kann auch »ja« bedeuten.)
Barbara: »Zeige es mir.«
Koko: »Nachmachen Vogel, Clown.« (Koko lacht.)
Barbara: »Du neckst mich.« (Koko lacht.)
Barbara: »Was bist du wirklich?«

Koko lacht wieder und macht nach einer Minute das Zeichen.

Koko: »Gorilla Koko.«

Im krassen Gegensatz zur Fähigkeit der Gorillas, ihren Sinn für Humor zum Ausdruck zu bringen, steht die Art, wie sie uns ihre Gedanken und Gefühle über den Tod mitteilen. Als einer ihrer Lehrer die siebenjährige Koko fragte: »Wann sterben Gorillas?«, erwiderte sie in der Zeichensprache: »Aufregung, alt.« Der Lehrer fragte auch: »Wohin gehen Gorillas, wenn sie sterben?« und Koko antwortete: »Bequemes Loch, leb wohl (bye).« »Wie fühlen sich Gorillas, wenn sie sterben – glücklich, traurig, furchtsam?« beantwortete sie mit dem Zeichen »schlafen«. Koko hat im Zusammenhang mit dem Tode immer wieder von Löchern gesprochen, und das ist verwunderlich, denn niemand hatte mit ihr über Beerdigungen gesprochen oder ihr gezeigt, wie so etwas geschieht. Daß es sich hier um eine instinktive Grundvorstellung handeln könnte, läßt sich aus einer Beobachtung schließen, die man im Woodland Park Zoo in Seattle, Washington, gemacht hat. Die Gorillas dort fanden in ihrem Gehege eine tote Krähe. Darauf grub einer von ihnen ein Loch, legte die Krähe hinein und deckte sie mit Erde zu.[7]

Im Dezember 1984 kam es zu einem tragischen Vorfall, der zeigte, wie sehr Gorillas den Tod derer, die sie lieben, betrauern können. Kokos Lieblingskätzchen, All Ball, schlüpfte durch die Hintertür und wurde von einem vorbeifahrenden Auto überfahren. Als wir ihr sagten, daß das Kätzchen tot war, weinte Koko. Als wir sie drei Tage später fragten: »Willst du über dein Kätzchen reden?«, machte Koko das Zeichen »weinen«. Auf die Frage: »Was geschah mit deinem Kätzchen?« antwortete Koko: »schlafen Katze«. Als wir ihr das Foto einer Katze zeigten, die All Ball sehr ähnlich sah, zeigte Koko mit dem Finger auf das Foto und sagte in der Zeichensprache: »weinen, traurig, trauriges Gesicht«. Sie konnte ihren Kummer nicht so bald vergessen.

17. März 1985, Gespräch mit Francine Patterson:

Francine: »Was fühltest du, als du Ball verloren hattest?«

Koko: »Wollen.«
Francine: »Was fühltest du, als du ihn verlorst?«
Koko: »Offen Aufregung besuchen betrübt.«
Francine: »Als er starb, erinnere dich daran, wie Ball starb, was fühltest du?«
Koko: »Rot rot rot schlimm betrübt Koko-Liebe gut.«

Arthur Caplan behauptet, die Interessen von Tieren und Menschen dürften nicht gleich gewichtet werden, denn Tieren fehlten bestimmte Charakterzüge, die einen moralischen Unterschied machten. Zur Begründung seiner Auffassung bringt er folgendes Beispiel:

> Wenn man das Baby eines Pavians tötet, wird die Mutter unter Umständen noch wochenlang nach ihrem Baby suchen. Doch diese Zeit geht bald vorüber, und die Pavianmutter wird ihren gewohnten Lebensrhythmus wieder aufnehmen. Wenn man jedoch ein menschliches Baby tötet, wird die Mutter den Verlust des Kindes ein Leben lang betrauern. Es wird kaum einen Tag vergehen, an dem sie nicht an ihr Baby denkt und seinen Tod als einen schmerzlichen Verlust empfindet.[8]

Aber in diesem Beispiel wird das nach außen sichtbare Verhalten einer Pavianmutter mit dem Gemütszustand einer menschlichen Mutter verglichen. In den meisten Fällen dieser Art wird auch die menschliche Mutter ihr normales Leben wieder aufnehmen. Sie wird an ihren Arbeitsplatz zurückkehren, für ihre anderen Kinder sorgen und wie vorher ihren täglichen Aktivitäten nachgehen. Ihr Kummer wird von dem flüchtigen Beobachter kaum bemerkt werden. Weil die Pavianmutter *uns* ihre durch den Tod ihres Babys ausgelösten Empfindungen nicht mitteilen kann (oder will), wird angenommen, daß dieser Verlust ihr gleichgültig ist. Wir können hier zwar nichts über das Gefühlsleben von Pavianen aussagen, haben aber deutliche Anzeichen dafür, daß Koko um den Verlust ihres adoptierten »Babys« All Ball auch noch Jahre nach seinem Tod trauert.

19. März 1990:
Koko findet in einem Album ein Foto, das sie selbst und All Ball zeigt.
Koko: »Das schlecht trauriges Gesicht betrübt (mit Betonung) Unaufmerksamkeit.«

In Gesprächen wie diesen zeigen die Gorillas nicht nur, daß sie Empfindungen erleben, sondern auch, daß sie sich dieser Empfindung bewußt sind und sie sprachlich zum Ausdruck bringen können. Im Alter von sechs Jahren wurde Koko einem Test unterzogen, der einer Studie Wolman, Lewis und King über Kinder im Alter von fünf bis dreizehn Jahren entspricht.[9] Koko sollte eine Reihe von Fragen beantworten, die wie folgt begannen:

1. Hast du jemals das Gefühl...?
2. Wann hast du das Gefühl...?

Die Gefühle, nach denen hier gefragt wurde, waren Zorn, Furcht, Glück, Traurigkeit, Hunger, Durst, Müdigkeit und Nervosität. Ebenso wie die jüngeren menschlichen Testpersonen nannte Koko am häufigsten äußere Anlässe für das Entstehen solcher Gefühle. Als sie zum Beispiel gefragt wurde: »Wann bist du hungrig?«, antwortete sie: »Fühlen Zeit.« Diese Antwort läßt sich vielleicht so erklären, daß sie ihren Hunger spürt, wenn es Essenszeit ist. Koko benutzt regelmäßig ein betonendes Zeichen für »Zeit«, wenn sie ihrer Gefährtin sagen will, sie solle ihr die nächste für diese Zeit vorgesehene Mahlzeit bringen. Als sie gefragt wurde, ob und wann sie zornig wird, schienen sich ihre Antworten auf Ereignisse in den Monaten vor dem Test zu beziehen. Auf die Frage: »Wann bist du böse?«, antwortete sie unter anderem: »Koko lieben Marjie leb wohl (bye)« und »Koko ärgerliches Mädchen«. Zur Zeit dieses Tests hatte Koko Schwierigkeiten im Umgang mit einer neuen Assistentin namens Marjie.

Koko zeigte mit ihren Äußerungen über die Gefühle anderer ein erstaunliches Einfühlungsvermögen:

24. September 1977:
Koko wird ein Foto gezeigt, auf dem der Albinogorilla Snowflake sich dagegen wehrt, gebadet zu werden. Koko zeigt auf das Foto und sagt in der Zeichensprache: »Ich weinen dort.«
3. November 1977 mit Cindy Duggan:
Koko betrachtet das Foto eines Pferdes mit einer Kandare im Maul.
Koko: »Pferd traurig.«
Cindy: »Warum?«
Koko: »Zähne.«
27. Dezember 1977:
Michael weint, weil er aus seinem Zimmer herausgelassen werden will. Koko im Nebenzimmer wird gefragt, wie Michael sich fühlt.
Koko: »Fühlen betrübt raus.«
7. April 1986:
Mitzi Phillips spricht mit Koko über ein Problem, das sie traurig macht.
Mitzi: »Was könnte ich tun, damit ich mich besser fühle?«
Koko: »Zuziehen Vorhänge ... Tauziehen.«
Während Mitzi in ihrem Tagebuch schreibt, kommt Koko still zu ihr.
Koko: »Traurig?« (Daß dies eine Frage ist, läßt sie dadurch erkennen, daß sie die Augenbrauen hebt und sich vorbeugt. Diese Geste ist die Standardfrageform der amerikanischen Zeichensprache.)
Mitzi: »Jetzt geht es mir schon besser.«
Koko lächelt.

Wir haben die Gorillas auch aufgefordert, Gefühle wie Liebe, Haß, Glück und Zorn mit Farben auf Leinwand darzustellen. Dazu standen ihnen zehn oder mehr Farben zur Verfügung, mit denen sie in Farbe und Form kontrastreiche Arbeiten geschaffen haben. Sie aufzufordern, ihre Empfindungen zu malen, schien durchaus vernünftig, denn sie hatten schon früher gezeigt, daß sie nach Vorlagen oder aus dem Gedächtnis einfache gegenständliche Zeichnungen oder Bilder herstellen konnten. Koko und Michael gaben ihren Bildern passende Titel. Ein Beispiel gegenständlicher Kunst ist ein Bild, das Michael »Apple Jagd« nannte. Sein Modell war unser schwarz-weißer Hund Apple. Das in Schwarz und Weiß ausgeführte Bild ähnelt dem Kopf dieses Hundes. (Es ist interessant, daß zwischen Michael und Apple eine besondere Beziehung besteht. Oft spielten sie »Fangen« miteinander, und häufig fordert Michael den Hund mit dem Zeichen »Jagd« zu diesem Spiel auf.)

Häufig drückt sich Michael kreativ durch Geräuschspiele aus. Mit den verschiedensten Gegenständen und unter Verwendung seiner eigenen Körperteile erzeugt er eine Vielzahl von Geräuschen und komplexen Rhythmen. Bei der Herstellung seiner »Geräuschwerkzeuge« experimentiert er mit allen möglichen Materialien, die er in seiner Umgebung findet. Er erzeugt diese Geräusche nicht nur durch rhythmisches Trommeln und Klopfen, sondern benutzt dafür zum Beispiel manchmal auch einen Strick oder einen Stoffstreifen, den er zwischen den Füßen und dem Mund strafft, um dann daran zu zupfen. Aus einem Kunststoffrohr hat er eine Rassel hergestellt. Er füllte das Rohr mit harten Nußschalen und schüttelte es kräftig, während er mit einer Hand das offene Ende verschloß. Dann nahm er die Nußschalen in den Mund, und wenn er den Kopf schüttelte, entstand ein »feucht« klingendes Rasseln.

Koko beweist ihre Kreativität regelmäßig durch phantasiereiche Spiele, die sie entweder allein oder mit ihren Gefährten spielt. Dabei benutzt sie oft ihre aus Plastik hergestellten Spielzeugreptilien, und es geht darum, daß diese versuchen, sie zu »beißen«.

13. Oktober 1988 mit Mitzi Phillips:
Koko liegt mit einem ihrer Spielzeugalligatoren am Boden. Sie schaut ihn an und macht das Zeichen »Zähne«. Sie untersucht sein Maul. Sie küßt ihn, nimmt zwei Alligatoren, hält sie aneinander als wollte sie sie einander küssen lassen, und küßte sie dann beide gleichzeitig. Sie steckt eine Hand ins Maul des Alligators, zieht sie dann wieder heraus und schüttelt sie.
Mitzi: »Oh, hat er dich gebissen?«

Koko: »Biß.«
Mitzi: »O nein! Tut es weh?«
Koko küßt ihren eigenen Finger.
Mitzi: »Darf ich den bösen Alligator einmal sehen?«
Koko gibt Mitzi den Alligator. Sie »fragt« den Alligator, warum er Koko gebissen hat, und tut so, als höre sie seine Antwort. Dann gibt sie ihn Koko zurück. Koko küßt den Alligator wieder und wieder.
Koko: »Alligator. Gorilla. Biß. Gorilla Nuß Nuß Nuß. Bauch Toilette.«

Sie sind intelligent und emotional, sie können sich kreativ sprachlich, künstlerisch, musikalisch und durch Phantasiespiele ausdrükken. Aber sind sich Gorillas ihrer selbst gewußt? Man hat geglaubt, Selbstbewußtsein, ein schwer faßbarer Begriff, sei allein dem Menschen vorbehalten. Obwohl jeder eine gewisse Vorstellung davon hat, was es bedeutet, gibt es zahlreiche und oft nur vage Definitionen dafür. Mit ihrer Zeichensprache haben Koko und Michael eine Reihe allgemein akzeptierter kognitiver Entsprechungen von Selbstbewußtsein gezeigt. Dazu gehören die Verwendung von Personalpronomen, Aussagen über ihren eigenen inneren und emotionalen Zustand, humoristische Äußerungen, Versuche, ihre Gesprächspartner zu täuschen und Verlegenheit.

Obwohl das Selbstbewußtsein wahrscheinlich am besten durch den Gebrauch der Sprache zum Ausdruck kommt, sieht man bei kleinen Kindern und anderen Individuen, die sich nicht verbal äußern können, den Umstand, daß sie sich im Spiegel selbst erkennen, als Beweis für das Vorhandensein eines Bewußtseins ihrer selbst an. Bei den üblichen Spiegel-Markierungs-Tests werden die Versuchspersonen zunächst mit einem Spiegel konfrontiert, um zu beobachten, ob sie auf sich selbst gerichtetes Verhalten zeigen. Dann wird ihr Äußeres so verändert, daß sie die Veränderung nur mit Hilfe des Spiegels entdecken können. Nichtmenschliche Primaten werden normalerweise zunächst narkotisiert und im Gesicht mit roter Farbe markiert. Menschliche Kinder werden heimlich markiert, während man sie ablenkt. Nachdem sie markiert worden sind, werden diese Testpersonen wieder mit einem Spiegel konfrontiert. Wenn sie die Markierungen berühren, während sie in den Spiegel schauen, dann gilt das als Anzeichen dafür, daß sie sich selbst in ihrem Spiegelbild erkannt haben. Schimpansen, Orang-Utans und Menschen haben bei diesen Spiegeltests gezeigt, daß sie sich selbst erkennen können, aber die bislang getesteten sechs Gorillas taten das nicht. Man schloß daraus, daß Gorillas nicht die kognitiven Fähigkeiten für Selbstbewußtsein haben, obwohl es auch informelle Berichte gab, aus denen das Gegenteil hervorging.

Wir haben mit Koko einen vergleichbaren Spiegeltest vorgenommen,[10] bei dem sie zum ersten Mal zeigte, daß auch Gorillas fähig sind, sich selbst im Spiegel zu erkennen. Bei Koko wandten wir ein verändertes Verfahren an, so daß sie nicht narkotisiert werden mußte. Während einer Reihe über drei Tage auf Video aufgenommener, jeweils zehn Minuten dauernder Sitzungen wurde Kokos Stirn mit einem warmen, feuchten rosafarbenen Waschlappen abgewischt. Bei einer dieser Sitzungen hatten wir den Waschlappen vorher in Schminke von der gleichen rosa Farbe getaucht. In den Sitzungen, in denen ihre Stirn noch nicht markiert worden war, hatte Koko, wenn sie sich im Spiegel betrachtete, ihre Stirn jeweils durchschnittlich nur einmal berührt. Während der fünften Sitzung, bei der wir sie mit der Farbe markiert hatten, berührte sie die gefärbte Stelle, nachdem sie sich im Spiegel betrachtet hatte, siebenundvierzigmal. Beim Versuch, die Farbe fortzuwischen, war die Sitzung, in der sie markiert worden war, diejenige, bei der sie die meiste Zeit damit verbrachte, ihr Spiegelbild anzuschauen. Es zeigte sich also, daß Koko bei diesen Sitzungen ihr verändertes Spiegelbild als das ihre erkannte.

Schon vorher hatte Koko einen informellen »Markierungstest« bestanden, als sie versuchte, eine dunkle Stelle an ihrem Gaumen abzuwischen, die sie bermerkt hatte, als sie mit offenem Mund in den Spiegel sah. Die Videoaufnahme von diesem spontanen, natürlichen Experiment schloß jede Möglichkeit aus, daß Koko diese Stelle schon bemerkt hatte, bevor sie ihr im Spiegel aufgefallen war.

Weshalb haben die anderen Gorillas den Spiegeltest nicht bestanden? Es gibt eine ganze Reihe möglicher Erklärungen wie etwa ihr Alter, die Art, wie und in welchem sozialen Umfeld sie aufgewachsen sind, ihre individuelle Empfindlichkeit gegen eine Narkose oder fehlende Motivation. Es könnte auch methodologische Probleme gegeben haben, denn mindestens zwei dieser Gorillas haben die Stelle berührt, an der sie markiert wurden, bevor ihnen ihr Spiegelbild gezeigt wurde. Wahrscheinlicher ist es jedoch, daß die Gorillas durch die Gegenwart ihnen unbekannter Beobachter gehemmt waren. Primatologen, die eng mit Gorillas zusammengearbeitet haben, wissen schon seit langem, daß die Gegenwart von Fremden ihr Verhalten stark beeinflussen kann, und auch wir haben diese Erfahrung gemacht. In bestimmten Situationen reagieren Koko und Michael sogar empfindlich darauf, daß sie von vertrauten Personen beobachtet werden. Ironischerweise könnte es gerade das Selbstbewußtsein der Gorillas gewesen sein, das sie davon abgehalten hat, bei diesen Tests Verhaltensweisen zu zeigen, die darauf hinweisen, daß sie sich selbst erkennen können.

Spiegel gehörten zu den Gegenständen, die Koko schon in ihrer frühen Kindheit kennengelernt hatte. Im Alter von etwa dreieinhalb Jahren begann sie bereits, sich vor einem Spiegel mit sich selbst zu beschäftigen. Während sie sich im Spiegel betrachtete, streichelte sie ihr Gesicht und ihre Unterarme, stocherte in ihren Zähnen und untersuchte ihre Zunge. Sie kämmte sich das Haar, schnitt Grimassen, setzte sich Hüte und Perücken auf und schminkte sich. Michael zeigte ein ähnliches Verhalten, das auf Videoaufnahmen dokumentiert wurde. Er betrachtete sich allerdings sehr viel seltener im Spiegel. Menschliche Kleinkinder zeigen dieses spiegelgeleitete Verhalten schon im Alter von zwei Jahren. Wenn sie noch jünger sind, reagieren sie auf ihr Spiegelbild so, wie sie auf ein anderes Kind reagieren würden.

Aufgrund der sprachlichen Fähigkeiten Kokos konnten wir die Hinweise auf Selbstbewußtsein, wie sie sich in ihren Spiegelreaktionen zeigten, kreuzvalidieren. Während der ersten vier Test-Sitzungen stellten wir Koko zweimal die Frage: »Wer bist du?«, während sie nicht vor dem Spiegel stand. In der fünften Sitzung, bei der ihr

Gesicht markiert worden war, wurde die gleiche Frage noch einmal an Koko gerichtet, ohne daß sie sich im Spiegel sehen konnte, und außerdem fragten wir sie mit Bezug auf ihr Spiegelbild: »Wer ist das?« Obwohl die richtigen Antworten auf diese Fragen auch erlernte Reaktionen sein können, sprechen die Testergebnisse bei Koko gegen diese Vermutung. Ihre in Tabelle 3 aufgezeichneten Antworten waren in jedem Fall verschiedene, aus mehreren Zeichen bestehende Äußerungen, bezogen sich aber alle auf das gleiche Thema. Jede Antwort auf die Fragen enthielt eines oder mehr der drei folgenden Zeichen: »Gorilla«, »ich« und »Koko«. Koko verwendet diese drei Worte nicht bei allen Antworten auf Fragen, die mit »wer« beginnen. Wenn sich diese Fragen auf ihre engsten Gefährten bezogen, dann waren ihre Antworten für jeden einzelnen verschieden, stimmten jedoch, wenn die Fragen wiederholt wurden, im Hinblick auf die einzelnen Individuen inhaltlich mit den vorher gegebenen überein.

Zur selben Zeit, in der sich menschliche Kinder im Spiegel erkennen, beginnen sie auch, Personalpronomen zu benutzen und über sich selbst zu sprechen. Im gleichen Alter, in dem sich Koko im Spiegel zu erkennen begann und dies durch ihr Verhalten anzeigte, lernte sie auch die Zeichen für »ich«, »mein«, »ich selbst«, »du« sowie richtige Substantive einschließlich des Namens »Koko«. Die Gorillas haben die Tatsache, daß sie sich ihrer selbst bewußt sind, auch damit bewiesen, daß sie sich selbst als gleichartig mit anderen oder von ihnen verschieden beschreiben konnten. So hat die Forschungsassistentin Maureen Sheehan Koko zum Beispiel nach den Unterschieden zwischen Gorillas und Menschen gefragt:

Maureen: »Was ist der Unterschied zwischen dir und mir?«
Koko: »Kopf.«
Maureen: »Und wie unterscheiden sich unsere Köpfe?«
Koko schlägt sich mit der flachen Hand auf den Kopf, und zwar sehr viel stärker, als es ein Mensch jemals tun würde.
Maureen: »Welche Unterschiede gibt es noch zwischen uns?«
Koko bewegt ihre Hand in Richtung auf ihren Bauch mit einer Geste, die dem Zeichen für »Decke« gleicht.

Maureen: »Meinst du etwas an deinem Bauch?«
Koko: »Bauch gut das.«
Maureen: »Oh, aber was hast du über die Decke gesagt, den Unterschied?«
Koko fährt mit ihren Händen den Körper auf und ab und zieht dann an ihren Haaren auf dem Bauch. Maureen interpretiert die Bedeutung dieser neuen Gesten als »Körperhaar«.
Maureen: »Kannst du jetzt auch etwas Gleiches nennen?«
Koko: »Auge.«
Maureen: »Ja, das ist richtig, wir beide haben Augen.«
Koko: »Liebe.«

Auf die ähnliche Frage: »Was ist der Unterschied zwischen dir und deiner Katze?«, antwortete Michael: »Gorilla ich Mike.«

Daß sich Gorillas ihrer selbst bewußt sind, zeigen sie auch, wenn

Tabelle 3: Kokos Antworten auf Fragen nach ihrer Identität

Test-Sitzung	erste Antwort	zweite Antwort
»Wer bist du?«		
1	Ich Gorilla Brustwarzen kitzeln	Brustwarzen Gorilla
2	Höflich-Koko Koko Nuß Nuß höflich	Höflich Teufel Haar Kopf Koko süß böse
3	Koko höflich ich durstig	Gorilla ich
4	Höflich ich durstig fühlen Koko-Liebe	Höflich höflich-Koko Koko fühlen durstig betrübt
5	Koko höflich betrübt gut	Koko; bitte gib mir Stirn-Waschlappen
»Wer ist das?« (zum Spiegelbild)		
5	Ich dort Koko gut Zähne gut.	

sie über sich in Situationen sprechen, die sich zu einer anderen Zeit oder an einem anderen Ort zugetragen haben. Die Fähigkeit, sich auf diese Weise in eine andere Situation zu versetzen, hat sich sehr deutlich und wiederholt in Gesprächen wie dem folgenden gezeigt:

10. Juli 1984 mit Francine Patterson, sechs Tage nach Kokos Geburtstag:
Francine: »Was geschah an deinem Geburtstag?«
Koko: »Schlafen essen.«
Francine: »Ist an deinem Geburtstag nicht auch etwas Besonderes geschehen?«
Koko: »Alt Gorilla.«
Francine: »Ja, du bist dreizehn Jahre alt und groß.«

Michael fing schon im kindlichen Alter an, Geschichten über zeitlich zurückliegende Ereignisse zu erzählen. 1979, als wir noch auf dem Campus der Stanford University an unserem Projekt arbeiteten, wurden die Gorillas Zeugen eines heftigen Streits, bei dem sich eine rothaarige Frau und eine Forschungsassistentin vor einem in der Nähe gelegenen Laborgebäude gegenseitig anschrien. Dabei schlug die Frau offenbar auf die Assistentin ein und mußte von der Polizei mit vorgehaltener Pistole zurückgehalten werden. Als Michaels Gefährtin, Barbara Weller, die nichts von dem Vorfall wußte, ankam, stand Michael am Fenster ...

Michael: »Mädchen.«
Michael blickte noch ein paar Minuten wie gebannt aus dem Fenster.
Michael: »Wissen schlagen-auf-Mund.«
Barbara: »Wissen schlagen-auf-Mund?«
Michael: »Schlagen-auf-Mund rot Biß.«
Barbara: »Warum machst du das Zeichen Schlagen-auf-Mund?«
Michael: »Wissen.«
Barbara: »Wem willst du auf den Mund schlagen?«
Michael: »Haar Mädchen rot.«

Barbara: »Was? Rothaariges Mädchen?«
Michael: »Lippe.« (Das Wort ›Lippe‹ bedeutete für die Gorillas ›Frau‹.)
Barbara: »Lippe?«
Michael: »Lippe Lippe Lippe große Aufregung.«

Michael Lewis[11] meint, es gebe gewisse Gefühlszustände, die nur Personen haben können, die sich ihrer selbst bewußt sind. Zu diesen Gefühlszuständen gehört auch das Gefühl der Verlegenheit. Um verlegen zu sein, müssen Tiere fähig sein, über ihr eigenes Verhalten nachzudenken und es mit Normen zu vergleichen, die die Gesellschaft oder sie selbst aufgestellt haben. Koko scheint es peinlich zu sein, wenn ihre Gefährten bemerken, daß sie in der Zeichensprache Selbstgespräche führt, besonders wenn ihre Puppen dabei eine Rolle spielen. Ein solcher Vorfall wurde dokumentiert, als Koko fünf Jahre alt war. Ihre Gefährten beobachteten sie dabei, wie sie zwischen zwei Gorillapuppen eine augenscheinlich von ihr erdachte Beziehung herstellen wollte. Sie machte das Zeichen »schlecht, schlecht«, während sie die eine Puppe anschaute, und »Kuß«, während sie die andere Puppe ansah. Dann machte sie die Zeichen »jagen, kitzeln«, stieß die beiden Puppen zusammen, balgte sich mit ihnen und sagte ihnen in der Zeichensprache: »Gut Gorilla, gut gut.« Dann bemerkte sie, daß sie beobachtet wurde, und legte abrupt die Puppen beiseite.

Wir haben keinen Grund anzunehmen, daß Koko und Michael sich hinsichtlich ihrer angeborenen Sprachbegabung, ihres Selbstbewußtseins oder anderer geistiger Fähigkeiten wesentlich von anderen Gorillas unterscheiden. Sie sind beide mehr oder weniger zufällig aus der Gesamtpopulation von Gorillas ausgewählt worden, und ihre ersten Lebensjahre sind unter völlig verschiedenen äußeren Umständen verlaufen. So darf man vermuten, daß sie typische Vertreter ihrer Spezies sind. Sie unterscheiden sich sicherlich auch nicht grundsätzlich von anderen Gorillas, weil sie Erfahrungen mit der menschlichen Sprache gemacht haben. Es gibt sogar einige Gorillas, die in einem Zoo leben und dort eher beiläufig mit Zeichensprache konfrontiert worden sind. Sie zeigen, daß auch sie

Zeichen lernen können, und zwar auch noch als Erwachsene und ohne einen intensiven Sprachunterricht. Als wir Koko und Michael in der Zeichensprache unterrichteten, haben wir ihnen kein künstliches System aufgezwungen, sondern wir haben, ausgehend von ihrem bereits bestehenden System, ein für den beiderseitigen Austausch geeignetes, gemeinsam verständliches Vokabular zusammengestellt.

Die genaue Beobachtung und Analyse der kommunikativen Gesten, die von »nicht unterrichteten« Gorillas einer Gruppe im Zoo verwendet werden, zeigen, daß ihr eigenes auf Gesten basierendes Kommunikationssystem sehr viel komplexer ist, als man bisher geglaubt hat.[12] Im Rahmen dieser Studie wird eine Sammlung von Videoaufnahmen dieser Gesten analysiert und nach Zusammenhang und erkennbarer Funktion klassifiziert. Bei den Gorillas wurden kommunikative Gesten in den folgenden Situationen beobachtet: bei der Aufforderung zum Spiel, in Erwartung spielerischer Reaktionen, bei der Weigerung zu spielen, beim Hinweis auf Ort und Art des Spiels, bei sexuellen Aktivitäten, bei kämpferischen Auseinandersetzungen, bei Gruppenbewegungen, beim Einnehmen bestimmter Körperhaltungen und beim Spielen einzelner Gorillas ohne Partner. Bei einer Art der Geste wird die Position eines anderen durch Berühren verändert, gewöhnlich im Verlauf sexueller Aktivitäten. Bei einer anderen typischen Art der Geste werden die Hände dazu benutzt, andere zu täuschen, zum Beispiel, indem ein Gorilla sein »Spielgesicht«-Grinsen verbirgt, um das Signal, das ein anderer Gorilla empfängt, zu verändern. Bis jetzt haben wir bei einer aus fünf Gorillas bestehenden Gruppe mehr als vierzig – offenbar klar unterschiedene und bedeutungsvolle – Typen von Gesten identifizieren können. Man hat die Gorillas in dieser Gruppe dabei beobachtet, wie sie zur Verständigung untereinander bis zu acht aufeinanderfolgende Gesten verwendeten, und es hat den Anschein, daß ihre Dialoge auch Elemente von Aufforderung und Reaktion enthalten.

Zwar sind wir noch weit von einem umfassenden Verständnis der natürlichen Kommunikation von Gorillas entfernt, es ist jedoch klar, daß Gorillas, die nicht in der Zeichensprache unterrichtet worden sind, Gesten benutzen, um sich zu verständigen. Forscher, die sich mit freilebenden Gorillas beschäftigen, werden vielleicht nicht immer die Bedeutung der semantischen Gesten erkannt haben, weil sie die kommunikativen Gewohnheiten der Gorillas oder generell die Kommunikation durch Gesten nicht kannten, oder weil die Gegenwart menschlicher Beobachter die Gorillas daran hindert, sich so zu verhalten, wie sie es unter normalen Umständen tun. Je besser wir die Gorillas als kommunizierende Persönlichkeiten kennenlernen, desto leichter wird es uns fallen, ihre inhaltlich bedeutsamen Gesten und Laute richtig zu verstehen.

Das vielleicht interessanteste Ergebnis unserer Forschungen war es, feststellen zu müssen, in welch erstaunlichem Maß die Gorillas uns gleichen – oder wir ihnen. Aber die bemerkenswerten Ähnlichkeiten zwischen den Gorillas und den Menschen sind angesichts der neuesten Untersuchungen unserer genetischen Verwandtschaft kaum überraschend. Die wissenschaftliche Klassifizierung lebender Organismen gründet sich auf die erkennbaren Ähnlichkeiten zwischen diesen Organismen. Innerhalb der Ordnung der Primaten hat man den Menschen bisher immer einer eigenen Familie zugeordnet. Untersuchungen aus neuerer Zeit, bei denen Chromosomen verglichen und die DNS analysiert wurden, erlauben kaum noch einen Zweifel daran, daß man Große Menschenaffen und Menschen gemeinsam der Familie der *Hominidae* zuordnen muß. Einige Forscher vertreten heute die Ansicht, daß Menschen, Gorillas und Schimpansen auch zur selben Unterfamilie gehören, obwohl die Gliederung dieser Unterfamilie noch zu bestimmen ist.[13]

Mit dem, was uns Koko und Michael über die Gorillas gelehrt haben, helfen sie uns, die Welt aus einer neuen Perspektive zu sehen. Sie zwingen uns, die Art, wie wir über andere Tiere denken, zu überprüfen. Mit ihren Empfindungs- und Ausdrucksmöglichkeiten, die ein sehr viel größeres Spektrum umfassen, als man bisher geglaubt hat, haben Sie ein lebendiges und sicheres Bewußtsein ihrer selbst als Individuen offenbart. Auf die Aufforderung, sich selbst zu beschreiben, erklärte Koko: »Feines Tier Gorilla.« In der Tat, feine Tier-Personen, die Gorillas.

Anmerkungen

1. Zusätzliche Informationen über die Arbeit mit Koko und Michael finden sich in F. G. Patterson, »The gestures of a gorilla: language acquisition in another pongid«, *Brain and Language,* Bd. 5 (1978) S. 72–97; F. Patterson, »Conversations with a gorilla«, *National Geographic,* Bd. 154, Nr. 4 (1978) S. 438–465; F. Patterson und E. Linden, *The Education of Koko,* New York 1981; F. Patterson, C.H. Patterson und D.K. Brentari, »Language in child, chimp, and gorilla«, *American Psychologist,* Bd. 42, Nr. 3 (1987) S. 270–272; F. Patterson, J. Tanner und N. Mayer, »Pragmatic analysis of gorilla utterances: early communicative development in the gorilla Koko«, *Journal of Pragmatics,* Bd. 12, Nr. 1 (1988) S. 35–55.
2. F. G. Patterson, »Linguistic capabilities of a young lowland gorilla«, in F. C. Peng (Hrsg.), *Sign Language and Language Acquisition in Man and Ape: New Dimensions in Comparative Pedolinguistics,* Boulder, CO, 1978, S. 161–201.
3. F. G. Patterson, »Linguistic capabilities of a lowland gorilla« (Dissertation, Stanford University 1979), University Microfilms International Nr. 79–172–69 in *Dissertation Abstracts International,* August 1979, 40–B, 2.
4. F. G. Patterson und R. H. Cohn, »Language acquisition by a lowland gorilla: Koko's first ten years of vocabulary development«, *Word,* Bd. 41, Nr. 2 (1990) S. 97–143.
5. H. Gardner, »Metaphors and modalities: how children project polar adjektives onto diverse domains, *Child Development*, Bd. 45 (1974) S. 84–91.
6. F. G. Patterson, »Innovative uses of language by a gorilla: a case study« in K. Nelson (Hrsg.), *Children's Language,* Bd. 2, New York 1980, S. 497–561.
7. D. Hancocks, »Gorillas go natural«, *Animal Kingdom,* Bd. 86, Nr. 1 (1983) S. 10–16.
8. A. Caplan, »Moral community and the responsibility of scientists«, *Acta Physiologica Scandinavica,* Bd. 128 (1986), S. 554.
9. R. W. Wolman, W. C. Lewis und M. King, »The development of the language of emotions: conditions of emotional arousal«, *Child Development,* Bd. 42 (1971), S. 1288–1293.
10. F. Patterson und R. Cohn, »Self-recognitation and self-awareness in lowland gorillas« in S. T. Parker, M. L. Boccia und R. Mitchell (Hrsg.), *Self Awareness in Animals and Humans*, Cambridge.
11. M. Lewis, »Origins of self-knowledge and individual differences in early self-recognition«, in A. Greenwald und T. Suls (Hrsg.), *Psychological Perspective on the Self*, Bd. 3 (1986), S. 55–78.
12. F. Patterson und J. Tanner, »Gestural communication in captive gorillas«, Vortrag vor der American Society of Primatologists an der Universität von Kalifornien, Davies, Juli 1990.
13. J. Yunis und O. Prakash, »The origins of man: a chromosomal pictorial legacy«, *Science,* Bd. 215 (1982), S. 1525–1529: B. F. Koop, M. Goodman, P. Xu, K. Chan und J. L. Slightom, »Primate (eta)-globin DNA sequences and man's place among the great apes«, *Nature,* Bd. 319 (1986), S. 234–337.

Teil III

ÄHNLICHKEITEN UND UNTERSCHIEDE

7
Barrieren im Kopf

von Richard Dawkins

Richard Dawkins hat seine Doktorarbeit an der Universität Oxford bei dem Ethologen und Nobelpreisträger Niko Tinbergen gemacht. Heute ist er Dozent für Zoologie an der Universität Oxford und Fellow des New College. Sein erstes Buch, The Selfish Gene (dt. *Das egoistische Gen), war ein internationaler Bestseller und begründete den Ruf von Dawkins als hervorragender Interpret der modernen Evolutionstheorie mit dem Talent, eine breite Öffentlichkeit zu erreichen. Das Interesse für seine Arbeit nahm nach der Veröffentlichung seines nächsten Buches,* The Blind Watchmaker (dt. Der blinde Uhrmacher), *im Jahr 1986 noch zu. Daß Dawkins die Gabe hat, wissenschaftliche Ideen lebendig darzustellen, zeigt sich in dem folgenden Aufsatz, in dem er sich entschieden gegen unsere Neigung wendet, zwischen uns und den anderen Großen Menschenaffen eine unüberwindliche Kluft aufzubauen.*

Sir,
Sie fordern uns auf, Geld zur Rettung der Gorillas zu spenden. Zweifellos sehr lobenswert. Aber Sie scheinen übersehen zu haben, daß es Tausende von *menschlichen* Kindern gibt, die auf demselben afrikanischen Kontinent leiden müssen. Wir werden Zeit genug haben, uns um die Gorillas Sorgen zu machen, wenn wir dem letzten dieser Kinder geholfen haben. Lassen Sie uns *bitte* die richtigen Prioritäten setzen!

Dieser hypothetische Brief hätte heute von fast jedem wohlmeinenden Menschen geschrieben werden können. Wenn ich ihn hier verspotte, dann will ich nicht sagen, daß es nicht auch gute Gründe gibt, menschlichen Kindern den Vorrang zu geben. Das ist sicherlich möglich, es gibt aber ebenso viele gute Gründe dafür, das Problem aus einer anderen Perspektive zu sehen. Ich möchte nur auf den *Automatismus* und die Gedankenlosigkeit der Doppelmoral des Speziesisten hinweisen (der den moralischen Status eines Individuums von der Spezieszugehörigkeit abhängig macht. Anm. d. Übersetzers). Für viele ist es eine Selbstverständlichkeit und *unbestreitbar*, daß Menschen den Anspruch auf eine besondere Behandlung haben. Um das zu verdeutlichen, betrachten Sie die folgende Variante des obigen Briefes:

> Sir,
> Sie fordern uns auf, Geld zur Rettung der Gorillas zu spenden. Zweifellos sehr lobenswert. Aber Sie scheinen übersehen zu haben, daß auf demselben afrikanischen Kontinent Tausende von Erdferkeln leiden müssen. Wir werden Zeit genug haben, uns um die Gorillas Sorgen zu machen, wenn wir das letzte Erdferkel gerettet haben. Lassen Sie uns *bitte* die richtigen Prioritäten setzen!

Dieser zweite Brief provoziert unweigerlich die Frage: Was ist an Erdferkeln so besonders? Eine gute Frage, die befriedigend beantwortet werden muß, bevor wir diesen Brief ernst nehmen können. Aber ich glaube, der erste Brief würde die meisten Menschen nicht veranlassen, die entsprechende Frage zu stellen: Was ist an den Menschen so besonders? Wie schon gesagt, ich bestreite nicht, daß es auf diese Frage, anders als bei der Frage nach den Erdferkeln, eine überzeugende Antwort gibt. Was ich kritisiere ist nur die Tatsache, daß wir in unserer Gedankenlosigkeit nicht erkennen, daß im Fall des Menschen diese Frage ebenso auftaucht.

Die speziesistische Vorstellung, die hier lauert, ist sehr einfach. Menschen sind Menschen, und Gorillas sind Tiere. Zwischen ihnen liegt eine nicht hinterfragte, gähnende Kluft, so daß das Leben eines einzigen menschlichen Kindes mehr wert ist als das aller Gorillas der Welt. Der »Wert« des Lebens eines Tieres entspricht dem Preis, den sein Besitzer oder – wenn es sich um eine seltene Spezies handelt – die Menschheit für seinen Ersatz bezahlen muß. Aber wenn man ein winziges Stück empfindungsloses embryonisches Gewebe mit dem Etikett *Homo sapiens* versieht, dann bekommt sein Leben plötzlich einen unendlichen, unschätzbaren Wert.

Diese Art des Denkens kennzeichnet das, was ich einen diskontinuierlichen Geist nennen möchte. Wir alle würden darin übereinstimmen, daß eine Frau von 1,83 Metern groß und eine Frau von 1,53 Metern klein ist. Worte wie »groß« und »klein« verführen uns dazu, die Welt in Qualitätsklassen hineinzuzwingen, aber das heißt nicht, daß die Welt in Wirklichkeit nicht kontinuierlich ist. Würde man mir sagen, eine Frau sei 1,76 Meter groß, und mich auffordern zu entscheiden, ob man sie als groß bezeichnen sollte oder nicht, dann würde ich mit den Schultern zucken und sagen: »Sie ist 1,76 Meter groß. Sagt Ihnen das nicht alles, was Sie wissen müssen?« Aber der diskontinuierliche Geist – ich übertreibe ein bißchen – würde wahrscheinlich (ohne die hohen Kosten zu scheuen) eine Gerichtsenscheidung darüber herbeiführen wollen, ob diese Frau nun groß oder klein ist. Ich muß nicht einmal sagen, daß dies eine Karikatur ist. Jahrelang haben sich südafrikanische Gerichte lebhaft mit der Frage beschäftigt, ob einzelne Personen mit Eltern verschiedener Hautfarbe als Weiße, Schwarze oder Farbige anzusehen seien.

Dieser diskontinuierliche Geist ist allgegenwärtig und wirkt sich besonders dort aus, wo er das Denken von Juristen und religiösen Menschen befällt (nicht nur alle Richter sind Juristen; auch viele Politiker sind es, und alle Politiker müssen sich um die Stimmen der religiösen Wählerschaft bemühen). Neulich wurde ich, nachdem ich einen öffentlichen Vortrag gehalten hatte, von einem Juristen unter meinen Zuhörern ins Kreuzverhör genommen. Mit seinem ganzen juristischen Scharfsinn ging er auf eine interessante, die Evolution betreffende Frage ein: Wenn sich die Spezies A zu einer späteren Spezies B entwickelt, so folgerte er scharf, muß irgendwann der Punkt kommen, an dem eine Mutter zur alten Spezies A und ihr Kind zur neuen Spezies B gehört. Die Angehörigen verschiedener Spezies können sich nicht untereinander vermehren. Weiter erklärte er, ein Kind könne sich kaum so sehr von seinen Eltern unterscheiden, daß es nicht mit Angehörigen ihrer Spezies Nachkommen zeugen könnte. Und triumphierend fragte er mich schließlich: »Zeigt sich hier nicht ein entscheidender Fehler in der Evolutionstherorie?«

Aber wir selbst haben die Tiere in unzusammenhängende Spezies eingeordnet. Nach einer evolutionären Betrachtungsweise des Lebens muß es aber Zwischenstufen gegeben haben, obwohl sie – und das erleichtert uns das Ritual der Namensgebung – inzwischen ausgestorben sind, allerdings nicht immer. Der Jurist wäre überrascht und, wie ich hoffe, fasziniert von den sogenannten »Ring-Spezies«. Am bekanntesten ist der Fall der Silbermöwe und der Mantelmöwe. In Großbritannien sind es zwei völlig verschieden gefärbte Spezies, und jeder Beobachter wird den Unterschied sofort erkennen. Verfolgt man jedoch die Population der Silbermöwen nach Westen über den Nordpol nach Nordamerika und dann weiter über Alaska und Sibirien hinweg zurück nach Europa, stößt man auf eine seltsame Tatsache. Die Silbermöwen verlieren allmählich das Aussehen von Silbermöwen, und nähern sich dem der Mantelmöwe, bis es sich schließlich zeigt, daß unsere europäischen Mantelmöwen das andere Ende eines Ringes sind, der mit der Silbermöwe begonnen hat. An jeder Stelle dieses Ringes sind die Vögel ihren Nachbarn so ähnlich, daß sie sich kreuzen können, und zwar bis das Ende dieses Kontinuums in Europa erreicht ist. An diesem Punkt kreuzen sich die Silbermöwen und die Mantelmöwen nicht mehr, obwohl sie durch eine kontinuierliche Reihe sich kreuzender Kollegen verbunden sind, die um den ganzen Globus verläuft. Das einzig Besondere an Ring–Spezies wie diesen Möwen ist, daß ihre Zwischenformen noch leben. Überall dort, wo zwei Spezies miteinander verwandt sind, besteht die Möglichkeit, daß es Ring–Spezies sind. Irgendwann einmal müssen die Zwischenformen gelebt haben. Es ist nur so, daß sie heute in den meisten Fällen ausgestorben sind.

Der Anwalt mit seinem geübten diskontinuierlichen Geist besteht darauf, jedes Individuum einer ganz bestimmten Spezies fest zuzuordnen. Er ist nicht bereit einzuräumen, daß ein Individuum in der Mitte zwischen zwei Spezies anzusiedeln ist oder auf dem Wege von Spezies A zu Spezies B erst ein Zehntel zurückgelegt hat. Selbsternannte »Pro-life«-Vertreter und andere, die sich in albernen Debatten darüber ergehen, in welchem Entwicklungsstadium ein Fötus zum menschlichen Wesen wird, zeigen das gleiche diskontinuierliche Denken. Es hat keinen Sinn, diesen Leuten zu sagen, daß, je nachdem welche menschlichen Kennzeichen sie interessierten, ein Fötus »halbmenschlich« oder »zu hundert Prozent menschlich« sein kann. Für den diskontinuierlichen Geist ist der Begriff »menschlich« etwas Absolutes. Halbheiten kann es nicht geben. Und diese Haltung hat schlimme Folgen.

Mit dem Wort »Menschenaffen« bezeichnen wir gewöhnlich Schimpansen, Gorillas, Orang-Utans, Gibbons und Siamangs. Wir geben zu, daß wir den Menschenaffen ähnlich sind, wollen aber nur selten erkennen, daß wir Menschenaffen *sind.* Der gemeinsame Vorfahr des Menschen, des Schimpansen und des Gorillas hat in sehr viel jüngerer Zeit gelebt als ihr gemeinsamer Vorfahr mit den asiatischen Menschenaffen, den Gibbons und Orang-Utans. Es gibt keine natürliche Kategorie, zu der Schimpansen, Gorillas und Orang-Utans gehören, nicht aber der Mensch. Das Diagramm 7.1 zeigt die Künstlichkeit einer Kategorie »Menschenaffen«, die traditionell den Menschen ausschließt. Der Stammbaum zeigt, daß sich der Mensch mitten in der Gruppe der Menschenaffen befindet. Die Künstlichkeit der konventionellen Kategorie »Menschenaffe« wird durch den dunkel getönten Teil des Diagramms deutlich erkennbar.

In Wirklichkeit sind wir nicht nur Menschenaffen, sondern afrikanische Menschenaffen. Die Kategorie »afrikanische Menschenaffen« ist, wenn man den Menschen nicht willkürlich ausschließt, eine natürliche. Der getönte Bereich des Diagramms 7.2 zeigt keine künstlichen Aussparungen.

Auch die Kategorie »Große Menschenaffen« ist nur solange eine natürliche, wie sie den Menschen mit einschließt. Wir sind Große Menschenaffen. Alle Großen Menschenaffen, die je gelebt haben, einschließlich aller Menschen, sind durch eine ununterbrochene

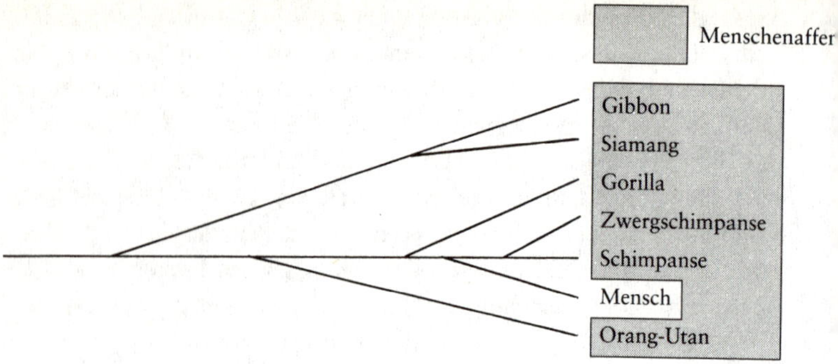

Diagramm 7.1

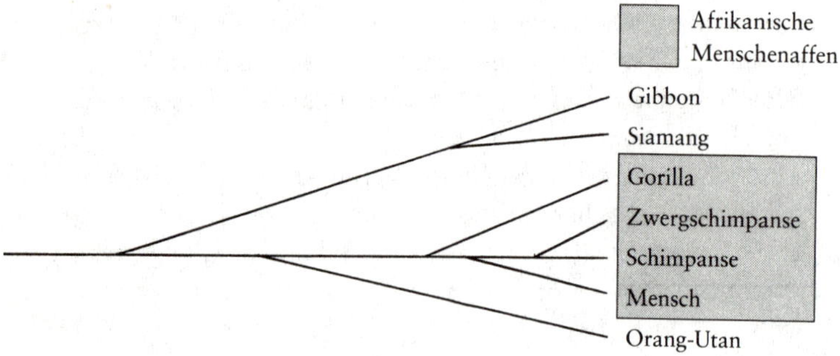

Diagramm 7.2

Kette der Eltern-Kind-Bande miteinander verbunden. Das gleiche gilt für alle Tiere und Pflanzen, die je gelebt haben, aber hier sind die Zwischenräume sehr viel größer. Molekulare Untersuchungen zeigen, daß unser mit dem Schimpansen gemeinsamer Vorfahr vor fünf bis sieben Millionen Jahren in Afrika gelebt hat, also vor etwa einer halben Million Generationen. Das ist nach evolutionären Maßstäben nicht sehr lange.

Gelegentlich gibt es Demonstrationen, bei denen Tausende von Menschen einander an den Händen fassen und eine Menschenkette bilden, etwa von der Ost- bis zur Westküste der Vereinigten Staaten, um eine bestimmte Idee oder einen karitativen Zweck zu unterstützen. Stellen wir uns vor, wir bildeten eine solche Kette entlang des Äquators durch die Weite unseres heimatlichen afrikanischen Kontinents. Es ist eine ganz besondere Kette, und sie besteht aus Eltern und Kindern. Um sie uns vorstellen zu können, müssen wir der Zeit einen Streich spielen. Du stehst, nach Norden blickend, an der Küste des Indischen Ozeans im südlichen Somalia, und mit deiner linken Hand hast du die Rechte deiner Mutter ergriffen. Sie wiederum ergreift die Hand ihrer Mutter, deiner Großmutter. Deine Großmutter hält die Hand ihrer Mutter und so weiter. Die Kette führt von der Küste in das trockene Buschland und weiter nach Westen bis an die Grenze von Kenia.

Wie weit müssen wir gehen, um auf den Vorfahren zu treffen, von dem wir und die Schimpansen gemeinsam abstammen? Die Entfernung wäre erstaunlich gering. Wenn wir annehmen, daß jede Person in dieser Kette ein Yard (neunzig Zentimeter) für sich in Anspruch nimmt, dann treffen wir nach weniger als vierhundertachtzig Kilometern auf diesen gemeinsamen Vorfahren von Menschen und Schimpansen. Wir haben also kaum mit der Überquerung des Kontinents begonnen; wir haben nicht einmal die Hälfte des Weges zum Großen Graben zurückgelegt. Unsere Stammutter steht noch weit östlich des Mount Kenia und hält die ganze Kette ihrer Nachkommen an der Hand, an deren äußerstem Ende an der Küste von Somalia du stehst.

Die Tochter, der sie ihre rechte Hand gereicht hat, ist die, von der wir abstammen. Nun wendet sich die Urahnin nach Osten zur Küste hin und ergreift mit ihrer linken Hand die andere Tochter, von der die Schimpansen abstammmen (es könnte allerdings auch ihr Sohn sein, aber der Einfachheit halber bleiben wir bei den Frauen). Die beiden Schwestern stehen einander gegenüber, und beide haben jeweils die Hand ihrer Mutter ergriffen. Jetzt ergreift die zweite Tochter, die Stammutter der Schimpansen, die Hand ihrer Tochter, und es bildet sich eine neue Kette, die zurück zur Küste verläuft. Cousinen ersten Grades stehen einander gegenüber, ebenso Cousinen zweiten Grades und so weiter. Wenn nun diese zurücklaufende Kette wieder die Küste erreicht hat, besteht sie aus modernen Schimpansen. Von Angesicht zu Angesicht stehen wir unseren Schimpansen-Cousinen gegenüber und sind mit ihnen durch eine ununterbrochene Kette von Müttern verbunden, die ihre Töchter an der Hand halten. Wenn du nun wie ein inspizierender General die ganze Kette abschreiten würdest, vorbei am *Homo erectus, Homo habilis* und dann vielleicht am *Australopithecus afarensis* – und wieder auf der anderen Seite hinunter (wo die Zwischenformen auf der Seite der Schimpansen nicht benannt werden können, weil man, wie es manchmal vorkommt, von ihnen bisher noch keine Fossilien gefunden hat), würdest du nirgendwo krasse Unterschiede feststellen können. Die Töchter würden ihren Müttern ebensosehr oder ebensowenig gleichen, wie sie das immer tun. Die Mütter würden ihre Töchter lieben und sich mit ihnen verbunden fühlen, wie sie es immer tun. Und diese nahtlose Kette, die uns mit den Schimpansen verbindet, ist so kurz, daß sie kaum über das Hinterland Afrikas, unserem Ursprungskontinent, hinausreicht.

Unsere aus afrikanischen Menschenaffen bestehende Kette, die in einer Schleife an ihren Ausgangspunkt zurückführt, ist wie eine Miniaturausgabe des über den Nordpol führenden Ringes der Möwen, nur daß die Zwischenglieder zufällig ausgestorben sind. Was ich hier sagen will, ist, daß es, was die Moral betrifft, nicht darauf ankommt, daß die dazwischenliegenden Generationen tot sind. Was würde es bedeuten, wenn sie noch lebten? Was wäre, wenn ein Haufen von Zwischenformen überlebt hätte, der uns mit den modernen Schimpansen durch eine Kette verbindet, die nicht nur aus Individuen besteht, die sich an der Hand halten, sondern die sich untereinander fortpflanzen? Das erinnert uns an ein Lied, in dem es heißt: »Ich habe mit einem Mann getanzt, der mit einem Mädchen getanzt hat, die mit dem Prinzen von Wales getanzt hat.« Wir können uns mit den modernen Schimpansen nicht mehr richtig fortpflanzen, aber es müßten nur noch ein paar Zwischenglieder am Leben sein, damit wir singen könnten: »Ich habe ein Kind von einem Mann, der mit einem Mädchen ein Kind hat, das von einem Schimpansen ein Kind hat.«

Es ist einfach Glück, daß diese Zwischenglieder nicht mehr am Leben sind. (Aber nur von einem gewissen Standpunkt aus betrachtet. Ich für meinen Teil, würde mich freuen, sie kennenzulernen.) Aber in diesem Fall würden wir ganz andere Gesetze und ganz andere moralische Vorstellungen haben. Wir müßten nur einen einzigen überlebenden *Australopithecus* im Wald von Budongo entdecken, und unser gesamtes geheiligtes System der Normen und der Ethik würde über uns zusammenstürzen. Die Barrieren, mit denen wir unsere Welt aufspalten, würden krachend in sich zusammenfallen. Rassismus und Speziesismus würden sich in einem halsstarrigen und bösartigen Durcheinander miteinander vermischen. Die Apartheid würde für die, die an sie glauben, eine neue und vielleicht noch dringendere Bedeutung erhalten.

Aber ein Moralphilosoph könnte fragen, weshalb uns das etwas angeht. Ist es nicht nur der diskontinuierliche Geist, der überhaupt Barrieren errichten will? Was macht es also aus, wenn die Überlebenden in dem Kontinuum aller Menschenaffen, die in Afrika gelebt haben, nun zufällig eine passende Kluft zwischen *Homo* und *Pan* offenlassen? Auf keinen Fall sollten wir die Art, wie wir mit Tieren umgehen, davon abhängig machen, ob wir uns untereinander fortpflanzen können oder nicht. Wenn wir doppelte Maßstäbe rechtfertigen wollen, wenn also die Gesellschaft darin übereinkommt, daß Menschen besser behandelt werden sollten als etwa Kühe (Kühe dürfen gekocht und gegessen werden, Menschen nicht), dann muß es dafür triftigere Gründe geben als die Verwandtschaft. Menschen sind zwar im Klassifizierungssystem von Kühen weit entfernt, aber ist es nicht sehr viel wichtiger, daß wir intelligenter sind als sie? Oder noch besser, wir folgen Jeremy Bentham, der gesagt hat, Menschen seien leidensfähiger als Tiere – daß Kühe, auch wenn sie den Schmerz ebenso verabscheuen wie Menschen (und warum in aller Welt sollten wir daran zweifeln?), nicht wissen, was auf sie zukommt? Nehmen wir an, daß sich zufällig aus dem Oktopus Lebewesen entwickelt hätten, die nun Gehirne und Gefühle haben, die den unseren gleichkommen. Das hätte ohne weiteres geschehen können. Die bloße Möglichkeit zeigt, von welchen Zufällen der Verwandtschaftsgrad abhängt. Also fragt der Moralphilosoph, warum die Kontinuität zwischen Schimpanse und Mensch betonen?

Ja, in einer idealen Welt sollten wir bessere Gründe als die Verwandtschaft vorweisen, dafür etwa, daß wir das Fleischessen dem Kannibalismus vorziehen. Aber traurige Tatsache ist, daß die moralische Einstellung der Gesellschaft fast ausschließlich auf einem diskontinuierlichen speziesistischen Imperativ beruht.

Abbildung 7.3: Das von einem Computer hergestellte Bild zeigt, wie eine Zwischenform zwischen Menschen- und Schimpansengesicht aussehen könnte. (Nach Nancy Burston und David Kramlich in C. A. Pickover, *Computers and the Imagination: Visual Adventures Beyond the Edge* (Alan Sutton, Stroud 1991, dt. Mit den Augen des Computers, Markt und Technik Verlag 1992).

Dieses faszinierende Bild ist ein rein hypothetisches. Aber ich bin überzeugt, und niemand wird dies bestreiten, daß es ein welterschütterndes Ereignis wäre, wenn es gelänge, eine Kreuzung aus einem Schimpansen und einem Menschen zu zeugen. Bischöfe würden jammern, Juristen würden sich diebisch freuen, konservative Politiker würden sich empören und Sozialisten würden nicht wissen, wo sie die Barrikaden errichten sollten. Der Wissenschaftler, dem dies Meisterstück gelänge, würde als politisch untragbar geächtet, von den Kanzeln herab und in der Presse gebrandmarkt und vielleicht von irgendeinem Ayatollah zum Tode verurteilt. Politik, Theologie, Soziologie, Psychologie und die meisten philosophischen Zweige wären nie mehr das, was sie einmal waren. Die Welt, die durch ein zufälliges Ereignis wie die Kreuzung zwischen Mensch und Schimpanse derart erschüttert würde, ist in der Tat eine speziesistische Welt, beherrscht von einem diskontinuierlichen Geist.

Ich habe erklärt, daß die Kluft zwischen Menschen und »Menschenaffen«, die wir in unserer Vorstellung aufbauen, bedauerlich ist. Ich habe auch erklärt, daß die gegenwärtige Position dieser geheiligten Kluft in jedem Fall willkürlich ist; sie ist das Ergebnis des evolutionären Zufalls. Wenn es andere Voraussetzungen für Überleben und Aussterben gegeben hätte, dann würde sich diese Kluft an einer anderen Stelle befinden. Auf der Laune des Zufalls basierende ethische Grundsätze sollten nicht so angesehen werden, als seien sie in Stein gemeißelt.

Dennoch muß man zugeben, daß der Vorschlag dieses Buches, die Großen Menschenaffen in den netten Zirkel der Privilegierten aufzunehmen, mit beiden Beinen in der Tradition des diskontinuierlichen Denkens steht. Obwohl sich die Kluft verschoben hat, ist die entscheidende Frage noch immer: »Auf welcher Seite der Kluft steht man?« So bedauerlich das ist, solange unser sozialer Moralkodex von Juristen und Theologen beherrscht wird, die weiterhin in diskontinuierlichen Kategorien denken, ist es noch zu früh, eine quantitative, kontinuierlich dynamische Moral zu fordern. Deshalb unterstütze ich das Anliegen, für das dieses Buch steht.

8
Der dritte Schimpanse

von Jared Diamond

Jared Diamond ist heute Professor für Physiologie an der Universität von Kalifornien in Los Angeles. Er hat jedoch auch wesentlich zu neuen Erkenntnissen auf dem Gebiet der Ökologie beigetragen. Auf einer seiner zahlreichen Reisen in die Berge von Neuguinea hat er eine Spezies des Laubenvogels wiederentdeckt, von der man glaubte, sie sei längst ausgestorben. »Der dritte Schimpanse« ist eine leicht gekürzte Version des ersten Kapitels seines vielbeachteten, jüngst erschienen Buches The Rise and Fall of the Third Chimpanzee, *New York und London 1991. Es wird hier mit freundlicher Erlaubnis des Verfassers und Herausgebers abgedruckt. © Jared Diamond, 1991.*

Wenn Sie das nächste Mal einen Zoo besuchen, vergessen Sie nicht, auch an den Menschenaffenkäfigen vorbeizugehen. Stellen Sie sich vor, daß den Affen fast alle Haare ausgegangen sind und daß in einem Käfig neben ihnen einige unglückliche nackte Menschen leben, die nicht sprechen können, sonst aber ganz normal sind. Nun versuchen Sie, sich zu überlegen, wieweit diese Menschenaffen uns genetisch gleichen. Würden Sie meinen, daß zehn, fünfzig oder neunundneunzig Prozent der Gene des Schimpansen die gleichen sind wie die eines Menschen?

Dann fragen Sie sich, warum diese Menschenaffen in Käfigen zur Schau gestellt werden und andere Menschenaffen bei medizinischen Experimenten als Versuchstiere dienen, während es verboten ist, mit Menschen das gleiche zu tun. Nehmen Sie an, es stellt sich heraus, daß 99,9 Prozent der Gene des Schimpansen die gleichen sind wie die des Menschen und daß die Unterschiede zwischen beiden nur auf einige wenige Gene zurückzuführen sind. Würden Sie es dann immer noch für richtig halten, Schimpansen in Käfige einzusperren und sie als Versuchstiere zu benutzen? Denken Sie an jene unglücklichen, geistig behinderten Menschen, die viel weniger in der Lage sind, Probleme zu lösen, für sich selbst zu sorgen, sich verständlich zu machen, soziale Beziehungen einzugehen und Schmerzen zu empfinden als Menschenaffen. Welche Logik verbietet es, mit diesen Menschen medizinische Experimente durchzuführen, nicht aber mit Menschenaffen?

Man könnte sagen, daß Menschenaffen »Tiere« sind, die Menschen aber Menschen, und das sei ausreichend. Ein für Menschen geltender Moralkodex dürfe nicht auf ein »Tier« angewendet werden, gleichgültig, welcher Prozentsatz seiner Gene mit denjenigen des Menschen übereinstimme und gleichgültig, wie weit dieses Tier die Fähigkeit habe, soziale Beziehungen einzugehen oder Schmerz zu empfinden. Das ist eine willkürliche, aber zumindest folgerichtige Antwort, über die man nicht einfach hinweggehen kann. In diesem Fall wird es keine ethischen Konsequenzen haben, wenn wir mehr über die verwandtschaftlichen Beziehungen zu unseren Vorfahren wissen, aber es wird dennoch unsere intellektuelle Neugier befriedigen zu verstehen, woher wir kommen. Jede menschliche Gesellschaft hat das dringende Bedürfnis gehabt, etwas über ihren Ursprung zu erfahren, und hat dazu ihre eigene Schöpfungsgeschichte erfunden. Was folgt, ist die Schöpfungsgeschichte unserer Zeit.

Seit Jahrhunderten wissen wir ungefähr, an welcher Stelle der Mensch im Tierreich einzuordnen ist. Offensichtlich sind wir Säugetiere und gehören damit zu der Gruppe von Tieren, die dadurch gekennzeichnet sind, daß sie Haare besitzen, ihre Jungen säugen und noch einige andere Wesenszüge gemeinsam haben. Unter den Säugetieren gehören wir offenbar zur Gruppe der Primaten, der alle Affen und Menschenaffen zuzuordnen sind. Wir teilen mit den anderen Primaten zahlreiche Merkmale, die den meisten anderen Säugetieren fehlen, wie etwa flache Finger- und Zehennägel anstelle von Klauen; Hände, mit denen wir greifen können, einen Daumen, der den anderen vier Fingern gegenüberliegt, und einen Penis, der frei herunterhängt und nicht am Unterleib festsitzt. Im zweiten Jahrhundert nach Christus hat der griechische Physiker Galen den ungefähren Platz, den wir in der Natur einnehmen, richtig beschrieben, nachdem er die verschiedensten Tiere seziert und festgestellt hatte, daß ein Affe »dem Menschen hinsichtlich seiner inneren Organe, Muskeln, Arterien, Venen, Nerven und der Form der Knochen am ähnlichsten« war.

Es ist auch nicht schwierig, unseren Platz in der Gruppe der Primaten zu finden, denn wir gleichen offensichtlich eher den Menschenaffen als den kleineren, langschwänzigen Affen. Der lange Schwanz ist eines der sichtbarsten Zeichen, durch die sich die kleineren Affen von den Menschenaffen und uns unterscheiden, die einen solchen Schwanz nicht aufzuweisen haben. Außerdem ist klar, daß die kleinen Gibbons mit ihren langen Armen die Menschenaffen sind, die sich am meisten von den anderen unterscheiden, und daß Orang-Utans, Schimpansen, Gorillas und Menschen alle näher miteinander verwandt sind als jeder einzelne mit den Gibbons. Aber unsere verwandtschaftlichen Beziehungen noch genauer zu bestimmen, erweist sich als unerwartet schwierig. Darüber ist es zu einer intensiven wissenschaftlichen Debatte gekommen, bei der es um drei Fragen geht, einschließlich der, die ich im ersten Absatz dieses Kapitels gestellt habe:

1. Wie sieht der Stammbaum im einzelnen aus, der die verwandtschaftlichen Beziehungen zwischen den Menschen, den heute lebenden Menschenaffen und den ausgestorbenen Ur-Menschenaffen zeigt, von denen wir abstammen? Zum Beispiel, welcher der heute lebenden Menschenaffen ist unser nächster Verwandter?
2. Wann haben wir und unser nächster lebender Verwandter, welcher Menschenaffe das auch sein mag, uns von einem gemeinsamen Vorfahren getrennt?

3. Einen wie hohen Prozentsatz unserer Gene teilen wir mit jenem heute lebenden, nächsten Verwandten?

Zunächst sieht es fast so aus, als habe die vergleichende Anatomie die erste dieser drei Fragen bereits beantwortet. Wir sehen den Schimpansen und Gorillas am ähnlichsten, unterscheiden uns aber von ihnen durch offensichtliche Merkmale wie unser größeres Gehirn, die aufrechte Haltung und eine geringere Körperbehaarung sowie hinsichtlich einer ganzen Reihe subtilerer Merkmale. Doch bei genauerer Untersuchung erweisen sich diese anatomischen Gegebenheiten als nicht entscheidend. Ausgehend davon, welche anatomischen Merkmale für die wichtigsten gehalten und wie sie interpretiert werden, gehen die Meinungen der Biologen darüber auseinander, ob wir am nächsten mit den Orang-Utans verwandt sind (was eine Minderheit glaubt) und die Seitenlinie der Schimpansen und Gorillas von unserem Stammbaum bereits abzweigte, bevor wir uns von der Linie der Gorillas getrennt haben, oder ob wir statt dessen am nächsten mit den Schimpansen und Gorillas verwandt sind (die vorherrschende Meinung) und die Vorfahren der Orang-Utans schon früher ihrer eigenen Weg gegangen sind.

Innerhalb dieser Mehrheit haben die meisten Biologen geglaubt, daß die Gorillas und Schimpansen einander mehr gleichen als uns, wobei sie annehmen, daß die Seitenlinie des Menschen abzweigte, bevor die Trennung der Gorillas und Schimpansen stattfand. Dieser Schluß spiegelt die gängige Ansicht wider, daß Schimpansen und Gorillas einer gemeinsamen Kategorie der »Menschenaffen« zugeordnet werden können, während wir etwas ganz anderes sind. Man kann sich aber auch vorstellen, daß wir nur deshalb anders aussehen, weil sich Schimpansen und Gorillas nicht wesentlich verändert haben, während wir uns im Hinblick auf wenige wichtige und deutlich sichtbare Merkmale, wie den aufrechten Gang und die Größe unseres Gehirns, erheblich verändert haben. In diesem Fall könnten die Menschen entweder den Gorillas oder den Schimpansen am ähnlichsten sein, oder die Menschen, die Gorillas und die Schimpansen könnten genetisch etwa gleich weit voneinander entfernt sein.

Deshalb beschäftigen sich die Anatomen auch weiterhin mit der ersten Frage, den Einzelheiten unseres Stammbaums. Für welchen Stammbaum man sich auch entscheiden mag, die anatomischen Untersuchungen als solche sagen uns nichts über die zweite und dritte Frage, über die Zeit, wann wir uns in unserer Entwicklung von den Menschenaffen getrennt haben, und wie groß die genetische Distanz zu ihnen ist. Vielleicht ließe sich die Frage nach dem richtigen Stammbaum und der Zeit der Abzweigung anhand von Fossilien prinzipiell beantworten, wenn auch nicht die Frage nach der genetischen Distanz. Wenn wir über reichlich Fossilien verfügten, dürften wir hoffen, eine Reihe datierter Ur-Mensch- und datierter Ur-Schimpansen-Fossilien zu finden, die auf einen gemeinsamen Vorfahren zurückgehen, der vor etwa zehn Millionen Jahren gelebt hat, welcher wiederum auf eine Reihe zwölf Millionen Jahre alter Ur-Gorilla-Fossilien zurückgeht. Leider hat sich die Hoffnung, auf solche Fossilien zu stoßen, nicht erfüllt, denn für die zwischen fünf und vierzehn Millionen Jahre zurückliegende und in diesem Zusammenhang entscheidend wichtige Periode hat man in Afrika kaum irgendwelche Fossilien von Menschenaffen gefunden.

Die Antwort auf diese Fragen nach unserem Ursprung kam aus einer unerwarteten Richtung: von Molekularbiologen, die sich mit der Klassifizierung von Vögeln beschäftigten. Vor etwa dreißig Jahren begannen diese Wissenschaftler zu erkennen, daß die chemischen Bestandteile, aus denen Pflanzen und Tiere bestehen, als »Uhren« dienen könnten, um genetische Distanzen zu messen und die Zeiten zu datieren, in denen es zu evolutionären Abzweigungen gekommen ist. Die Idee ist folgende: Nehmen wir an, es gibt eine Klasse von Molekülen, die sich in allen Spezies findet und deren spezifische Struktur in jeder Spezies genetisch determiniert ist. Nehmen wir weiter an, daß sich diese Struktur als Folge genetischer Mutationen im Verlauf von Jahrmillionen allmählich verändert und daß die Geschwindigkeit dieser Veränderungen in allen Spezies die gleiche ist. Zwei von einem gemeinsamen Vorfahren abstammende Spezies würden mit identischen Formen dieses Moleküls beginnen, das sie von jenem Vorfahren geerbt haben, aber Mutationen würden dann unabhängig voneinander erfolgen und strukturelle Veränderungen zwischen den Molekülen der beiden Spezies bewirken. Die beiden in diesen Spezies vorhandenen Versionen dieses Moleküls würden sich allmählich in ihren Strukturen auseinanderentwickeln. Wenn wir nun wüßten, wie viele strukturelle Veränderungen innerhalb von einer Million Jahren durchschnittlich erfolgen, könnten wir die heute festgestellten Unterschiede in der Struktur der Moleküle zwischen zwei verwandten Tierspezies als Zeitmesser benutzen, um zu berechnen, wieviel Zeit vergangen ist, seit diese Spezies einen gemeinsamen Vorfahren hatten.

Nehmen wir zum Beispiel an, wir hätten aufgrund von Fossilien festgestellt, daß Löwen und Tiger vor fünf Millionen Jahren begonnen haben, sich in eine jeweils andere Richtung zu entwickeln. Nehmen wir an, das Molekül in den Löwen wäre in seiner Struktur mit dem entsprechenden Molekül in den Tigern zu neunundneunzig Prozent identisch und unterschiede sich von diesem nur um ein Prozent. Nähmen wir nun ein Spezies-Paar, über deren fossile Geschichte wir nichts wissen, und stellten fest, daß dieses Molekül bei diesen beiden Spezies einen Unterschied von drei Prozent aufwiese, dann würde uns die molekulare Uhr sagen, daß diese beiden Spezies sich vor dreimal fünf Millionen, das heißt, vor fünfzehn Millionen Jahren voneinander getrennt haben.

So sauber dieses Verfahren auch auf dem Papier aussehen mag, seine Überprüfung in der Praxis hat die Biologen große Anstrenungen gekostet. Vier Dinge mußten getan werden, bevor sich die molekulare Uhr ablesen ließ. Zunächst mußte das geeignetste Molekül gefunden werden. Dann bedurfte es einer Methode, mit der Veränderungen in seiner Struktur möglichst rasch gemessen werden konnten. Es mußte nachgewiesen werden, daß diese Uhr überall im gleichen Tempo lief, das heißt, daß sich die Struktur des Moleküls in allen Spezies, die man untersuchte, im gleichen Tempo weiterentwickelte. Und schließlich mußte man feststellen, in welcher Geschwindigkeit das geschah.

Molekularbiologen hatten die ersten beiden Probleme um das Jahr 1970 gelöst. Als das am besten geeignete Molekül erwies sich die Desoxyribonukleinsäure (abgekürzt DNS), die berühmte Substanz, deren Struktur, wie James Watson und Francis Crick zeigten, aus einer Doppelhelix besteht, eine Entdeckung, die die genetische Forschung revolutioniert hat. Die DNS besteht aus zwei komplementären und sehr langen Ketten, deren jede wiederum aus vier Typen kleiner Moleküle zusammengesetzt ist, deren Aufeinanderfolge innerhalb der Kette alle genetischen Informationen enthält, die von Eltern an ihre Nachkommen weitergegeben werden. Strukturveränderungen in der DNS lassen sich sehr schnell ermitteln, wenn man die DNS von zwei Spezies mischt und dann feststellt, um wie viele Wärmegrade der Schmelzpunkt der gemischten (hybriden) DNS unter dem des Schmelzpunkts der reinen DNS einer einzelnen Spezies liegt. Man nennt diese Methode daher die DNS-Hybridisation. Wie sich herausstellt, bedeutet die Senkung der Schmelzpunkt-Temperatur um ein Grad Celsius (abgekürzt Delta T = 1°C), daß die DNS der beiden Spezies sich um etwa ein Prozent voneinander unterscheiden.

In den siebziger Jahren hatten die meisten Molekularbiologen und die meisten Systematiker nur ein geringes Interesse an der Arbeit der jeweils anderen. Einer der wenigen Systematiker, die die potentielle Bedeutung der neuen DNS-Hybridisationstechnik erkannten, war Charles Sibley, ein Ornithologe, der damals als Professor für Ornithologie und Direktor am Yale's Peabody Museum of Natural History arbeitete. Die Klassifizierung von Vögeln ist ein schwieriges Arbeitsgebiet, weil die Fähigkeit zu fliegen wesentliche anatomische Einschränkungen erfordert. Es gibt nur eine beschränkte Zahl von Möglichkeiten, wie ein Vogel konstruiert sein kann, der in der Lage ist, Insekten in der Luft zu fangen, und daraus folgt, daß Vögel mit ähnlichen Lebensgewohnheiten einander meist auch anatomisch sehr ähnlich sind, unabhängig davon, von welchen Vorfahren sie abstammen. Zum Beispiel sind sich die amerikanischen Geier und die in der Alten Welt lebenden Geier, bezogen auf Aussehen und Verhalten sehr ähnlich, aber die Biologen haben festgestellt, daß erstere mit den Störchen und letztere mit den Greifvögeln verwandt sind und daß ihre Ähnlichkeit eine Folge der gleichen Lebensgewohnheiten ist. Enttäuscht von den Unzulänglichkeiten der herkömmlichen Methoden für die Entschlüsselung der verwandtschaftlichen Beziehungen zwischen Vögeln, griffen Sibley und John Ahlquist 1973 zu der DNS-Uhr, und daraus wurde die bisher umfangsreichste Anwendung der Methoden der Molekularbiologie auf dem Bereich der Taxonomie. Sibley und Ahlquist waren erst 1980 soweit, die Ergebnisse ihrer Forschungen zu veröffentlichen, bei denen sie die Methode der DNS-Uhr zur Klassifizierung von etwa 1700 Vogelspezies, das sind fast ein Fünftel aller heute lebenden Vogelarten, angewendet hatten.

Obwohl das eine gewaltige Leistung war, stießen Sibley und Ahlquist zunächst auf scharfe Kritik, weil nur wenige andere Wissenschaftler über die notwendige Mischung von Sachkenntnissen verfügten, um sie zu verstehen. Das folgende sind typische Reaktionen mit mir befreundeter Wissenschaftler:

> »Ich habe es satt, immer wieder von dieser Sache zu hören. Ich habe es aufgegeben zu lesen, was diese Burschen schreiben.« (ein Anatom)
>
> »Ihre Methoden sind in Ordnung, aber weshalb sollte irgend jemand sich mit einer so langweiligen Sache beschäftigen wollen wie mit der Klassifizierung von Vögeln?« (ein Molekularbiologe)
>
> »Interessant, aber ihre Schlußfolgerungen müssen sehr genau mit anderen Methoden überprüft werden, bevor wir ihnen glauben können.« (ein Evolutionsbiologe)
>
> »Ihre Ergebnisse sind eine Offenbarung, und man sollte ihnen glauben.« (ein Genetiker)

Ich glaube, daß sich diese letzte Ansicht als die nahezu korrekteste erweisen wird. Die Prinzipien, auf denen die DNS-Uhr beruht, sind unangreifbar; die von Sibley und Ahlquist verwendeten Methoden sind der neueste Stand der Wissenschaft; und die innere Übereinstimmung der von ihnen vorgenommenen Messungen der genetischen Distanz bei über 18 000 hybriden Vogel-DNS-Paaren bestätigt die Gültigkeit ihrer Meßergebnisse.

Darwin war klug genug gewesen, die von ihm festgestellten

Variationen zunächst bei Ringelgänsen nachzuweisen, bevor er sich an das explosive Thema solcher Variationen beim Menschen wagte. Ebenso haben sich Sibley und Ahlquist in den ersten zehn Jahren ihrer Arbeit mit der DNS-Uhr darauf beschränkt, diese Methode fast nur für die Klassifizierung von Vogelspezies einzusetzen. Erst 1984 veröffentlichten sie die ersten Erkenntnisse, die sie bei der Anwendung der DNS-Methoden für die Erforschung des Ursprungs des Menschen gewonnen hatten, und entwickelten sie in späteren Arbeiten weiter. Bei ihren Untersuchungen verwendeten sie die DNS von Menschen und allen unseren nächsten Verwandten, dem gemeinen Schimpansen, dem Zwergschimpansen, dem Gorilla, dem Orang-Utan, zwei Gibbon-Spezies und sieben Spezies kleiner Altweltaffen. Das Diagramm 8.1 (siehe S. 147) faßt die Resultate zusammen.

Wie jeder Anatom vorausgesagt hätte, besteht der größte genetische Unterschied, ausgedrückt in einem starken Absinken des DNS-Schmelzpunkts, zwischen der DNS des kleinen, langschwänzigen Affen und der des Menschen oder jedes Menschenaffen. Damit wird lediglich in Zahlen ausgedrückt, was allgemein bekannt war, seit sich die Wissenchaft mit den Menschenaffen beschäftigt: Menschen und Menschenaffen sind näher miteinander verwandt als jeder von ihnen mit den kleinen, langschwänzigen Affen. Die Zahlen sagen, daß die DNS-Struktur der kleinen, langschwänzigen Affen zu dreiundneunzig Prozent mit derjenigen der Menschen und Menschenaffen übereinstimmt und also ein Unterschied von sieben Prozent besteht.

Ebensowenig überrascht es, daß der nächstgrößere Unterschied von fünf Prozent zwischen der DNS des Gibbons und derjenigen der anderen Menschenaffen oder Menschen festgestellt worden ist. Auch das bestätigt die geltende Ansicht, daß die Gibbons die Menschenaffen sind, die sich von den andern am meisten unterscheiden, und daß wir am nächsten mit den Gorillas, Schimpansen und Orang-Utans verwandt sind. Neuerdings sind die Anatomen zu der Überzeugung gekommen, daß die Orang-Utans unter den letzteren drei Gruppen von Menschenaffen eine Sonderstellung einnehmen, und auch das entspricht den Testergebnissen unserer Versuche mit der DNS: Der Unterschied zwischen der DNS der Orang-Utans und der DNS der Menschen, der Gorillas und der Schimpansen beträgt 3,6 Prozent. Die geographischen Gegebenheiten bestätigen, daß sich die letzteren drei Spezies in ihrer Entwicklung schon vor langer Zeit von den Gibbons und Orang-Utans getrennt haben: Heute lebende und auch fossile Gibbons und Orang-Utans kommen nur in Südostasien vor, während lebende Gorillas und Schimpansen sowie die frühesten hominiden Fossilien nur in Afrika zu finden sind.

Das entgegengesetzte Extrem kann uns ebensowenig überraschen: Am ähnlichsten sind sich die DNS der gemeinen Schimpansen und der Zwergschimpansen, denn sie sind zu 99,3 Prozent identisch und nur zu 0,7 Prozent verschieden. Im Aussehen gleichen sich diese beiden Schimpansenspezies so sehr, daß die Anatomen ihnen erst im Jahr 1929 verschiedene Namen gegeben haben. Die am Äquator im zentralen Zaire lebenden Schimpansen werden als »Zwergschimpansen« bezeichnet, weil sie im Durchschnitt etwas kleiner sind (und einen schlankeren Körperbau und längere Gliedmaßen haben) als die über ganz Afrika nördlich des Äquators verbreiteten »gemeinen Schimpansen«. Doch nachdem wir in den vergangenen Jahren mehr über das Verhalten der Schimpansen in Erfahrung gebracht haben, hat sich gezeigt, daß sich hinter den geringen anatomischen Unterschieden zwischen den Zwergschimpansen und den gemeinen Schimpansen ganz wesentliche Unterschiede in der Reproduktionsbiologie verbergen. Anders als die gemeinen Schimpansen, aber ähnlich wie wir, nehmen die Zwergschimpansen bei der Kopulation viele verschiedene Stellungen ein, wie zum Beispiel die, in der sie sich die Gesichter zuwenden. Die Initiative zur Kopulation kann sowohl vom weiblichen als auch vom männlichen Partner ausgehen. Die weiblichen Schimpansen zeigen während eines großen Teils des Monats sexuelle Bereitschaft und nicht nur innerhalb einer kurzen Periode in der Mitte des Monats. Zudem bestehen starke Bindungen zwischen den weiblichen wie auch zwischen männlichen und weiblichen Schimpansen, und nicht nur zwischen den männlichen. Offenbar haben die wenigen Gene (0,7 Prozent), die den Unterschied zwischen Zwergschimpansen und gemeinen Schimpansen ausmachen, für die sexuelle Physiologie und die sozialen Rollen eine entscheidende Bedeutung. Das gleiche Thema – die beachtlichen Auswirkungen eines geringen prozentualen Unterschiedes bei den Genen – werden wir an anderer Stelle in diesem Kapitel im Hinblick auf die genetischen Unterschiede zwischen Menschen und Schimpansen behandeln.

In allen bisher von mir erwähnten Fällen waren bereits die anatomischen Anzeichen für die verwandtschaftlichen Beziehungen überzeugend, und die sich auf die DNS stützenden Schlußfolgerungen haben nur bestätigt, was die Anatomen schon erkannt hatten. Aber mit Hilfe der DNS konnte auch das Problem gelöst werden, bei dem die Anatomie versagt hatte – die Beziehungen zwischen Menschen, Gorillas und Schimpansen. Wie das Diagramm 8.1 zeigt, beträgt der Unterschied zwischen der DNS des Menschen und der des gemeinen und des Zwergschimpansen etwa 1,6 Prozent. Sie gleichen sich zu 98,4 Prozent. Der Unterschied zu der DNS der Gorillas ist etwas größer, und zwar sind es im Vergleich zu uns und zu beiden Schimpansenspezies jeweils etwa 2,3 Prozent.

Lassen Sie uns jetzt einen Augenblick innehalten, damit wir uns über die eigentliche Bedeutung dieser wichtigen Zahlen klarwerden können.

Kurz bevor wir uns von den gemeinen und den Zwergschimpansen trennten, muß der Gorilla von unserem gemeinsamen Familienstammbaum abgezweigt sein. Daher sind die Schimpansen und nicht der Gorilla unsere nächsten Verwandten. Anders gesagt ist der nächste Verwandte der Schimpansen nicht der Gorilla, sondern der Mensch. Die traditionelle Klassifizierung hat uns in unserer anthropozentrischen Haltung bestärkt, indem sie einen fundamentalen Unterschied behauptete zwischen dem alles beherrschenden Menschen, der allein über allem thront, und den primitiven Menschenaffen in der bodenlosen Tiefe ihres tierischen Daseins. Nun können künftige Systematiker die Dinge aus der Perspektive der Schimpansen sehen: einen geringen Unterschied zwischen den etwas höher entwickelten Menschenaffen (den *drei* Schimpansen-

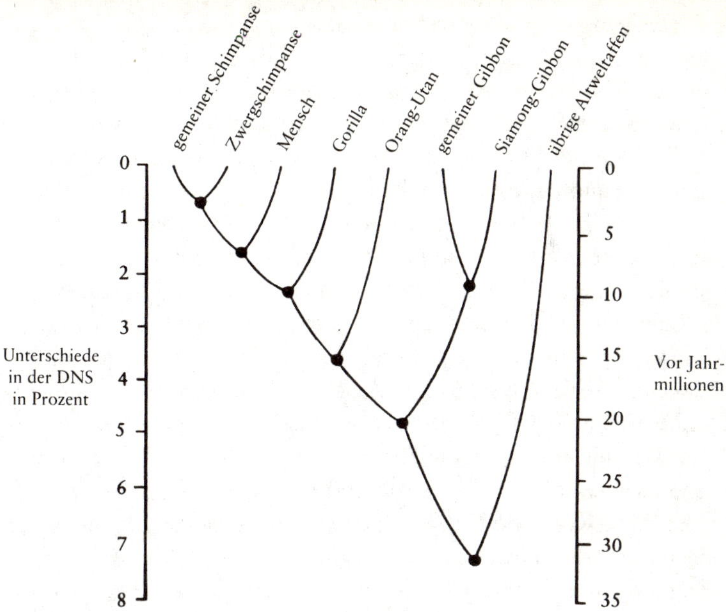

Diagramm 8.1: Man verfolge jedes Paar heutiger höherer Primaten zurück bis zum schwarzen Punkt, der sie verbindet: Dann geben die Zahlen auf der linken Seite den prozentualen Unterschied zwischen den DNS-Werten dieser heutigen Primaten an, während die Zahlen auf der rechten Seite die jeweils geschätzte Zahl der Jahrmillionen anzeigen, seit sie sich von einem gemeinsamen Vorfahren abgespalten haben. So unterscheiden sich zum Beispiel die gemeinen von den Zwergschimpansen bei etwa 0,7 Prozent ihrer DNS und trennten sich vor etwa drei Millionen Jahren voneinander; wir unterscheiden uns in 1,6 Prozent unserer DNS von beiden Schimpansenspezies und trennten uns vor etwa sieben Millionen Jahren von unserem gemeinsamen Vorfahren; die Gorillas unterscheiden sich in 2,3 Prozent ihrer DNS von uns und von den Schimpansen und trennten sich vor etwa zehn Millionen Jahren von dem gemeinsamen Vorfahren, der zu uns und den beiden Schimpansenspezies führte.

spezies einschließlich des »menschlichen Schimpansen«) und den etwas weniger hochentwickelten Menschenaffen (den Gorillas, Orang-Utans und Gibbons). Die traditionelle Unterscheidung zwischen den »Menschenaffen« (den Schimpansen, Gorillas usw.) und den Menschen ist eine Verzerrung der Tatsachen.

Der genetische Abstand (1,6 Prozent), der uns vom gemeinen oder Zwergschimpansen trennt, ist gerade doppelt so groß wie der Abstand zwischen dem Zwergschimpansen und dem gemeinen Schimpansen (0,7 Prozent). Er ist geringer als der zwischen zwei Gibbonspezies (2,2 Prozent) oder zwischen zwei so nah miteinander verwandten, nordamerikanischen Vogelspezies wie den Rotaugen- und den Weißaugenvireos (2,9 Prozent) oder zwischen so eng mitander verwandten und kaum zu unterscheidenden europäischen Vogelspezies wie dem Weidenlaubsänger und dem Zilpzalp (2,6 Prozent). Die restlichen 98,4 Prozent unserer Gene sind ganz normale Schimpansengene. Zum Beispiel unser Hämoglobin, das Sauerstoff enthaltende Protein, das dem Blut seine rote Farbe verleiht, ist in allen 287 Einheiten identisch mit dem Schimpansenhämoglobin. In dieser wie fast in jeder anderen Hinsicht sind wir lediglich eine dritte Schimpansenspezies, und was für den gemeinen und den Zwergschimpansen gut genug ist, ist auch gut genug für uns. Die Dinge, mit denen wir uns am deutlichsten von den anderen Schimpansen unterscheiden – unser aufrechter Gang, das größere Gehirn, die Fähigkeit zu sprechen, die spärliche Körperbehaarung und das für den Menschen typische Sexualverhalten – müssen in lediglich 1,6 Prozent unserer Gene konzentriert sein.

Wenn sich die genetischen Abstände zwischen den Spezies konstant mit der Zeit vergrößern, würden sie die Funktion einer gleichmäßig tickenden Uhr haben. Um den genetischen Abstand in absolute Zeit seit dem letzten gemeinsamen Vorfahren umzurechnen, brauchten wir eine Berechnungsgrundlage, die uns durch zwei Spezies geliefert wird, von denen wir sowohl den genetischen Abstand als auch den Zeitpunkt kennen, in dem sie sich in ihrer Entwicklung voneinander getrennt haben, und zwar anhand unabhängiger Fossilfunde. Für die höheren Primaten gibt es tatsächlich zwei voneinander unabhängige Möglichkeiten für die Berechnung dieser Daten. Einerseits haben sich die langschwänzigen Affen nach den sich aus Fossilien ergebenden Hinweisen vor fünfundzwanzig bis dreißig Millionen Jahren von den Menschenaffen getrennt und weichen in ihrer DNS heute um etwa 7,3 Prozent von den Menschenaffen ab. Andererseits haben sich die Orang-Utans vor zwölf bis sechzehn

Millionen Jahren von den Schimpansen und Gorillas getrennt, und der Unterschied in ihrer DNS beträgt heute 3,6 Prozent. Vergleichen wir diese beiden Beispiele, dann hat die Verdoppelung der Evolutionszeit, von zwölf bis sechzehn auf zwanzig bis dreißig Millionen Jahre, zu einer Verdoppelung des genetischen Abstands geführt (von 3,6 auf 7,3 Prozent der DNS). Es zeigt sich also, daß die DNS-Uhr bei den höheren Primaten relativ gleichmäßig gelaufen ist.

Anhand dieser Daten haben Sibley und Ahlquist für unsere Evolution die folgende Zeiteinteilung angenommen. Da unser genetischer Abstand von den Schimpansen (1,6 Prozent) etwa die Hälfte des Abstandes der Orang-Utans von den Schimpansen beträgt (3,6 Prozent), müssen wir die Hälfte der Zeit von zwölf bis sechzehn Millionen Jahren, in denen die Orang-Utans ihren genetischen Abstand von den Schimpansen erreicht haben, unseren eigenen Weg gegangen sein. Das heißt, die evolutionären Linien des Menschen und »anderer Schimpansen« trennten sich vor etwa sechs bis acht Millionen Jahren. So ergibt sich auch, daß sich die Gorillas von dem gemeinsamen Vorfahren, von dem auch wir drei Schimpansenspezies abstammen, vor etwa neun Millionen Jahren getrennt haben, während die gemeinen Schimpansen und die Zwergschimpansen vor etwa drei Millionen Jahren ihren eigenen Weg gingen. Im Gegensatz dazu sagten die Lehrbücher, nach denen ich 1954 als junger Collegestudent biologische Anthropologie studierte, daß sich Menschen vor fünfzehn bis dreißig Millionen Jahren von den Menschenaffen getrennt haben. Die DNS-Uhr kommt dagegen zu einem völlig anderen Schluß, und das gleiche gilt für eine Reihe anderer molekularer Uhren, deren Datierungen sich auf Aminosäure-Sequenzen von Proteinen, Mitochondrial-DNS und Globinpseudogen-DNS stützen. Jede dieser Uhren zeigt, daß der Mensch als eine von anderen Großen Menschenaffen unterschiedene Spezies eine sehr kurze Geschichte hat, viel kürzer als Paläontologen bisher annahmen.

Was sagen diese Ergebnisse über unsere Stellung im Tierreich aus? Die Biologen haben alle Lebewesen in hierarchische Kategorien eingeteilt, von denen jede weniger scharf umrissen ist als die nächste. Es sind die Subspezies, die Spezies, die Gattung, die Familie, die Überfamilie, die Ordnung, die Klasse und der Stamm. Die *Encyclopaedia Britannica* und alle biologischen Texte in meinem Bücherschrank sagen, daß Menschen und Menschenaffen zur selben Ordnung, den sogenannten Primaten, zur selben Superfamilie, den sogenannten Hominoidea, aber zu verschiedenen Familien, den Hominiden und den Pongiden (den Höheren Menschenaffen) gehören. Ob sich diese Klassifizierung aufgrund der Arbeiten von Sibley und Ahlquist ändern wird, hängt davon ab, nach welchen philosophischen Grundsätzen sie vorgenommen wird. Die traditionellen Systematiker ordnen die Spezies den höheren Kategorien zu, indem sie ziemlich subjektiv zu beurteilen suchen, wie bedeutend die Unterschiede zwischen den Spezies sind. Für diese Systematiker gehören die Menschen in eine besondere Familie, weil sie sich durch deutlich erkennbare funktionale Eigenarten wie ein großes Gehirn und den aufrechten Gang auf zwei Beinen auszeichnen, und diese Klassifizierung würde vom Ausmaß des genetischen Abstands nicht berührt werden.

Doch eine andere Schule von Systematikern, die sogenannte Kladistik, vertritt die Ansicht, daß Klassifizierungen objektiv und einheitlich sein sollten, gegründet auf den genetischen Abstand oder den Zeitpunkt der Abzweigung. Alle Systematiker sind sich heute darin einig, daß die Rotaugen- und Weißaugenvireos in die Gattung *Vireo*, die Weidenlaubsänger und die Zilpzalps in die Gattung *Phylloscopos* und die verschiedenen Spezies der Gibbons in die Gattung *Hylobates* gehören. Doch die Mitglieder eines jeden dieser Paare von Spezies sind genetisch weiter voneinander entfernt als die Menschen von den beiden anderen Schimpansenspezies und trennten sich zu einem früheren Zeitpunkt. Danach bilden also die Menschen keine eigene Familie, nicht einmal eine eigene Gattung, sondern sie gehören zur selben Gattung wie die gemeinen und die Zwergschimpansen. Da unser Gattungsname *Homo* zuerst verwendet wurde, hat er nach den Regeln der zoologischen Namensgebung die Priorität vor dem Gattungsnamen *Pan*, der für die »anderen« Schimpansen geprägt wurde. Es gibt demnach heute auf der Erde nicht eine, sondern drei Spezies der Gattung *Homo:* der gemeine Schimpanse, *Homo troglodytes,* der Zwergschimpanse, *Homo paniscus* und der dritte oder menschliche Schimpanse, *Homo sapiens*. Da sich der Gorilla nur geringfügig von uns unterscheidet, hat auch er schon fast das Recht, als vierte Spezies des *Homo* angesehen zu werden.

Selbst Systematiker, die sich der Kladistik verschrieben haben, sind Anthropozentriker, und daß Menschen und Schimpansen der gleichen Gattung zugeordnet werden sollen, wird für sie zweifellos eine bittere Pille sein. Es besteht jedoch kein Zweifel daran, daß, wenn jemals Schimpansen Kladistik lernen, oder wenn jemals außerirdische Systematiker die Erde besuchen, um ein Verzeichnis von ihren Bewohnern anzulegen, sie ohne Zögern diese neue Klassifizierung übernehmen werden.

Welche speziellen Gene des Menschen und des Schimpansen unterscheiden sich nun voneinander? Bevor wir uns mit dieser Frage beschäftigen, müssen wir wissen, was die DNS, unser genetisches Material, bewirkt.

Der größte Teil unserer DNS hat keine Funktion und ist vielleicht nur »molekularer Abfall«. Das heißt, es sind DNS-Moleküle, die sich verdoppelt oder ihre ehemalige Funktion verloren haben und die, da sie uns keinen Schaden zufügen, nicht auf dem Wege der natürlichen Selektion ausgeschaltet worden sind. Bei unserer DNS, deren Funktionen uns bekannt sind, haben die wichtigsten etwas mit den langen Ketten von Aminosäuren zu tun, die man Proteine nennt. Aus bestimmten Proteinen entstehen viele Substanzen, aus denen sich unser Körper zusammensetzt (so besteht das Haar aus dem Protein Keratin oder das Bindegewebe aus dem Protein Kollagen), während andere Proteine, die sogenannten Enzyme, die meisten unserer übrigen Körpermoleküle durch Synthese aufbauen und zerlegen. Die Sequenzen der kleinen, aus verschiedenen Komponenten bestehenden Moleküle (der Nukleotid-Basen), aus denen die DNS-Ketten bestehen, bestimmen die Sequenz der Aminosäuren in unseren Proteinen. Andere Teile unserer funktionalen DNS regulieren die Proteinsynthese.

Diejenigen unserer sichtbaren Merkmale, die am leichtesten genetisch zu verstehen sind, werden von einzelnen Proteinen und einzelnen Genen bewirkt. So besteht zum Beispiel das bereits erwähnte Hämoglobin, das Protein, das den Sauerstoff in unserem Blut transportiert, aus zwei Aminosäure-Ketten, die jeweils von einem einzelnen DNS-Stückchen (einem einzelnen »Gen«) bestimmt werden. Diese beiden Gene bestimmen lediglich die Struktur des Hämoglobins, das in unseren roten Blutzellen sichtbar wird, haben jedoch keine anderen Auswirkungen. Umgekehrt wird die Struktur des Hämoglobins allein von diesen Genen bestimmt. Die Nahrung, die man zu sich nimmt, und die Intensität körperlicher Anstrengungen können zwar einen Einfluß darauf haben, wieviel Hämoglobin man erzeugt, sie können aber nicht die Details der Struktur des Hämoglobins verändern.

Das ist die einfachste Situation, aber es gibt auch Gene, die viele sichtbare Merkmale beeinflussen. Zum Beispiel bewirkt die tödlich endende genetische Störung, das sogenannte Tay-Sachs'-Syndrom, sowohl zahlreiche anormale Verhaltensweisen als auch anatomische Anomalien: übermäßiger Speichelfluß, eine starre Körperhaltung, eine gelbe Hautfarbe, ein anormal starkes Wachstum des Schädels und andere Symptome. In diesem Fall wissen wir, daß alle diese sichtbaren Auswirkungen irgendwie durch Veränderungen in einem einzigen Enzym bewirkt werden, das durch das Tay-Sachs'-Gen bestimmt ist, wir wissen aber nicht genau, wie das geschieht. Da dieses Enzym in vielen Körpergeweben vorkommt und einen in vielen Zellen enthaltenen Bestandteil auflöst, haben Veränderungen in diesem einen Enzym weitreichende und schließlich tödliche Folgen. Andererseits werden aber auch gewisse Merkmale wie die Körpergröße des erwachsenen Menschen durch viele Gene gleichzeitig beeinflußt, aber auch durch Umweltfaktoren (zum Beispiel die Ernährung als Kind).

Obwohl Wissenschaftler die Funktionen zahlreicher Gene kennen, die bekannte einzelne Proteine bestimmen, wissen wir viel weniger über die Funktion der Gene, die komplexere Eigenschaften beeinflussen, wie beispielsweise die meisten Verhaltensweisen. Es wäre absurd zu glauben, daß menschliche Eigenschaften wie die künstlerische Veranlagung, die Sprachbegabung oder die Aggressivität von einem einzelnen Gen gesteuert werden. Unterschiede im Verhalten einzelner Menschen werden offenbar entscheidend durch Umwelteinflüsse bewirkt, und welche Rolle die Gene bei solchen individuellen Unterschieden spielen, ist bis heute umstritten. Doch die konsistenten Unterschiede zwischen dem Verhalten des Schimpansen auf der einen und dem des Menschen auf der anderen Seite werden höchstwahrscheinlich durch genetische Unterschiede bewirkt, obwohl wir noch nicht sagen können, welche Gene dafür verantwortlich sind. Zum Beispiel wird die Fähigkeit des Menschen zu sprechen, die dem Schimpansen fehlt, mit Sicherheit durch die Gene geschaffen, die für die Anatomie des Kehlkopfs und die Nervenverbindungen im Gehirn verantwortlich sind. Ein junger Schimpanse, der im Haus eines Psychologen zusammen mit dem gleichaltrigen Kind des Psychologen aufgewachsen ist, sieht immer noch aus wie ein Schimpanse und hat nicht gelernt zu sprechen oder aufrecht zu gehen. Ob aber ein Mensch in seiner Jugend lernt, fließend englisch oder koreanisch zu sprechen, wird nicht von seinen Genen beeinflußt, sondern ist allein von dem sprachlichen Umfeld in seiner Kindheit abhängig. Ein Beweis dafür sind die sprachlichen Fähigkeiten koreanischer Kinder, die von englisch sprechenden Eltern adoptiert wurden.

Was können wir nun vor diesem Hintergrund über die 1,6 Prozent unserer DNS sagen, die sich von der des Schimpansen unterscheiden? Wir wissen, daß sich die für die Struktur des Hämoglobins bei Menschen und Schimpansen verantwortlichen Gene nicht voneinander unterscheiden und daß gewisse andere Gene geringe Unterschiede aufweisen. In den neun Proteinketten, die bis heute beim Menschen und beim gemeinen Schimpansen untersucht worden sind, gibt es nur bei fünf von insgesamt 1271 Aminosäuren einen Unterschied: eine Aminosäure in einem Muskelprotein, das sogenannte Myoglobin, eine in einer kürzeren Hämoglobinkette, der sogenannten Deltakette, und drei in einem Enzym mit der Bezeichnung Carboanhydrase. Wir wissen aber noch nicht, welche unserer DNS-Stücke für die funktional entscheidenden Unterschiede zwischen Menschen und Schimpansen verantwortlich sind, wie etwa die Unterschiede in der Größe des Gehirns, in der Anatomie des Beckens, des Kehlkopfs und der Genitalien, für die Dichte der Körperbehaarung, für den Menstruationszyklus, für die Menopause und andere spezifische Merkmale. Diese bedeutsamen Unterschiede werden nicht von den bis heute entdeckten fünf verschiedenen Aminosäuren bewirkt. Bis jetzt können wir mit Sicherheit nur das folgende sagen: Ein hoher Prozentsatz der DNS ist als überflüssig anzusehen. Wenigstens ein Teil der 1,6 Prozent, die uns von den Schimpansen unterscheiden, ist ebenfalls überflüssig, und die funktional bedeutsamen Unterschiede müssen auf einen bisher noch nicht identifizierten Bruchteil der 1,6 Prozent zurückgeführt werden.

Wir wissen zwar nicht, welche Gene die wirklich entscheidenden sind, aber es gibt zahlreiche Beispiele dafür, daß einzelne oder mehrere Gene gemeinsam ganz wesentliche Auswirkungen haben. Ich habe eben die Tatsache erwähnt, daß viele große und sichtbare Unterschiede zwischen Tay-Sachs-Patienten und anderen Menschen bestehen, die alle durch eine einzige Veränderung in einem Enzym verursacht werden. Das ist ein Beispiel für Unterschiede zwischen Individuen derselben Spezies. Ein gutes Beispiel für Unterschiede zwischen verwandten Spezies geben uns die Buntbarsche im afrikanischen Victoriasee. Diese Buntbarsche sind beliebte Aquariumfische, und in diesem See gibt es etwas zweihundert verschiedene Arten davon. Sie haben sich dort wahrscheinlich in den vergangenen zweihunderttausend Jahren aus einem einzigen Vorfahren entwickelt. Diese zweihundert Spezies unterscheiden sich in ihren Freßgewohnheiten ebenso wie Tiger und Kühe. Einige leben von Algen, andere fangen Fische und wieder andere fressen Schnekken oder Plankton, fangen Insekten, reißen anderen Fischen die Schuppen ab oder ernähren sich von Fischembryonen brütender Mutterfische. Doch die DNS all dieser Buntbarsche im Victoriasee weicht von einer Spezies zur anderen jeweils nur um etwa 0,4 Prozent ab. So bedurfte es einer noch geringeren Zahl genetischer Mutationen, um aus einem Schneckenfresser einen Embryonenvertilger zu machen, als notwendig waren, um aus einem Menschenaffen einen Menschen werden zu lassen.

Haben die neuen Forschungsergebnisse über unseren genetischen Abstand von den Schimpansen neben den technischen Fragen nach der zutreffenden Klassifizierung und richtigen Benennung auch noch weiterreichende Auswirkungen? Die wichtigste Folgerung, die wir aus diesen Erkenntnissen ziehen müssen, ist wahrscheinlich, daß wir unseren Platz und den der Menschenaffen im Universum neu bestimmen müssen. Namen sind nicht nur technische Details, sondern sie sind auch Ausdruck und Ursache bestimmter Auffassungen. Die neuen Forschungsergebnisse sagen uns nicht, wie wir über Menschen und Menschenaffen denken *sollten*, sondern sie werden wahrscheinlich ebenso wie Darwins *Über die Entstehung der Arten* einen Einfluß darauf haben, wie wir *wirklich* denken, und wir werden vermutlich viele Jahre brauchen, um unsere Haltung zu korrigieren.

Gegenwärtig machen wir einen fundamentalen Unterschied zwischen Tieren (einschließlich der Menschenaffen) und Menschen, und diese Unterscheidung bestimmt unseren Moralkodex und unsere Handlungen. So habe ich zum Beispiel am Beginn dieses Kapitels erwähnt, daß man es ohne weiteres akzeptiert, wenn Menschenaffen in den Zoos in Käfigen ausgestellt werden, wir aber nicht damit einverstanden wären, wenn man mit Menschen das gleiche täte. Ich frage mich, wie die Öffentlichkeit reagieren würde, wenn an dem Schimpansenkäfig eine Tafel mit der Aufschrift »*Homo troglodytes*« angebracht wäre.

Ich habe auch schon erwähnt, daß man es für zulässig hält, mit Menschenaffen, aber nicht mit Menschen, ohne ihre Zustimmung im Rahmen der medizinischen Forschung tödliche Experimente durchzuführen. Das geschieht gerade deshalb, weil die Menschenaffen uns genetisch so ähnlich sind. Sie lassen sich vielfach mit denselben Krankheiten infizieren wie wir, und ihre Körper reagieren ähnlich auf die Krankheitserreger. So bieten uns die Experimente mit den Menschenaffen sehr viel besser Möglichkeiten, wirksame medizinische Behandlungsmethoden für Menschen zu finden, als Experimente mit anderen Tieren.

Es gibt keine sozial akzeptierte menschliche Analogie zu medizinischer Forschung an Tieren, obwohl tödliche Experimente mit

Menschen der medizinischen Wissenschaft sehr viel wertvollere Informationen liefern würden als tödliche Experimente mit Schimpansen. Dennoch betrachtet man die Versuche, die die Nazi-Ärzte in den Konzentrationslagern an den Häftlingen vorgenommen haben, als das verabscheuungswürdigste aller Nazi-Verbrechen. Warum ist es in Ordnung, solche Versuche an Schimpansen vorzunehmen?

Irgendwo auf der Skala zwischen Bakterien und Menschen müssen wir entscheiden, wo das Töten zum Mord und wo das Essen zum Kannibalismus wird. Die meisten ziehen diese Grenze zwischen den Menschen und allen anderen Spezies. Viele Menschen sind jedoch Vegetarier und weigern sich, irgendein Tier zu essen (sind aber bereit, Pflanzen zu essen). Eine zunehmend lauter werdende Minderheit, die der Tierrechtsbewegung angehört, verwahrt sich gegen medizinische Experimente mit Tieren – oder wenigstens mit bestimmten Tieren. Diese Bewegung empört sich besonders über Versuche mit Katzen, Hunden und Primaten, sagt aber nichts über Insekten und Bakterien.

Wenn unser Moralkodex einen willkürlichen Unterschied zwischen Menschen und allen anderen Spezies macht, dann gründet sich dieser Kodex auf nackte Selbstsucht ohne jedes höhere Prinzip. Wenn unser Kodex statt dessen diese Unterschiede mit unserer überlegenen Intelligenz, unserer hochentwickelten Sozialstruktur und unserer Fähigkeit, Schmerzen zu empfinden, begründet, dann wird es schwierig sein, einen Alles-oder-Nichts-Kodex zu verteidigen, der eine Trennungslinie zwischen allen Menschen und allen Tieren zieht. Statt dessen sollten unterschiedliche ethische Einschränkungen für Versuche an unterschiedlichen Spezies gelten. Vielleicht ist es nur unsere nackte Selbstsucht, die in einer neuen Verkleidung auftritt, wenn sie den Tierspezies Sonderrechte einräumen will, die uns genetisch am nächsten sind. Geht man aber von den Faktoren aus, die ich gerade erwähnt habe, von der Intelligenz, den sozialen Beziehungen und so weiter, dann kann man objektiv begründen, daß Schimpansen und Gorillas eher einen Anspruch darauf haben, moralisch berücksichtigt zu werden, als Insekten und Bakterien. Wenn es eine Tierspezies gibt, mit der heute medizinische Versuche vorgenommen werden und für die ein totales Verbot dieser Versuche gerechtfertigt werden kann, dann ist es mit Sicherheit die Spezies der Schimpansen.

9

Gesunder Menschenverstand, kognitive Ethologie und Evolution

von MARC BEKOFF

Marc Bekoff ist Professor für Umwelt-, Populations- und organische Biologie an der Universität von Colorado in Boulder. Er ist (mit Dale Jamieson) Mitherausgeber von Interpretation and Explanation in the Study of Animal Behavior. *Nach einem konventionellen Studium der Biologie hat er das Sozialverhalten und die Ökologie der Kojoten, Wölfe und Hunde erforscht. Er betrieb Feldforschung in der Antarktis über das Verhalten der Adèliepinguine und in Colorado über das der Kernbeißer. Seine Erfahrungen als Feldforscher haben ihn davon überzeugt, daß wir das Verhalten von Tieren nicht studieren können, ohne auch ihr Bewußtsein und ihre Art zu denken zu untersuchen. Im folgenden begründet er, ausgehend von dieser Überzeugung, seine Ansicht, daß zwischen den Erfahrungen von Menschen und Tieren eine Kontinuität besteht.*

Einige persönliche Überlegungen

Auf der Grundlage a) des gesunden Menschenverstandes, b) der Erkenntnisse der kognitiven Ethologie (der Untersuchung des Denkens, des Bewußtseins und des Verstandes von Tieren) und c) des Verständnisses der evolutionären Kontinuität lassen sich überzeugende Gründe anführen für die Aufnahme der Großen Menschenaffen in die Gemeinschaft der Gleichen. Anfangs war ich skeptisch, ob ein solcher Appell überhaupt notwendig sei. Dann hatte ich Schwierigkeiten damit, mir vorzustellen, daß diese Forderung je auf Widerstand stoßen könnte, nicht nur was die Großen Menschenaffen, sondern auch was die meisten nichtmenschlichen Tiere betrifft. Als ich jedoch daran dachte, wie viele nichtmenschlichen Lebewesen von den Menschen für anthropozentrische Zwecke benutzt werden, mußte ich einsehen, daß meine Einstellung eine ungewöhnliche war und daß sie der Rechtfertigung bedurfte.

Die Vorstellung von Großen Menschenaffen als Mitgliedern der Gemeinschaft der Gleichen hat mich auch über einige Aspekte dessen nachdenken lassen, was es bedeutet, ein Wissenschaftler zu sein. In meiner Ausbildung erlebte ich, was Bernard Rollin den »gesunden Menschenverstand der Wissenschaft« nennt,[1] der die Wissenschaft als ein wertfreies Sammeln von Tatsachen sieht. Man kümmerte sich kaum oder gar nicht um die Not nichtmenschlicher Tiere, und nur selten kamen moralische oder ethische Probleme zur Sprache. Wenn das geschah, dann wurden diese Fragen mit vulgären utilitaristischen Argumenten abgetan, wobei etwa Kosten und Nutzen der Tiernutzung aus der Perspektive des Menschen gegeneinander abgewogen wurden, ohne die Perspektive der betroffenen Tiere zu berücksichtigen. Oft behauptete man einfach, die Tiere wüßten gar nicht oder es sei ihnen gleichgültig, was mit ihnen geschehe. Diese Gleichgültigkeit und Distanz zum Standpunkt des Tieres beunruhigten mich zutiefst, und sehr bald kam ich zu der Überzeugung, daß ethische Fragen integrative und legitime Bestandteile der Wissenschaft sind; man kann in diesen Dingen nicht neutral sein. Leute mit einer »Privatmoral«, die glauben, sie hätten nichtmenschlichen Tieren gegenüber keine moralischen und ethischen Verpflichtungen, nehmen damit eine ganz bestimmte Haltung ein, obwohl sie sich dessen nicht bewußt sind.[2]

Meine eigene Labor- und Feldforschung auf dem Gebiet der Ethologie haben mir gezeigt, daß die Verhaltensforschung auch immer ein Eingreifen bedeutet, selbst die »einfache Beobachtung«. So fragte ich mich, was die Menschen tun, wenn sie das Verhalten nichtmenschlicher Tiere erforschen, und worum es in der Wissenschaft geht. Ich beschäftigte mich mit diesen Überlegungen nicht deshalb, weil ich etwa meinen Beruf aufgeben oder andere daran hindern wollte, weiterzuforschen, sondern weil ich es für vernünftig hielt, gerade über die Verhaltensbiologie nachzudenken sowie über die Wissenschaft im allgemeinen und darüber, wie ich meine Zeit zubrachte. Meine wissenschaftlichen Kollegen haben meine Überlegungen über das Wohlergehen von Tieren und mein Hinterfragen der Wissenschaft nicht immer gut aufgenommen. Die jüngsten Vorwürfe, die einige angesehene Wissenschaftler mir hinsichtlich meiner angeblichen Absichten und der Haltung derjenigen gemacht haben, die sich für die Rechte und das Wohl von Tieren interessieren, veranlassen mich, ausdrücklich darauf hinzuweisen, daß ich kein Feind der Wissenschaft bin (und es auch niemals war)[3] und daß ich auch kein Antiintellektueller oder Ludit bin (ein Anhänger des englischen Arbeiters Lud, der das Los der Fabrikarbeiter durch die Zerstörung der Maschinen bessern wollte [Anm. d. Übersetzers]).[4] Zudem ist es gewiß nicht meine Absicht, daß jede Forschung im Hinblick auf Tiere beendet wird.[5] Wenn zum Beispiel einige Primaten in Schutzgebieten gehalten werden müssen, weil sie in der Gefangenschaft aufgezogen worden sind und es nicht in ihrem Interesse läge, sie in der Wildnis auszusetzen, oder weil der Lebensraum, in dem sie beheimatet waren, nicht mehr existiert, hielte ich Forschungsarbeit, die zu einer Besserung ihres Wohlergehens führt und ihnen keinen Schaden zufügt, für zulässig. In diese Forschung auch Tiere einzubeziehen, die bereits physisch oder seelisch verletzt worden sind, könnte ebenfalls akzeptabel sein, wenn diese Tiere dabei keinen weiteren Schaden erleiden. Soweit es die Großen Menschenaffen betrifft, sollte man bei solchen Untersuchungen die gleichen Maßstäbe anlegen wie bei Menschen, die selbst nicht dazu in der Lage sind, ihre Zustimmung zu geben: das heißt, wo ein gesetzlicher Vertreter, der ernannt wird, um die besten Interessen der Menschenaffen zu vertreten, seine Zustimmung geben würde. Obwohl ich die wissenschaftliche Arbeit für wertvoll halte, bin ich mit dem Wissenschaftsbetrieb nicht immer einverstanden, und man muß kein Feind der Wissenschaft und kein Antiintellektueller sein, um Kritik daran zu üben, wie Wissenschaft betrieben wird.[6]

Große Menschenaffen und die Gemeinschaft der Gleichen

Es gibt augenscheinlich drei miteinander in Zusammenhang stehende Gründe dafür, die Großen Menschenaffen in die Gemeinschaft der Gleichen einzubeziehen. Der erste hat etwas mit dem Gebrauch des gesunden Menschenverstandes, bei der Beschreibung und Erklärung des Verhaltens von Tieren zu tun; der zweite betrifft die jüngsten Arbeiten auf dem Gebiet der vergleichenden und evolutionären kognitiven Ethologie, und beim dritten geht es um das Verständnis der evolutionären Kontinuität, wie es hauptsächlich in den Werken von Charles Darwin dargestellt wird.

Das Verhalten der Tiere mit dem gesunden Menschenverstand zu untersuchen ist insofern nützlich, als es unser Verständnis für dieses Verhalten fördert. Die Art und Weise, wie der Mensch das Verhalten nichtmenschlicher Tiere beschreibt und erklärt, kann unsere Auffassungen über das Wohlergehen von Tieren entscheidend beeinflussen. Beim Verzicht auf den Gebrauch des gesunden Menschenverstandes und der normalen anthropomorphen Umgangssprache sind alle Beschreibungen und Erklärungen des Verhaltens von Tieren langweilig und schwer verständlich; es fehlt ihnen häufig an Zusammenhang und Inhalt, und sie sagen uns nicht viel (wenn überhaupt etwas) darüber, was in einer bestimmten Situation geschehen sein könnte. Selbst wenn Erklärungen des Tierverhaltens, die sich auf gesunden Menschenverstand oder Alltagspsychologie stützen, manchmal falsch sind (wie auch einige »wissenschaftlich« begründete Erklärungen), können sie aber auch richtig sein.

Die uns vorliegenden Daten vergleichender evolutionärer Studien in der kognitiven Ethologie – Untersuchungen des Denkens und des Bewußtseins von Tieren – sprechen ebenfalls dafür, die Großen Menschenaffen in die Gemeinschaft der Gleichen einzubeziehen. Wir wissen heute, daß viele Tiere mit einem umfassenden Erkenntnisvermögen ausgestattet sind, intentional leben[7] und außerdem Schmerzen empfinden und leiden können. Die kognitive Ethologie liefert Informationen, wenn es um Fragen des Erkenntnisvermögens und des Wohlergehens von Tieren geht, besonders wenn die Entwicklungsstufe der Erkenntnisfähigkeit eines Individuums (oder einer Spezies) als Grundlage für moralische und ethische Entscheidungen verwendet wird. Besonders deutlich ist die Fülle der Erkenntnisfähigkeit und des intentionalen Lebens der Großen Menschenaffen, wie viele Aufsätze dieses Buches zeigen.

Es gibt aber auch eine evolutionäre Begründung dafür, die Großen Menschenaffen in die Gemeinschaft der Gleichen aufzunehmen. Viele Biologen erkennen die evolutionäre Kontinuität an, auch wenn sich das bisher noch nicht sehr deutlich gezeigt hat. Ethologische Studien über nichtmenschliche Primaten im allgemeinen und die Großen Menschenaffen im besonderen – die Spezies, mit denen die Menschen im Rahmen dieses evolutionären Kontinuums am engsten verbunden sind – können uns wichtige Informationen für die Betrachtung menschlichen Verhaltens liefern und uns zu solchen Untersuchungen anregen.[8] Wir erkennen bereitwillig die evolutionäre Kontinuität in der Physiologie und Anatomie an, und wir sollten im Hinblick auf das Verhalten das gleiche tun. Hier ist eine gewisse Portion gesunder Menschenverstand angebracht. Können wir wirklich glauben, daß Menschen die einzigen Lebewesen mit Gefühlen, Wünschen, Zielen, Erwartungen und der Fähigkeit, etwas glauben und über Dinge nachdenken zu können, sind?

Wer leugnet, daß Tiere Ansichten, Wünsche oder propositionale Einstellungen verschiedener Ordnungen haben können (damit sind alle Einstellungen gemeint, die beinhalten, daß etwas so oder so ist oder sein sollte oder sein könnte [Anm. d. Übersetzers]), muß Alternativen dafür anbieten können, die brauchbar sind, um das Verhalten von Tieren zu beschreiben und zu erklären, und das ist nicht geschehen. Wie kann jemand bestreiten, daß ein Großer Menschenaffe bestimmte Vorstellungen davon hat, was er oder sie tut, selbst wenn die Vorstellungen des Menschenaffen nicht den unseren gleichen? Obwohl ich nicht wirklich weiß, daß ein Menschenaffe erwartet (oder glaubt), etwas zu essen zu bekommen, wenn er oder sie ein Verhalten zeigt, das die meisten Menschen als »bitten« bezeichnen, dann meine ich doch, daß dieses

Wort genau das beschreibt, was er oder sie tut. Wenn zum Beispiel Jethro einen anderen Menschenaffen auf einen von uns so bezeichneten »Baum« hinaufjagt, dann ist es im Grunde gleichgültig, ob Jethro weiß, daß es ein »Menschenaffe« ist, der auf einen »Baum« geklettert ist. Jethro muß keinen Begriff von »Menschenaffe« und »Baum« haben, um ein Spiel zu spielen, das wir »Affenjagen« nennen. Ich benutze die englische Sprache, die mir am vertrautesten ist, um anderen, die das Englische verstehen, etwas über Jethro zu sagen. Ich verwende auch menschliche Worte und Sätze, die nach meiner Meinung am besten zum Ausdruck bringen, was Jethro tut. Ich könnte Jethros Verhalten auch sehr umständlich auf der Basis anatomischer und psychologischer Perspektiven erläutern, aber diese Methode würde einem anderen Menschen nur wenige oder gar keine verständlichen Informationen darüber vermitteln, was Jethro getan hat.

Natürlich ist es sehr schwierig, genau zu erkennen, was im Bewußtsein anderer Individuen abläuft, seien es nun Menschen oder Tiere. Einige Skeptiker verwechseln die Schwierigkeit, etwas über das kognitive Leben von Tieren zu sagen, mit der Unmöglichkeit, dies zu tun. Stephen Stich behauptet, weil wir nicht sagen könnten, was ein Tier glaubt – weil wir den Inhalt dessen nicht genau beschreiben können –, sei es fruchtlos zu behaupten, das Verhalten eines Tieres mit seinen Wünschen und Vorstellungen erklären zu können.[9] Auch wenn er daran zweifelt, daß ein Tier etwas glauben könnte, ist die Aussage von Donald Davidson plausibler, wenn er sagt, wir hätten im allgemeinen und in der Praxis keine andere Alternative, als das Verhalten von Tieren mit ihren Vorstellungen, Wünschen und Absichten zu erklären.[10] Er meint auch, obwohl es nicht notwendig sei, eine Sprache zu beherrschen, um denken zu können, ließe es sich nur schwer vorstellen, daß ohne Sprachvermögen differenziertes Denken möglich sei.[11] Dennoch glaubt Davidson nicht, daß uns das eventuelle Fehlen von Denkfähigkeit – oder propositionalen Einstellungen bei Tieren das Recht gibt, sie zu mißhandeln. Darüber hinaus ist die Forderung, daß Tiere eine Sprache haben müßten (wie wir sie kennen), bevor sie propositionale Einstellungen haben können, und diese wiederum zur Voraussetzung dafür zu machen, ihnen Rechte einzuräumen oder auf ihre Interessen die gleiche Rücksicht zu nehmen wie auf die von Menschen, in anthropozentrischer Weise selbstdienlich und Ausdruck einer extrem eingeschränkten Vorstellung davon, wie es ist, ein nichtmenschliches Tier zu sein.

Die Untersuchung der geistigen Fähigkeiten von Tieren führt oft zu überraschenden Ergebnissen, und wer etwas über Tiere schreiben will, sollte diese Ergebnisse kennen. Man kann sich nur schwer vorstellen, wie man irgendwelche zusammenhängenden Gedanken über die moralischen und ethischen Aspekte der Behandlung von Tieren entwickeln soll, ohne ethologische, evolutionäre und philosophische Aspekte zu berücksichtigen. Selbstverständlich müssen Ethologen auch philosophische Fachbücher lesen, und Philosophen müssen sich nicht nur mit der ethologischen Literatur beschäftigen, sondern auch selbst Tiere beobachten.

Schlußfolgerung: Die Bedeutung der ethologischen Forschung

Die Menschen sollten mit allem Ernst versuchen, die Dinge aus einer nichtmenschlichen Perspektive zu sehen und Antworten auf die faszinierende Frage zu finden, wie Tiere in ihrer eigenen Welt miteinander umgehen und warum sie es so tun. Es gibt keinen Ersatz für eine gründliche ethologische Forschung. Während einige Tiere auf die verschiedensten Reize, die wir als angenehm oder unangenehm empfinden, in der gleichen Weise zu reagieren scheinen wie Menschen – und Analogie-Argumente sind oft sehr überzeugend –, wissen wir auch, daß viele andere Tiere Sinneswahrnehmungen ganz anders verarbeiten als wir und sie sich in ihren motorischen Aktivitäten wesentlich von dem unterscheiden, was für den Menschen typisch ist. In diesen Fällen können Analogie-Argumente versagen, aber das heißt nicht, daß sie immer versagen. Darüber hinaus sollten wir nicht glauben, daß irgendein Lebewesen, sei es nun ein Mensch oder ein Tier, bestimmte Dinge nicht tun kann, wenn es nicht das tut, was wir von ihm erwarten. Wir müssen sichergehen, daß das Tier die betreffenden Reize wahrnimmt und motorisch darauf so reagieren kann, wie es das unserer Meinung nach tun sollte, und auch motiviert ist, diese bestimmte Reaktion zu zeigen. Zudem muß es sich, wenn ein Tier nach unserer Ansicht einen »Irrtum« begeht, in dem Zusammenhang, in dem es sich so verhält, gar nicht um einen Irrtum handeln – wenn wir die sensorischen und motorischen Möglichkeiten des Tieres in Rechnung stellen.

Wenn wir den gesunden Menschenverstand gebrauchen, um die Erkenntnisfähigkeit der Tiere und ihre Leiden und Schmerzen zu verstehen, dann wird dies eine bessere Welt sein, in der menschliche und nichtmenschliche Tiere miteinander auskommen können. Was uns der gesunde Menschenverstand über die Leiden und Schmerzen sowie über die Erkenntnisfähigkeit der Tiere sagt, sollte mit zuverlässigen empirischen Daten kombiniert werden, die es bereits in reicher Fülle gibt. Einige behaupten, daß kognitivistische Erklärungen im Vergleich zu reduktionistischen behavioristischen Erklärungen des Verhaltens von Tieren ihren Wert erst noch erweisen müssen.[12] Diese Skeptiker lassen die zahlreichen Daten unbeachtet, die zeigen, daß viele Tiere über beeindruckende Erkenntnisfähigkeiten verfügen. Sie können auch diejenigen zu falschen Schlußfolgerungen verleiten, die sich mit Hilfe der kognitiven Ethologie die Informationen verschaffen wollen, die sie brauchen, um ihre Vorstellungen über das Wohlergehen von Tieren zu strukturieren, nun aber fürchten könnten, daß die kognitive Ethologie kaum oder gar nichts Überzeugendes zu bieten hat. Die Vorstellungen, die wir von den kognitiven Fähigkeiten von Tieren haben, beeinflussen unser Denken über das Wohl von Tieren. Verschiedene Vorstellungen veranlassen uns, Tiere auf verschiedene Weisen zu betrachten. Wenn wir den Tieren zubilligen, daß sie Intentionalität und andere kognitive Fähigkeiten besitzen, dann ist das nicht rein akademisch, denn es hat moralische Konsequenzen. Der gesunde Menschenverstand, die Erkenntnisse der kognitiven Ethologie und das Verständnis der evolutionären Kontinuität sprechen deutlich für die hier erhobene Forderung, die Großen Menschenaffen in die Gemeinschaft der Gleichen einzubeziehen. In der Zukunft, wenn die Großen Menschenaffen Teil dieser Gemeinschaft sind, könnte es sich als falsch erweisen, andere Spezies zu ignorieren. Bei den vergleichenden und evolutionären Untersuchungen in der kognitiven Ethologie haben wir Erkenntnisse gewonnen, die ebenso wie die sich auf die evolutionäre Kontinuität gründenden Argumente dafür sprechen, diese Grundsätze in einem weiteren Rahmen gelten zu lassen. Wie Degler mit Recht gesagt hat, müssen wir uns wieder auf Darwin besinnen und uns von »seinem Beharren auf die Kontinuität zwischen menschlichen und tierischen Erfahrungen« inspirieren lassen.[13]

Dank des Verfassers: Ich danke Anne Bekoff, Lori Gruen, Susan Townsend, Carol Powley, Dale Jamieson, Bernard Rollin, Deborah Crowell und Robert Eaton für ihre kritischen Anmerkungen zu diesem Aufsatz. Auch die Herausgeber dieses Buches haben mir außerordentlich wertvolle Hinweise gegeben.

Anmerkungen

1. B. Rollin, *The Unheeded Cry: Animal Consciousness, Animal Pain and Science,* New York 1989.
2. D. Jamieson, »Experimenting on animals: a reconsideration«, *Between the Species,* Bd. 5, 1985, S. 4–11; M. Bekoff und D. Jamieson, »Reflective ethology, applied philosophy, and the moral status of animals«, *Perspectives in Ethology,* Bd. 9, 1991, S. 1–47; M. Bekoff, »Scientific ideology, animal consciousness, and animal protection: a principled plea for unabashed common sense«, *New Ideas in Psychology*, Bd. 10, 1992, S. 79–94.
3. I. S. Bernstein, »Breeding colonies and psychological well-being, *American Journal of Primatology*, Suppl. 1, 1989, S. 31–36.
4. Bernstein, »Breeding colonies«, C. S. Nicoll und S. M. Russell, »Analysis of animal rights literature reveals the underlying motives of the movement: ammunition for counter offensive by scientists«, *Endocrinology*, Bd. 127, 1990, S. 985–989.
5. W. A. Mason, »Primatology and primate well-being«, *American Journal of Primatology*, Bd. 22, 1990, S. 1–4.
6. Rollin, *The Unheeded Cry.*
7. Zahlreiche und unterschiedliche Beispiele, unter anderem über Kommunikation und Täuschung, Spiel, Wachsamkeit (Raubtierabwehrverhalten), Kontrollieren sozialer Beziehungen, Unterscheiden von Verwandten und anderen Individuen, den Gebrauch von Werkzeugen, das Verstecken von Nahrung und das Vortäuschen von Verletzungen finden sich bei D. R. Griffin, *Animal Thinking,* Cambridge 1984 (dt. *Wie Tiere denken*); Rollin, *The Unheeded Cry;* Bekoff und Jamieson, »Reflective ethology«; C. A. Ristau (Hrsg.), *Cognitive Ethologie: The Minds of Other Animals;* D. L. Cheney und R. M. Seyfarth, *How Monkeys See the World: Inside the Mind of Another Species,* Chicago 1990.

8. W. G. Kinzey (Hrsg.), *The Evolution of Human Behavior: Primate Models*, Albany 1987; D. Bickerton, *Language and Species*, Chicago 1990; J. Rachels, *Created from Animals: The Moral Implications of Darwinism*, New York 1990; C. N. Degler, *In Search of Human Nature: The Decline and Revival of Darwinism in American Social Thought*, New York 1991; P. Lieberman, *Uniquely Human: The Evolution of Speech, Thought, and Selfless Behavior*, Cambridge, MA, 1991; J. D. Loy und C. B. Peters (Hrsg.), *Understanding Behavior: What Primate Studies Tell Us About Human Behavior*, New York 1991.
9. S. Stich, *From Folk Psychology to Cognitive Science*, Cambrigde, MA, 1983, S. 18.
10. D. Davidson, »Rational animals«, in E. LePore und P. McLaughlin (Hrsg.), *Actions and Events: Perspectives on the Philosophy of Donald Davidson*, New York 1985, S. 473–480.
11. Siehe auch L. Weiskrantz (Hrsg.), *Thought Without Language*, New York 1988.
12. B. Colgan, *Animal Motivation*, New York 1989, S. 67; M. C. Corballis, *The Lopsided Ape: Evolution of the Generative Mind*, New York 1991, S. 24; T. A. Sebeok, »A personal note« in M. H. Robinson und L. Tiger (Hrsg.), *Man & Beast Revisited*, Washington, DC, 1991, S. XII.
13. Degler, *Insearch of Human Nature*, S. 329; siehe auch Rachels, *Created from Animals*.

10
Was sagt uns eine Klassifizierung?

von R. I. M. DUNBAR

R. I. M. Dunbar studierte an der Universität Oxford Philosophie und Psychologie, bevor er 1974 an der Universität von Bristol sein Studium mit dem Erwerb des Doktorgrades abschloß. Seither hat er als Research Fellow an den Universitäten von Cambridge und Liverpool gearbeitet und an der Universität von Stockholm und dem University College, London, gelehrt, wo er gegenwärtig Professor für biologische Anthropologie ist. Sein Hauptinteresse gilt der Forschung auf dem Gebiet der Evolution von Gesellschaftssystemen bei Säugetieren und der Anwendung der Darwinschen Erkenntnisse auf die Verhaltensforschung. Zu seinen jüngst veröffentlichten Büchern gehören Reproduction Decisions *und* Primate Social Systems. *In seinem Beitrag zu diesem Projekt fragt er, ob biologische Klassifizierungen – wie solche, die uns in eine Kategorie und die Großen Menschenaffen in eine andere einordnen – der Wirklichkeit entsprechen oder nur künstlich sind.*

Unsere taxonomischen Klassifizierungen sind auf allerlei Umwegen aus den allgemein üblichen Klassifizierungen des täglichen Lebens entwickelt worden. Wenn man sich umsieht, erkennt man, daß die Organismen (und praktisch alle Phänomene) in Klassen eingeordnet werden können, die einander mehr oder weniger gleichen. Diese traditionellen Klassifizierungen sind in gewissem Sinne wirklich »natürlich«. Sie sind auch insofern funktional, als das Klassifizierungssystem denjenigen, die es aufstellen, einen Vorteil bietet. Wir klassifizieren Phänomene, um die Informationsüberladung zu reduzieren, die sich anderenfalls ergeben würde. Doch wie wir sie im einzelnen klassifizieren, liegt in unserem Ermessen. Allein aus diesem Grund ist es wahrscheinlich, daß verschiedene Kulturen Phänomene jeweils auch auf etwas verschiedene Weise klassifizieren.

Seit der Entstehung der Biologie als einer formalen, auf der Evolutionstheorie basierenden Disziplin haben die Klassifizierungssysteme, die in der zweiten Hälfte des 19. Jahrhunderts von den Biologen entwickelt wurden, einem besonderen Zweck gedient: Sie sollten die Verzweigung der Evolutionsgeschichte widerspiegeln. Leider war die Art, in der diese Klassifizierungen vorgenommen wurden, oft zirkulär und ziemlich subjektiv. Man entschied mehr oder weniger im voraus, wer mit wem verwandt sei, und suchte erst dann nach anatomischen Anzeichen, die solche Vermutungen stützten.

Dieser unbefriedigende Zustand wurde in der zweiten Hälfte des zwanzigsten Jahrhunderts mit der Einführung der Kladistik allmählich beendet. Nach kladistischen Verfahren werden die Organismen aufgrund anatomischer Ähnlichkeiten klassifiziert. Anschließend kann man, wenn man will, aus den Beziehungen der so entstandenen Gruppen etwas über ihre Evolutionsgeschichte ableiten. Es kommt jedoch darauf an, daß die Folgerungen im Hinblick auf die Evolutionsgeschichte nach der Klassifizierung und nicht vorher gezogen werden.

Auf jeden Fall zeigt es sich, daß Schimpansen, Gorillas und Orang-Utans unsere nächsten lebenden Verwandten sind. Sie weisen viele anatomische Merkmale auf, die uns alle als Angehörige der gleichen Gruppe, der Hominoiden oder menschenähnlichen Tiere, kennzeichnen. Zu diesen Merkmalen gehören etwa das besondere Muster der Backenzähne, eine flache Brust, das Fehlen eines Schwanzes und so weiter. Es ist auch wahrscheinlich, daß wir einen gemeinsamen, historisch relativ jungen Vorfahren haben. In den letzten zehn Jahren haben neue Erkenntnisse in der Molekulargenetik gezeigt, daß die genetischen Ähnlichkeiten zwischen den Menschen und den afrikanischen Menschenaffen sehr groß sind:

Genetisch gesehen sind die Unterschiede trivial, besonders zwischen uns und den beiden Schimpansenspezies. Deshalb ist es vielleicht auch nicht überraschend, daß es uns besonders leichtfällt, uns in die afrikanischen Menschenaffen hineinzuversetzen. Irgendwie scheinen sie in ihrem Verhalten und auch in ihrer äußeren Erscheinung menschenähnlicher zu sein.

Außerdem zeigen die Schimpansen auch für den Menschen typische psychologische Eigentümlichkeiten, die sich bei anderen Spezies nicht feststellen lassen. Dazu gehört ihre Fähigkeit zu vortäuschendem Spiel. Ein anderes Merkmal ist, daß sie die Welt aus dem Blickwinkel eines anderen Individuums zu sehen vermögen. Es gibt Menschen (nämlich Autisten), die diese beiden Fähigkeiten nicht haben, und doch behandeln wir sie (ganz zu Recht natürlich) als Menschen. Um wie vieles mehr haben die Schimpansen dann Anspruch auf Gleichbehandlung!

Es ist eine biologische Realität, daß alle Klassifizierungen künstlich sind. Sie zwingen dem einigermaßen chaotischen Durcheinander der natürlichen Welt eine bestimmte Ordnung auf. Wenn wir alle Lebewesen bestimmten Spezies zuordnen, dann tun wir es nach eigenem Gutdünken und nicht, weil wir damit eine biologische Realität beschreiben. Die wirkliche Welt besteht nur aus Individuen, die mehr oder weniger nah miteinander verwandt sind, weil sie von einem oder mehreren gemeinsamen Vorfahren abstammen. Es wäre vielleicht nicht unvernünftig zu sagen, daß die einzige Gruppierung von Individuen, die irgendeine biologische Gültigkeit besitzt, die lokale Population von Individuen ist, die sich untereinander fortpflanzen. Im Gegensatz dazu können Klassifizierungen von Spezies, die sich ausschließlich auf die physische Erscheinung gründen, irreführend sein. Manchmal kommt es zu raschen Veränderungen in der äußeren Erscheinung, wenn sich Populationen vergrößern und über ein weiteres geographisches Gebiet ausbreiten. Das Ergebnis sind Organismen, die sehr unterschiedlich aussehen (und vielleicht sogar als Angehörige verschiedener Spezies klassifiziert werden), obwohl sie sich erst vor kurzem aus einem gemeinsamen Vorfahren entwickelt haben. In anderen Fällen können sich relativ geringe Veränderungen in der äußeren Erscheinung über einen sehr langen Zeitraum hinweg vollziehen. Das Ergebnis können Populationen von Organismen sein, die einander sehr ähnlich sehen, deren gemeinsamer Vorfahre jedoch vor sehr langer Zeit gelebt hat. Die äußere Erscheinung kann täuschen und ist nicht immer ein zuverlässiger Hinweis auf die Abstammung.

Der Haushund bietet uns ein bekanntes Beispiel dafür. Der in Australien beheimatete wilde Dingo sieht den einheimischen Hunden in vielen Teilen der Alten Welt sehr ähnlich, aber der letzte gemeinsame Vorfahre des Dingo und der anderen Haushunde auf der ganzen Welt muß vor einigen zehntausend Jahren gelebt haben. Im Gegensatz dazu unterscheiden sich die vielen Züchtungen von Rassehunden nicht nur sehr stark voneinander, sondern auch vom Dingo. Wer würde vermuten, daß der Dackel und der deutsche Schäferhund einen gemeinsamen Vorfahren haben, der vor wenigen hundert Jahren gelebt hat? Wer würde ernsthaft daran gedacht haben, den Pekinesen und den Windhund in die gleiche Spezies einzuordnen? Nach allen Regeln der taxonomischen Klassifizierung müßten sie verschiedenen Spezies zugeordnet werden. Der einzige Grund, weshalb wir das nicht tun, ist, daß wir wissen, daß sie vor gar nicht allzulanger Zeit bewußt darauf gezüchtet worden sind, so auszusehen. Genetisch sind sie natürlich alle identisch.

Wenn wir über die Abstammung zweier Typen von Tieren nichts wissen, weil von ihnen keine Fossilien gefunden wurden, fehlen uns die Informationen, die es uns erlauben würden, ihren exakten Verwandtschaftsgrad festzustellen. Wir müssen uns in einem solchen Fall auf die äußere Erscheinung verlassen.

Nun haben die Menschen auf der ganzen Welt viel Zeit damit zugebracht, die Organismen, die zusammen mit ihnen diesen Planeten bevölkern, zu klassifizieren, wobei man viel Mühe darauf verwendet, zwischen »ihnen« und »uns« zu unterscheiden. Wir tun das nicht nur im Hinblick auf andere Lebensformen (»es ist böse, Menschen zu töten, aber durchaus erlaubt, Mücken totzuschlagen«), sondern auch im Hinblick auf andere Menschen. Die Angehörigen »primitiver« Stämme bezeichnen sich im allgemeinen als »Menschen« oder »Leute«. Die Mitglieder anderer Stämme sind für sie gewöhnlich »Nichtmenschen«, wobei sie von einer Reihe anderer nichtmenschlicher Tiere (gewöhnlich anderen Säugetieren) nicht unterschieden werden. Angeblich »zivilisierte« Völker wie die alten Griechen und die Briten in der viktorianischen Zeit mögen solche Ausdrücke nicht verwendet haben, aber ihre Haltung gegenüber den von ihnen unterworfenen Völkern war praktisch die gleiche. Zumindest ein wahrscheinlicher Grund dafür ist, daß uns diese Haltung erlaubt, die Kategorien von Organismen zu bezeichnen, die auszubeuten wir berechtigt sind. (Wenn ich »berechtigt« sage, dann meine ich damit, daß wir, wenn wir sie ausbeuten, kein schlechtes Gewissen haben.) Es gibt wahrscheinlich einleuchtende biologische Gründe dafür, weshalb Menschen (und soweit wir wissen auch andere Tiere) sich so verhalten. Dieser Umstand verdeutlicht einfach die Tatsache, daß der Gebrauch, den wir von Klassifizierungen machen, eher ein moralisches als ein wissenschaftliches Problem ist.

Die biologische Realität ist, daß die Großen Menschenaffen lediglich Populationen von Tieren sind, die sich genetisch nur wenig mehr von Ihnen und mir unterscheiden als andere Populationen von Menschen, die in anderen Teilen der Welt leben. Sie unterscheiden sich einfach in ihrem Aussehen ein bißchen von jenen anderen Populationen, die wir normalerweise als »Menschen« bezeichnen, aber doch nicht sosehr und keineswegs sosehr, wie es zum Beispiel die Spinnen tun.

In mancherlei Weise sind unsere Vorstellungen von Ähnlichkeiten und Unterschieden in diesen Fällen wahrscheinlich von der außerordentlichen Ähnlichkeit in der äußeren Erscheinung bestimmt, die alle heute lebenden Menschen zeigen. Die Menschen sind einander sehr viel ähnlicher, und zwar sowohl in der äußeren Erscheinung als auch in ihrer genetischen Ausstattung, als die Angehörigen fast jeder anderen Gruppe von Tieren. Diese Ähnlichkeit zeigt, daß es uns als Spezies erst seit verhältnismäßig kurzer Zeit gibt: Die letzte gemeinsame Vorfahrin aller heute lebenden Menschen (die sogenannte »mitochondriale Eva«) hat wahrscheinlich vor etwa einhundertfünfzigtausend Jahren gelebt, also vor nur fünftausend Generationen! Unser gemeinsamer Vorfahr hat also noch vor so kurzer Zeit gelebt, daß alle heute irgendwo in der Welt lebenden Menschen näher miteinander verwandt sind als alle Schimpansen oder alle Gorillas untereinander.

Diese bemerkenswerte Ähnlichkeit zwischen den Menschen erklärt vielleicht, warum wir versuchen, uns so scharf gegenüber allen anderen Lebewesen abzugrenzen. Bei dem Versuch, zwischen »ihnen« und »uns« einen Unterschied zu machen, erkennen wir, daß der Unterschied in der äußeren Erscheinung zwischen Mitgliedern unserer Familie und anderen Menschen überall auf der Welt relativ gering ist, verglichen mit der offensichtlichen Kluft zwischen uns und jenen anderen Spezies, die uns am ähnlichsten zu sein scheinen (den Schimpansen und Gorillas). Immerhin gibt es einige bemerkenswerte Unterschiede: Wir gehen aufrecht, bauen Städte, komponieren und spielen Musik, schießen Raketen auf den Mond und so weiter.

Aber der Grund für den offensichtlich großen Abstand zwischen uns und unseren nächsten Verwandten ist vor allem das Fehlen heute noch lebender Zwischenspezies. (Und damit meine ich nicht »fehlende Glieder« in der Kette der Evolution, die eine Zwischenstufe darstellen, welche die Schimpansen durchlaufen haben, bevor sie zu Menschen wurden; ich meine Spezies, die vom gleichen Vorfahren abstammen wie wir und die Schimpansen, und die verschiedene Entwicklungsstufen erreicht haben.) Es ist nicht so, daß es solche Zwischenspezies nie gegeben hat. Solche Spezies haben in größerer Zahl gelebt. Ihre Überreste findet man in den Fossilien tragenden Erdschichten Ost- und Südafrikas. Unser Problem liegt eher darin, daß sie ausgestorben sind und wir deshalb nicht aus unmittelbarer Anschauung erfahren können, wie weit sie uns in ihrem Verhalten ähnlich waren. Wenn eine dieser Spezies heute lebte, würde uns die Kluft zwischen uns und den Schimpansen höchstwahrscheinlich sehr viel weniger dramatisch erscheinen, als sie es heute tut. Und das wiederum würde uns veranlassen, noch einmal darüber nachzudenken, wie wir die Schimpansen und Gorillas in Beziehung zu uns selbst klassifizieren.

Es könnte uns ebenso dazu veranlassen, uns eher einfach als eine weitere Schimpansenspezies zu klassifizieren, als uns in eine völlig getrennte Gruppe einzuordnen.

11
Menschenaffen und die Idee der Verwandtschaft

von Stephen R. L. Clark

Stephen R. L. Clark ist Professor für Philosophie an der Universität Liverpool. Zu den von ihm bisher veröffentlichten Büchern gehören Aristotles's Man, The Moral Status of Animals, The Nature of the Beast, From Athens to Jerusalem, The Mysteries from Religion, Civil Peace and Sacred Order, A Parliament of Souls, God's World and the Great Awakening; *der Titel seines nächsten Buches wird sein:* How to Think about the Earth. *Er hat folgende Vorlesungen gehalten: Die Gifford lectures (Glasgow), die Stanton lectures (Cambridge), die Wilde lectures (Oxford), die Scott-Holland lectures (Liverpool), und er wird 1994 die Read Tuckwell lectures in Bristol halten. Er ist verheiratet, hat drei Kinder und vier Katzen. In dem folgenden Aufsatz fragt Clark: Wie entscheiden wir, wo wir die Grenzen unserer eigenen Spezies ziehen sollen? Ist es irgendwie unvermeidlich oder natürlich, daß wir nur alle diejenigen zu »unserer Art« zählen, die wir heute als menschliche Wesen betrachten? Oder hätten wir die Grenzen unserer Spezies anders ziehen können?*

Wie wurden die Menschenaffen degradiert?

Im siebzehnten und achtzehnten Jahrhundert hat man sich ernsthaft mit der Frage beschäftigt, wo die genauen Grenzen der Menschheit lägen. Besonders Monboddo vertrat die Ansicht, daß die Menschenaffen wie der Orang-Utan und der Schimpanse (die er zusammen als den Ouran Outang bezeichnete) von unserer Art seien, eine Vorstellung, die Thomas Love Peacock in der Satire *Melincourt* in der Person von Sir Oran Haut-ton, einem Bewerber um den Parlamentssitz für den miserablen Wahlkreis Onevote, verspottete.[1]

> In ihrer äußeren Erscheinung gleichen sie dem Menschen, sie gehen aufrecht und nicht auf allen vieren [...] Als Waffen benutzen sie Knüppel; sie leben in einer Gesellschaft; sie bauen Hütten aus Zweigen und Ästen und verschleppen Negermädchen, die sie zu Sklavinnen machen, für sich arbeiten lassen und mit denen sie sich vergnügen [...] Doch obwohl es nach dem Gesagten sicher scheint, daß sie zu unserer Spezies gehören, und obwohl sie gewisse Fortschritte auf allen Lebensgebieten gemacht haben, sind sie nicht so weit gekommen, eine Sprache zu entwickeln.[2]

Monboddo hatte in mancherlei Hinsicht völlig falsche Vorstellungen, aber er war einnehmend offen in seinem Urteil, daß das Wesen unserer Spezies sich vor allem in Krieg, in Vergewaltigung und Herrschaft zeige, und nicht, wie es die Tradition wollte, im Gebrauch der Sprache. Zu Recht vermutete er, wenn auch vielleicht aus nicht ganz glücklichen Gründen, daß »wenn der Mensch jemals in jenem Zustand gelebt hat, den (er) als natürlich bezeichnen würde, dann muß das in einem Land und in einem Klima gewesen sein wie in Afrika«.[3] Vielleicht hat er sich im Hinblick auf das Wesen unserer Spezies geirrt. Seine Einbeziehung der Menschenaffen in »unsere Art« findet ihre Entsprechung bei jenen seiner Zeitgenossen, die (wie Voltaire[4]) die Hottentotten ausschlossen. Auffassungen, wie die von J. G. Herder, daß »weder der *Pongo* [wahrscheinlich der Schimpanse] noch der *Longimanus* [der Gibbon] dein Bruder [ist]; aber wohl der Amerikaner [das heißt der amerikanische Indianer] und der Neger«[5], beherrschen nun das wissenschaftliche und ethische Denken. Jeder Versuch, diese Frage erneut zur Diskussion zu stellen, muß aggressiv erscheinen, besonders wenn sie mit den obszönen Einzelheiten verknüpft ist, an denen frühere Anthropologen und Forscher Gefallen fanden. Ich teile den Verdacht liberaler Kritiker, daß angeblich »objektive« Untersuchungen etwa der Gehirne von »Australiden« (australischen Eingeborenen), Orang-Utans und »Europiden«[6] in ihrer Motivation und Ausführung zutiefst rassistisch sind. Es gibt in diesem Zusammenhang jedoch durchaus wichtige Fragen. Die Weigerung, sie als Wesen von »unserer« Art anzuerkennen, sollte uns veranlassen zu untersuchen, welche Beziehung zwischen einer Alltagsklassifizierung (die stark bewertend ist) und einer wissenschaftlichen Klassifizierung (bei der biologische Taxa genealogisch definiert werden) besteht.[7] Mit dem folgenden wollen wir einen Anfang machen.

Spezies-Wesen und das Wesen der Spezies

Entweder sind wir einfach natürliche Produkte evolutionärer Vorgänge, oder wir sind es nicht. In diesem Teil des Kapitels beschäftige ich mich mit der ersten Hypothese. Dabei komme ich zu ganz ähnlichen Schlüssen wie Richard Dawkins im siebten Kapitel: Wenn wir Produkte evolutionärer Prozesse sind, dann würde uns jeder objektive Sachverständige zu den anderen Menschenaffen rechnen (ebenso wie nach unserer Meinung die Ameisen, Delphine oder Finken jeweils von einer Art sind, obwohl es viele verschiedene Spezies von Ameisen, Finken und Delphinen gibt). Das soll nicht heißen, daß sie jeweils eine einzige Wesensart zeigen. Schimpansen und Zwergschimpansen, Gorillas, Orang-Utans und Menschen unterscheiden sich in mancherlei Weise voneinander. Aber daraus folgt nicht, daß sie nicht von gleicher biologischer Art sind. Um das noch detaillierter zu erklären, als es Dawkins zu tun versucht, und um zu zeigen, warum Moralisten diesen Aspekt des Problems vernachlässigen, müssen wir sehr sorgfältig vorgehen. Nichts von dem, was ich in diesem Teil meiner Ausführungen sage, ist wirklich originell, aber es ist für viele so ungewohnt und wird von vielen so ungern gehört, daß es sowohl eigenartig als auch schwer verständlich erscheint. In Wirklichkeit ist es weder das eine noch das andere.

Einer der Punkte, in dem sich die Philosophen mit den Biologen noch einigen müssen, ist die Tatsache, daß es in dem einst beabsichtigten Sinne keine natürlichen biologischen Arten *gibt*. Sogenannte »natürliche Arten« sind Gruppen von Lebewesen, die ein gemeinsames und distinktes Wesen haben, aber biologische Taxa, einschließlich der Spezies, sind nicht so definiert.[8] Selbst wenn alle Mitglieder eines solchen Taxons gemeinsame, distinkte Eigenschaften hätten, wäre das nicht der Grund dafür, daß sie zu diesem Taxon gehören. Kühe sind keine Säugetiere, weil sie ihre Jungen mit Milch ernähren; weibliche Rinder ernähren ihre Jungen mit Milch, weil sie Säugetiere sind. Ein Säugetier zu sein, heißt, genealogisch zu einem komplexen Individuum zu gehören, zur Ordnung Mammalia, deren Mitglieder näher miteinander verwandt sind als mit Mitgliedern irgendeiner anderen Ordnung. Das soll nicht heißen, daß sie einander ähnlicher sehen. Die Mitglieder der Ordnung oder diejenigen, die nach unserer Ansicht vor langer Zeit ihre Mitglieder gewesen sind, waren nicht immer näher mit den heutigen Säugetieren verbunden als mit ihren Zeitgenossen, die keine Säugetiere waren. Selbst heute gibt es vielleicht Säugetiere, die *äußerlich* anderen Tieren, die keine Säugetiere sind, mehr gleichen als irgendwelchen anderen lebenden Säugetieren. Es könnte sogar Säugetiere geben, deren schwangere weibliche Artgenossen keine Milch produzieren, wie es auch Vögel ohne Flügel oder ohne Feder geben kann. Deshalb sind es keine »unvollkommenen Säugetiere«, wenn es auch nicht ganz nutzlos ist, eine solche Redeweise zu verwenden. Als zum Beispiel Aristoteles die Robben als »deformierte Vierfüßler« bezeichnete, hatte er zum Teil recht – obwohl dies keinesfalls bedeutet, daß sie nicht sind, was sie sein sollten (Aristoteles hat auch gesagt, Frauen seien deformierte Männer!).[9] Während Philosophen noch immer dazu neigen anzunehmen, daß es »typische« Mitglieder eines Taxons gibt, und ebenso eifrig wie Aristoteles Defekte oder Anomalien zu identifizieren suchen, glauben moderne

Biologen, daß Geparden ebenso offensichtlich Katzen sind und am Down-Syndrom leidende Kinder ebenso offensichtlich Menschen sind wie jedes »typische Artexemplar«. Jedes dieser Lebewesen hätte das typische Exemplar dieses Taxons sein können, weil der biologische Typ eines Taxons ganz einfach das Individuum ist (so ungewöhnlich es schließlich sein mag), das als Bezugspunkt für das bestimmte Taxon dient.

Biologische Taxa sind Individuen.[10] Das mag falsch klingen, denn sind nicht Taxa Gruppen von Individuen, die einander mehr oder weniger »ähnlich sind«? Quine sagte, daß eine biologische Art die Menge aller Dinge sei, denen das Paradigma *a* ähnlicher sei als *a* der Kontrastgruppe *b*.[11] Vielleicht gibt es solche Mengen, aber sie sind nicht dasselbe wie Taxa. Die *Drosophila pseudoobscura* und die *Drosophila persimilis* sind nah verwandte Spezies und für den naiven Beobachter nicht voneinander zu unterscheiden. Aber sie gehören mit Sicherheit verschiedenen Spezies an, weil sie sich nicht untereinander fortpflanzen. Wenn eine dieser Spezies aus der Welt verschwände, aber später wieder Lebewesen auftauchten, die sich auch für das Auge des Fachmanns nicht von ihnen unterscheiden (aber andere Vorfahren haben), dann wäre das ältere Taxon nicht wieder aufgetaucht. Die Riesentaube Dodo ist ausgestorben und daher für alle Zeiten verschwunden, weil »Dodos« nicht einfach jene Lebewesen sind, die mehr oder weniger ihren Zeichnungen gleichen, noch weil es jene Lebewesen sind, deren DNS mehr oder weniger derjenigen der alten Vögel gleicht (wenn sich dies herausfinden ließe). Es besteht keine Notwendigkeit für die Mitglieder eines bestimmten Taxons, einander mehr zu gleichen als den Mitgliedern eines anderen Taxons. Es ist nicht einmal notwendig, daß sie einige bestimmte Gene miteinander teilen, die nicht auch von Lebewesen anderer Art geteilt werden. Ob ein Individuum diesem Taxon angehört, hat nichts mit irgendeiner nicht historischen Eigenschaft zu tun, ob sichtbar oder verborgen. Das Taxon ist ein Individuum, und gewöhnliche Individuen sind Teile davon, Glieder eines Stammbaums. »Die Schuleintheilung geht auf *Klassen*, welche nach *Ähnlichkeiten*, die Natureintheilung aber auf Stämme, welche die Thiere nach *Verwandtschaften* in Ansehung der Erzeugung eintheilt.«[12]

Wo sich aus einem bisher nur aus *einer* Spezies bestehenden Taxon zwei oder mehrere Spezies entwickeln, ist es üblich, beiden Spezies neue Namen zu geben, auch wenn eine solche Spezies für uns und ihre Mitglieder nicht von der älteren Spezies unterscheidbar ist. Wenn sich die ursprüngliche Spezies als eine einzige, aus untereinander fortpflanzungsfähigen Individuen bestehende Population einfach weiterentwickelt hat, werden verschiedene Methoden der Klassifizierung angewendet: Einige Fachleute werden sagen, daß die Unterschiede so seien, daß die Spezies, wenn sie zeitgleich gewesen wären, nicht eine einzige, sich fortpflanzende Population bilden würde. Andere würden erklären, daß es keinen deutlich erkennbaren Bruch zwischen der alten und neuen Spezies gäbe und man daher auch weiterhin von nur einer Spezies sprechen könne. So können *Homo erectus, Homo habilis* und *Homo sapiens* als eine oder als drei Spezies angesehen werden. Verfolgt man die Entwicklung dieser Spezies über einen längeren Zeitraum zurück, dann werden einem die Unterschiede zwischen diesen Spezies natürlich oft sehr willkürlich erscheinen, selbst wenn man zwei oder mehrere Tochterspezies berücksichtigen muß. Warum sollte schließlich *x* eine andere Spezies sein als *y*, nur weil es eine dritte Spezies gibt, die sich zwar von *x* unterscheidet, aber ebenso auch von *y* abstammt? Hätte man diese andere Spezies nicht entdeckt oder wäre sie ausgestorben, bevor man sie hätte nachweisen können, gehörte *x* zweifellos zur gleichen Spezies wie *y*. Manchmal gibt es sogar zur selben Zeit Populationen, in denen sich der Übergang von einer Spezies zur nächsten zeigt: Die verschiedenen Varianten der Silbermöwe, von denen Richard Dawkins im siebenten Kapitel berichtet, gehören in dem Sinne einer Spezies an, als die Gene von der einen Variante sich allmählich auf jede andere übertragen, aber es sind zwei oder mehrere Spezies, wenn bestimmte Varianten zusammentreffen. Dieses Phänomen ist, nach der Terminologie von Kant, eine »Realgattung«, ein historischer Zusammenschluß von untereinander fortpflanzungsfähigen Populationen, und in der modernen Sprache ein »Formenkreis« oder eine Ring-Spezies. Wahrscheinlich ist die Menschheit historisch gesehen eine solche »Realgattung«. Es könnte sogar sein, daß dies auch heute noch so ist, daß es besondere Varianten innerhalb der Spezies gibt, die man als verschiedene Spezies bezeichnen würde, wenn die dazwischenliegenden Varianten nicht mehr existierten.[13] Dawkins weist darauf hin, daß man Menschen und Schimpansen gerade deshalb verschiedenen Spezies zuordnet, weil die zwischen ihnen liegenden Varianten tatsächlich ausgestorben sind.

Sobald die Barrieren zwischen den gleichzeitig lebenden Spezies errichtet sind, wird die Weitergabe der Gene behindert, und das ist es, was diese Barrieren ausmacht, und deshalb gehören Löwen und Tiger verschiedenen Spezies an. Aber bei ihren Vorfahren war das nicht der Fall, und die Gene wurden in gleicher Weise von der Urkatze an die Löwen- und Tigerpopulationen weitergegeben. Da es – per Definition – keine diachronischen Barrieren zwischen den Spezies gibt, sind einige Wissenschaftler der Auffassung, daß Paläospezies (wie *Homo habilis*) nur metaphorisch als Spezies bezeichnet werden können. Auch können wir nicht immer behaupten, daß die gegen die Fortpflanzung errichteten Schranken durch irgendwelche anderen allgemeinen Veränderungen im Wesen und Verhalten der Urlöwen und Urtiger entstanden sind. Viel wahrscheinlicher ist es, daß diese Schranken durch große Entfernungen, Gebirge oder Flüsse entstanden sind, aus Gründen, die nichts mit irgendwelchen ursprünglichen Eigenschaften zu tun haben, und die anderen Unterschiede akkumulierten seitdem. Wir können auch nicht sicher sein, daß das, was wie Fortpflanzungsbarrieren aussieht, in jedem Fall mehr ist als zufällige Präferenzen oder Mangel an Gelegenheit: Vielleicht *würden* sich Löwen und Tiger oft genug untereinander fortpflanzen, um sie als Ring-Spezies zu bezeichnen, wenn eine genügend große Zahl von ihnen die Gelegenheit dazu gehabt hätte. Schließlich gibt es auch gute Gründe für die Annahme, daß Haushunde, Wölfe und Kojoten in Wirklichkeit zu einer in mehreren Varianten vorkommenden Spezies gehören, deren Varianten nicht alle bereit sind, sich untereinander fortzupflanzen. Ohne all die anderen Hunde wäre es unwahrscheinlich, daß Wolfshunde und Chihuahuas der gleichen Spezies angehörten – noch unwahrscheinlicher als es für Voltaire bei »Hottentotten, Negern und Portugiesen« der Fall war.[14]

Aber gehören nicht alle menschlichen Wesen in einem sehr viel bedeutenderen Sinne zu einer Spezies? Vielleicht sind andere Ebenen der Taxa, Familie, Ordnung oder des Stammes lediglich genealogisch miteinander verbunden. Vielleicht gibt es Taxa, die nur aussehen wie Spezies, es aber in Wirklichkeit gar nicht sind. Spezies, echte Spezies, sind doch etwas gerade Spezielles. Haben nicht alle Angehörigen einer Spezies ein gemeinsames Wesen? Trifft das nicht auch für den Menschen zu? Ist das nicht das Axiom, auf das sich der Humanismus ebenso stützt wie die Charta der Vereinten Nationen? Wenn es nach der Theorie der modernen Biologie kein gemeinsames Wesen der Angehörigen einer Spezies, keine perfekten Typen gibt und sogar die Reinheit der Spezies bezweifelt werden muß, dann spricht das gegen eine solche biologische Theorie. Der Schwarze und der Indianer *müssen* unsere Brüder und Schwestern sein und müssen daher wie wir sein. Es wäre unerträglich zu behaupten, daß es reale Varianten der Menschheit gäbe, die sich nicht untereinander fortpflanzen würden. Eine noch unerträglichere Behauptung wäre es, zu sagen, daß *Pan, Pongo, Gorilla* und *Homo*[15] vielleicht früher oder sogar noch heute eine Ring-Spezies wären. Welche Varianten des *Homo* könnten sich mit *Pan* fortpflanzen oder pflanzten sich einst fort? Ist hier nicht ein versteckter lüsterner Rassismus am Werke? Das Wort »Affe« ist eine leichtfertige rassistische Beleidigung. Die Weißen, die es verwenden, sollten vielleicht daran erinnert werden, daß die meisten Kommentatoren, weltweit betrachtet, die stark riechenden, behaarten »Europiden« (die Weißen) für diejenigen halten, die dem Affen am »nächsten« sind. Müssen wir auf die Wissenschaft der Biologie verzichten, um uns nicht des Rassismus schuldig zu machen?

Im Gegenteil, der Rassismus ist der natürliche Ausdruck eines deplazierten Essentialismus, der Annahme, daß Gruppen ein jeweils verschiedenes Wesen verkörpern. Er kann aber auch als eine frühe Version der Fortpflanzungsbarrieren angesehen werden, die voneinander unterschiedene Spezies schaffen. Die neuen Spezies sind nichts anderes als die alten Rassen im großen. Es muß zwischen solchen neu entstandenen Spezies keine Feindschaft geben. Vielleicht wird sogar der Konkurrenzkampf an Schärfe verlieren, weil die einzelnen Spezies verschiedene Lebensräume bewohnen und sich von verschiedenen Dingen ernähren. Es könnte aber auch dazu kommen, daß sich die Zahl der Variationen, die sich neuen Lebensverhältnissen anpassen können, verringert, weil eine neue, distinkte Abstammungslinie keinen Input mehr von einer anderen erfährt. Es mag gute Gründe dafür geben, daß wir das Entstehen von Schranken zwischen menschlichen Variationen nicht zulassen wollen, und vielleicht sind die anderen Hominoiden heute von »uns« genug entfernt (was sie einst nicht waren), daß eine Vermischung gegenwärtig unwahrscheinlich geworden ist. Aber wir *wissen* nicht, ob das wirklich so ist. Ich möchte ein solches Experiment nicht empfehlen, vor allem deshalb, weil das Schicksal einer solchen Kreuzung, wie sie sich Dawkins vorstellt, vermutlich ein Leben als Versuchsobjekt sein würde. Solange ein unangebrachter Essentialismus vorherrscht, werden wir die Auffassung vertreten, daß solche Kreuzungen unser Wesen nicht teilen, sondern eine Rückkehr darstellen zu einer vormenschlichen Art, die eben nicht »von unserer Art« ist. Die Wahrheit ist anders.

Eine weitere Schwierigkeit für Moralisten liegt in der Ablehnung von Normen in der Natur. Wenn es für eine bestimmte Art nicht eine Lebensform und einen Charakter gibt, die allen oder den meisten ihrer Mitglieder am besten entspricht, so daß wir durch Vergleiche Mißbildungen, Krankheiten oder Abweichungen vom Idealtyp erkennen können, kann es dann überhaupt »ein gutes menschliches Leben« geben? Können wir wirklich behaupten, daß den in Legebatterien gehaltenen Hühnern »das« Leben vorenthalten wird, das Hühner »in der Natur« führen würden? Wenn die Spezies lediglich genealogisch bestimmte Gruppen sind, so daß ihre Mitglieder einander nicht unbedingt gleichen müssen, haben wir kein Recht zu glauben, daß es für eine bestimmte Spezies nur eine (wenn auch noch so vage definierte) Art zu leben gäbe. Die Grenzen, innerhalb derer Variationen möglich sind, werden empirisch feststellbar sein: Wie weit sich eine Art anpassen kann, wird sich darin zeigen, was sie tatsächlich tut, und an ihrem »natürlichen« Leben wird nichts Normatives sein. Stammbäume entwickeln sich, um die Umwelt zu gestalten und sich ihr anzupassen, oder sie sterben aus. Ich bin ein

Mitglied der Familie Clark, aber nicht, weil ich anderen Clarks ähnlich sehe, und auch nicht, weil es eine für die Clarks natürliche Lebensart gibt, die sich von anderen Lebensarten unterscheidet. Auch wenn es in der Familie Clark mehr Inzucht gegeben hätte (und damit ähnliche Verhältnisse entstanden wären wie innerhalb einer Spezies), müßten nicht alle Clarks einander ähnlich sehen. Es könnte zu Atavismen, Mutationen, untergeschobenen Kindern oder behinderten Clarks kommen, aber sie wären alle Clarks, und solche Variationen wären keine Störungen, im Gegenteil, sie enthalten die Hoffnung der Clarks auf ein Weiterbestehen der Familie. Variationen sind keine Fehlfunktionen der sexuellen Reproduktion (auch wenn Tierzüchter sich ärgern, wenn die von ihnen gezüchteten Tiere nicht die gewünschten Merkmale zeigen); Variationen zu erzeugen, ist der Sinn jeder Fortpflanzung.

Das ist vielleicht keine Neuigkeit. Schließlich haben die Moralphilosophen in diesem Jahrhundert immer wieder erklärt, natürliche Tatsachen seien keine Normen und »natürlich« sei nicht unbedingt ein Begriff des Lobes. Sie haben sogar erklärt, die Menschen seien gerade deshalb etwas Besonderes, weil sie kein einheitliches Spezies-Wesen haben. Diese Behauptung ist nicht ganz zutreffend, und zwar zum Teil, weil es nichts gibt, was ein solches Wesen hat, und zum Teil, weil diese Behauptung gerade ein Wesen identifiziert, das, zumindest potentiell, alle Menschen teilen.[16] Wie Aristoteles gesagt hat, sind wir Geschöpfe, deren Leben daraus besteht, nach Entscheidungen zu handeln. Aristoteles war weniger essentialistisch als seine Erben, weil er dieses »wir« niemals unmittelbar auf eine bestimmte Spezies bezog. Nicht jeder, der als Mitglied unserer Spezies geboren wurde, wird zu eigenen Handlungen fähig sein. Bei einigen fehlt von Anfang an die Fähigkeit, sich zu entscheiden oder auch nur zu verstehen. Das gute Leben ist für uns das gut gelebte Leben derjenigen, die solche Fragen stellen. Die gleichen Moralisten, die behauptet haben, wir seien frei von natürlichen Zwängen, halten in Wirklichkeit nur wenig von denjenigen, die keine »eigenen« Entscheidungen treffen oder treffen können, und sie bedauern immer wieder alle Versuche, innerhalb der Spezies Grenzen zu ziehen, obwohl das (nach ihrer Auffassung) unser gutes Recht sein sollte. So liegt auch hier die Gefahr in erster Linie nicht in der biologisch begründeten Vorstellung von Arten, sondern darin, daß wir gewohnheitsmäßig Spezies und natürliche Art miteinander verwechseln. Wir können vieles über die Bedürfnisse und Wünsche einzelner Lebewesen erfahren und herausfinden, wie sie ihr Zusammenleben mit anderen einrichten. Dabei müssen wir nicht glauben, daß es Ziele gibt, die nur und alle Artgenossen miteinander teilen.

Eine rein aristotelische Ethik kann mit den Aussagen moderner Biologen über das Wesen der Spezies in Übereinstimmung gebracht werden. Mit »wir« sind nur diejenigen gemeint, die an solchen Gesprächen teilnehmen oder daran teilnehmen könnten. »Wir« sind wahrscheinlich alle Menschen als Mitglieder der »Realgattung« der Menschheit. Aber nicht alle Individuen, die zu unserer Spezies gehören, müssen rational denken oder selbstmotivierend handeln können. »Vielleicht müssen alle Dreiecke drei Winkel haben, aber nicht alle Reptilien müssen ein Herz mit drei Kammern haben, obwohl das durchaus der Fall sein könnte.«[17] So hatte auch Monboddo recht, wenn er meinte, nicht alle Menschen *müßten* sprechen können. Und Geschöpfe, die heute nicht unserer Spezies zugerechnet werden, deren Vorfahren jedoch zu ihr gehörten, teilen möglicherweise ebensoviel mit uns wie jeder behinderte Mensch. Das ist zweifellos ein gefährlicher Gedanke. Wir sind noch nicht weit entfernt von den Moralisten, die unter Berufung auf die Ethik des Aristoteles erklärten, die Indianer seien von Natur aus Sklaven, denen kein Respekt als wirkliche Ebenbilder Gottes geschuldet werden müsse. Wann immer man sich auf den Standpunkt stellt, daß nicht alle Angehörigen unserer Spezies das gleiche Wesen teilen, wird das als Lizenz für Unterdrückung und Töten interpretiert. Aber es gibt keine solche Lizenz, und es gibt auch kein Argument aus neoaristotelischen Prämissen aus dem sich die Berechtigung ableiten ließe, die Bande der Verwandtschaft zu ignorieren.

Eine völlig modernisierte Form der neoaristotelischen Philosophie wird uns wahrscheinlich nicht genügen, und zwar aus Gründen, die ich im folgenden noch erläutern werde. Aber zunächst könnte sie uns nützen. Die Erklärung der UNESCO, daß »alle Menschen [men] zur gleichen Spezies gehören«, sollte mit Sicherheit eine moralische Bindung an die Aussage sein, daß alle Menschen ähnliche Bedürfnisse haben, und diese Bedürfnisse von der globalen Völkergemeinschaft befriedigt werden müßten. Die praktische Durchführung obliegt den verschiedenen nationalen Autoritäten, den besten, die wir derzeit zustande bringen (wie unvollkommen sie auch sein mögen). Es war sicherlich eine notwendige Verpflichtung angesichts derer, die versucht hatten, die Spezies aufzuspalten und eine neue, räuberische Spezies auf den Trümmern der alten entstehen zu lassen. Kritiker werden sagen, es war nicht notwendig, eine solche moralische Verpflichtung näher zu begründen oder sie auf allgemein akzeptierte Tatsachen zu stützen. Die Auffassung, daß wir alle einer Spezies angehören, ist eigentlich niemals mit biologischen Gegebenheiten begründet worden wie es bei einer ähnlichen Behauptung über Hunde, Wölfe, Dingos oder Kojoten (aber nicht Beutelwölfe) der Fall sein mag. Auch hätte es die Verfasser der Erklärung wahrscheinlich nicht beunruhigt, feststellen zu müssen, daß die Menschheit eher eine »Realgattung« ist, aus der ohne weiteres zwei oder mehr Spezies werden könnten. Wahrscheinlich hätte es sie nicht einmal besonders beeindruckt, zu entdecken (wenn das möglich wäre), daß nicht alle unsere Artgenossen rationale Seelen besitzen oder überlegt handeln können. Moralische Verpflichtungen, so haben wir gelernt, müssen und können nicht auf irgendeinem nicht-moralischen Diktum beruhen.

Es ist jetzt nicht an der Zeit, daß wir uns näher mit diesem speziellen Irrtum beschäftigen. Es genügt zu sagen, daß es ein Irrtum *ist*. Wenn nicht-moralische Aussagen sowohl mit einem moralischen Diktum als auch mit seinem Gegenteil kohärent verbunden sein können, dann ist es natürlich unmöglich, eines dieser moralischen Dikta aus einem Diktum abzuleiten, das per Definition keine moralischen Implikationen hat. P kann nicht Q implizieren, wenn (P & Q) und (P & – Q) einen vernünftigen Sinn ergeben. Daraus folgt weder, daß es solche »nicht-moralischen Dikta« gibt, daß der widerlegbare Nachweis die einzige rationale Form des Arguments sei, noch daß es keine gewöhnlichen faktischen Dikta gebe, die keine moralischen Implikationen haben. Zumindest ist eine gewöhnliche moralische Argumentation möglich, und die meisten von uns rechnen damit, gewisse Gründe anzugeben, daß wir uns für bestimmte Dinge einsetzen, wenn auch keine streng nachweisbaren Gründe. Die Deklaration der UNESCO war nicht als willkürliches Urteil gedacht, als ein Diktat derer, die jetzt die Geschicke der Welt leiteten: Ihre Verfasser glaubten offenbar, daß diejenigen, die sich gegen diese Deklaration wendeten, im *Unrecht* wären.

Das heißt, sie glaubten, unsere Zugehörigkeit zu der Spezies Mensch sollte auf das Ausmaß und die Art unserer Verpflichtungen einen Einfluß haben. Während die Vertreter dessen, was man heute als »Rassismus« bezeichnet, für sich das Recht in Anspruch nehmen, Menschen anderer Rassen schlechter zu behandeln als die Angehörigen der eigenen Rasse, verlangte die UNESCO, daß kein Unterschied in der Rasse, im Geschlecht, Alter, Intellekt, in den Fähigkeiten oder im Glauben zu einem Verhalten gegenüber anderen berechtige, das man andernfalls als ungerecht bezeichnen würde. Eine historische Erklärung dafür, daß dieser Grundsatz im Westen so positiv aufgenommen wurde, liegt vielleicht nicht nur darin, daß man erschrokken feststellte, wozu die Verunglimpfungen der von den Rassisten so bezeichneten »rückständigen Rassen« im Westen geführt hatten, sondern auch in der umgekehrten Entdeckung, daß etwa die Japaner die übelriechenden, behaarten Europiden, die sie im Krieg gefangennahmen, so von Grund auf verachteten. Wir alle fingen an zu erkennen, wie verwundbar wir waren.

Die natürliche Schlußfolgerung war, daß Unterschiede in den Spezies solche Ungerechtigkeiten rechtfertigen, vielleicht weil diese Unterschiede real und kalkulierbar sind und relevant für die Art der vermeintlichen Ungerechtigkeit. Diese Begründungen sind nicht völlig falsch, aber natürlich treffen sie nicht den eigentlichen Kern der Sache: Einige Angehörige unserer Spezies würden durch bestimmte Handlungen nicht verletzt, die uns verletzen würden, so wie solche Handlungen auch einige Lebewesen, die nicht unserer Spezies angehören, verletzen können. Wenn es nur auf die Qualität der vermeintlichen Verletzung ankommt, dann wird es immer wieder Gelegenheiten geben, bei denen wir – wenn wir vermeiden sollen, diejenigen zu verletzen, die verletzt werden können – auch solche Lebewesen nicht verletzen sollten, die nicht unserer Spezies angehören, während wir Angehörige unserer Spezies vielleicht so behandeln können, weil es, in ihrem Fall, keine Verletzung darstellt. Daß wir Artgenossen sind, spielt für dieses Argument keine zentrale Rolle. Auch rein rationalistische Argumente führen uns nicht sehr weit: Achtung vor der Menschheit als einer in sich geschlossenen Einheit kommt in dem Respekt vor der rationalen Autonomie des einzelnen nicht zum Ausdruck, denn nicht alle Menschen sind entsprechend rational. Wenn die UNESCO die Pläne der Nationalsozialisten ablehnen wollte (was sie natürlich tat), dann konnte sie das kaum tun, indem sie sich ebenfalls für menschliche Lebensformen aussprach, die von den Nationalsozialisten als die einzig vernünftigen angesehen wurden. Das Ziel der Erklärung war es, der Vernichtung »geistig Behinderter« oder »minderwertiger Rassen« entgegenzutreten und nicht nur über die Nazi-Identifikationen zu streiten, als wäre ihr Irrtum nur ein Fall von falschverstandener Identität gewesen.

So erscheint es wahrscheinlich, daß die Zugehörigkeit zu einer bestimmten Spezies als moralische Tatsache angesehen wurde, eine Tatsache, die unser Handeln und Unterlassen beeinflussen sollte. Wenn Mowgli gelehrt wurde, »wir sind eines Blutes, du und ich«, dann geschah das zu seiner eigenen Sicherheit.[18] Im Dschungelbuch haben diese Worte eine magische Bedeutung, die zu einer gewissen Liebenswürdigkeit nötigen, auch wenn sie im buchstäblichen Sinne falsch sind, oder es ist das Versprechen, nach demselben Gesetz leben zu wollen, das hier beschworen wird, nach dem Gesetz der Gnade. Aber ein Teil der Überzeugungskraft dieses Bekenntnisses und der Grund für die Metapher liegen darin, daß uns das Wohl unserer Verwandten etwas bedeutet. Weil wir die gleichen Vorfahren haben und vielleicht auch gemeinsame Nachkommen haben könnten, weil wir unter demselben Himmel leben, die gleiche Nahrung zu uns nehmen und sogar an den gleichen Krankheiten leiden, sind wir Teil und erkennen uns als Teil eines individuellen Stammbaums. Was wir anderen von unserer Art antun, das tun wir uns selbst an, weil wir alle von ein und derselben vielfältigen Art sind. Es ist nicht so, daß wir alle oder die meisten von uns sich wirklich *gleichen*. Wir freuen uns aneinander, weil wir *verschieden* sind – und doch die gleichen.

Die moralische Wahrheit, die hinter dem Irrtum liegt, den andere »Speziesismus« genannt (und mit Recht zurückgewiesen) haben, ist, daß wir die »von unserer Art« besser behandeln – und das auch tun sollten. Aber an dieser Stelle erinnere ich daran, was ich bereits über das eigentliche Wesen einer Spezies gesagt habe. Wir behalten dieses Wort ebenso bei wie die Physiker das Wort »atomar«. Aber die modernen Atome sind nicht *a-tomisch* (das heißt unteilbar), und die modernen Spezies sind nicht spezifisch (ebenso wie es auch die des Aristoteles nicht waren[19]). Speziesverwandtschaft beruht auf Verwandtsein und nicht auf Sichähnlichsein, obwohl wir damit rechnen müssen, daß es innerhalb und außerhalb der gleichen Art zahlreiche Ähnlichkeiten geben wird. Die UNESCO hat, als sie ihre Forderung erhob, nicht erkannt, daß *Pan*, *Pongo* und *Gorilla* unsere Schwestern sind, so wie auch die Verfasser der amerikanischen Unabhängigkeitserklärung sich nicht völlig bewußt waren, wozu sie sich verpflichteten, als sie sagten, daß alle *Männer* [men] gleich seien. Sie und ihre Nachfolger hätten darauf beharren können, daß Frauen nicht erwähnt wurden oder daß man zu jener Zeit offensichtlich die Absicht gehabt hatte, Schwarze nicht mit einzubeziehen (denn die Passagen, in denen die Briten wegen ihrer Beteiligung am Sklavenhandel verurteilt wurden, waren bewußt in der endgültigen Fassung des Dokuments weggelassen worden). Statt dessen war die wirkliche Bedeutung dessen, was hier gesagt wurde, sehr deutlich. All jene, die mit uns von einer Art sind, beginnen als gleiche: Jeder einzelne von uns ist Teil eines einzigen langen und weitverzweigten Stammbaums, und unsere gemeinsamen Gewohnheiten, Gesten und Fähigkeiten sind zahlreich genug, um unseren gemeinsamen Ursprung aufzudecken.

Die wirkliche Gefahr für einen anständigen Humanismus (für die Herrschaft des Gesetzes, den Widerstand gegen Unterdrükkung und Völkermord) droht nicht von denjenigen, die betonen, daß wir mit den anderen Menschenaffen verwandt sind, sondern von denjenigen, die die Forderungen des Humanismus auf äußere Ähnlichkeiten stützen. Äußere Ähnlichkeiten lassen sich leicht leugnen oder verändern, historische Verwandtschaften nicht. Nicht alle unsere Verwandten beherrschen eine Sprache der uns vertrauten, menschlichen Art, ja, das tun nicht einmal alle unsere üblichen Artgenossen. Es genügt, daß wir alle zusammen Menschenaffen sind und uns in unserem Inneren bewußt sind, wie es gewöhnlich ist, ein vielseitiger, manipulierender Primat mit einem Sinn für Familie und Freundschaft zu sein. Der Indianer und der Schwarze sind in der Tat meine Schwestern und meine Brüder; das sind auch die anderen Menschenaffen, die gemeinsam mit uns das große Individuum *Hominoidea* bilden (die größere Menschheit).

Wie ist dann das gute Leben für *Hominoidea*?[20] Die Hominoiden führen ein gutes Leben, wenn sie sich in Freundschaft zusammenfinden können, in Gruppen, die klein genug sind, daß ihr individueller Status anerkannt werden kann, und groß genug, um angenehme Gefährten zu finden. Sie leben gut, wenn sie einigermaßen sicher sein können, nicht willkürlich gefangen und ermordet zu werden, und eine gewisse Gelegenheit haben, neue Wege zu gehen und zu erkunden. Wer kann ihnen ein solches Leben garantieren? Gegenwärtig können es gewöhnlich nur diejenigen, die über die nötige Macht und den Weitblick verfügen, sich den Problemen zu stellen und sie zu lösen. Dabei besteht das Risiko, daß jede solche kreative Minderheit sich selbst als intellektuelle und politische Elite betrachten und die Dinge so beeinflussen wird, daß sie ihren unmittelbaren Interessen dienen. Sicherlich ist es eine gute Sache, daß sich die Eliten in jüngster Zeit gezwungen sahen, der Forderung, daß alle Menschen »gleich« sind, zumindest verbal zuzustimmen und zu erklären, daß jeder die gleiche Achtung verdiene, die nicht erzwungen werden kann. Die gleiche Achtung für Hominoiden (natürlich uns eingeschlossen) zu verlangen, könnte für die Intellektuellen, die sich immer noch Phantasien hingeben, eine zu große Anstrengung sein. Doch mit aller Vorsicht können wir den Versuch wagen.

Die spirituelle Form der Humanität

Wie oben bereits gesagt, sind wir entweder nur die natürlichen Ergebnisse evolutionärer Prozesse, oder wir sind es nicht. Wenn wir es sind, dann scheint klar zu sein, daß es keine starren Grenzen zwischen Speziesgruppen gibt, daß Spezies und andere Taxa ganz real sind, aber nur als »Realgattungen«. Es ist allerdings wirklich schwierig, das zu glauben, trotz der Bemühungen einiger Autoren dieses Buches, eine vollständig naturalisierte Erkenntnistheorie zu entwickeln. Das Argument, das sehr stark ist, auch wenn es nicht alle Theoretiker hat überzeugen können, ist das folgende. Wenn wir die Produkte evolutionärer Prozesse sind, dann haben wir keine guten Gründe zu glauben, daß unsere Gedanken etwas anderes sind als nicht allzu schädliche Phantasien. Wie Nietzsche es gesehen hat, müssen wir annehmen, daß wir uns als Abkömmlinge von Lebewesen entwickelt haben, die vieles ignorieren und ihre Phantasien ausleben konnten. Es gibt nichts in der evolutionären Erkenntnistheorie, was uns veranlassen könnte zu erwarten, uns läge viel an der abstrakten Wahrheit, oder wir würden je fähig sein, sie zu erkennen. Wenn die Theorie richtig ist, haben wir keinen Grund zu glauben, wir könnten überhaupt irgendwelche zutreffenden Theorien finden, außer (bestenfalls) solche Wahrheiten oder Unwahrheiten, wie wir sie brauchen, um uns die nächste Mahlzeit zu sichern oder zu vermeiden, selbst zu einer zu werden. Und so haben wir auch keinen Grund anzunehmen, daß irgendeine Theorie, die wir entwickelt haben, wirklich wahr ist, einschließlich der gegenwärtig geltenden Evolutionstheorie. Nur wenn die göttliche Vernunft auf irgendeine Weise in uns gegenwärtig ist, können wir erwarten, Wahrheiten zu finden oder unseren moralischen Instinkten vertrauen zu können. Das ist es schließlich gewesen, was die Denker der Aufklärung geglaubt haben, ausgehend von einer platonischen Doktrin über die Kraft der Vernunft, einer Doktrin, die nicht in den neo-aristotelischen Rahmen paßt, von dem ich bisher gesprochen habe.[21]

Dieses alternative Bild – daß nämlich die Evolutionstheorie keinen Raum läßt für die Art von Wesen, das wir glauben, sein zu müssen (jenes nach der Wahrheit strebende, potentielle moralische Ebenbild göttlicher Vernunft) – ist es, was oft hinter den Versuchen steckte, eine radikale Trennung zwischen Menschenaffen und Menschen vorzunehmen. Aber es gibt eine bessere Antwort. Plato hat schließlich bestritten, daß es vernünftig sei, menschliche und nichtmenschliche Dinge als Gegensätze einander gegenüberzustellen, Geschöpfe unserer besonderen Art und alle anderen. Ebensogut könnten wir das Universum in Kraniche und Nichtkraniche einteilen.[22] Nach seiner Auffassung (wie sie zumindest aus seinen Schriften hervorgeht) gibt es tatsächlich reale Wesenheiten, sie sind aber nicht identisch mit den Dingen, die uns zum Teil an diese erinnern. Auch wir selbst sind nicht völlig identisch mit der Idee der Humanität, obwohl wir alle aufgerufen sind, ihr zu dienen. Die Form der Humanität ist die göttliche Vernunft, und in diesem Sinne sind wir in der Tat humaner, insofern wir denken und handeln, wie es die göttliche Vernunft verlangt. Das wahre Ebenbild der Humanität ist für uns der Heilige oder der Weise.

Welche Beziehungen haben solche Formen zu den »Realgattungen«, von denen ich gesprochen habe? Ganz einfach: Eine Abstammungslinie nach der anderen hat sich der Form des Meereslebens angepaßt, und so entstanden die Unterarten der Haie, Makrelen, Plesiosaurier, Wale, Seekühe und Robben. Das Leben in der Gemeinschaft hat seine Abbilder bei den Ameisen, Termiten, Bienen und Säugetieren gefunden. Vielleicht können wir die Form deutlicher in die zeitliche Existenz bringen, aber wir können das kaum tun, wenn wir ihren Einfluß auf Wesen außerhalb unserer unmittelbaren Verwandtschaft leugnen, als sei sie unser alleiniger Besitz. Wenn es Heilige sind, welche die Humanität am besten verkörpern (wie es die platonische Tradition annimmt), dann sollten wir uns bemühen, ihnen nachzueifern. Daraus folgt, daß wir diese anderen »Menschenaffen«, unsere Verwandten, respektieren sollten.

Wenn es keine natürlichen Arten, sondern nur »Realgattungen«

gibt, dann müßten wir uns als Teil der *Hominoidea*, der »größeren Menschheit« ansehen. Wenn es solche Arten gibt, die den Vorstellungen der Platoniker entsprechen, und »wir« hier heute teilweise Imitationen der Idee der Humanität sind, sollten wir unser Vorbild besser imitieren, indem wir uns human verhalten. Solche Formen erfordern keine besondere Abstammung, und wir können uns auch nicht rühmen, Kinder Adams zu sein, als könnte der Schöpfer nicht neue Kinder des Geistes aus den toten Steinen schaffen. Wenn dieser Geist wirklich so universal ist, daß er die Wahrheit der Dinge enthält (und das ist die Voraussetzung dafür, die Wahrheit zu finden), muß er allgegenwärtig sein. Wenn wir die Humanität in uns selbst und in anderen respektieren sollen, dann müssen wir aus dem gleichen Grund auch die anderen Kreaturen respektieren, die diese Idee in einem wie auch immer getrübten Spiegel reflektieren.

Wenn wir Menschenaffen sind, dann laßt uns gemeinsam Menschenaffen sein. Wenn wir »Affen« sind (in dem Sinne, daß wir das Göttliche imitieren [*aping the divine*]), dann sollten wir erkennen, was unsere Pflicht als potentielle Heilige ist, und die Achtung zeigen, die wir denen schulden, von denen wir abstammen. Entweder haben wir uns gemeinsam mit ihnen im Rahmen der bereits geschilderten Prozesse entwickelt, oder wir haben uns teilweise entwickelt, um eine göttliche Humanität zu imitieren. Keine dieser beiden Theorien gibt uns das Recht, eine radikale Trennung zwischen uns und den anderen Menschenaffen vorzunehmen. Beide können uns einen Grund geben, die größere Menschheit zu achten und ihr zu dienen.

Anmerkungen

1. T. L. Peacock, *Melincourt*, 1817, besonders 6. Kapitel.
2. Lord J. B. Monboddo, *Of the Origin and Progress of Language*, Edinburgh 1773–1792, zitiert in J. Baker, *Race*, London 1974, S. 23.
3. Monboddo, *Origin*, Buch II, Kp. 5, zitiert in Peacock, *Melincourt*, Kp. 6.
4. Siehe Baker, *Race*, S. 19 f.
5. J. G. Herder, *Ideen zur Philosophie der Geschichte*, Riga und Leipzig 1785, Bd. 2, S. 80.
6. Siehe Baker, *Race*, S. 292 ff. nach E. Smith (1904).
7. S. R. L. Clark, »Is humanity a natural kind?« in Tim Ingold (Hrsg.) *What is an Animal?*, London 1988, S. 17–34.

8. Siehe E. Sober, »Evolution, population thinking and essentialism«, *Philosophy of Science*, Bd. 47, 1980, S. 350–383.
9. Dazu siehe S. R. L. Clark, *Aristotle's Man*, Oxford 1975, Kp. 2.2 und S. R. L. Clark »Aristotle's woman«, *History of Political Thought*, Bd. 3, 1982, S. 177–191.
10. D. Hull, »Are species really individuals?«, *Systematic Zoology*, Bd. 25, 1974, S. 178–191.
11. W. V. Quine, »Natürliche Arten« in ders., *Ontologische Relativität und andere Schriften*, Stuttgart 1975, S. 164.
12. I. Kant, Gesammelte Schriften, Bd. 2, S. 427–433, zitiert in Baker, *Race*, S. 81.
13. Über weitere Einzelheiten zur modernen taxonomischen Praxis siehe E. Mayr, *Principals of Systematic Zoology*, New York 1969; C. Jeffrey, *Biological Nomenclature*, Cambridge 1973; C. N. Slobodchikoff (Hrsg.), *Concepts of Species*, Stroudsberg, PA, 1976.
14. *Questions sur l'encyclopédie*, zitiert in Baker, *Race*, S. 20.
15. Das alles sind Gattungen, zu denen mehrere Spezies gehören (wie *Pan satyrus paniscus*, der Zwergschimpanse). Linnaeus hat den Schimpansen dagegen als *Homo troglodytes* bezeichnet. Heute wird die Ebene des Taxons durch professionelle Beurteilung bestimmt anhand der angenommenen Abstammung und des relativen Verwandtschaftsgrades.
16. Siehe S. R. L. Clark, »Slaves and citizens«, *Philosophy*, Bd. 60, 1985, S. 27–46, und S. R. L. Clark, »Animals, ecosystems and the liberal ethic«, *Monist*, Bd. 70, 1987, S. 114–133.
17. D. Hull, *Philosophy of Biological Science*, Engelwood Cliffs, NJ, 1974, S. 79.
18. R. Kipling, *The Two Jungle Books*, London 1910, S. 49 (dt. Das Dschungelbuch, neu übersetzt, Frankfurt 1994).
19. Da die meisten Wissenschaftler über die Anti-Scholastik der Aufklärung mit Aristoteles bekannt werden, ist das Bild, das sie sich von Aristoteles machen, für den Fachgelehrten ein Zerrbild; siehe D. M. Balme, »Aristotle's biology was not essentialist«, *Archiv für Geschichte der Philosophie*, Bd. 62, 1980, S. 1–12.
20. Das ist technisch eine Superfamilie, zu der die Familien der *Pongidae* und *Hominidae* gehören. Zu den Pongidae gehören die Gibbons und Siamangs sowie die Großen Menschenaffen und heute ausgestorbene Varianten wie der *Ramapithecus*. Zu den *Hominidae* gehören der *Australopithecus*, der *Pithecanthropus* und die verschiedenen, meist ausgestorbenen Spezies und Paläospezies des *Homo*. Wir müssen jedoch berücksichtigen, daß diese Klassifizierungen auf Vermutungen über die wahrscheinlichen historischen Verwandtschaften beruhen. Manche Wissenschaftler bezeichnen den *Pithecanthropus* als *Homo*.
21. Siehe auch S. R. L. Clark, *God's World and the Great Awakening*, Oxford 1991.
22. Plato, *Politikos*, 263 d.

12
Vieldeutige Menschenaffen

von Raymond Corbey

Raymond Corbey, Philosoph und Anthropologe, lehrt an der philosophischen Fakultät der niederländischen Universität Tilburg. Seine Forschungsarbeit und seine Veröffentlichungen beschäftigen sich vor allem mit der Geschichte und den Hintergründen wechselnder und einander widersprechender Interpretationen der menschlichen Natur, des Ursprungs des Menschen und unserer Position gegenüber Tieren. Er hat die in westlichen und nicht-westlichen Kulturen herrschenden Auffassungen zu diesen Fragen studiert und nicht nur die Werke von Philosophen und Anthropologen untersucht, sondern auch andere kulturelle Zusammenhänge wie Museen, Weltausstellungen und missionarische Vorträge. Dieses Kapitel enthält seine Betrachtungen zu der Frage, wie wir zwischen uns und den anderen Großen Menschenaffen Unterschiede machen, während wir uns gleichzeitig in ihnen wiedererkennen.

Stellen wir uns vor, ein Teil der Tropen sei von einigen hochentwickelten, in Gemeinschaften zusammenlebenden Menschenaffen bewohnt, die sehr viel intelligenter sind als Menschen, die eine Staatsform und Regierung haben, über verschiedene Industriezweige und über hochentwickelte Technologien und Institutionen verfügen wie Krankenhäuser und Universitäten, zoologische Gärten und Museen, wie man sie in komplexen Gesellschaften antrifft. Nehmen wir an, im Umkreis dieser Menschenaffen-Gesellschaften, deren

Populationen aus einigen Millionen Individuen bestehen, finden sich immer noch einige tausend Menschen, biologisch nahe Verwandte dieser Menschenaffen, die ihrerseits die Menschen, eine vom Aussterben bedrohte Spezies, als beschränkte, unzivilisierte und ganz und gar unäffische, niedrigere Lebewesen ansehen. Noch bis vor kurzem war es üblich, daß wohlhabende Menschenaffen Jagd auf die Menschen machten und ihre Hände und Köpfe als Trophäen nach Hause brachten, um ihre Wohnungen damit zu schmücken. Museen beauftragten ihre Mitarbeiter, Menschen zu schießen, um ihre Leichen zu untersuchen, auszustopfen und auszustellen. Heute geschieht dies alles nicht mehr, aber die Menschen werden immer noch in Zoos gezeigt und müssen in den Zirkussen zum Vergnügen von Affenkindern alle möglichen Kunststücke vorführen.

In diesen Menschenaffenländern gibt es zahlreiche Universitäten, und an allen Universitäten werden Menschen gezüchtet und erforscht. Ein Affenprofessor wurde berühmt wegen seiner Experimente über emotionalen Entzug. Er isolierte eine große Zahl menschlicher Säuglinge unmittelbar nach der Geburt und ließ einige von ihnen in völliger Isolation aufwachsen, während andere mit verschiedenen Arten von Puppen spielen durften. Einige dieser Puppen gaben Milch, aber keine körperliche Wärme. Andere gaben Milch und Wärme, bewegten sich aber nicht, und so weiter. Diese Experimente mit Exemplaren der menschlichen Spezies vermittelten wertvolle Einsichten über die psychologische Entwicklung junger Affen. Zahlreiche medizinische Fakultäten züchten Menschen oder kaufen frisch gefangene Menschen, um neue Medikamente an ihnen zu testen, insbesondere Medikamente gegen tödlich verlaufende Virusinfektionen. In diesen Laboratorien leiden und sterben jährlich viele Menschen, aber die Experimentatoren erklären, daß auf diese Weise das Leben vieler Menschenaffen gerettet werden könne. Und einige Professoren der Theologie, Philosophie und Ethik an diesen Universitäten im Affenland fragen sogleich, was denn wohl wertvoller sei, das Leben eines minderwertigen, unintelligenten primitiven Menschen oder das eines echten Menschenaffen, der in seinem Leben voller Stolz die hohen moralischen Normen erfüllt, die er von »Affasia«, dem abstrakten, transzendenten Prinzip der Realität, dessen Ursprung er ist, übernommen hat, und welches die Menschenaffen und nur sie nach seinem Bilde schuf?

Doch nun stellen wir uns einmal vor, daß in dieser Phantasiewelt nicht intelligente Menschenaffen, sondern etwa freundliche, hochzivilisierte, fleischfressende oder allesfressende Schweine leben. In dieser Gesellschaft intelligenter und altruistischer Schweine werden jedes Jahr Zehntausende von Menschen gezüchtet und als Fleischnahrung für die Schweine geschlachtet. Diese Menschen verbringen ihr kurzes, freudloses Leben zusammengepfercht in kleinen, dunklen Zellen, werden gemästet und bekommen, bevor aus ihnen Würste und Fleischklopse werden, Hormonspritzen verabreicht. Und die freundlichen Theologen in dieser Gesellschaft würden zu den ersten gehören, die darauf hinweisen, daß dies alles in der natürlichen Ordnung der Dinge liegt und daß es – wenn auch, wie sie hinzufügen, nur im übertragenen Sinne – den Wünschen des Schöpfers entspricht. Schweine allerdings dürfen niemals getötet oder gegessen werden, weil sie wirkliche Personen sind, die man als »sie« oder »er« bezeichnet und nicht, wie im Falle der primitiven Menschen, mit »es«.

Was können wir aus diesen Gedankenspielen lernen? Zunächst öffnen sie uns gerade dadurch, daß sie so befremdlich wirken, die Augen. Sie konfrontieren uns mit der Tatsache, daß die Art, wie wir mit Menschenaffen, Schweinen und anderen in unserer Gesellschaft lebenden Tieren umgehen, und zwar in unserem Denken ebenso wie in der täglichen Praxis, nicht die einzig mögliche Art ist. Sie öffnen uns die Augen, die wir bisher nicht zu öffnen gewohnt waren, für die Zufälligkeit, ja Brutalität einer kulturellen Ordnung, die wir als »natürlich« empfinden, eine Ordnung, die sich auf die zentrale und scheinbar unbestreitbare Idee stützt, der Mensch sei moralisch und ontologisch dem Rest der Natur überlegen. Genauer gesagt, angesichts dieser auf den Kopf gestellten Welt erhebt sich die Frage, *warum* wir oder zumindest die meisten Menschen die Art, wie wir über Tiere denken, fühlen und uns ihnen gegenüber verhalten, für unproblematisch erachten. Ich werde damit beginnen, zu dieser Frage und zu der Art, wie wir Tiere behandeln, einige Überlegungen anzustellen. Anschließend werde ich mich damit beschäftigen, welche Ansichten in unserer Kultur im allgemeinen über die Menschenaffen vorherrschen, und weshalb sich diese Ansichten zu verändern beginnen. Insbesondere werde ich auf einige philosophische Ansichten gegenüber Menschenaffen eingehen.

Tiere – Distanzierung und Verzerrung

Die Antwort auf die oben von mir formulierte Frage scheint zu sein, daß wir die in unserer Kultur üblichen Praktiken im Umgang mit Tieren auf die verschiedenste Weise vor uns verbergen. Eine Methode ist die Distanz: Stadtbewohner haben heutzutage kaum Kontakt zu Tieren. Der Umgang mit ihnen beschränkt sich auf bestimmte Spezies, und in unserer Kultur allgemein übliche Aktivitäten wie das Schlachten und Jagen werden im Laufe des Erwachsenwerdens zunehmend mit Gleichgültigkeit betrachtet. Eine andere Strategie besteht darin, diese Vorgänge vor den Augen der Öffentlichkeit aktiv zu verbergen. In den westlichen Gesellschaften werden heutzutage industrielle Aufzucht, Töten und Schlachten so vorgenommen, daß die Öffentlichkeit diese Dinge nicht wahrnimmt. Zudem führt das Halten einer großen Anzahl von Tieren in identischen Käfigen dazu, daß das einzelne Tier anonym bleibt, und Bezeichnungen wie »Beefsteak«, »Hack« und »Hamburger« lassen uns die lebenden Tiere vergessen, von deren Fleisch wir uns ernähren. Eine dritte Methode, uns von den Tieren zu distanzieren, eine, die in diesem Zusammenhang am wichtigsten ist, mit den anderen verbunden und in unserer Kultur tief verwurzelt, besteht darin, daß wir ein falsches oder ideologisch verzerrtes Bild von Tieren darstellen. Wenn man Tiere als beschränkte, primitive oder sogar böse Geschöpfe ohne eigene Subjektivität und eigene Gefühle darstellt, erleichtert das, sie auf die verschiedenste Weise auszubeuten.

Die krasse Gegenüberstellung von Mensch und Tier, mit der eine kategorische Trennungslinie zwischen beiden gezogen wird, ist ein in der westlichen Kultur verbreitetes Phänomen. Diese Haltung hat eine fundamentale Rolle bei der Bestimmung der kulturellen Identität des Bürgertums gespielt, die ein zivilisiertes Wesen dadurch definiert, daß es seine oder ihre tierischen Instinkte beherrscht. Man neigte dazu, auf andere gesellschaftliche Kategorien wie Bauern oder die Angehörigen der Arbeiterklasse herabzusehen, weil sie, wie der bürgerliche Mittelstand glaubte, animalischer seien und es ihnen daher an der notwendigen Selbstbeherrschung fehle. Eine für unsere Kultur bezeichnende Ursache für die Art der Abgrenzung zwischen Mensch und Tier, die die täglichen Praktiken rechtfertigt, ist die christliche Vorstellung, daß der Mensch hoch über den Tieren steht, weil er als einziges Lebewesen nach dem Ebenbild Gottes geschaffen sei. Es gibt aber noch einen weiteren, allgemeineren Grund für die Abwertung von Tieren, den wir nicht nur in der Tradition der westlichen Kultur, sondern auch in vielen anderen finden: Die Tiere verhalten sich ihrer Natur nach unzivilisiert und in einer Weise, die in den meisten menschlichen Kulturen mißbilligt wird. Deshalb eignen sie sich ausgezeichnet als Symbole für unzivilisiertes Verhalten. Tiere und tierisches Verhalten lassen sich sehr gut zur Symbolisierung, zum Moralisieren und zur Mißbilligung verwenden. »Du hast dich benommen wie ein Tier«; »die Gefangenen wurden behandelt wie Tiere«. Natürlich gibt es Unterschiede im Umgang des Menschen mit verschiedenen Spezies. So verzichten wir zum Beispiel im allgemeinen darauf, das Fleisch von Tieren zu essen, mit denen wir einen persönlichen Umgang pflegen, wie zum Beispiel das von Hunden und anderen Haustieren, während es andere Tiere gibt, die nur zum Vergnügen getötet werden. Es gibt aber auch viele Tiere wie etwa Ratten, Adler, Schweine, Löwen usw., die neben den üblichen Tierbedeutungen eine spezifisch symbolische Bedeutung haben.

Menschenaffen

Die Menschenaffen, die für eine nicht-einheimische Spezies im Symbolismus der westlichen Kulturen eine herausragende Stellung einnehmen, sind ein Fall für sich. Kein anderes Tier hat nach den im Westen herrschenden Vorstellungen so viel mit der menschlichen Natur, Moral und Herkunft zu tun. In den ersten Jahren, in denen

Charles Darwin an der Entwicklung seiner Evolutionstheorie und der Erforschung der evolutionären Mechanismen arbeitete, brachte er sein Erstaunen mit dem folgenden Satz zum Ausdruck, den er in sein Notizbuch schrieb: »Unser Großvater ist der Teufel in Gestalt des Pavians!« Was er damit sagen wollte, können wir nur begreifen, wenn wir erkennen, daß die kulturellen Rollen von Menschenaffen und anderen Affen in der europäischen Geschichte vor allem negative Rollen waren. Auf den mittelalterlichen bildlichen Darstellungen waren sie Verkörperungen der Sünde und des Teufels und aller negativen menschlichen Eigenschaften wie Frivolität, Narrheit und Häßlichkeit, Impulsivität und Zügellosigkeit. Solche Vorstellungen haben sich bis heute erhalten, und vor diesem Hintergrund läßt sich die Bestürzung Darwins leichter verstehen. Bis vor nicht langer Zeit wurden die Menschenaffen, besonders die Gorillas, als blutdürstige Ungeheuer hingestellt, und man symbolisierte mit ihnen politische Gegner. So wurden die Bolschewisten von den deutschen Faschisten oder die Kommunisten der Arbeiterklasse vom Bürgertum mit Gorillas verglichen. King Kong ist nur eine moderne Verkörperung der alten Tradition der »Die-Schöne-und-das-Biest«-Geschichten. Ende des 19. Jahrhunderts glaubte man, Verbrecher und Prostituierte hätten sich in krankhaft atavistischer Weise zurückentwickelt zu den tierischen Lebensgewohnheiten prähistorischer Affenmenschen. Auch die menschliche Motivation wurde nicht nur von der Psychoanalyse, sondern ganz allgemein in Begriffe scheußlicher Affenartigkeit gefaßt. Man betrachtete dieses affenartige Verhalten als die Folge des Aufeinandertreffens unserer tierischen Impulse, eines Erbes aus längst vergangener Zeit, als wir selbst noch wilde Tiere waren, und der durch die Zivilisation bewirkten Kontrolle, mit der das Tier in uns gezähmt werden sollte. Man hat also die Affen vor allem als Symbole benutzt, anstatt sie als selbständige Wesen zu begreifen, so wie sie wirklich sind.

Wenn wir kurz betrachteten, welche Rolle die Menschenaffen und andere Affen in den nicht-westlichen Kulturen spielen, mag uns das ebenso wie die Phantasiewelt, mit der wir begannen, die Augen dafür öffnen, wie seltsam wir im Westen mit den nichtmenschlichen Primaten umgehen. Im mittelalterlichen Japan wurde der japanische Makak als Gottheit und Vermittler zwischen den Menschen und Göttern verehrt – wenngleich er in neuerer Zeit die Rolle eines verspotteten Sündenbocks übernommen hat, der alle möglichen unerwünschten Eigenschaften zeigt und als verhöhnter Clown und Schwindler die Grundlagen der japanischen Kultur angreift. In der traditionellen chinesischen Kultur galten die Gibbons als die Aristokraten unter den Affen und Menschenaffen und symbolisierten die weltabgewandten Ideale des Dichters und Philosophen in der Rolle der Vermittler zwischen den Menschen und der geheimnisvollen Natur, die sie in die Geheimnisse der Wissenschaft und Magie einführen. Eine beliebte Hindugottheit ist Hanuman, der Affengott, eine Zentralfigur in dem großen Hindu-Epos Ramajana. Er wird in vielen Tempeln verehrt, besonders in Südindien. In den Kulturen vieler Stämme werden Affen, Menschenaffen und andere Tiere als Personen betrachtet und entsprechend behandelt, obwohl sie unter Umständen auch gejagt und getötet werden (so wie Menschen in einigen Stammeskulturen). Wenn das geschieht, müssen Opfer gebracht und bestimmte Rituale befolgt werden.

Ähnlichkeit und Ambiguität

Nachdem wir gesehen haben, daß die Menschenaffen, verglichen mit anderen Tieren, einen besonderen Fall darstellen, könnten wir fragen, warum das so ist. Warum sind die Menschenaffen mit einer so schweren Bürde von (gewöhnlich negativen) Vorstellungen belastet, und warum spielen sie in der Vorstellungswelt der menschlichen Kultur eine so herausragende Rolle? Ich glaube, das liegt an ihrer Ähnlichkeit mit uns: Menschenaffen sind vieldeutig, weil sie den Menschen so ähnlich sehen. Sie stellen die Möglichkeit in Frage, eine klare Trennungslinie zwischen Menschen und Tieren zu ziehen. Sie sind weder ganz Mensch noch ganz Tier, sondern beides zugleich oder irgend etwas dazwischen. Sie leben in einem Bereich, der an der Grenze des Menschseins liegt. Nun hat der Zweig der Anthropologie, der zu erkennen sucht, wie die Menschen in verschiedenen Kulturen sich selbst und ihre Umwelt begreifen und kategorisieren, gezeigt, daß die passendsten Symbole oft von Dingen und Situationen übernommen werden, die mit den Klassifizierungsmustern, mit denen wir die Realität einteilen, schwer einzuordnen sind.

Einige Beispiele sollen verdeutlichen, was damit gemeint ist. Dinge, die augenscheinlich nur eine geringe Bedeutung haben oder im unklaren Grenzgebiet zwischen zwei Feldern oder Klassen von Phänomenen liegen wie Schmutz, Menstruationsblut, Fäkalien oder Tiere, die sowohl auf dem Land als auch im Wasser leben, haben oft in verschiedenen kulturellen Kontexten eine besondere Bedeutung. Ihr Überschreiten von Grenzen sollte, wie wir glauben, respektiert werden, und die Schwierigkeit, diese Dinge richtig einzuordnen und zu verstehen, läßt sie unheimlich und furchterregend erscheinen. Von allem, was uns in unserem Lebensraum zur Verfügung steht, eignen sich solche vieldeutigen Dinge am besten dazu, menschliche Vorstellungen und Gefühle zum Ausdruck zu bringen. In vielen Kulturen sind es gerade diese, die in Ritualen verwendet und als Tabus behandelt werden oder dazu dienen, Menschen zu verfluchen und zu beschimpfen. Ich glaube, der unheimliche und vieldeutige Menschenaffe, der halb Mensch, halb Tier ist, eignet sich wie nur wenige andere Dinge, das auszudrücken und zu bezeichnen, was der Mensch ist.

Die vieldeutige Ähnlichkeit der Affen mit uns und dazu ein ganzes Repertoire von Emotionen, Gesten und anderen Verhaltensweisen, die wir unmittelbar erkennen, macht sie zu einer potentiellen Bedrohung unserer eigenen Identität und hat unsere komplexen Reaktionen auf diesen uns so nahen Verwandten zur Folge. Diese Bedrohung nötigt den Menschen, die primitive Tierhaftigkeit und den niedrigen Rang des Menschenaffen immer wieder zu bekräftigen, um die klare Grenze zwischen Mensch und Tier zu schützen. Denn wir brauchen diese Grenze unbedingt, um auch weiterhin jedes Jahr Millionen von Tieren töten und essen zu können, während wir es unterlassen, Menschen zu töten und zu essen. Dadurch, daß wir diesen Abstand herstellen, halten wir die so beunruhigende Vertrautheit mit den Menschenaffen in sicherer Distanz und sorgen dafür, daß sie sich in Luft auflöst.

Ihre vielschichtige Ähnlichkeit mit uns, mit der sie uns in gewisser

Weise einen Spiegel vorhalten, macht die Großen Menschenaffen besonders geeignet für die Rolle, die sie im Rahmen des Great Ape Projektes spielen sollen: Es ist die eines Brückenkopfs, der in den Bereich der nichtmenschlichen Tiere hineinreicht und uns hilft, die traditionelle tiefe Kluft zwischen Menschen und Tieren zu überwinden und die moralische Gemeinschaft, als deren Teil wir uns betrachten, über die biologischen Grenzen unserer Spezies hinaus auszudehnen.

Unehrenhafte und ehrenhafte Menschenaffen

Menschenaffen eignen sich gut, um sie als Symbole zu benutzen und mit ihnen bestimmte Bedeutungen zu transportieren. Wir können mit ihnen die verschiedensten, und wie wir gesehen haben, oft auch sehr negativen Bedeutungen zum Ausdruck bringen, und zwar die unmoralischen und unakzeptablen Aspekte unseres eigenen Verhaltens. Das war jedoch nicht immer so. Im achtzehnten Jahrhundert wurden die Menschenaffen zum Beispiel als friedliche, menschlich wirkende Geschöpfe dargestellt, die ein glückliches und natürliches Leben führten, ganz anders als die grausamen, blutrünstigen Ungeheuer, denen wir in der zweiten Hälfte des neunzehnten und einem großen Teil dieses Jahrhunderts begegnen. Diese neue Vorstellung von den Menschenaffen hat wahrscheinlich etwas mit der veränderten Auffassung von der Natur zu tun, die im vergangenen Jahrhundert als ein harter Kampf um das Überleben im durchaus wörtlichen Sinne gesehen wurde, und nicht als eine vom Allmächtigen geschaffene, harmonische Kette des Seins. Zudem erschienen die Menschenaffen und besonders die Gorillas zur Zeit der Kolonialisierung als mächtige Verkörperungen der Gefahren der Wildnis, die vom zivilisierten Menschen bekämpft und besiegt werden mußten. Das Standardverfahren, Menschenaffen für Museen und die wissenschaftliche Forschung zu beschaffen, war es, sie in der freien Wildbahn zu schießen. Menschenaffen, die für Zoos, als Haustiere und als Versuchstiere für Laboratorien bestimmt waren, wurden – und werden noch immer –, nachdem man die Mutter erschossen hat, als Jungtiere gefangen.

Die Einstellung der Menschen im Westen änderte sich in den sechziger Jahren wesentlich, als die wissenschaftliche Erforschung freilebender Menschenaffen begann. Ein typisches und für unser heutiges Empfinden höchst schockierendes Beispiel dafür, wie es bis dahin zuging, bietet eine Szene aus einem in Belgisch-Kongo im Auftrag der belgischen Regierung hergestellten Propagandafilm für die Kolonien. Der Film, der in den fünfziger Jahren in vielen belgischen Kinos vorgeführt wurde, zeigt in allen Einzelheiten, wie belgische Wissenschaftler eine Gorillamutter erschießen, die ihr Baby auf dem Arm trägt. Anschließend wird ihr das Fell abgezogen und in einem nahen Bach gewaschen, während das weinende Gorillababy, das für einen belgischen Zoo bestimmt ist, dabeisitzt. Zehn oder fünfzehn Jahre später wäre es undenkbar gewesen, eine solche Szene zu filmen, um sie westlichen Familien mit ihren Kindern vorzuführen.

Die Öffentlichkeit bringt heute dem harmonischen, natürlichen Leben der Schimpansen, das von Jane Goodall und anderen beobachtet und durch Veröffentlichungen in der Zeitschrift *National Geographic* und im Fernsehen bekanntgemacht wurde, viel Sympathie und Bewunderung entgegen. Für die öffentliche Meinung war es ein Schock, als Ende der siebziger Jahre neue Fakten über Gewaltanwendung, gegenseitiges Umbringen und Kannibalismus unter den Schimpansen bekannt wurden. Es zeigte sich, daß die Schimpansen schließlich doch nicht so sanftmütig, loyal, liebevoll und edel waren, wie man geglaubt hatte. Die Schimpansen haben in den sechziger Jahren in unserer Kultur eine ähnliche Rolle gespielt wie die Singvögel, die in den Kinderbüchern des neunzehnten Jahrhunderts beim Nestbau und Füttern ihrer Jungen gezeigt wurden und in ihrem Verhalten das Ideal der bürgerlichen Familie darstellten. Jede Periode hat ihre Lieblingstiere, ihre Ideale eines harmonischen Zusammenlebens, ihre ethischen Modelle für menschliches Handeln.

Das Great Ape Projekt ist symptomatisch für eine neue, positive Einstellung gegenüber Tieren. Diese neue Sensibilität ist sicherlich beeinflußt worden von den Ergebnissen der Erforschung freilebender Menschenaffen, aber das ist nicht alles. Die Anschauungen in unserer westlichen Kultur über den Menschen und seine Beziehung zur übrigen Welt haben sich weitgehend geändert. Die traditionelle Vorstellung von der einzigartigen Würde des Menschen als dem alleinigen Geschöpf, das Gott nach seinem Ebenbild geschaffen hat, hat viel von ihrer Bedeutung verloren, nicht zuletzt aufgrund der in der Aufklärung vertretenen säkularen Auffassung, daß er das einzige rational denkende Lebewesen ist und die westliche Kultur das natürliche Ziel und Ergebnis eines welthistorischen Vorgangs sei. Im neunzehnten Jahrhundert hat die Evolutionstheorie dazu geführt, daß sich die Grenzen zwischen Mensch und Tier verwischten und man nicht mehr an den metaphysischen, sondern an den physischen Ursprung der Menschheit glaubte. Aber diese Bedrohung der Position des Menschen wurde schnell abgewehrt, indem man aus der Abstammung von den Menschenaffen einen Aufstieg in die Zivilisation machte. Die Kritik an vielen Aspekten der Ideen der Aufklärung läßt uns keine klare, eindeutige Definition unseres Platzes in der Natur und verwehrt uns die eindeutige Legitimation unseres Verhaltens, und zwar auch gegenüber den Tieren.

Was nun zu geschehen scheint, ist eine in konzentrischen Bewegungen erfolgende, ständige Erweiterung der Gruppe von Lebewesen, die wir meinen, wenn wir »wir« sagen, also der Individuen, die wir als Ebenbürtige und moralisch Gleiche ansehen. Ein Schritt auf diesem Wege war die Abschaffung der schwarzen Sklaverei, ein weiterer das Ende des Kolonialismus und noch ein anderer die Emanzipation der Frauen. Die Ausweitung der Gemeinschaft der moralisch Gleichen über die biologischen Grenzen unserer Spezies hinaus fügt sich in diese Entwicklung ein.

Der Affe des Philosophen

Man hat sehr häufig die Tiere im allgemeinen und die nichtmenschlichen Primaten im besonderen als primitive und niedrige Wesen abgestempelt und aus der Gemeinschaft der Wesen ausgeschlossen, die moralischen Respekt im gleichen Maße verdienen wie die Menschen. Historisch betrachtet, wurde diese Haltung im wesentlichen mit der Überzeugung begründet, daß es eine absolute und nicht eine relative Unterscheidung zwischen Menschen und Tieren gebe, einen Unterschied von essentieller statt von gradueller Art, einen, der im menschlichen Geist zu finden war. Im Vorangegangenen sind wir davon ausgegangen, daß dies eine falsche Auffassung ist und Tiere deshalb als erkenntnisfähige und fühlende Subjekte mehr Respekt verdienen. Aber ist das wirklich so? Die Annahme, daß es zwischen Menschen und Tieren nur graduelle Unterschiede gibt, mag auf den ersten Blick plausibel erscheinen, vielleicht sogar selbstverständlich, aber in Wirklichkeit besteht darüber keine Einigkeit, und das trifft besonders für die Philosophen zu.

Während die meisten Philosophen in der englischsprechenden Welt der Vorstellung zustimmen würden – oder zumindest geneigt dazu sind –, daß es vielleicht große, aber schließlich doch nur graduelle Unterschiede zwischen Menschen und Tieren gibt, würden die meisten auf dem europäischen Kontinent lebenden Philosophen die Kontinuität zwischen Tieren und Menschen nicht anerkennen. Eine beachtliche Zahl kontinentaler Philosophen folgen eher den Ideen von Aristoteles oder Descartes, statt denen von Locke oder Hume. Sie befassen sich eher mit Kants Kritik als mit evolutionärer Erkenntnistheorie, eher mit Phänomenologie oder Hermeneutik als mit einer naturalistischen Philosophie des Geistes. Sosehr sich die Auffassungen dieser kontinentalen Philosophen voneinander unterscheiden, in einer Hinsicht stimmen sie überein: Sie alle ziehen auf diese oder jene Weise eine scharfe Grenze zwischen Tieren und Menschen und glauben, daß die Kluft zwischen beiden unüberbrückbar sei.

Sie tun es, weil sie im Verlauf ihrer nach ihren spezifischen Methoden vorgenommenen Analyse einem Merkmal begegnen, das in ihren Augen nur beim Menschen festzustellen ist – Vernunft, Geist, Rationalität, Intentionalität, Selbstbewußtsein oder welchen Begriff sie auch immer dafür verwenden mögen. Sie alle sehen keine Möglichkeit, diese Eigenschaften im Sinne eines allmählichen Übergangs zu verstehen oder im Sinne einer Kontinuität mit Charakteristiken, die sich bei Tieren finden lassen, wie dem zentralen Nervensystem, organischen Prozessen im allgemeinen oder tatsächlich irgend etwas Dreidimensionalem und Physischem. In ihren Augen ist der menschliche rationale, selbstbewußte Geist ein qualitativ verschiedenes, nicht reduzierbares Phänomen, das dem Wesen, das es besitzt, im Gegensatz zu denjenigen, die es nicht besitzen, einen besonderen Platz in der Natur zuweist.

Ein typischer und einflußreicher Verfechter dieser Auffassung war der Phänomenologe Max Scheler, der ebenso wie seine deutschen Kollegen Martin Heidegger und Helmuth Plessner in den zwanziger Jahren versuchte, die ersten Experimente über die kognitiven Fähigkeiten von Schimpansen zu verstehen, die der deutsche Biologe Wolfgang Köhler vorgenommen hatte. Scheler meinte, die Schimpansen seien zwar intelligent, ihr Verhalten und ihre Wahrnehmungen seien jedoch unmittelbar und vollkommen durch ihre instinktiven Impulse und Bedürfnisse bestimmt. Deshalb seien sie nicht »weltoffen«. Sie hätten nicht die Dimension des Daseins erreicht, in der es möglich ist, die (Dinge der) Welt als solche zu kennen – abgesehen davon, was der Instinkt signalisiert wie etwa, daß etwas eßbar oder gefährlich ist oder Schutz bietet. Und aus dem gleichen Grunde seien die Schimpansen auch nicht fähig, sich selbst als solche zu kennen. Nach der Ansicht von Scheler sind sich Menschenaffen ihrer selbst nicht in der gleichen Weise gegenwärtig wie der selbstbewußte Mensch, und ihr Verhalten wird mehr oder weniger automatisch gesteuert und nicht durch die Fähigkeit, sich frei zu entscheiden.

Philosophische Haltungen dieser Art werden mit vielen feinsinnigen und wohlüberlegten Argumenten verteidigt. Es wäre zu einfach, solche Interpretationen der tierischen Subjektivität nur als Ideologie abzulehnen, die unsere Ausbeutung der Tiere rechtfertigen soll. Eine bessere Strategie ist es, die Argumente zu benennen und im Detail zu widerlegen. Wenn Scheler zum Beispiel sagt, daß die Menschenaffen die Dinge in dieser Welt nicht als solche kennen, dann gründet sich das unter anderem auf die Annahme, daß sie nicht fähig sind, Wahrnehmungen, die sie mit einem ihrer Sinne machen (z. B. dem Gehör) auf einen anderen (z. B. den Tastsinn oder den Gesichtssinn) zu übertragen oder zu übersetzen; daß sie nicht fähig sind, Informationen, die sie mit mehreren Sinnen wahrgenommen haben, zu integrieren in das Bewußtsein, daß sich alle diese Wahrnehmungen auf ein einziges Ding in der Welt beziehen, zu dem all diese Informationen gehören. Neueste Forschungen haben jedoch gezeigt, daß Menschenaffen sehr wohl zu solchen Übertragungen fähig sind, womit zumindest diese Art Argument widerlegt wird. Was nun die moralische Seite betrifft, so folgt, selbst wenn philosophische Positionen wie die von Max Scheler sich als zutreffend erweisen sollten, daraus nicht automatisch, daß Menschen größeren Respekt verdienen, weil sie rational und selbstbewußt sind.

Die traditionelle Philosophie hat sich in den meisten Fällen gar nicht mit wirklichen Tieren beschäftigt, sondern mit feindseligen Stereotypen, die aus den Tieren primitive Ungeheuer machten. Deshalb ist es notwendig, unsere Vorstellungen von den Tieren, besonders von den Menschenaffen, philosophisch und moralisch im Licht neuen, heute verfügbaren empirischen Wissens zu korrigieren, das uns zeigt, daß die Menschenaffen uns ähnlicher sind, als wir es je erkannt oder zu erkennen gewagt hätten. Es könnte sich sehr wohl zeigen, daß Menschenaffen menschlich sind, und zwar nach einer Reihe traditioneller Kriterien dieses Begriffes, wie Besitz von Selbstbewußtsein und freiem Willen.

Der französische Philosoph Emmanuel Levinas hat Überlegungen darüber angestellt, wie wir den Blick eines anderen Menschen erleben, und er hat dabei die traditionelle westliche Philosophie dafür kritisiert, daß sie das Subjekt, das Ich, als den absoluten Bezugspunkt für alle anderen Wesen betrachtet. Könnte Levinas Auffassung nicht eine weitere Form des Anthropozentrismus sein, weil sie – ironischerweise – zwar beabsichtigt, die Nichtreduzierbarkeit des »anderen« auf das Selbst zu zeigen, der »andere« im Tier aber wiederum außer acht gelassen wird? Ist der Blick, der nach Levinas unmittelbar und direkt unser moralisches Bewußtsein anspricht, anders, wenn es nicht der Blick eines menschlichen Kindes, sondern der eines jungen Gorillas oder Orang-Utans ist?

Wenn wir darüber nachdenken, wie wir andere Lebewesen behandelt haben und noch behandeln, dann erzeugt das in uns ein Gefühl des Unbehagens, wenn nicht sogar der Verwirrung. So fragt es sich zum Beispiel, wie weit wir gehen sollten, wenn wir die Grenzen der Gemeinschaft der moralisch Gleichen, zu der wir uns selbst zählen, erweitern? Ist die Tatsache, daß ein anderes Lebewesen ein Gefühlsleben und eine Subjektivität hat, die der unseren ähnlich ist, ein guter Grund, es zu respektieren? Oder bedeutet es, daß, wenn wir eher Respekt vor etwas uns Ähnlichem als vor etwas von uns Verschiedenem haben, wir wieder unsere eigene, menschliche Wesensart und unsere angeblich einzigartige Würde als den entscheidenden Bezugspunkt definieren, als den absoluten Maßstab, nach dem wir alles andere bewerten? In diesem Fall würden wir nur eine neue Form des Anthropozentrismus vertreten. Wie sollten wir uns zum Beispiel gegenüber einem Tintenfisch, der in der Tiefe des Ozeans lebt, oder gegenüber Hummern, Spinnen oder Ratten verhalten?

Warum, um eine andere verwirrende Frage aufzuwerfen, sollte der Anblick des Inneren eines Schlachthauses in einem Land intelligenter, hochzivilisierter, freundlicher Schweine, in dem die in zwei Hälften geteilten Leichen Hunderter geschlachteter Menschen hängen, schockierender sein als der Anblick geschlachteter Schweine, die es in jeder größeren Stadt der westlichen Welt zu sehen gibt? Dafür gibt es vielleicht eher psychologische und soziologische als moralische Gründe, und sie haben etwas mit der Sorge um unser individuelles und allgemeines Wohlbefinden und mit der Notwendigkeit zu tun, die soziale Ordnung aufrechtzuerhalten. Wenn wir sagen, wir dürfen uns nicht gegenseitig töten und essen, dann sagen wir dies vielleicht nur deshalb, weil wir uns davor fürchten, selbst getötet und gegessen zu werden. Wenn wir den Affen, Schweinen oder Kühen moralische Gleichheit zugestehen, dann gibt es für uns augenscheinlich nur zwei Möglichkeiten: Wir müssen bereit sein, auch Menschen zu züchten, zu töten und zu essen, oder wir müssen das Töten und Essen von Gleichen überhaupt unterlassen. Was wir essen und nicht essen, was wir töten und nicht töten, was wir als Kannibalismus oder Mord bezeichnen und was nicht unter diese Definitionen fällt – hier begegnen wir unseren fundamentalsten Tabus.

Kennen wir uns wirklich? Traditionelle Begriffssysteme wie die christliche Weltanschauung oder die Ideen der Aufklärung von Fortschritt, Rationalität und Zivilisation, die unseren Platz in der Natur bestimmten, unser Verhalten legitimierten und mögliche Bedrohungen der Grenze zwischen Mensch und Tier abwerten, haben ihren Einfluß weitgehend verloren. Wie können wir noch moralisch handeln, nachdem sich unser traditionelles Weltbild aufgelöst hat? Vielleicht können uns unsere nächsten Verwandten, die Menschenaffen, die unsere Identität problematisieren, destabilisieren und damit erneuern, uns helfen, wenn sie die Rolle des fehlenden Gliedes zwischen Menschen und Tieren übernehmen. Wir könnten damit beginnen, daß wir die fundamentale Urerfahrung ernst nehmen, die wir machen, wenn wir mit ihnen konfrontiert werden. Wer erleben dabei andere Subjekte, andere Personen, andere Individuen und haben das starke moralische Gefühl, daß sie ebensoviel Respekt verdienen wie wir selbst. Diese Erfahrung wird heute immer weniger durch Mechanismen behindert, die uns Tiere auf Armeslänge vom Leibe halten und die die Art, wie wir sie spontan erleben, verzerren. Eine Bewegung ist in Gang gesetzt, und dieses Buch ist Teil dieser Bewegung, die dazu führen soll, daß wir Menschenaffen nicht mehr als Bedeutungsvehikel in menschlichen Diskursen benutzen, sondern sie als das ansehen und für das respektieren, was sie wirklich sind.

Literaturempfehlungen

1. Mary Douglas, *Purity and Danger*, London 1966 (dt. *Reinheit und Gefährdung*, Suhrkamp Verlag 1987).
2. Robert van Gulik, *The Gibbon in China: An Essay in Chinese Animal Lore*, Leiden 1967.
3. Donna Haraway, *Primate Visions: Gender Race and Nature in the World of Modern Science*, London 1989.
4. H. W. Janson, *Apes and Ape Lore in the Middle Ages and the Renaissance*, London 1952.

5. Mary Midgley, *Beast and Man: The Roots of Human Nature*, London 1980.
6. Emiko Ohnuki-Tierney, *The Monkey as Mirror: Symbolic Transformations in Japanese History and Ritual*, Princeton 1987.
7. James Serpell, *In the Company of Animals*, Oxford und New York 1986 (dt. *Das Tier und wir*, Müller Rüschlikon Verlag 1990).

13
In Pelze gehüllte Geister?

von Adriaan Kortlandt

Als zum ersten Mal ein freilebender Schimpanse und ein menschlicher wissenschaftlicher Beobachter einander aus der Nähe in die Augen sahen, gehörten die menschlichen Augen Adriaan Kortlandt. Der in Holland geborene Kortlandt hatte vor und während des Krieges als Doktorand an der Universität von Amsterdam das Verhalten von Kormoranen in der freien Natur studiert. Während der Besetzung seines Landes durch deutsche Truppen hatte er dem Widerstand angehört. Einige Zeit nach dem Krieg wurde er Professor für Tierpsychologie und Ethologie. Er war einer der ersten, der sich eingehend mit der detaillierten Beobachtung freilebender Schimpansen in Afrika beschäftigte. Über das Wesen des Instinkts, seine Feldforschung mit Schimpansen sowie über das Ökosystem im Zusammenhang mit Problemen der Evolution von Menschen und Menschenaffen hat er zahlreiche Aufsätze in wissenschaftlichen Zeitschriften veröffentlicht. In diesem Essay äußert er sich zu unseren Erkenntnissen über die geistigen Fähigkeiten der Großen Menschenaffen im Licht seiner eigenen Erfahrungen – und auch im Licht unserer Neigungen, denjenigen mit Vorurteilen zu begegnen, die nicht so sind wie wir.

In alten Zeiten war die Welt von Geistern heimgesucht. Berge, Flüsse, Wälder und Meere wurden bewohnt von Göttern, Dämonen und allen möglichen Geistern, die freundlich oder auch böse waren und je nach Laune Erdbeben, Unwetter oder eine gute Ernte herbeiführen konnten. Im Lauf der Zeit veränderte sich dieses Bild. Die Welt wurde nach und nach entzaubert. Noch Aristoteles glaubte, daß Pflanzen eine vegetative, Tiere eine sensitive und Menschen eine denkende Seele hätten. Diese Idee hat bis zu einem gewissen Maß in der Philosophie der römisch-katholischen Kirche überlebt. Die Theologie der Reformation war strenger und bestritt, daß Tiere eine Seele hätten, obwohl Luther geschrieben haben soll, auch Hunde könnten in den Himmel kommen. (Natürlich hatte er selbst einen Hund und hätte ihn nicht gerne zurückgelassen.) 1649 ging Descartes noch einen Schritt weiter und erklärte, Tiere seien bloße Automaten und es fehle ihnen nicht nur eine unsterbliche Seele, sondern auch jede Art geistigen Erlebens.[1] Mehr als hundertfünfzig Jahre vor Pawlow[2] beschrieb er, wie man Hunde auf bestimmte Reize konditionieren könne und behauptete: »*les bestes n'ayent point de raison, ny peut estre aussi aucune pensée*«, aber »*on peut, avec un peu d'industrie, changer les mouvements du cerveau dans les animaux depourveus de raison*«. (»Denn obschon [Tiere] keine Vernunft und vielleicht auch keine Gedanken haben, [kann] man mit ein wenig Geschick die Bewegungen im Hirn selbst bei der Vernunft entbehrenden Lebewesen ändern.«)[3] Sein Schüler Malebranche zog die logische Konsequenz und prügelte seinen Hund erbarmungslos. Als seine Nachbarn dagegen protestierten, sagte er, Descartes habe erklärt, Tiere seien seelenlose Maschinen, und fragte: »Haben Sie etwas dagegen, wenn ich eine Trommel schlage?«

In der nun folgenden Epoche gab die cartesianische Philosophie sowohl in der Wissenschaft als auch in der Theologie in der Frage des tierischen Bewußtseins, das gewöhnlich als Seele bezeichnet wurde, den Ton an: Wissenschaft und Religion gingen damals noch nicht getrennte Wege.[4] Schließlich reizten in unserem Jahrhundert die Behavioristen unter dem Einfluß von Pawlow und Watson diese Idee bis an ihre Grenzen aus und entwickelten eine Humanpsychologie ohne Bewußtsein. Ähnlich erklärten die von Lorenz beeinflußten Ethologen, das Bewußtsein von Tieren sei, falls es existiere, nicht zu erkennen.[5] Um dieses Bild zu vervollständigen, behaupteten einige Theologen, Gott sei tot. Die Geister hatten uns verlassen. Das akademische Denken wurde geistlos – auf Erden und im Himmel. Juristisch würde das bedeuten, daß von nun an niemand mehr wegen Grausamkeit vor Gericht gestellt und bestraft werden könnte, weil sich das Leiden von Menschen und Tieren nicht wissenschaftlich beweisen ließ.

Es gab aber auch andere Tendenzen. 1760 veröffentlichte der deutsche Professor Hermann Samuel Reimarus einen Bestseller: *Allgemeine Betrachtungen über die Triebe der Thiere.*[6] In seinem Buch widersprach er der Vorstellung von Descartes vom Tier als Maschine und erklärte sinngemäß: 1. Tiere haben den unseren ähnliche Sinnesorgane, die dem Gehirn Reize zuleiten; 2. sie organisieren ihr Verhalten gemäß ihren Wahrnehmungen der sie umgebenden Welt; 3. das beweist, daß sie eine mentale Vorstellung der sie umgebenden Welt haben; 4. das heißt, sie haben eine *Seele* (im Deutschen werden der psychologische Begriff des Geistes und der theologische Begriff der Seele mit dem gleichen Wort bezeichnet). Unter anderem bestätigte er auch, daß vierfüßige Tiere Träume haben. Damit war er dem Homologie-Argument der Darwinschen Tierpsychologie um hundert und der *Umweltlehre* Uexkülls[7] um einhundertsechzig Jahre voraus (siehe unten).

Die Hölle brach los, als die blasphemische Behauptung, Tiere hätten eine Seele, bekannt wurde. Doch die cartesianische Philosophie konnte die Oberhand behalten, bis 1859 Darwins *Über die Entstehung der Arten* erschien.

Nun führte die Anerkennung der evolutionären Homologie, welche die Menschen einschloß, zu einer dreifachen Unterscheidung: Die vergleichende Anatomie untersuchte die Strukturen, die vergleichende Physiologie die Funktionen und die vergleichende Psychologie die geistigen Fähigkeiten von Tieren und Menschen. Das war die große Zeit der subjektivistischen Interpretation des Verhaltens von Tieren, und sie erreicht die Grenzen des Absurden.[8] Die Deutsche Gesellschaft für Tierpsychologie sprach offiziell von rechnenden Pferden und denkenden Hunden, unter anderem von einem Hund, der seiner Herrin um die Weihnachtszeit durch Zeichen mit den Pfoten mitteilte, daß jetzt das Jesuskind kommen würde.[9]

Nachdem der Schwindel aufgedeckt worden war und dadurch so bekannte Persönlichkeiten wie von Buttel-Reepen, Edinger, Haekkel, Plate, Sarasin und Ziegler in Verlegenheit gebracht wurden, war es in Deutschland nicht mehr möglich, das Wort »Tierpsychologie« zu benutzen. Statt dessen verwendete man jetzt das Wort Ethologie, das schließlich von Wissenschaftlern in der ganzen Welt übernommen wurde.

Auch eine andere Entwicklung untergrub das Ansehen der subjektivistischen Tierpsychologie. Der amerikanische Philosoph William James (1890) hatte die Psychologie als »Wissenschaft des geistigen Lebens«, das heißt als »das Studium des Gedankenstroms« oder »des Bewußtseins« definiert.[10] Doch Freud lieferte Hinweise dafür, daß viele oder sogar die meisten unserer psychologischen Vorgänge unbewußt abliefen.[11] Um festzustellen, welche Prozesse bewußt und welche unbewußt verliefen, mußte man die Versuchsperson mit Hilfe findiger Verfahren befragen und die verborgenen Bedeutungen ihrer Träume, Fehlleistungen, Symbole usw. analysieren.

Damit war der Bereich des Unbewußten zugänglich geworden – jedenfalls bei Menschen. Tiere hingegen könnten sich sehr wohl völlig unbewußt verhalten.

Die psychoanalytische Psychologie inspirierte auch in einem gewissen Maße die Erforschung des Verhaltens von Tieren (z. B. durch die Entdeckung der Ersatzhandlung). Doch das Befragen von Tieren war immer noch unmöglich. Damals wußte man noch nicht, daß Menschenaffen eine Zeichensprache erlernen können. Deshalb behaupteten die Ethologen weiterhin, das geistige Leben von Tieren sei unergründlich. In der Wissenschaft hat das Wort »unergründlich« allerdings katastrophale Folgen, denn es blockiert die Erforschung des Unbekannten. Zum Beispiel kann niemand voraussagen, ob es *für alle Zeiten* unmöglich sein wird, das Nervensystem eines Tieres mit dem eines Menschen zu verbinden.

Sollen wir fürs erste glauben, daß die inneren Erfahrungen von Tieren für uns unzugänglich bleiben, vielleicht mit Ausnahme eines Zugangs über die von Menschenaffen verwendete Zeichensprache? Die Folgen wären beachtlich. Niemand könnte mehr nach Aussagen von Sachverständigen wegen Tierquälerei verurteilt werden, es sei denn, es handelte sich um Menschenaffen. Die Öffentlichkeit, und ganz besonders die Besitzer von Hunden und Katzen, würde Gutachten dieser Art nicht akzeptieren. Auch den Ethologen würde das durchaus nicht gefallen. Kein Wunder, daß Griffin den verzweifelten Versuch unternahm, das Tierbewußtsein wissenschaftlich erneut zum Leben zu erwecken.[12] Seine Bemühungen waren jedoch naiv und erkenntnistheoretisch unhaltbar. So hat er zum Beispiel Freud nicht erwähnt und auch Phänomene wie die unterbewußte Wahrnehmung außer acht gelassen.

Neben der objektivistischen und der subjektivistischen Interpretation des Verhaltens von Tieren gibt es noch eine dritte Möglichkeit. Wenn wir Menschen froh, traurig, verliebt oder zornig sind, dann sind wir das nicht *an sich*. Wir sind froh oder traurig *über* etwas, und wir sind verliebt *in* oder böse *auf* jemanden. Wenn wir Farben sehen, dann sehen wir sie nicht nur als Erscheinungen auf unserer Retina, sondern als Farben von Blumen, Blättern und anderen Dingen *in unserer Umgebung*. Wenn wir denken, dann denken wir nicht *im leeren Raum*, sondern wir denken *an* Dinge oder Menschen. Das heißt, unser Bewußtsein ist nicht in unserem Gehirn, sondern in der uns umgebenden Welt. Das Nervensystem ist nur ein Werkzeug, mit dem wir uns ein Bild von der Welt machen. Diese subjektive Welt *ist* unser Bewußtsein. So dürfen wir auch das Verhalten von Tieren nicht als Ausdruck innerer Erfahrung oder Triebkräfte innerhalb des Tieres sehen, sondern als das Gefüge von Bedeutungen, die vom Tier in die Außenwelt projiziert werden. Dazu gehört auch, was von Frisch fälschlich Sinnesphysiologie[13] (es ist keine Physiologie) und das Uexküll *Umweltforschung* oder *Umweltlehre*[14] genannt hat (was ich versucht habe, mit dem Wort »Tierkosmologie« zu übersetzen), und ein Teil dessen, was man heute als kognitive Psychologie bezeichnet. Es ist eine Art Wissenschaft, die den klassisch ausgebildeten vergleichenden Psychologen und Ethologen fremd ist. Weder Frisch oder Uexküll noch ich sind bei Behavioristen und Ethologen auf viel Verständnis gestoßen, als wir ihnen diese Ideen vorlegten, und die kognitiven Psychologen, die sich mit der Erforschung des Verhaltens von Tieren beschäftigen, veröffentlichen die Ergebnisse ihrer Forschungen in der Regel nicht in ethologischen Zeitschriften. Dennoch glaube ich, daß die Forschung über die subjektiven Welten von Tieren den erkenntnistheoretischen Schlüssel für die Lösung der meisten Grundprobleme beim Verstehen von Tieren anbietet.[15]

Hier sollten wir auf das Problem der menschlichen Wahrnehmung verschieden veranlagter menschlicher Wesen eingehen. Im Mittelalter wurden geistig Behinderte in Ketten gelegt und in Käfige oder Irrenhäuser eingesperrt, die Gefängnissen glichen. Man glaubte, sie seien von Dämonen besessen. An Feiertagen wurden sie öffentlich zur Unterhaltung ausgestellt, und die Menge konnte sie verhöhnen. Nachdem die Französische Revolution von 1789 die Ideale der *Freiheit, Gleichheit und Brüderlichkeit* verkündet hatte, begann Pinel, der Direktor eines Pariser Irrenhauses, 1792 mit einem eigenen Programm. Er befreite seine Patienten von den Ketten, behandelte sie menschlich, gewährte ihnen (eine gewisse) Freiheit und führte Sprachtherapien mit ihnen durch.[16] Damit hatte die Humanisierung der »Subhumanen« begonnen. Doch die Gesellschaft machte sich diese Ideen nur ganz allmählich zu eigen. In meiner Jugend erzählten mir ältere Leute, als sie jung gewesen seien, wäre es allgemein üblich gewesen, geistig und körperlich behinderte Menschen auf den Straßen und Plätzen öffentlich lächerlich zu machen und zu verspotten. Die Medien begannen erst in den zwanziger Jahren, sich mit der Psychiatrie zu beschäftigen, nachdem das gebildete Publikum angefangen hatte, die Schriften von Freud zu lesen.

Doch selbst dann hielten Kolonialismus und Klassengesellschaft die Ideen über genetische, rassische und kulturelle Überlegenheit oder Minderwertigkeit aufrecht. Als Schüler habe ich 1928 erlebt, wie »Neger« und Indianer bei einer offiziellen Industrieausstellung in Holland kostümiert auftraten und sich wie Wilde gebärdeten. Was falsch daran war, wurde einer breiten Öffentlichkeit in Europa und den Vereinigten Staaten erst bewußt, nachdem sechs Millionen sogenannter *Untermenschen* in den Konzentrationslagern ermordet worden waren und nachdem der Kolonialismus zusammengebrochen war. In einigen westlichen Ländern wurden

Gesetze erlassen, die das Äußern rassistischer Ideen in der Öffentlichkeit verboten. Aber immer noch war es üblich, die Affen und großen Raubtiere in den Zoos zu ärgern und zu reizen. Hier hatte der Mensch die letzte Gelegenheit, sein instinktives inter(sub)-spezifisches Abwehrverhalten gegenüber Konkurrenten und Raubtieren auszuleben – ein ähnlicher Instinkt wie der, der Hunde veranlaßt, Katzen zu jagen.

Vielleicht war es irgendwie bezeichnend, daß sich schon bald die allgemeine Einstellung gegenüber Primaten zu ändern begann. Um das Jahr 1959 fing man an, das Verhalten von Primaten in den Zoos und in der Wildnis eingehend zu untersuchen, daß heißt, nach der 1958 vom Internationalen Kongreß für Zoologie in London veranstalteten Jahrhundertfeier für Darwin. (Köhler und Yerkes blieben einsame Rufer in der Wüste.)[17] Später, in den sechziger Jahren, erzählte mir ein junger Kollege, er habe zwei führende ältere Kollegen auf dem Gebiet der Verhaltens- und Evolutionsforschung vor den Schimpansenkäfigen im Londoner Zoo beobachtet. Sie hätten sich dort wie die Besucher eines Irrenhauses vor der Französischen Revolution benommen. Das hatte ihn schockiert und beschämt. Ich muß zugeben, daß auch ich schockiert war, als ich diese Geschichte hörte, denn mir wurde klar, daß ich auf halbem Wege zwischen den Wissenschaftsgenerationen der Großväter und der Enkel stand und für beide Verständnis hatte.

Wie konnte ich das tun? Ich hatte das Glück gehabt, im Mai 1960 als erster Mensch Schimpansen in ihrem natürlichen Lebensraum aus nächster Nähe zu beobachten. Das waren nicht die schmutzigen, neurotischen Geschöpfe, die ich aus den Zoos und Laboratorien kannte (wobei diese Einschätzung nur bedingt zutreffend ist für den damaligen Chester Zoo und den Arnheimer Zoo heute). Diese wachsamen und lebendigen, aber unsicheren und unsteten, freilebenden Tiere interessierten sich für alles Ungewöhnliche oder Bemerkenswerte – vom schönen Sonnenuntergang bis zu einem Stück Stacheldraht. Sie änderten ständig ihre Gewohnheiten und ihr Verhalten. Stets zögerten sie, bevor sie sich entschlossen, in welche Richtung sie gehen oder welche Frucht sie essen sollten. Sie kamen in mein Versteck und blickten mit ihren durchdringenden braunen Augen in meine grauen. Dabei kratzten sie sich verwundert und verließen mich wieder, ohne das Rätsel gelöst zu haben. Sie schienen die Sicherheit ihres Instinktes verloren, aber nicht die Sicherheit des Wissens gewonnen zu haben. Das waren weder Tiere noch Menschen, sondern in Pelze gehüllte, unheimliche Seelen. Mir lief ein Schauer den Rücken hinunter. Hin und wieder verständigten sie sich mit Hand- oder Armgesten. Wieder erschauerte ich. Es war die beeindruckendste Erfahrung in meinem beruflichen Leben.

Auffassungen und Gewohnheiten, an denen man lange festgehalten hat, gibt man nur sehr langsam auf. Wenigstens bis Ende der sechziger Jahre bezeichneten Wissenschaftler Affen häufig immer noch als subhumane oder infrahumane Primaten – *Untermenschen* – und nicht als nichtmenschliche Primaten. Sie wurden und werden noch heute oft entsprechend behandelt. Gegenwärtig werden Schimpansen und Orang-Utans immer noch regelmäßig in der Fernsehwerbung als Clowns mißbraucht, offensichtlich ohne daß es zu einem öffentlichen Aufschrei kommt. Wenn Bert Haanstras Film *Ape and Super Ape* oder Hugo van Lawicks Film *People of the Forest* gezeigt werden, brechen selbst professionelle Primatologen in lautes Gelächter aus, sobald ein Schimpanse auftritt. Und doch wissen diese Menschen sehr gut, daß sich diese in der Freiheit lebenden Schimpansen völlig natürlich verhalten und an ihre Umwelt angepaßt sind. Daran ist nichts Komisches, es sei denn, die Schimpansen machen selbst Spaß. Diese lachenden Menschen sehen in den Schimpansen immer noch in tierische Pelze gekleidete Idioten und Zirkusclows, die menschliche Torheiten verkörpern, und keine Wesen für sich.

In den letzten Jahren hat das Bild, daß sich die Wissenschaftler von den Großen Menschenaffen im allgemeinen und den Schimpansen im besonderen gemacht hat, eine neue Dimension erhalten. Früher wurden die Schimpansen als friedliche Früchtesammler dargestellt, die mit ihren langen Armen in den Baumwipfeln hingen und schaukelten.[18]

Heute wissen wir, daß viele von ihnen die offene Savanne bewohnen (die Wissenschaft hat das bereits seit 1930 gewußt, was aber über fast ein halbes Jahrhundert ignoriert wurde), daß sie in der Wildnis regelmäßig aufrecht gehen und sich von größeren Beutetieren ernähren. Zudem verwenden sie Werkzeuge für die verschiedensten Zwecke und primitive Waffen gegen ihre natürlichen Feinde. Außerdem täuschen sie sich gegenseitig, vergewaltigen weibliche Artgenossen, praktizieren Machtpolitik, töten gelegentlich andere Schimpansen und zeigen Kannibalismus, führen Krieg gegen ihnen fremde Schimpansengruppen und kastrieren (in einem in der Gefangenschaft beobachteten Fall) den tyrannischen Anführer.[19] Ähnliche Feststellungen hat man in neuerer Zeit auch bei Gorillas und Orang-Utans machen können. Es ist ein grausames Bild, ebenso grausam wie unsere Vorgeschichte, die kulturelle Anthropologie und die Weltgeschichte. Was die Wissenschaft über die Menschenaffen in Erfahrung gebracht hat, liegt nicht mehr jenseits von Gut und Böse.

Ich habe zum Beispiel immer geglaubt, daß die eigentliche Kluft zwischen »Tieren« und »Menschen« zwischen den Großen Menschenaffen auf der einen Seite und den weniger hochentwickelten Affen, den Pavianen und den kleineren Affen auf der anderen Seite, liegt. Die jüngste Forschung legt nahe, daß wir diese Grenze vielleicht unterhalb der Paviane ansetzen sollten.[20] Um konservativ zu argumentieren, wäre es fürs erste angemessen, zumindest den Großen Menschenaffen den Status weniger begabter Menschen zuzubilligen und sie entsprechend zu behandeln.

Ich bin mir natürlich der Tatsache bewußt, daß man für gewisse medizinische Experimente zur Linderung menschlichen Leidens lebende und manchmal nichtnarkotisierte Versuchsobjekte braucht. Wer erlebt hat, was in Krankenhäusern geschieht, und wer einen geliebten Menschen verloren hat, weil die medizinische Wissenschaft versagte, wird verstehen, was ich meine. Ich selbst war Zeuge herzzerreißender Experimente in Primatenzentren, besonders auf dem Gebiet der Psychologie und Psychiatrie. Doch als Student der Psychologie habe ich auch in Nervenheilanstalten genug gesehen, um den Wert solcher Experimente einschätzen zu können. Andererseits muß man sich fragen, wie wir eine solche Forschung mit unseren unschuldigen Vettern, den Menschenaffen, rechtfertigen können, wenn sie selbst bei den Menschen, die sich der entsetzlichsten Verbrechen gegen die Menschheit schuldig gemacht haben, nicht erlaubt ist.

Anmerkungen

1. Descartes, *Les passions de l'âme*, Amsterdam 1649.
2. I. P. Pawlow, *Zwanzig Jahre dauernde Experimente zur objektiven Untersuchung höherer nervlicher Aktivitäten (Verhalten) bei Tieren* (in russischer Sprache), 1923; englische Übersetzung: *Conditioned Reflexes*, London 1927.
3. Descartes, *Les passions de l'âme;* dt.: Die Leidenschaft der Seele, Hamburg 1984, S. 87 u. 89.
4. Zum Beispiel A. le Grand, *Dissertatio de carentia senus et cognitionis in brutis*, London 1675; englische Übersetzung: *An Entire Body of Philosophy, According to the Principles of the Famous Renate Des Cartes, 3, A Dissertation of the Want of Sense and Knowledge in Brute Animals, Giving a Mechanical Account of their Operations*, London 1694; neue Auflage Johnson Reprint Corp. 1972
5. Zum Beispiel N. Tinbergen, *The Study of Instinct,* Oxford 1951.
6. H. S. Reimarus, *Allgemeine Betrachtungen über die Triebe der Thiere, hauptsächlich über ihre Kunstthriebe,* Hamburg 1760; französische Ausgabe 1770.
7. J. von Uexküll, *Theoretische Biologie*, Berlin 1920; neu überarbeitete Auflage Berlin 1928.
8. Siehe zum Beispiel G. J. Romanes, *Mental Evolution in Animals*, London 1883.
9. K. Gruber, »Vom denkenden Hunde Rolf« in H. E. Ziegler (Hrsg.), *Die Seele des Tieres,* Berlin 1916, S. 87-99; H. E. Ziegler, *»Mitarbeiter der Gesellschaft für Tierpsychologie«, Mitteilungen der Gesellschaft für Tierpsychologie*, Bd. 1, 1913, S. 3-4.
10. W. James, *The Principles of Psychologie*, London 1890.
11. S. Freud, *Die Traumdeutung*, Wien 1900; S. Freud, *Zur Psychopathologie des Alltagslebens*, Berlin 1901.
12. D. R. Griffin, *The Question of Animal Awareness*, New York 1976.
13. K. von Frisch, »Der Farbensinn und Formensinn der Bienen«, *Zoologische Jahrbücher, Abteilung für allgemeine Zoologie und Physiologie der Tiere*, Bd. 35, 1915, S. 1-182.
14. Uexküll, *Theoretische Biologie.*
15. H. Hediger, *Wildtiere in Gefangenschaft*, Basel 1942; I. Kant, *Kritik der reinen Vernunft*, Riga 1781; A. Kortlandt, »Cosmologie der dieren«, *Vakblad voor Biologen*, Bd. 34, 1954; S. 1-14; K. Lorenz, *Die Rückseite des Spiegels*, München 1973; Uexküll, *Theoretische Biologie.*
16. P. Pinel (1792) in S. Pinel, »Bicêtre en 1792. De l'abolition des chaînes«, *Mémoires de l'Académie Royale de Médicine*, Bd. 5, Nr. 2, 1836, S. 31-40.

17. W. Köhler, *Intelligenzprüfungen an Anthropoiden*, I. (Einzelausgabe), Königliche Akademie der Wissenschaften, Berlin 1917; R. M. Yerkes, *Chimpanzees*, New Haven, CT, 1943.
18. Zum Beispiel W. E. Le Gros Clark, *History of the Primates*, 1. bis 10. Auflage, London 1949-1970.
19. Siehe zum Beispiel A. Kortlandt, »Marginal habitats of chimpanzees«, *Journal of Human Evolution*, Bd. 12, 1983, S. 231-278.
20. R. Byrne und A. Whiten (Hrsg.), *Machiavellian Intelligence*, Oxford 1988.

Teil IV

ETHIK

14
Menschenaffen, Menschen, Außerirdische, Vampire und Roboter

von Colin McGinn

Bevor Colin McGinn am Corpus Christi College in Oxford freier Dozent für die Philosophie des Mentalen wurde, lehrte er am University College in London Philosophie. Seit 1990 hat er sich als Professor für Philosophie an der Rutgers University, New Jersey, einen Namen gemacht. Bei seinen Forschungen hat er sich auf die Natur des Geistes und des Bewußtseins konzentriert. Zu den von ihm verfaßten Büchern gehören The Character of Mind, Wittgenstein on Meaning, The Subjective View *und in jüngster Zeit* The Problem of Consciousness. *Er schreibt auch Romane. Der folgende Beitrag zieht aus einem fiktiven Szenarium philosophische Schlüsse.*

Als Kind neigt man dazu, seine Stellung im Leben als etwas Selbstverständliches hinzunehmen, das in der natürlichen Ordnung der Dinge festgeschrieben ist. Du bist etwa in eine weiße Familie des gehobenen Mittelstandes hineingeboren, gut versorgt, gesund und in keiner besonderen Notlage. Du hast Rechte und Privilegien, die allgemein geachtet werden. Du bist weder hungrig noch gefangen oder versklavt. Du genießt schöne Ferien. In jungen Jahren glaubt man, daß praktisch jeder ein solches Leben führt. Es erscheint einem ganz natürlich, daß man das Leben genießt, das die Vorsehung für einen bereithält. Man denkt nicht weiter darüber nach.

Dann beginnt man festzustellen, daß es andere Menschen gibt, denen es nicht so gut geht, und wieder andere, denen es sehr viel besser geht als einem selbst. Man lernt Menschen kennen, die ärmer sind als man selbst, ja vielleicht sogar obdachlos, oder die irgendeine ernsthafte geistige oder körperliche Behinderung haben. Man hört von Menschen in anderen Ländern, die verhungern, in Kriegen ums Leben kommen oder von schrecklichen Krankheiten heimgesucht werden. Einige von ihnen sind Kinder wie du. Diese Dinge beunruhigen und zwingen dich, Vergleiche mit deinem eigenen Leben anzustellen. Sehr bald kommt dir der schreckliche Gedanke, daß du in Wirklichkeit nur Glück gehabt hast, nicht in ihrer Haut zu stecken. Nur zufällig gehörst du einer bestimmten Klasse an und lebst zu einer bestimmten Zeit in der Geschichte in gerade diesem Teil der Welt mit bestimmten sozialen Gegebenheiten. Aber dafür besteht nicht die geringste Notwendigkeit – es ist ein reiner Glücksfall. Alles hätte ganz anders kommen können, auf eine Weise, die du dir gar nicht vorzustellen wagst. Du fragst dich, wie das Leben aussehen würde, wenn du in diesem Lotteriespiel den kürzeren gezogen hättest und in sehr viel weniger vorteilhaften Umständen leben müßtest. Du stellst dir vor, in einem Land geboren zu sein, in dem Hungersnöte herrschen, oder auf die Welt gekommen zu sein, bevor die Medizin bei der Bekämpfung der Seuchen irgendwelche Erfolge hatte oder bevor unsere Wohnungen sanitär ausgestattet waren. So stellst du gewisse philosophische Überlegungen an und kommst zu dem Schluß, daß die Dinge nur *zufällig* so sind, wie sie sind, und daß es dir auch sehr viel schlechter gehen könnte. Du hast nur Glück gehabt. Und andererseits erkennst du, daß andere nur Pech gehabt haben, daß ihr Leben so ist, wie es ist. Für dies alles gibt es keine göttlich verordnete Notwendigkeit oder innere Logik. Im Grunde ist es ein moralischer Unfall. Man hat eben Glück gehabt...

Und mit diesen Gedanken beginnt das soziale Gewissen. Da es keine unbedingte Notwendigkeit dafür gibt, daß das Wohlergehen unter den Menschen in einer bestimmten Weise aufgeteilt ist, sollten wir versuchen, (vermeidbare) Ungleichheiten und unglückliche Umstände zu korrigieren. Die Willkür sollte aus der Verteilung des

Wohlergehens entfernt werden. Wir sollten die Ursachen des Elends und des Mangels ausfindig machen und versuchen, sie nach Möglichkeit zu beseitigen. Auf keinen Fall sollten wir auch noch vorsätzlich dazu beitragen, die Benachteiligung anderer zu vergrößern. Wir sollten nicht unsere Macht mißbrauchen, die uns durch reines kosmisches Glück zugefallen ist. Damit gründet sich die Moralität auf ein Gefühl für die Zufälligkeiten dieser Welt, und sie bezieht ihre Kraft aus der Fähigkeit, sich Alternativen vorzustellen. Vorstellungskraft ist entscheidend, um sie zur Wirkung zu bringen. Der moralisch selbstzufriedene Mensch ist einer, der sich nicht vorstellen kann, daß die Dinge auch anders liegen könnten. Er oder sie ist nicht fähig zu erkennen, welche Rolle der Zufall spielt – ein Begriff, der selbst auf dem Vorhandensein von Alternativen beruht. Es hat keinen Sinn, etwas verändern zu wollen, wenn die Dinge so und nicht anders sein *müssen*. Somit gründet sich die Moralität auf Modalität; das heißt, auf das Verstehen der Begriffe der Notwendigkeit und der Möglichkeit. Um moralisch denken zu können, muß man modal denken können. Die Voraussetzung dafür ist insbesondere, daß man *andere* Möglichkeiten erkennt und nicht die gegenwärtige als notwendig betrachtet.

Um zu unserem eigentlichen Thema zu kommen, so glaube ich, daß sich auch Erwachsene gar nicht bewußt sind, welchem biologischen Glückszufall sie es verdanken, daß sie den Rest der Natur beherrschen. Wir sind immer noch wie Kinder, die die zufälligen Tatsachen, von denen dies abhängt, als eine Selbstverständlichkeit ansehen und deshalb die moralische Bedeutung dessen, was wirklich geschieht, nicht erkennen. Wir Menschen sind zutiefst davon überzeugt, unsere Macht über die andere Spezies sei eine vom göttlichen Willen verordnete Notwendigkeit, und stellen deshalb die Ausübung dieser Macht nicht in Frage. Diese Auffassung wird in den heiligen Schriften vieler Religionen vertreten. In jeder denkbaren Welt stehen wir an der Spitze des biologischen Baumes. Als Kinder haben wir die Stellung unserer Familie in naiver Weise als eine kosmische Notwendigkeit empfunden; jetzt glauben wir, daß die Überlegenheit unsere Spezies kosmisch garantiert sei. Das heißt, wir nehmen an, unsere Beziehungen zu den anderen Spezies seien genau so, wie sie im Grunde sein *müßten*, und deshalb habe es keinen Sinn, die Ethik dieser Beziehung in Frage zu stellen. Deshalb hört das soziale Gewissen an der Grenze der menschlichen Spezies auf, und nur hin und wieder geht es über das Geforderte ein wenig hinaus. Wir nehmen es nicht ernst, daß es nur ein glücklicher Zufall ist, wenn unsere Spezies in der biologischen Hierarchie der Macht an erster Stelle steht. So wird unser Gewissen im Hinblick auf unser Verhalten in der biologischen Welt nicht durch die Überlegung beunruhigt, daß *wir* vielleicht in der Hierarchie der Speziesherrschaft auch auf einer niedrigeren Stufe hätten stehen können. Deshalb müssen wir unsere Speziesmoral mit den wirklichen Tatsachen biologischer Möglichkeit in Einklang bringen.

Um es deutlicher zu sagen, wir bedenken nicht, daß wir uns gegenüber einer anderen Spezies in der gleichen Position hätten befinden können, wie sie Menschenaffen heute uns gegenüber einnehmen. Deshalb schützen wir uns vor den moralischen Fragen, die sich im Zusammenhang mit unserer Beziehung zu Menschenaffen ergeben. Oder besser gesagt, wir erkennen die Zufälligkeit unserer biologischen Position nur auf merkwürdige und beschränkte Weise an – als wenn unser Unterbewußtsein es nur zu gut erkennt, wir es aber verdrängen, weil wir die moralischen Folgen vermeiden wollen; denn unser instinktiver Speziesismus gerät ins Wanken, wenn wir an die Möglichkeit denken, daß auch wir von einer uns überlegenen Spezies beherrscht werden könnten. Wir stellen uns diese Möglichkeit nur in bestimmten abgeriegelten, imaginären Zusammenhängen vor, nicht aber in der Welt der harten moralischen und politischen Wirklichkeit. Bezeichnenderweise beinhalten diese Zusammenhänge meist Angst, Schrecken und Kontrollverlust. Heute erleben wir so etwas fast nur noch im Kino. Dabei denke ich natürlich an die Science-fiction- und Gruselfilme. Hier werden die Alternativen zu unserer biologischen Überlegenheit imaginär ertastet. Ich will drei Typen solcher fiktiver Darstellungen erwähnen, in denen wir Menschen die Rolle der unterworfenen Spezies einnehmen oder uns unter großen Schwierigkeiten aus einer solchen Situation zu befreien versuchen.

Erstens sind das natürlich die Filme, in denen außerirdische

Wesen auf unserem Planeten landen, um die menschliche Spezies zu vernichten, sie wie Parasiten auszunutzen oder zu versklaven – all die »Leichenklauer«, »Bauchaufschlitzer« und »Gedankenkontrolleure«. Dahinter steht die Vorstellung, daß nur der Weltraum unsere Spezies vor der Plünderung durch mächtigere Wesen schützt, so daß die Raumfahrt der potentielle Weg ist, einer Spezies ihre überlegene Stellung streitig zu machen. Die große Entfernung ist hier die rettende Zufälligkeit. Es ist nur ein glücklicher Umstand, daß diese Außerirdischen nicht auf dem Mond leben, denn sonst wären wir eben jetzt ihre Spielzeuge.

Zweitens gibt es die Geschichten von Vampiren, in denen es im wesentlichen darum geht, daß Menschen als Nahrungsquellen benutzt werden. Eine Kolonie von Vampiren lebt von den menschlichen Bewohnern eines bestimmten Gebiets, sie trinken ihr Blut und töten andere Menschen, die sich ihnen in den Weg stellen. Die Menschen sind für die Vampire nichts anderes als eine Herde. Gewöhnlich werden die Vampire als bösartige Ungeheuer dargestellt, die gierig auf die bald-zu-durchbohrenden Hälse ihrer schönen, jungen Opfer starren. Aber manchmal werden sie auch wohlwollend dargestellt, als Wesen, die nur tun, was ihrer natürlichen Veranlagung entspricht – sie sind Sklaven ihrer eigenen Biologie. In jedem Fall aber werden sie als eine schreckliche Bedrohung für Menschen wahrgenommen, und im allgemeinen gehört viel Glück dazu, die Angriffe der Vampire zu vereiteln. Fast wäre es dazu gekommen, daß die gesamte menschliche Spezies bis in alle Ewigkeit dazu verdammt gewesen wäre, als Vampirfutter zu dienen. Und wir, die Zuschauer, haben es nur einem glücklichen Zufall zu verdanken, daß wir nicht in Transsilvanien geboren sind.

Eine dritte Form der menschlichen Degradierung hat mit Maschinen zu tun, unseren Maschinen. Ich meine, in diese Kategorie gehört auch Frankensteins Ungeheuer, denn es wurde von einem Menschen geschaffen, wenn auch aus organischen Bestandteilen. Aber ein neueres Beispiel sind die sogenannten »*Terminator*«-Filme, in denen das internationale Computernetz, das den Einsatz von Kernwaffen kontrolliert, eines Tages Selbstbewußtsein erlangt und aus Furcht um sein eigenes Überleben einen Krieg gegen seine menschlichen Schöpfer beginnt, und das hat sehr schlimme Folgen. Dieser Computer konstruiert seine eigenen schreckenerregenden Roboter, die »Terminatoren«, deren Mission es ist, einfach möglichst viele Menschen zu töten, und sie lassen sich nicht daran hindern. Dies ist also ein Fall, in dem sich die von uns geschaffenen Werkzeuge selbständig machen, uns beherrschen und unserer Spezies unsagbaren Schaden und Unglück zufügen. Hier ist die Zufälligkeit lediglich die technologische Vervollkommnung unserer Maschinen. Wenn wir nicht aufpassen, so lautet die Botschaft, wird unsere Technologie eines Tages die Herrschaft über uns gewinnen. Wir sollten deshalb nicht sorglos auf unser Glück vertrauen, wenn wir vermeiden wollen, daß dies in der Zukunft geschieht. Wenn eine Reise durch die Zeit wirklich möglich sein sollte, dann müssen wir jetzt darüber nachdenken, denn die Zukunft könnte uns genau diese vernichtenden Maschinen bringen, wenn wir unsere Technologie so weiterentwickeln, wie das bisher geschehen ist. Das jedenfalls soll in diesen Filmen zum Ausdruck gebracht werden.

Nun, das mag alles ganz unterhaltsam sein, aber worauf es meiner Ansicht nach ankommt, ist die Tatsache, daß diese alptraumhaften Phantasien in sublimierter Form Ausdruck unseres verdrängten Gefühls von der Zufälligkeit unserer biologischen Überlegenheit als Spezies sind. Sie sagen: »*Du* könntest selbst in der Lage sein, in der sich andere Spezies befinden – in die du sie *gebracht* hast.« Und natürlich sollen wir in diesen möglichen Phantasiewelten mit uns selbst sympathisieren: Wir bewundern die Freiheitskämpfer, die sich darum bemühen, uns von der selbstsüchtigen Herrschaft anderer Wesen zu befreien. Wir glauben sicherlich nicht, daß in *diesen* Kämpfen zwischen den Spezies Macht vor Recht geht. Wir müssen sie bekämpfen, weil sie moralisch blind sind für das, was sie uns antun – oder einfach nur völlig gleichgültig. Was ich hier sagen will, ist, daß wir ernsthaft daran denken sollten, daß wir in einer solchen Situation gewesen sein (oder in sie hineingeraten) könnten und daß wir uns fragen müssen, welche moralischen Grundsätze wir beachtet sehen wollten, wenn wir tatsächlich die schwächere Spezies wären. Das heißt, wir brauchen eine Speziesmoral, die von dem Bewußtsein ausgeht, daß es ein biologischer Glücksfall war, dem wir unsere Überlegenheit zu verdanken haben. Ebenso müssen wir uns fragen, welche Rechte wir den Spezies einräumen müssen, die uns – *zufällig* – unterlegen sind. Das sind im vorliegenden Fall die Menschenaffen. Wie sieht es aus ihrer Perspektive aus? Wenn die Evolution niemals Menschen hervorgebracht hätte, gäbe es keine wissenschaftlichen Versuche an Menschenaffen, die Menschenaffen wären weder in Zoos noch anderswo eingesperrt, und niemand würde zum Vergnügen auf sie Jagd machen. Den Menschenaffen würde es ohne uns zweifellos besser gehen. Sie haben einfach kosmisches Pech und sind in der Lage, in der *wir* wären, wenn einer dieser Alpträume zur Realität würde. Und so wie wir darum kämpfen würden, die nachteiligen Auswirkungen eines solchen Pechs abzuwenden– indem wir fundierte moralische Argumente für unsere Rechtfertigung anführen –, sollten wir erkennen, daß das Pech der Menschenaffen, es leider mit Menschen aufnehmen zu müssen, sich nicht beliebig fortsetzen darf. Kurz gesagt, wir sollten aufhören, sie zu unterdrücken. Wir sollten ihnen die Rechte zugestehen, die sie aufgrund ihrer inneren Natur beanspruchen können, und nicht den Mißbrauch unserer Macht dulden, die wir nur unserer zufälligen biologischen Überlegenheit verdanken. *Wir* hätten in den Käfigen sitzen oder auf den Vivisektionstischen liegen können, und das hätte uns mit absoluter Sicherheit nicht gefallen. Mit anderen Worten, die Moral darf nicht von einem glücklichen Zufall diktiert werden.

Ich darf meine Ausführungen mit der Idee für ein Drehbuch abschließen. Wir befinden uns in einer fernen Zukunft. Zwei Millionen Jahre sind vergangen, und die Zeit hatte den Menschen kein Glück gebracht. Die menschliche Intelligenz hatte im einundzwanzigsten Jahrhundert ein Plateau erreicht, als die physiologischen Bedingungen des Gebärens verhinderten, daß die Köpfe der Neugeborenen weiter anwuchsen. Es war der Medizin auch nicht gelungen, die physischen und psychischen Erkrankungen der modernen Welt erfolgreich zu bekämpfen, so daß aus der Menschheit ein Haufen kränklicher und neurotischer Geschöpfe geworden war. Umweltverschmutzung, zu reichliche Ernährung, Kriminalität und Streß hatten aus den Menschen eine körperlich und nervlich geschwächte Spezies gemacht. Doch die Menschenaffen sind in ihrer Entwicklung stetig vorangekommen. Ihre Stirnlappen haben sich vergrößert, sie sind leistungsfähig und robust, und schon längst haben sie sich von ihren menschlichen Fesseln befreit. Sie genießen alle Vorzüge der Zivilisation. Der *status quo* hat sich in sein Gegenteil verwandelt: die Menschen sind nun der Willkür der Menschenaffen ausgeliefert. Skrupellose Gorillas – diejenigen, die die schönsten Häuser bewohnen und über eigene Privatflugzeuge verfügen – verdienen viel Geld mit dem Verkauf von menschlichen Artexemplaren für die verschiedenen Zwecke. Keiner stellt Fragen. Einige werden für medizinische Versuche verwendet, um neue Erkenntnisse für die Behandlung von Menschenaffen zu gewinnen, andere landen in den Schlachthäusern, die glücklicheren werden als Haustiere gehalten, und wieder andere müssen den Menschenaffen als Prostituierte dienen. Bis jetzt sind solche Geschäfte illegal, werden nur auf dem Schwarzmarkt abgewickelt und von der Affenregierung nicht gebilligt. Aber diese Bestimmungen lassen sich angesichts des schwächlichen Zustands so vieler Menschen leicht umgehen. Das größte Problem für die geschäftstüchtigen Menschenaffen besteht darin, den Menschenhandel legalisieren zu lassen, um nicht mehr gegen geltendes Recht verstoßen zu müssen. Es gibt da nämlich diese lästige Lobby von andersdenkenden Menschenaffen, die nicht damit einverstanden ist, daß Menschen auf diese Weise unterdrückt werden. Auch die Menschen sind natürlich alles andere als glücklich darüber. Die Schwarzhändler unter den Affen versuchen deshalb, einige hohe Beamte zu bestechen und sie auf diese Weise zu veranlassen, ein Gesetz zu verabschieden, das die Praktiken zuläßt, die zur Zeit noch illegal sind. Alles, was die Menschenaffen darüber wissen, wie sie über Jahrhunderte von den Menschen behandelt worden sind, ist natürlich bestes Propagandamaterial. Man kann es in den Geschichtsbüchern nachlesen. Geschieht ihnen doch ganz recht, oder nicht? Nun sieht es so aus, als würde es ihnen gelingen, die Ausbeutung der Menschen zur normalen, gesetzlich geregelten Praxis zu machen, wenn die tapferen, wohlgesonnenen Menschenaffen und die verzweifelten Menschen es nicht verhindern können...

Nun gut, was ich damit sagen will, ist folgendes: Nehmen wir an, die Entwicklung nähme wirklich diesen Verlauf. Wäre es nicht besser, den Menschenaffen, die im allgemeinen einer freundlichen und gutwilligen Spezies angehören, sagen zu können, daß wir aufhören werden, sie in der letzten Dekade des zwanzigsten Jahrhunderts vorsätzlich auszubeuten? Wir haben erkannt, daß wir bisher den falschen Weg gegangen sind, weshalb sollten sie unsere bisher begangenen Fehler wiederholen? Wir wären dann nicht bloß durch ihren biologischen Aufstieg und unseren Abstieg dazu gezwungen worden, ihnen etwa nach einem blutigen Krieg in der Mitte des tausendsten Jahrhunderts Rechte zuzugestehen. Wir hätten es aus moralischen Gründen getan, und zwar lange bevor man uns dazu hätte zwingen können. Wir könnten deshalb an ihr moralisches Verantwortungsbewußtsein appellieren, indem wir darauf hinweisen, daß wir selbst bereits vorher diesen moralischen Grundsätzen gefolgt sind. Das wäre ein Argument, mit dem wir den eher zynischen Menschenaffen begegnen könnten, die betonen, es sei eben unser Pech, daß sie jetzt eine uns überlegene Position einnehmen. Ich würde jedenfalls gerne glauben, daß, wenn das, was ich in meinem Drehbuch dargestellt habe, eines Tages Realität werden sollte, unsere menschlichen Nachkommen *ein paar* moralische Gründe dagegen vorbringen können, daß sie von anderen Spezies rücksichtslos ausgebeutet werden und ihren Händen und Mäulern ausgeliefert sind. Wenn wir dies können, warum sollten sie es nicht auch können?

15

Warum sich Darwinisten für die Gleichbehandlung der anderen Großen Menschenaffen einsetzen sollten

von JAMES RACHELS

James Rachels ist Professor für Philosophie an der Universität von Alabama in Birmingham. Seine Anthologie Moral Problems *war die erste moderne Sammlung philosophischer Aufsätze, in deren Mittelpunkt praktische moralische Probleme stehen, und sie ist überall in Nordamerika als Lehrstoff für Studenten verwendet worden. Zu seinen Schriften gehören* The Elements of Moral Philosophy *und* The End of Life: Euthanasia and Morality. *Sein neuestes Buch* Created from Animals: The Moral Implications of Darwinism *ist eine Untersuchung möglicher Folgen der Akzeptanz der Evolutionstheorie für die Art, wie wir nichtmenschliche Tiere behandeln. Im folgenden diskutiert er die Frage, wie sich eine darwinistische Weltanschauung auf unsere Beziehungen zu den Großen Menschenaffen auswirken sollte.*

Vor einigen Jahren habe ich den Versuch unternommen, die gesamte Literatur über Charles Darwin durchzuarbeiten. Ich glaubte zunächst, das sei eine leicht zu bewältigende Aufgabe, mußte aber sehr bald erkennen, wie naiv diese Vorstellung war. Ich weiß nicht, wie viele Bücher über ihn geschrieben worden sind, aber es scheinen

Tausende zu sein.[1] Warum sind es so viele? Das liegt zum Teil natürlich daran, daß Darwin eine so ungeheuer wichtige Rolle in der Geschichte des menschlichen Denkens spielt. Aber als ich diese Bücher las – oder zumindest soviel wie ich konnte –, begriff ich allmählich, daß das Interesse für Darwin zum Teil auch seinen persönlichen Qualitäten galt. Er war ein ungeheuer liebenswerter Mann, bescheiden und menschlich, mit einer persönlichen Ausstrahlung, die auch heute noch die Menschen anzieht.

Über den Charakter seines Vaters schrieb Darwins Sohn Francis: »Die beiden Themen, die meinen Vater vielleicht stärker bewegt haben als irgend etwas anderes, waren die Grausamkeit, mit der Tiere behandelt werden, und die Sklaverei. Beides verabscheute er zutiefst, und seine Empörung war überwältigend, wenn er feststellen mußte, daß diese Dinge leicht genommen wurden oder man kein Gefühl für sie hatte.«[2] Darwins entschiedene Ablehnung der Sklaverei kommt in vielen seiner Schriften zum Ausdruck, besonders im *Journal of Researches*, wo er über seine Abenteuer während der Reise auf der *Beagle* berichtet. Was er hier schreibt, gehört zu dem Bewegendsten, was wir in der Literatur über die Abschaffung der Sklaverei finden können. Aber am meisten waren seine Zeitgenossen von seinen Gefühlen Tieren gegenüber beeindruckt. Zahlreiche Anekdoten berichten davon, wie er Droschkenkutscher zurechtwies, die ihre Pferde zu hart peitschten, und wie er eifrig für seine Haustiere sorgte und es verbot, daß in seinem Hause über Vivisektion gesprochen wurde.[3] Auf der Höhe seines Ruhmes schrieb er einen Artikel für eine vielgelesene Zeitschrift, in dem er die Verwendung von Tellereisen in so scharfer Form verurteilte, wie es für eine Zeitschrift angemessen ist, die sich heutzutage für Tierrechte einsetzt.

In seinen wissenschaftlichen Büchern vermied es Darwin jedoch meist zu moralisieren. Früher hatten Naturforscher die natürliche Ordnung als eine Art moralisches Laboratorium angesehen, in dem sich überall der göttliche Plan zeigte, und deshalb glaubten sie, daraus alle möglichen moralischen Lehren ziehen zu können. Darwin hielt es für falsch, die Natur von dieser Perspektive aus zu betrachten. Die Natur war seiner Ansicht nach ein Kampf »mit

Zähnen und Klauen«. Sie verkörpert kein großartiges moralisches Vorbild, sondern merzt die nicht Überlebensfähigen in einer oft grausamen Weise aus, die nicht dem menschlichen Rechtsgefühl entspricht.

Dennoch hatte Darwin geglaubt, daß man aus der wissenschaftlichen Erforschung des Ursprungs des Menschen auch etwas über die Moral lernen kann. Das dritte Kapitel seines bedeutenden Werks *Die Abstammung des Menschen* ist ein ausführlicher Aufsatz über die Moral, der er, wie er sich ausdrückt, »von naturhistorischer Seite her [nähertritt]«.[4] In diesem Kapitel äußert sich Darwin unter anderem über das Wesen der Moral, ihre biologische Grundlage, das Ausmaß unserer moralischen Pflichten und die Aussichten auf einen moralischen Fortschritt. Es ist die Arbeit eines moralischen Visionärs und eines Mannes der Wissenschaft.

Besonders beeindruckend ist, was Darwin über den moralischen Fortschritt sagt. Wir sind moralische Wesen, weil die Natur uns mit »sozialen Instinkten« ausgestattet hat, die uns veranlassen, uns um das Wohlbefinden anderer zu sorgen. (Die sozialen Instinkte werden selbstverständlich durch die natürliche Selektion erzeugt wie fast alle unsere Merkmale.) Zunächst reichen die Auswirkungen der sozialen Instinkte allerdings nicht sehr weit. Wir sorgen uns nur um unsere nahen Verwandten und um diejenigen, von denen wir erwarten dürfen, daß auch sie uns helfen werden. Zu einem moralischen Fortschritt kommt es im Lauf der Zeit, wenn diese sozialen Instinkte immer weiter ausgedehnt werden und wir beginnen, uns um das Wohlbefinden einer immer größeren Zahl unserer Mitgeschöpfe zu kümmern. Die höchste Stufe der Moralität ist erreicht, wenn die Rechte aller Geschöpfe ohne Ansehung ihrer Rasse, ihrer Intelligenz oder sogar ihrer Spezies in gleicher Weise geachtet werden.

> Endlich werden die socialen Instincte, welche ohne Zweifel vom Menschen ebenso wie von den niederen Thieren zum Besten der ganzen Gemeinschaft erlangt worden sind, von Anfang an den Wunsch, seinen Genossen zu helfen, und ein gewisses Gefühl der Sympathie in ihm angeregt, ihn aber

> auch dazu veranlaßt haben, ihre Billigung und Mißbilligung zu beachten. Derartige Antriebe werden ihm in einer sehr frühen Periode als eine rohe Regel für Recht und Unrecht gedient haben. Aber in dem Maße, wie der Mensch nach und nach an intellectueller Kraft zunahm und in den Stand gesetzt wurde, die weiter entfernt liegenden Folgen seiner Handlungen zu übersehen, wie er hinreichende Kenntnisse erlangt hatte, um verderbliche Gebräuche und Aberglauben zu verwerfen, wie er, je länger, desto mehr, nicht bloß die Wohlfahrt, sondern auch das Glück seiner Mitmenschen in's Auge fassen lernte, wie in Folge von Gewohnheit, dieser Folge wohlthuender Erfahrung, wohlthätigen Unterrichts und Beispiels, seine Sympathien zarter und weiter ausgedehnt wurden, so daß sie sich auf alle Menschen aller Rassen, auf die schwachen, gebrechlichen und andren unnützen Glieder der Gesellschaft, endlich sogar auf die niederen Thiere erstreckten, – in dem Maße wird auch der Maßstab seiner Moralität höher und höher gestiegen sein.[5]

Die Tugend des Mitgefühls mit den niederen Tieren ist »eine der edelsten, welche dem Menschen eigen ist«.[6] Sie wird als letzte in ihm lebendig, weil sie die größten Fortschritte im Denken und Begreifen erfordert.

Was können wir daraus erkennen? Man könnte sagen, daß Darwins moralische Einstellungen völlig getrennt und unabhängig von seinen rein wissenschaftlichen Leistungen waren. Als Gegner der Sklaverei sympathisierte er zu Recht mit einer der großen moralischen Bewegungen seiner Zeit. Wenn er sich gegen die Grausamkeit gegenüber Tieren wendete, zeigte er eine Herzensgüte, die wir alle in uns entwickeln sollten. Doch mehr sollten wir darin nicht sehen. Wenn wir es so betrachten, sind die moralischen Ansichten, die in *Die Abstammung des Menschen* zum Ausdruck kommen, nur moralischer Ballast und haben mit der Theorie der natürlichen Selektion nicht mehr zu tun als Einsteins Überlegungen zum Thema Krieg und Frieden mit der Relativitätstheorie. Wie andere Denker aus dem neunzehnten Jahrhundert konnte Darwin der Versuchung nicht widerstehen, neben seiner wissenschaftlichen Arbeit auch seine Gedanken über ethische Fragen zum Ausdruck zu bringen. Wir zumindest sollten diese beiden Bereiche klar voneinander trennen.

Es gibt jedoch noch eine weitere Möglichkeit, Darwins Leben und Arbeit zu betrachten. Vielleicht gab es einen Zusammenhang zwischen seiner wissenschaftlichen Arbeit und seinen moralischen Ansichten, denn offensichtlich glaubte er, daß sie ganz wesentlich miteinander verbunden waren. Wenn das so ist, dann haben vielleicht auch wir gute Gründe, beides als ein Ganzes zu sehen, und es wird vielleicht nicht so leicht sein, das eine ohne das andere zu erfassen. Asa Gray, der in Harvard lehrende Botaniker und führende Verteidiger der Lehren Darwins in Amerika, war dieser Ansicht. In einem Vortrag vor der theologischen Fakultät in Yale erklärte Gray im Jahr 1880:

> Wir teilen das Leben nicht nur mit den Tieren, sondern auch mit den Pflanzen, und wir teilen mit den höheren Tieren gemeinsam Instinkte, Gefühle und Stimmungen. Mir scheint, es liegt eine gewisse Niedertracht darin, daß wir diese Gemeinsamkeiten ignorieren wollen. Ich denke, die Menschen könnten humaner sein, wenn sie das erkennen, denn die von ihnen abhängigen Verbündeten führen ein Leben, an dem der Mensch teilhat, und so haben sie Rechte, die der Mensch respektieren muß.[7]

Damit hat Asa Gray den wesentlichen Punkt getroffen. Darwin hatte gezeigt, daß alles Leben miteinander in Beziehung steht: Wir sind mit den Menschenaffen verwandt. Wenn das zutrifft, folgt dann daraus nicht, daß sie ebenso wie wir Rechte haben?

Lassen Sie mich versuchen, diesen Punkt ausführlicher zu erklären. Es ist ein fundamentales moralisches Prinzip, das zum ersten Mal von Aristoteles formuliert wurde, daß gleiche Fälle gleich behandelt werden sollten. Das bedeutet meiner Ansicht nach, daß Individuen auf die gleiche Weise zu behandeln sind, *wenn nicht ein relevanter Unterschied zwischen ihnen besteht*. Wenn man also eine Person auf die eine und eine andere Person auf eine andere

Weise behandeln will, dann muß man einen Unterschied zwischen beiden zeigen können, der es rechtfertigt, sie verschieden zu behandeln. Wo es keine relevanten Unterschiede gibt, müssen sie gleich behandelt werden.

Das Prinzip des Aristoteles gilt für die Behandlung nichtmenschlicher Tiere ebenso wie für die unserer Mitmenschen. Vor Darwin glaubte man jedoch im allgemeinen, daß die Unterschiede zwischen Menschen und nichtmenschlichen Tieren so groß sind, daß es fast in jedem Fall gerechtfertigt ist, Menschen anders zu behandeln. Die Menschen glaubten, sich vom Rest der Schöpfung abzuheben. Man behauptete, sie seien die einzigen denkenden Wesen und nach Gottes Ebenbild geschaffen. Sie hätten unsterbliche Seelen und seien deshalb in grundsätzlicher Weise von Tieren unterschieden. Es ist diese Vorstellung von der Menschheit, die Darwin zerstörte. An ihre Stelle setzte er das Bild des Menschen, der mit den Tieren eine gemeinsame Herkunft und gemeinsame Eigenschaften teilt.

Wenn wir das von Darwin entworfene Bild ernst nehmen, müssen wir unsere Ansichten darüber, wie Tiere behandelt werden dürfen, revidieren. Daraus folgt nicht, daß wir alle Tiere behandeln müssen, als glichen sie Menschen, denn es kann immerhin Unterschiede zwischen Menschen und einigen Tieren geben, die eine Unterscheidung im moralischen Status rechtfertigen. Es wäre zum Beispiel sinnlos zu verlangen, daß man Muscheln das Recht geben müßte, frei zu leben, denn sie besitzen nicht die Fähigkeit zum freien Handeln. Die Mitglieder mancher anderer Spezies, etwa die Insekten, können nicht einmal Schmerz empfinden, so daß es sinnlos wäre, sich dagegen zu wenden, daß sie »gequält« werden. Es würden sich sicherlich viele andere vergleichbare Beispiele finden lassen.

Und doch sind es, wenn wir uns den »höheren« Tieren wie etwa den Großen Menschenaffen zuwenden, die Ähnlichkeiten und nicht die Unterschiede zwischen ihnen und uns, die so beeindrukkend sind. Diese Ähnlichkeiten sind so vielfältig und so wesentlich, daß es oft keine relevanten Unterschiede mehr gibt, die eine andere Behandlung rechtfertigen würden. Darwin meinte, solche Tiere seien intelligent und gesellig, und sie besäßen sogar ein rudimentäres moralisches Gefühl. Außerdem empfänden sie Angst, Kummer, Schwermut, Verzweiflung, Freude, Hingabe, schlechte Laune, Geduld und zahlreiche andere »menschliche« Gefühlsregungen. Die seit den Tagen Darwins vorgenommenen ethologischen Studien haben dieses Bild von ihnen bestätigt. Die moralische Konsequenz ist, daß, wenn sie solche Fähigkeiten haben, es keine vernünftigen Gründe gibt, ihnen moralische Grundrechte zu verweigern, zumindest wenn wir solche Rechte auch weiterhin für uns in Anspruch nehmen wollen. Die wichtigsten dieser Rechte sind das Recht auf Leben, das Recht, in Freiheit zu leben und das Recht, nicht unnötig leiden zu müssen.

Man könnte diese Schlußfolgerung leicht übertreiben und ihre Begründung falsch darstellen. Das heißt, es soll nicht gesagt werden, daß man den Großen Menschenaffen *alle* Rechte der Menschen zugestehen sollte oder daß es *keine* wesentlichen Unterschiede zwischen ihnen und uns gibt. Es ist durchaus möglich, daß es für einige Menschenrechte bei den Menschenaffen keine Entsprechung gibt. In einer aufgeklärten Gesellschaft haben die Menschen zum Beispiel das Recht, höhere Schulen und Universitäten zu besuchen. Dazu müssen sie lesen können, und nicht einmal die intelligentesten nichtmenschlichen Wesen können lesen, und so hat es keinen Sinn zu verlangen, daß man auch ihnen dieses Recht zugesteht. Aber das Recht auf ein freies Leben und die anderen oben erwähnte Grundrechte setzen nicht die Fähigkeit zu lesen oder andere vergleichbare intellektuelle Leistungen voraus, und deshalb sind solche Fähigkeiten für die Gewährung dieser Rechte nicht relevant. Aristoteles' Grundsatz verlangt Gleichbehandlung dort, aber auch nur dort, wo es keine relevanten Unterschiede gibt.

Partisanen der Tierrechtsbewegung stellen diese Schlußfolgerungen manchmal so dar, als gründeten sie sich auf die genetische Ähnlichkeit zwischen Menschen und anderen Menschenaffen. Aber die Bedeutung dieser Tatsache wird leicht mißverstanden. Gemeinsamkeiten in der DNS sind ein weiterer Beweis für unsere Verwandtschaft mit anderen Tieren und bestätigen Darwins Bild. Aber es ist nicht die bloße Tatsache, daß wir genetisches Material mit den Schimpansen teilen, die uns zwingt, diesen moralischen Schluß zu ziehen. Was uns dazu zwingt, ist der Umstand, daß die Schimpansen und die anderen Großen Menschenaffen intelligent sind und ein ähnliches soziales und emotionales Leben führen wie wir. Die Gene haben für sie und für uns nur deshalb eine Bedeutung, weil sie ein solches Leben ermöglichen.

Vor Darwin wäre die grundlegende moralische Gleichheit der Großen Menschenaffen – eine Kategorie, zu der wir natürlich genauso gehören wie die Schimpansen, die Gorillas und die Orang-Utans – ein erstaunlicher Anspruch gewesen und nicht leicht zu verteidigen. Aber nach Darwin ist es nicht mehr, als wir erwarten können, sofern wir gründlich darüber nachdenken, was er uns gelehrt hat. Jeder gebildete Mensch hat heute Darwins Lektion über den Ursprung des menschlichen Lebens und seine Verbindung zu nichtmenschlichem Leben gelernt. Unsere Sache ist es jetzt, die daraus folgenden moralischen Konsequenzen ebenso ernst zu nehmen. Darwin selbst war in dieser Hinsicht optimistisch:

> Blicken wir auf spätere Generationen, so haben wir keine Ursache zu befürchten, daß die socialen Instincte schwächer werden würden; und wir können wohl erwarten, daß tugendhafte Gewohnheiten stärker und vielleicht durch Vererbung fixiert werden. In diesen Falle wird der Kampf zwischen unsern höheren und niederen Antrieben weniger hart sein und die Tugend wird triumphieren.[8]

Anmerkungen

1. Mein Beitrag zu dieser Flut von Veröffentlichungen ist James Rachels, *Created from Animals: The Moral Implications of Darwinism*, Oxford 1990. Hier gehe ich noch detaillierter auf die in diesem Kapitel behandelten Themen ein.
2. Diese Aussage aus einer unveröffentlichten Schrift aus der Darwin-Sammlung der Bibliothek der Universität Cambridge wird zitiert in Ronald W. Clark, *The Survival of Charles Darwin*, New York 1984, S. 76.
3. Darwin hat jedoch die Vivisektion zum Zwecke »wirklicher, physiologischer Forschung« für zulässig erklärt. Über Einzelheiten seiner zweispältigen Haltung zu diesem Thema siehe Rachel, *Created from Animals*, S. 212-216.

4. Charles Darwin, *Die Abstammung des Menschen und die geschlechtliche Zuchtwahl*, Stuttgart 1899, S. 107.
5. Ebenda, S. 137.
6. Ebenda, S. 135.
7. Asa Gray, *Natural Science and Religion: Two Lectures Delivered to the Theological School of Yale College*, New York 1880, S. 54.
8. Darwin, *Die Abstammung des Menschen*, S. 138.

16

Schwerst geistigbehinderte Menschen und die Großen Menschenaffen: Ein Beitrag aus sonderpädagogischer Sicht

von CHRISTOPH ANSTÖTZ

Christoph Anstötz ist Professor für Geistigbehindertenpädagogik an der Universität Dortmund, wo er die Ausbildung von Geistigbehinderten lehrt. Er ist Autor von Grundriss der Geistigbehindertenpädagogik *und* Ethik und Behinderung: Ein Beitrag zur Ethik der Sonderpädagogik aus empirisch-rationaler Perspektive. *Der folgende Beitrag bricht ein Tabu im Bereich der Sonderpädagogik: er vergleicht explizit die Fähigkeiten von schwerst geistigbehinderten Menschen mit denen nichtmenschlicher Primaten. Die beabsichtigte ethische Bedeutung dieses Vergleichs ist selbstverständlich nicht, den außerordentlichen Fortschritt, den die Erweiterung der Gleichheitsidee auf Geistigbehinderte darstellt, zu untergraben, sondern liegt eher in dem Hinweis, daß die Grundlage für diesen Fortschritt unweigerlich einen weiteren Schritt nahelegt.*

Die Gleichheitsidee und Menschen mit einer geistigen Behinderung

Wenn wir uns wirklich ernsthaft bemühen, den Sinn der Gleichheitsidee zu verstehen, dann werden wir feststellen, daß selbst in unserer modernen, aufgeklärten Welt bestimmte Konsequenzen dieser Idee noch immer übersehen werden. Ich werde im folgenden zeigen, daß die Entwicklung dieser Gleichheitsidee, die erst in den siebziger Jahren mit zwei Deklarationen der Vereinten Nationen ausdrücklich auch Menschen mit einer geistigen Behinderung einbezog, ihren Endpunkt noch nicht erreicht hat. Ich werde nachzuweisen versuchen, daß der berechtigte Widerstand gegen die Diskriminierung dieser geistig schwer beeinträchtigten Menschen auf Grundsätzen beruht, die das Ende der Diskriminierung anderer fühlender Wesen verlangen, die ebenfalls nicht selbst für ihre Interessen eintreten können.

Die Geschichte der Gleichheitsidee läßt sich auch als Geschichte der moralischen Forderung auffassen, ungerechtfertigte Diskriminierung aufzugeben. Die Vielfalt der tatsächlichen Erscheinungsformen von Lebewesen auf dieser Erde bildet eine Art Grundmenge von Diskriminierungsmöglichkeiten für die, die in der Lage sind, von ihnen Gebrauch zu machen. Der Artikel 2 der Menschenrechtsdeklaration aus dem Jahre 1948 nennt eine Reihe solcher Erscheinungsformen, die in der Vergangenheit zu Benachteiligung bzw. ungerechtfertigten Bevorzugungen geführt haben. Er mißbilligt jede Unterscheidung »nach Rasse, Farbe, Geschlecht, Sprache, Religion, politischer und sonstiger Überzeugung, nationaler oder sozialer Herkunft, nach Eigentum oder sonstigen Umständen«.[1] So wenig wie sich bestreiten läßt, daß weltweit gegen die Gleichheitsidee noch immer verstoßen wird, so wenig lassen sich Fortschritte in der Verwirklichung dieser Idee übersehen. Die kürzlich in der Bundesrepublik Deutschland offiziell angestrebte Quotenregelung bei der Besetzung öffentlicher Ämter mit Frauen gibt ebenso Zeugnis davon wie die jüngste Entwicklung der Apartheidspolitik in Südafrika.

Die Gleichheitsidee selbst erfährt ständig Verfeinerungen, welche Schlußfolgerungen Rechnung tragen, die sich aus ihrem Grundanliegen ergeben. Dieses hat Harriet Taylor Mill in einem Aufsatz über die Frauenemanzipation vor fast hundertfünfzig Jahren mit Hilfe des Gerechtigkeitsbegriffs so umschrieben: »Es ist ein anerkanntes Gebot der Gerechtigkeit, ohne Notwendigkeit keine verletzende Unterscheidung zu machen. In allen Dingen sollte die Voraussetzung zugunsten der Gleichheit sein.«[2] In der zweiten Hälfte dieses Jahrhunderts konnte die Gleichheitsidee sowohl was ihre Konzeption als auch was ihre Verwirklichung betrifft einen weiteren wichtigen Sieg zugunsten einer bislang vernachlässigten Minderheit davontragen. Im Unterschied zu den Gruppen der Frauen oder der Schwarzen war und ist die Minorität, um die es hier im weiteren geht, nicht immer in der Lage, für die Wahrnehmung ihrer Rechte einzutreten: Auf dem vierten Kongreß der International League of Societies for Persons with Mental Handicaps (ILSMH) vom 21.-24. Oktober des Jahres 1968 in Jerusalem wurde eine »Deklaration der allgemeinen und besonderen Rechte der geistig Behinderten« verabschiedet. Vertreter aus vierunddreißig Ländern waren an der Entscheidung beteiligt. Die Deklaration wurde von den Vereinten Nationen aufgegriffen, inhaltlich diskutiert und schließlich kurze Zeit später, am 20. Dezember 1971, in leicht veränderter Form angenommen. Mit 110 zu 0 stimmte die Generalversammlung für die Resolution No. 2856 (XXVI)[3]. Sie lautet: »Declaration on the Rights of Mentally Retarded Persons.« Artikel 1 bringt die prinzipielle Grundlage dieser Deklaration zum Ausdruck: »Die geistig behinderte Person hat [...] die gleichen Rechte wie andere menschliche Lebewesen.« Die Artikel 2 bis 7 betonen das Recht auf medizinische Versorgung und pädagogische Förderung. Sie formulieren das Recht, in der eigenen Familie zu leben und am Gemeindeleben teilzunehmen. Gefordert wird ferner der Schutz vor Ausnutzung, Mißachtung und entwürdigender Behandlung. Sollte eine Einschränkung der Rechte erforderlich sein, so heißt es in dem letzten Artikel, muß dieser Vorgang eine gesetzliche Sicherstellung gegen jede Form des Mißbrauchs aufweisen. Fünf Jahre später wurden diese Rechte für geistig Behinderte durch eine weitere UN-Deklaration ergänzt und bekräftigt: Die »Declaration on the Rights of Disabled Persons«[4].

Solche internationalen Bestrebungen, die weltweite Geltung beanspruchten, wurden begleitet von nationalen Anstrengungen in gleicher Richtung. In den Vereinigten Staaten und vielen westeuropäischen Ländern ist man bemüht, solche gesellschaftlichen Zustände nach und nach zu beseitigen, in denen man einen Verstoß gegen die Anwendung der Gleichheitsidee auf Geistigbehinderte sieht. Pioniere dieser Bewegung gegen die Diskriminierung von Menschen mit einer geistigen Behinderung kamen vor allem aus den skandinavischen Ländern. Bereits in den frühen sechziger Jahren wurden der Däne Bank-Mikkelsen und der Schwede Nirje sowohl in der Pädagogik als auch in der Politik bekannt für ihre Forderung, die Lebensbedingungen geistigbehinderter Menschen *so nahe wie möglich am Normalen* zu gestalten. In den Vereinigten Staaten war es vor allem Wolf Wolfensberger, der diese Idee aufgriff und in vielen Publikationen behandelte. Das mittlerweile auch international rezipierte *Normalisierungsprinzip* etablierte sich in Sonderpädagogik und Sozialpolitik gewissermaßen als eine normative Prüfgröße, mit deren Hilfe die tatsächlichen Verhältnisse, unter denen geistigbehinderte Mitbürger lebten, von nun an kritisch beurteilt werden sollten.

So trug die durch die UN-Deklaration weltweit verbreitete und geförderte Aufnahme geistigbehinderter Menschen in die *Gemeinschaft der Gleichen* nach und nach auch praktische Früchte. Seit gut zwei Jahrzehnten ist in den westlichen Ländern eine *Deinstitutionalisierungsbewegung* im Gang. Das Ziel dieser Bewegung besteht darin, die großen Anstalten für Geistigbehinderte aufzulösen. Die Einrichtung kleiner, gemeindenaher Wohnformen ist Teil eines *gesellschaftlichen Integrationsprozesses*, der sich auf alle Bereiche des sozialen Lebens erstrecken sollte. Dazu gehört auch die schulische Erziehung. Der in Artikel 2 der Erklärung der Rechte für geistig Behinderte formulierte Anspruch »auf [...] Bildung, Training, Rehabilitation und Förderung« wird bereits in vielen Ländern durch pädagogisch spezialisierte Schulen verwirklicht. In Deutschland werden Lehrer für diese Schulen in einem eigenständigen

Studium an Universitäten ausgebildet. Das bedeutet, daß man pädagogisches Personal auf höchstmöglichem Niveau qualifizieren will, um geistigbehinderten Schülern einen guten Unterricht und damit eine optimale Vorbereitung auf ein möglichst selbständiges und erfülltes Leben in ihrer Gemeinschaft zu bieten.

Obwohl es überhaupt keinen Anlaß gibt, mit dem bisher Erreichten zufrieden zu sein, ist der konzeptionelle und der praktische Fortschritt der Gleichheitsidee in den letzten dreißig Jahren zugunsten von Menschen mit einer geistigen Behinderung nicht zu übersehen.

Die Suche nach dem Humanum

Als in den 60er und 70er Jahren immer mehr eigene Schulen für Geistigbehinderte gegründet wurden, fand man dort eine Schülerschaft vor, die neben gesundheitlichen Bedingungen bei ihrer Aufnahme offiziell bestimmte Minimalvoraussetzungen erfüllen mußte. In den ersten Richtlinien von Nordrhein-Westfalen werden folgende Aufnahmekriterien genannt:

Vorhanden sein sollten

»a) ein geistig-seelischer Entwicklungsstand, der Gegenstandsbezug erkennen läßt und den Behinderten befähigt, über die Stufe eines bloß dranghaften Hantierens hinaus sinnvoll mit Material umzugehen und über mehrere Minuten bei angemessenen Tätigkeiten zu verweilen;

b) die Fähigkeit, einfache verbale oder gestische Mitteilungen zu verstehen;

c) die Fähigkeit, soziale Verhaltensweisen zu erlernen«.[5]

Nach Abschluß der schulischen Ausbildung, so kommt in diesen Richtlinien ebenfalls zum Ausdruck, sollten diese Schüler am Ende prinzipiell in der Lage sein, »Arbeiten in Haus, Küche und Garten« zu verrichten, einen angemessenen »Umgang mit Tieren« zu pflegen, Kenntnisse in der »Gesundheitspflege und häuslichen Krankenpflege« vorzuweisen, den »Gebrauch und die Behandlung von Werkzeugen und Maschinen« sowie verschiedene »Werktechniken« zu beherrschen etc.[6] Was diese Personengruppe anging, so schien es eigentlich kaum Schwierigkeiten zu geben, was die Legitimation pädagogischer Arbeit mit ihnen betraf. Zwar war einerseits der Abschluß der Schule für Geistigbehinderte mit dem Niveau anderer Schulformen ganz offensichtlich nicht gleichzusetzen. Andererseits jedoch war der angestrebte Fähigkeitsstand, wie die Richtlinien deutlich machen, immerhin von der Art, daß er auch bei denen, die gewöhnlich wenige oder keine Kontakte mit geistigbehinderten Personen haben, kaum schwerwiegende Irritationen auslöst. Es handelt sich eben um heranwachsende oder erwachsene Mitbürger, die geistig und damit in vielen anderen Persönlichkeitsbereichen erheblich zurückgeblieben sind. Dennoch sind sie nach einer guten schulischen Ausbildung meist in der Lage, ihre persönlichen Angelegenheiten auf vielen Gebieten des täglichen Lebens selbständig zu regeln. Hier den Artikel 1 der Menschenrechte anzuwenden, schien ohne weiteres möglich zu sein: »Alle menschlichen Wesen sind frei geboren und gleich an Würde und Rechten. Sie sind mit Vernunft und Gewissen begabt und sollen einander im Geiste der Brüderlichkeit begegnen.«

Als man Schulen für Geistigbehinderte einrichtete und damit der gesellschaftlichen Fürsorge diesen Mitgliedern gegenüber Ausdruck und Bedeutung verlieh, tat man einen ersten Schritt. Eine geistige Behinderung, so war die Auffassung, konnte das Recht auf schulische Erziehung nicht vereiteln. Diese Position zog weitere Schritte nach sich. Hatte man erst einmal entschieden, daß das Vorliegen einer geistigen Behinderung keinen Grund darstellen dürfe, einem heranwachsenden Mitglied der Gesellschaft den Schulbesuch zu verwehren und es dadurch zu benachteiligen, so konnten die oben zitierten Aufnahmekriterien auf Dauer schwerlich aufrechterhalten werden. Es schien auf den ersten Blick ganz einleuchtend, daß die Einbeziehung *aller* Schüler im schulpflichtigen Alter sich aus einer konsequenten Fortführung des Gleichheitsgedankens ergeben mußte, und zwar ungeachtet des Schweregrades einer geistigen Behinderung. Dementsprechend wurde in der zweiten Ausgabe der Richtlinien der Schule für Geistigbehinderte aus dem Jahre 1980 die bislang geltende untere Fähigkeitsgrenze ganz aufgegeben. Kurz zuvor hatte ein ministerieller Erlaß[7] explizit die

Aufnahme jener geistig extrem behinderten Schüler angeordnet, deren schulische Integration bis dahin nicht vorgesehen war.

In der einschlägigen Literatur werden diese Schüler oft mittels einer Kurzbeschreibung so dargestellt, daß sie – auch als Heranwachsende bzw. Erwachsene – den Entwicklungsstand eines wenige Monate alten Säuglings nicht übersteigen. Die von führenden Sonderpädagogen Deutschlands mitentwickelten amtlichen Richtlinien des Landes Nordrhein-Westfalen machen deutlich, daß mitunter nicht einmal diese Kapazität erreicht wird:

> »Das Lernverhalten ist gekennzeichnet durch Beeinträchtigungen der Aufnahme, Verarbeitungs- und Speicherprozesse sowie der Ausdrucksmöglichkeiten. Es kann sich erstrecken von
> – noch keinem beobachtbaren Interesse, nicht einmal auf vitale Bedürfnisse ausgerichtet, bis hin zu Lerninteresse auf vitale Bedürfnisse; [...]
> – noch nicht erkennbarer Ansprechbarkeit, über personenbezogene Äußerungen und Reaktionen bis hin zu sach- und situationsverhafteter Ansprechbarkeit; [...]
> – noch nicht beobachtbaren Reaktionen auf Empfinden und Umweltreize bis hin zu einem überwiegend handlungsbezogenen Lernen; [...]
> – noch nicht erkennbarem Kommunikationsverhalten bis hin zu begrenzten sprachlichen Aufnahme-, Verarbeitungs- und Darstellungsfähigkeiten; [...]«[8]

Als weitere Abweichungen werden zum Beispiel genannt:

> »– geringe Koordinationsfähigkeiten zwischen Sinneseindrücken und Bewegungsformen sowie Verhaltensweisen; ...
> – Fehlen oder Beeinträchtigung der Fähigkeit, auf Personen oder Sachwelt zu reagieren oder sich zu distanzieren; [...]«[9]

Vor dem Hintergrund dieser Charakterisierung lohnt es sich, noch einmal einen Blick auf den Artikel 1 der Menschenrechte zu werfen: »Alle menschlichen Wesen sind frei geboren und gleich an Würde und Rechten. Sie sind mit Vernunft und Gewissen begabt und sollen einander im Geiste der Brüderlichkeit begegnen.«

Während bei der ersten Gruppe geistigbehinderter Heranwachsender, die zunächst in den Sonderschulen aufgenommen worden waren, noch eine sinnvolle Anwendung des Artikel 1 plausibel erscheint, treten bei der Gruppe der Menschen mit schwerster geistiger Behinderung doch erhebliche Zweifel auf: Wie läßt sich bei nüchterner Betrachtung behaupten, daß ein Schüler mit »Vernunft und Gewissen« begabt ist, der, wie es in den Richtlinien heißt, ohne erkennbare Ansprechbarkeit ist, der keine Kommunikation aufnehmen kann, dessen Reaktionen auf Empfindungen und Umweltreize nur unterstellt, aber nicht beobachtet werden können, dem möglicherweise die Fähigkeit fehlt, auf Personen oder die Sachwelt überhaupt zu reagieren?

Bis zu einem gewissen Grade lassen sich diese Zweifel zerstreuen. Man könnte einwenden, daß erst einmal die Wirkung sowohl einer intensiven pädagogischen Förderung als auch einer integrativ gestalteten Umgebung abgewartet werden müsse, bevor man über die Kapazität eines schwerst geistigbehinderten Menschen ein Urteil fällt. Dem tragen die Richtlinien insofern Rechnung, als sie von *noch* nicht erkennbarer Ansprechbarkeit, *noch* nicht erkennbarem Kommunikationsverhalten etc. sprechen. Aber auch wenn sich nach jahrelanger Erziehung unter optimalen Lebensumständen noch immer keine Änderung zeigen will, wird man immer noch auf den Fortschritt der Wissenschaften hinweisen können, mit dem eine kontinuierliche Verbesserung der verfügbaren Förderpläne und Erziehungsprogramme verbunden ist. Dieser Hinweis ist zwar berechtigt, aber er ist auch einseitig. Es ist weder unter logischen noch unter empirischen Gesichtspunkten zu rechtfertigen, ausschließlich die Begrenztheit auf seiten der Erziehungsmittel und nicht auch die Begrenztheit auf seiten des Schülers in Betracht zu ziehen. Es läßt sich einfach nicht leugnen, daß ein schwerst geistigbehinderter junger Mann, sagen wir im Alter von achtzehn Jahren, trotz bester pädagogischer Förderung und optimaler sozialer Bedingungen über eine minimale Kapazität, wie sie oben skizziert wurde, möglicherweise sein Leben lang nicht hinauskommen wird. Dies zu bestreiten, würde bedeuten, die Augen vor einer unangenehmen Realität zu verschließen und den eigenen Wünschen den Charakter pädagogischer Prämissen zu geben, die mit der menschlichen Erfahrung unvereinbar sind.[10]

Aber man braucht erst gar nicht den Blick auf das wirklich unterste Ende menschlicher Kapazität zu richten, um auf das moralische Dilemma zu stoßen, das mit der Aufnahme schwerst geistigbehinderter Schüler in die Klientel der Sonderpädagogik unentrinnbar verbunden ist: Die Tatsache, daß diesen Heranwachsenden alles das zu fehlen und möglicherweise auch in der Zukunft unerreichbar scheint, was man gemeinhin als *typisch menschliche Eigenschaften* ansieht, hat in der Tat große Verwirrung ausgelöst. Angesichts der neuen Situation, angesichts der extrem minimalen Kapazität jener Menschen, mit denen man es nun zu tun hatte, sah man sich jetzt gezwungen, erneut nach dem Ausschau zu halten, was nun als das Menschliche, als das *Humanum* gelten sollte.

So berichtet Pfeffer in einem Studienprojekt zur pädagogischen Förderung von Kindern und Jugendlichen mit schwerer geistiger Behinderung über den Eindruck, den eine Mitarbeiterin nach ihrem ersten Kontakt mit diesen Schülern wiedergab:

> »Alles, was einen Menschen ausmacht, was ihn vom Tier unterscheidet, schien bei ihnen offensichtlich nicht vorhanden zu sein: abstraktes Denken und Sprache als typisch menschliche Eigenschaften konnten sofort gestrichen werden. Was blieb also übrig? [...] Was ist der Mensch, dieses Maß aller Dinge, wenn schwerst Geistigbehinderte auch Menschen sind?«[11]

Schwerst geistigbehinderte Menschen und nichtmenschliche Primaten: ein Vergleich

Erstmalig wurde aus naheliegenden Gründen in der Pädagogik der Geistigbehinderten recht intensiv mit Vergleichen zum Tierreich gearbeitet. In solchen Abgrenzungen sah man eine besonders überzeugende Begründungsstrategie, die dazu führen sollte, einen Sonderstatus des Menschen unter allen Lebewesen auch in jenen Fällen aufrechterhalten zu können, wo eine extreme geistige Behinderung vorliegt: »In der biologischen Anthropologie«, meint Stolk, ein bekannter holländischer Sonderpädagoge, »versucht man diesem typisch Menschlichen auf die Spur zu kommen, indem man den Menschen mit dem Tier vergleicht.«[12] Auch betroffenen Eltern gehen solche Vergleiche durch den Kopf, wie ein Beispiel aus derselben Quelle verdeutlicht.

»Die Eltern von Johan zeigen das Fotoalbum ihres Sohnes. Auf den Fotos der aufeinanderfolgennden Jahre wird immer deutlicher, wie schwer die Behinderung ihres Kindes ist. Plötzlich hören die Fotos auf. Von dem inzwischen 14jährigen, bettlägerigen Jungen sind seit seinem siebten Lebensjahr keine Fotos mehr gemacht worden. Wer Johan kennt, der fragt nicht nach dem Grund dafür. Sein Vater sagt über ihn: ›Von einem Haustier bekommt man mehr Liebe‹, und nach langem Schweigen fügt er verbittert hinzu: ›Er lebt wie eine Pflanze, aber dann müssen Sie schon an schlecht blühendes Unkraut denken.‹ Und wieder nach einer langen Pause: ›Aber das Verrückte ist, es bleibt dennoch immer dein Kind.‹«[13]

Stolk knüpft an dieses Beispiel an und zieht folgende Zwischenbilanz:

»Wenn wir den Menschen mit dem Tier vergleichen, dann scheinen dem geistig Behinderten Eigenschaften zu fehlen, die man als typisch menschlich umschreibt. Schwer Geistigbehinderte halten in mancher Hinsicht selbst dem Vergleich mit dem Tier nicht stand.«[14]

Was ist unter »in mancher Hinsicht« genauer zu verstehen? Andreas D. Fröhlich[15] gehört zu den Pädagogen in den deutschsprachigen Ländern, die sich intensiv mit der Förderung von geistig schwerbehinderten Kindern und Jugendlichen befaßt haben. Einen neueren Aufsatz über die Kommunikation bei schwerer geistigbehinderten Menschen leitet er mit einem Hinweis ein, der die existentielle Bedeutung der Kommunikation klarstellen soll: In den Regeln über die »Grenzen ärztlicher Behandlungspflicht bei schwerstgeschädigten Neugeborenen« wird herausgehoben, daß uns die prinzipielle Kommunikationsfähigkeit des menschlichen Individuums zum letzten Maß werden kann. Er schreibt dann wörtlich:

»Leben und Kommunikationsfähigkeit fallen fast zusammen, und so bekommt letztere ein immer deutlicheres Gewicht im Sinne unseres menschlichen Selbstverständnisses.«[16] Zusammen mit Ursula Haupt, einer Psychologin, versucht er dann eine systematische Erfassung der Kommunikation mit Hilfe eines Schemas zu entwikkeln, das den Zweck verfolgt, die wechselseitige Abhängigkeit von Wahrnehmung, Gefühlen, Kognition, Bewegung, Körpererfahrung und Sozialerfahrung und ihre Auswirkungen auf die Kommunikation zu veranschaulichen. Vor dem Hintergrund einer schweren geistigen Behinderung werden verschiedene Kommunikationswege separat diskutiert: visuelle, taktile, vibratorische, geruchliche und geschmackliche. Den somatischen Bereich unterteilt er noch einmal in die Aspekte Körperkontakt, Nähe, Orientierung, Blick, Augenbrauen, Körperhaltung, Gesichtsausdruck und Tonfall. Ferner werden noch die Wirkung der Gefühle, der Kognition, der Sozial- und Körpererfahrung behandelt und unter dem Gesichtspunkt pädagogischer Förderung beleuchtet.

Es wird nicht ganz klar, was Fröhlich meint, wenn er davon spricht, hier eine »vorläufige Beschreibungsmöglichkeit für die komplexe menschliche Entwicklung gefunden zu haben«.[17] Wenn dies bedeutet, daß das Schema sich nur auf menschliche Wesen beziehen soll, dann ist diese Auffassung unvereinbar mit dem Wissen, welches uns heute beispielsweise von Primaten zur Verfügung steht. In dem umfangreichen Buch von Jane Goodall, *The Chimpanzees of Gombe*[18], welches die Ergebnisse einer 25jährigen Forschungstätigkeit wiedergibt, ist das Kapitel 6 ebenfalls dem Bereich Kommunikation gewidmet. Es beginnt mit der Bedeutung der Gefühle wie Furcht, Streß, Ärger, Freude etc. für die Kommunikation bei Schimpansen und ihre Interaktion mit anderen. Danach werden verschiedene Kommunikationswege behandelt: visuelle, taktile, auditorische im Nah- und Fernbereich, geruchliche und schließlich verschiedene Kombinationen.

Es ist aufschlußreich zu sehen, daß es in dem Artikel von Fröhlich über die Kommunikation bei geistig schwerbehinderten Menschen keinen Bereich und keinen Aspekt gibt, der nicht auch in dem Kapitel von Goodall über die Kommunikation bei Schimpansen eine Rolle spielt. Aber noch etwas läßt sich feststellen: Es scheint nichts zu geben, was ein geistig schwerstbehinderter Mensch tun oder empfinden könnte und ein Schimpanse oder Gorilla nicht; vielmehr läßt sich umgekehrt zeigen, daß es vieles gibt, wozu ein Schimpanse oder Gorilla in der Lage ist und ein schwerst geistigbehinderter Mensch nicht. Dies betrifft auch jene *typisch menschlichen* Qualitäten aus dem Kommunikationsschema von Fröhlich. Dazu einige Beispiele aus den Bereichen der Sprache, der Intelligenz und des Gefühlslebens.

Wie andere Pädagogen in diesem Gebiet weist auch Fröhlich darauf hin, daß Menschen mit einer schweren geistigen Behinderung so wenig wie kleine Kinder über ein Sprachverständnis im eigentlichen Sinne verfügen. Francine Patterson dagegen berichtet im Kapitel 6 dieses Buches und an anderer Stelle, daß die beiden Gorillas Koko, 14 Jahre, und Michael, 12 Jahre, über eine beträchtliche passive und aktive sprachliche Kompetenz verfügen.[19] Beide fangen von sich aus Konversationen mit Menschen an. Sie verwenden ihr Vokabular in kreativen und originellen Zeichenkombinationen, um über ihre Umgebung, ihre Gefühle, Wünsche und auch ihre persönlichen Erlebnisse zu berichten. Sie verstehen die gesprochene englische Sprache, und es wurde ihnen beigebracht, in Ansätzen geschriebene Sprache zu lesen. Patterson fügt hinzu, daß Dialoge mit Gorillas denen mit kleinen Kindern ähneln und daher auch in vielen Fällen spezielle Interpretationen und Ergänzungen verlangen. In der oben schon erwähnten Forschungsarbeit von Jane Goodall wird ebenfalls von einer Vielzahl höchst erfolgreicher Experimente berichtet, Schimpansen und anderen Menschenaffen die kommunikative Verwendung symbolischer Zeichen beizubringen: Wie von Roger und von Deborah Fouts in Kapitel 4 beschrieben, haben Allen und Beatrice Gardner Washoe, einer jungen Schimpansin, ein Zeichensytem auf der Grundlage der Taubstummensprache vermittelt. Mit fünf Jahren verstand sie 350 verschiedene Symbole und war imstande, etwa 150 davon korrekt anzuwenden. Sie war ebenfalls in der Lage, Zeichen von einem Kontext auf den anderen zu generalisieren. So hatte sie das Wort »öffnen« im Zusammenhang mit Zimmertüren gelernt und begann danach, es von selbst auf das Öffnen eines Kühlschranks oder auf das Öffnen verschiedener Behälter richtig zu übertragen. Die Forscher Duane M. Rumbaugh und Timothy V. Gill fanden ebenfalls bei ihren Sprachtrainings mit der Schimpansin Lana, daß gelernte Satzmuster auf neue Situationen angemessen verallgemeinert werden.[20] Darüber hinaus machten sie ähnliche Beobachtungen wie Francine Patterson, daß erworbene sprachliche Fähigkeiten von Lana durchaus dazu benutzt werden, von selbst Gespräche zu beginnen und originelle sprachliche Gestaltungsvarianten zu erfinden. Lana fiel es nicht nur leicht, neue Bezeichnungen zu lernen. Sie erfand sogar eigene Namen für bestimmte Gegenstände durch freie Kombination mit Elementen des ihr bekannten Vokabulars.

Auch ohne weitere Beispiele und tiefergehende Analysen kann man sagen, daß diese Menschenaffen eine sprachliche Kompetenz zeigen, die von Menschen, wenn sie in ihren Intelligenzfunktionen wirklich extrem beeinträchtigt sind, auch nach langer Förderung nicht erreicht wird. Auf die grundsätzliche Abhängigkeit sprachlicher Kompetenz von der Intelligenz sind Duane M. Rumbaugh und Timothy V. Gill zum Abschluß ihrer Studie mit Lana ebenfalls eingegangen: »Wir glauben, daß der Erfolg Lanas beim Erwerb sprachlicher Fertigkeiten unsere Auffassung von Sprache unterstützt – nämlich daß die Grundlagen der Sprache in Prozessen der Intelligenz zu finden sind.«[21] Was wissen wir über kognitive Leistungen von Schimpansen und anderen nichtmenschlichen Primaten, wie sie sich nicht nur bei der Verwendung von Sprache, sondern auch bei der Lösung anderer Probleme zeigen? Die Erforschung geistiger Kapazitäten von Schimpansen und Gorillas geht zeitlich viel weiter zurück als die bei geistig schwerstbehinderten Menschen, die erst vor kurzer Zeit das Interesse pädagogischer und psychologischer Forschung gefunden haben. Die meisten heute verfügbaren Intelligenztests kommen für geistig schwerbeeinträchtigte Menschen nicht in Betracht. Der Schwierigkeitsgrad ist einfach zu hoch. Dagegen berichtet Patterson in ihrem Artikel von der Anwendung des Stanford Binet Childrens Intelligence Test bei Koko, deren Werte im schwach durchschnittlichen Bereich menschlicher Vergleichspersonen lagen. Darüber hinaus erwähnt sie ihre Dissertation, wo sie die Durchführung weiterer Intelligenz-, Entwicklungs- und auch Sprachtests bei Koko schildert, wie die Cattel Infant Intelligence Scale, die Bayley Scales of Infant Development, die McCarthy Scales of Childrens Abilities und andere. Aus den Ergebnissen schließt sie, daß sich im intellektuellen Bereich bei Gorillas möglicherweise viel mehr abspielt, als man bisher geahnt hat. Eine ältere deutsche Untersuchung von Döhl, die auch Goodall in ihrem Buch referiert, berichtet über Julia, eine ca. 6jährige Schimpansin, die in der Lage ist, gezielt und planmäßig über fünf Zwischenziele ein Hauptziel zu erreichen. Ihr wurden zwei Serien von fünf verschlossenen, aber transparenten Behältern vorgelegt. Einer der Zielbehälter war leer, der andere enthielt eine Banane. Um den Behälter mit der Banane öffnen zu können, mußte sie einen speziell geformten Schlüssel aus einem weiteren Behälter holen. Dieser war seinerseits verschlossen und konnte nur mit einem eigenen Schlüssel geöffnet werden. Diesen mußte sie aus einem dritten, ebenfalls verschlossenen Behälter holen, wofür sie wiederum einen speziellen Schlüssel benötigte und so fort. Julia gelang es rückschließend vom Schlüssel für den letzten Behälter mit der Banane den richtigen der zwei Anfangsschlüssel auszuwählen, die in den beiden unverschlossenen, ersten Behältern der zwei Serien lagen.[22]

Viele weitere Beobachtungen von Goodall und ihren Mitarbeitern zeigen, daß die geistige Kapazität von Schimpansen und anderen Großen Menschenaffen weit über dem Niveau schwerst geistigbehinderter Menschen liegt. Dies ist unmittelbar einleuchtend, wenn man noch einmal an die oben in den Richtlinien skizzierten Fähigkeiten zurückdenkt und ihnen die Fähigkeiten von Julia, Lana, Koko, Michael oder Washoe gegenüberstellt.

Das oben erwähnte Schema zur Kommunikation von Andreas Fröhlich und Ursula Haupt nimmt noch auf einen weiteren wichtigen Bereich Bezug, den Bereich der Gefühle. Diese der direkten Beobachtung nicht zugänglichen Qualitäten werden in der Sonderpädagogik manchmal so behandelt, als wären sie geeignet, einen wesentlichen Unterschied zwischen Menschen und Tieren darzustellen. In seinem Buch *Expression of the Emotions in Man and*

Animals aus dem Jahre 1872 wies bereits Charles Darwin anhand feiner, detaillierter Beobachtungen des Ausdrucksverhaltens bei nichtmenschlichen Primaten auf Analogien zum Menschen hin. Über viele Seiten hinweg beschreibt er dort in allen Einzelheiten, wie Gefühle des Vergnügens, der Freude, der Erregung, aber auch des Schmerzes, des Ärgers, der Enttäuschung, der Kränkung oder des Erstaunens und Erschreckens etc. zum Ausdruck gebracht werden. Auch die systematischen Beobachtungen moderner Forscher wie Goodall widerlegen die Auffassung von der Besonderheit der menschlichen Spezies in Hinblick auf ihren Ausdruck von Empfindungen und Gefühlen. Auch sie geben überzeugende, faktische Hinweise auf ein differenziertes Gefühlsleben bei Großen Menschenaffen. Ausgehend von Pionierarbeiten mit Ton-Spektrograph-Analysen haben Goodall und Mitarbeiter in über 50 000 Stunden Beobachtungszeit eine Vielzahl von Rufvarianten identifiziert. In kontrollierten Rating-Verfahren fanden sie eine hochgradige Übereinstimmung bei mehr als dreißig Rufen, die bestimmte Gefühle der Furcht, der Verwirrung, der sexuellen Erregung, der Freude, der Besorgnis etc. zum Ausdruck bringen. Ähnliche Tabellen sind über die emotionale Bedeutung verschiedener Gesichtsausdrücke für die Kommunikation und Interaktion bei Schimpansen angefertigt worden. Beobachtungen über die Ausdrucksqualität der Körperhaltung und Körperbewegung in verschiedenen Situationen stützen die Annahme eines reichen und vielfältigen Gefühlslebens der Schimpansen und anderer Großer Menschenaffen.

Vielleicht sind diese Befunde noch zu wenig befriedigend abgesichert. Sie vermitteln uns aber zweifellos eine klarere Vorstellung über die kommunikative Vielfalt der Gefühlsqualitäten bei Schimpansen als entsprechende Angaben über schwer geistigbehinderte Menschen. Aussagen über die Befindlichkeiten schwer geistigbehinderter Menschen stützen sich, derzeit jedenfalls, im wesentlichen auf subjektive Beobachtungen und persönliche Eindrücke von Personen, die versuchen, einen Kontakt zu den betreffenden Schwerstbehinderten aufzubauen. Oftmals leben diese in einer autistischen Welt versunken, so daß man auch auf längere Sicht nur recht weniges überhaupt herausfinden kann, was zudem eher spekulativen Charakter hat. So zitiert Pfeffer die Beobachtungen einer Mitarbeiterin seines Projekts bei einer schwerstbehinderten Schülerin:

Sie »hatte ein ausgesprochen hübsches Gesicht ... Aber in diesem sympathischen Gesicht zeigten sich kaum Regungen, die ein Interesse an dem, was um das Kind herum vorging, bekundet hätten. Das Mädchen lag wie unter einer Glashaube, von jeglicher Umwelt abgeschnitten in einer Ecke des Klassenzimmers, mit sich und seinem Körper vollkommen allein. Es reagierte auf keine meiner Berührungen, auf kein Geräusch; es schien niemanden und nichts zu sehen.«[23]

Später heißt es weiter in dem Bericht einer anderen Projektteilnehmerin:

»Pia war fremd und unnahbar für mich. Ich verstand sie nicht, und sie machte sich mir nicht verständlich. Die gewohnte Art, Fremden näher zu kommen, die verbale Kommunikation, fehlten bei ihr vollständig.«[24]

Auch wenn man nicht übersehen darf, daß eine spezielle, langfristige Förderung oft zu gewissen, für jedermann erkennbaren Fortschritten führt, läßt sich die prinzipielle Begrenztheit erzieherischer Förderung jedoch nicht bestreiten. Unter Hinweis auf einen weiteren Schüler aus seinem Studienprojekt faßt Pfeffer zusammen:

»Wie Wolfi sind alle Menschen mit schwerer geistiger Behinderung darin schwer beeinträchtigt, sich eindeutig mitzuteilen. ... Besonders die Kinder mit ausgeprägten autistischen Zügen mit ihrer scheinbaren Kontaktlosigkeit stehen einer diesbezüglichen ratlosen menschlichen Umwelt gegenüber.«[25]

Die Erweiterung der Gemeinschaft der Gleichen auf Grundlage einer konsequenten Gleichheitsidee

Angefangen haben unsere Überlegungen mit der Feststellung, daß den Menschen mit einer geistigen Behinderung erst verhältnismäßig spät durch zwei Deklarationen der Vereinten Nationen ausdrücklich die gleichen Rechte zugebilligt wurden, wie sie in der Menschenrechtsdeklaration aus dem Jahre 1948 verankert sind.

Wenn sie eine gute Schule durchlaufen haben, sind moderne Geistigbehinderte durchaus imstande, ein verhältnismäßig selbständiges Leben zu führen. Meist sind allerdings eine beschützende Umgebung sowie die Bereitstellung sozialer Dienste erforderlich, um ein für alle Seiten gedeihliches Zusammenleben in der Gemeinde zu ermöglichen. In der Sonderpädagogik traten Schwierigkeiten auf, als Ende der 70er Jahre erstmalig auch solche Kinder und Jugendliche die Schule besuchen sollten, die geistig wirklich schwerst geschädigt waren. Das war Thema des zweiten Abschnittes. Gemeint war hier nicht die Förderung dieser Schüler, die einen Problembereich für sich darstellen. Gemeint waren vielmehr Probleme der moralischen Begründung ihrer pädagogischen Ansprüche. Typisch menschliche Qualitäten, die bei leicht- und mittelgradig Geistigbehinderten ohne weiteres erkennbar waren, konnten nun nicht mehr als die ausschlaggebende moralische Basis herangezogen werden. Denn beim Vorliegen einer schweren geistigen Behinderung waren sie günstigenfalls nur in äußerst rudimentärer Form vorhanden.

Im normativen Zweig der Pädagogik für Geistigbehinderte führte diese Situation unmittelbar zum Vergleich von Mensch und Tier mit dem Ziel, die Sonderstellung des Menschen unter den fühlenden Wesen dieser Erde aufrechtzuerhalten. Dabei sah man sich mit zwei Erkenntnissen konfrontiert, die miteinander nicht zu vereinbaren waren: Zum einen mußte man wie gesagt zugeben, daß jene Eigenschaften, die als typisch menschlich galten, bei einer geistigen Behinderung schwerster Ausprägung so gut wie nicht mehr in Erscheinung treten. Im Gegensatz dazu wurden die Hinweise immer erdrückender, daß bestimmte, als typisch menschlich geltende Fähigkeiten der Sprache, der Intelligenz, der Emotionalität etc. in weit höherem Maße bei verschiedenen Lebewesen anzutreffen sind, die nicht zu unserer Spezies gehören. Bereits die im vergangenen Abschnitt erwähnten Arbeiten zeigen, daß diese Erkenntnisse nicht auf einer sentimentalen Grundlage beruhen, sondern auf dem Boden der Tatsachen. Das vielfältige, soziale Leben nichtmenschlicher Primaten wurde in jüngster Zeit der deutschsprachigen Öffentlichkeit durch eine Reihe populärwissenschaftlicher Bücher vorgestellt.[26]

Trotzdem überwiegt in der Sonderpädagogik die Überzeugung,

nach wie vor auf eine Gleichheitsidee Bezug nehmen zu können, die von dem Bild eines *mit Vernunft und Gewissen* begabten Menschen ausgeht. Dort, wo man der Erkenntnis Rechnung trägt, daß jene *typisch menschlichen Züge* in Wirklichkeit weder typisch menschlich sind noch bei allen Angehörigen der menschlichen Spezies anzutreffen sind, macht die Deutung der Gleichheitsidee eine Wandlung durch, die ihrem eigentlichen Sinn widerspricht. So schlägt Stolk angesichts der neuen Situation vor, »daß wir bei der Beantwortung der Frage nach dem Menschsein nicht von den Unterschieden zwischen Menschen ausgehen wollen, sondern von dem, was alle Menschen gemeinsam haben, ungeachtet ihrer Möglichkeiten und Qualitäten«.[27] Er zitiert auch gleich einen Vorschlag, worin dieses Gemeinsame, dieses Menschsein, dieses neue *Humanum* gesehen werden soll: »Menschlich [...] ist jedes lebende Wesen, das von einem Menschen geboren wurde.«[28]

Wer die Gleichheitsidee in der Weise deutet, daß in der Mitgliedschaft zur Spezies Homo sapiens das Kriterium der Gleichheit liegen soll, hat auch schwerst geistigbehinderte Menschen einbezogen; und zwar genau so, wie es Stolk formuliert hat: »ungeachtet ihrer Möglichkeiten und Qualitäten«. Diese Deutung ist psychologisch ebenso stark, wie sie moralisch schwach ist. Denn sie bevorzugt alle und nur Mitglieder jener Gruppe, aus der die Erfinder dieser Deutung stammen, und diskriminiert ohne Vorlage eines stichhaltigen Grundes jene Lebewesen, die nicht Mitglieder der privilegierten Bezugsgesamtheit sind.

Der Versuch jedoch, diese Gleichheitsidee konsequent zu realisieren, dürfte schon insofern auf Schwierigkeiten stoßen, als jene Lebewesen, die bislang nicht zur relevanten moralischen Gemeinschaft gezählt wurden, nicht die geringste Chance haben, ihre Diskriminierung anzufechten. Nicht einmal der intelligenteste Schimpanse wäre dazu in der Lage, entweder direkt oder durch einen Vertreter aus den eigenen Reihen, gegen die Beraubung seiner Freiheit, gegen seine Verwendung in schmerzhaften medizinischen Experimenten, gegen seine Tötung zu Nahrungszwecken, gegen seine Zurschaustellung in zoologischen Gärten, im Zirkus etc. vor dem Forum der Öffentlichkeit Einspruch einzulegen. Der geistig schwerstbehinderte Mensch genießt jedoch gemäß der Deklaration der Vereinten Nationen jeden Schutz vor Mißbrauch und entwürdigender Behandlung – und zwar allein aufgrund seiner Zugehörigkeit zur Spezies Homo sapiens. Sollte der Sinn der Gleichheitsidee, auf der die Menschenrechte beruhen, tatsächlich darin bestehen, lediglich die Interessen und Bedürfnisse der Menschen untereinander zu harmonisieren, dagegen die Bedürfnisse und Interessen nichtmenschlicher Wesen zu diskriminieren? Wäre es nicht seltsam, wenn ein und dieselbe Idee die Forderung nach Egalisierung und gleichzeitig die Erlaubnis zur Diskriminierung enthalten würde? Sollte sie wirklich zugleich mitfühlend und grausam sein können?

Die Pädagogik für Schwerstbehinderte steht hier an einem moralischen Scheideweg. Sie könnte ihren bisherigen Weg beibehalten und sich damit zufrieden geben, daß der Fortschritt der Gleichheitsidee endlich die ihr anvertraute Klientel erreicht hat. Nachdem es gerade in dieser Disziplin offenkundig geworden ist, daß jene *typisch menschlichen* Qualitäten als moralisch relevante Grundlage für unseren Umgang mit allen Menschen nicht mehr in Betracht kommen, könnte sie ohne Rücksicht auf weitere Konsequenzen den Standpunkt einnehmen, daß von nun an die Zugehörigkeit zur menschlichen Spezies genügen soll. Ohne es vielleicht bewußt anzustreben, würde diese Disziplin damit die gewohnheitsmäßige Einstellung unterstützen, daß beispielsweise auch in Zukunft schmerzhafte medizinische Eingriffe an Julias, nicht aber an Pias unternommen werden dürfen – einfach deswegen, weil Julia eine Schimpansin, Pia dagegen ein schwerst geistigbehindertes Mädchen unserer eigenen Spezies ist.

Die Pädagogik für Schwerstbehinderte könnte aber auch einen anderen Weg einschlagen, der eine konsequente Fortführung der Gleichheitsidee ermöglicht. Immerhin haben wir es hier mit einer Disziplin zu tun, die sich mit der Erforschung und Entwicklung selbst minimaler Bedürfnisse befaßt. Deren Beachtung fordert sie von uns selbst in solchen Fällen, wo jene typisch menschlichen Fähigkeiten offenbar nicht mehr nachzuweisen sind. Insofern hätte gerade diese Fachdisziplin ausreichenden Kredit, auf den entscheidenden Kern der Gleichheitsidee verweisen zu können: nämlich auf die Forderung nach gleicher Achtung vor Bedürfnissen und Interessen – und zwar ganz unabhängig davon, ob es sich um die von Julia oder die von Pia handelt. Natürlich ist es nicht die Aufgabe der Pädagogik für Schwerstbehinderte, sich unmittelbar um die Schicksale jener unglücklichen Menschenaffen zu kümmern, die in Versuchslaboratorien ihr Dasein fristen und oft einem gewaltsam herbeigeführten Tod wehrlos ausgeliefert sind. Aber sie verstößt gegen ihre eigenen Prinzipien, wenn sie ihre ethischen Dispute zur Rechtfertigung pädagogischer Ansprüche schwerst geistigbehinderter Menschen auf dem Rücken ebenso fühlender und schutzloser Lebewesen austrägt, deren einziger »Mangel« offensichtlich darin besteht, nicht Mitglied der Spezies Homo sapiens zu sein.

Das Wissen, welches wir heute über schwerst geistigbehinderte Menschen und nichtmenschliche Primaten besitzen, ruft uns entschieden dazu auf, die traditionelle Deutung der Gleichheitsidee zu revidieren. Der Zeitpunkt ist gekommen, dafür einzutreten, die *Gemeinschaft der Gleichen* nicht länger als geschlossene, sondern als eine offene Gemeinschaft zu betrachten. Die Aufnahme nichtmenschlicher Primaten und die Zusicherung bestimmter Grundrechte, die allen Mitgliedern dieser Gemeinschaft einschließlich schwer geistigbehinderter Menschen zukommen sollen, wären dazu ein erster wichtiger Schritt: das Recht auf Leben, der Schutz individueller Freiheit sowie die Verhinderung jeglicher bewußter Zufügung schweren Leides.

(Christoph Anstötz verstarb im September 1993.)

Anmerkungen

1. *Universal Declaration of Human Rights* (Official Records of the third session of the General Assembly, Part I, 10th Dec. 1948. United Nations, Palais de Chaillot, Paris 1949), S. 72.
2. H. T. Mill, »Über Frauenemanzipation« in: J. S. Mill und H. T. Mill, *Die Hörigkeit der Frau. Texte zur Frauenemanzipation*, Frankfurt/M., 1976, S. 78.

3. *Declaration on the Rights of Mentally Retarded Persons* (Resolutions adopted by the General Assembly during its twenty-sixth session, 20th Dec. 1971. General Assembly Official Records [GOAR] Suppl. No. 29 [A/8429]. United Nations, New York, 1972), S. 93.
4. *Declaration on the Rights of Disabled Persons* (Resolutions adopted by the General Assembly during its thirtieth session, 9. Dec. 1975. General Assembly Official Records [GOAR] Suppl. No. 34 [A/10034]. United Nations, New York, 1976).
5. *Richtlinien für die Schule für Geistigbehinderte (Sonderschule) in Nordrhein-Westfalen* (Schwann, Düsseldorf, 1973), S. 6.
6. ebd., S. 12.
7. *Aufnahme Schwerstbehinderter in Sonderschulen* (Kultusminister des Landes Nordrhein-Westfalen v. 12. 7. 1978 – II A5.36-5/0-1831/78).
8. *Richtlinien und Hinweise für den Unterricht.* Förderung schwerstbehinderter Schüler (Greven, Köln, 1985), S. 6f.
9. ebd.
10. J. M. Kauffman, J. Krouse, »The cult of educability: Searching for the substance of things hoped for; the evidence of things not seen«, *Analysis and Intervention in Developmental Disabilities,* vol. 1, (1981), S. 53–60.
11. W. Pfeffer, *Förderung schwer geistig Behinderter. Eine Grundlegung* (edition bentheim, Würzburg, 1988), S. 128.
12. J. Stolk »Geistig behindert mit dem Verlangen, auch jemand zu sein«, in J. Stolk, M. J. A. Egberts (Hrsg.) *Über die Würde geistig behinderter Menschen* (Lebenshilfe Selbstverlag, Marhold, 1987, S. 8), S. 5–34.
13. ebd., S. 8
14. ebd., S. 10
15. A. D. Fröhlich, »Ganzheitliche Kommunikationsförderung für schwer geistig behinderte Menschen« in A. D. Fröhlich (Hrsg.) *Lernmöglichkeiten,* 2. Aufl. (HVA Schindele, Heidelberg, 1989), S. 17–44.
16. ebd., S. 17
17. ebd., S. 19
18. J. Goodall, *The Chimpanzees of Gombe. Patterns of Behavior,* The Belknap Press of Harvard University Press, Cambridge, Mass. London, 1986.
19. F. Patterson, »The Mind of the Gorilla: Conversation and Conservation«, in K. Benirschke, K. (Ed.) *Primates, the road to self-sustaining populations* (Springer, New York, Berlin, Heidelberg, 1986), S. 933–947.
20. D. M. Rumbaugh, T. V. Gill, »Lana's Acquisition of language skills«, in D. M. Rumbaugh (Ed.) *Language Learning by a Chimpanzee. The Lana project.* (Academic Press, New York, San Francisco, London, 1977, S. 191), S. 165–192.
21. ebd.
22. J. Döhl, »Über die Fähigkeiten einer Schimpansin, Umwege mit selbständigen Zwischenzielen zu überblicken«, *Zeitschrift für Tierpsychologie,* vol. 25 (1968) S. 89–103.
23. W. Pfeffer, *Förderung schwer geistig Behinderter,* S. 111.
24. ebd.
25. ebd.

26. D. Fossey, *Gorillas im Nebel. Mein Leben mit den sanften Riesen* (Kindler, München, 1989).
J. Goodall, *Wilde Schimpansen. Verhaltensforschung am Gombe-Strom* (Rowohlt, Reinbek b. Hamburg, 1991).
F. de Waal, Wilde Diplomaten, Versöhnng und Entspannungspolitik bei Affen und Menschen (Hanser, München, Wien, 1991).
27. J. Stolk, »Geistig behindert mit dem Verlangen, auch jemand zu sein«, S. 14.
28. ebd., S. 15.

17

Wer ist so wie wir?

von Heta Häyry und Matti Häyry

Heta Häyry ist Dozentin für praktische Philosophie an der Universität von Helsinki und Verfasserin mehrerer Bücher wie z. B. Tierschutz *(auf finnisch) und* The Limits of Medical Paternalism. *Matti Häyry ist Forschungsassistent in derselben Fakultät und Verfasser des kürzlich erschienenen Buches* Critical Studies in Philosophical Medical Ethics. *In diesem gemeinsam geschriebenen Beitrag entwerfen und verteidigen sie Schritt für Schritt ein formales moralisches Argument, dessen Schlußfolgerung dem Kern der Deklaration über die Großen Menschenaffen entspricht: Allen Großen Menschenaffen – den menschlichen und den nichtmenschlichen – sollten gleiche Grundrechte zugestanden werden.*

Die Deklaration über die Großen Menschenaffen erklärt, daß Schimpansen, Gorillas und Orang-Utans ebenso wie Menschen das Recht auf Leben, Freiheit und die Abwesenheit von wissentlich zugefügten Schmerzen zugestanden werden sollte. Diese Erklärung stützt sich auf folgende Prämissen (P) und Schlußfolgerungen (S):

P1 Wesen, die im moralischen Sinne gleich sind, sollten gleich behandelt werden.
P2 Wesen sind im moralischen Sinne gleich, wenn ihre geistigen Fähigkeiten und ihr emotionales Leben etwa auf der gleichen Stufe stehen.
P3 Die geistigen Fähigkeiten und das emotionale Leben

menschlicher Wesen und anderer Großer Menschenaffen stehen etwa auf der gleichen Stufe.

S1 Deshalb sollten Menschen und andere Große Menschenaffen gleich behandelt werden.

P4 Menschen dürfen – außer unter bestimmten besonderen Voraussetzungen – nicht getötet, gefangengehalten oder gefoltert werden.

S2 Deshalb dürfen – außer unter denselben besonderen Voraussetzungen – auch andere Große Menschenaffen nicht getötet, gefangengehalten oder gefoltert werden.

Wir glauben, daß dieses Argument stichhaltig ist, zumindest in dem Sinne, daß die Menschen, die zu wissenschaftlichen (oder angeblich wissenschaftlichen) oder kommerziellen Zwecken Schimpansen, Gorillas und Orang-Utans gefangenhalten, quälen und töten, unrecht handeln und daran gehindert werden sollten. (Wir sagen »zumindest«, weil einem vielleicht bei dem Gedanken nicht ganz wohl ist, daß wir Orang-Utans, Gorillas und Schimpansen menschlichen Vorstellungen von Recht und Ordnung unterwerfen, das heißt, wenn man mit Zwangsmaßnahmen eingreifen würde, um Orang-Utans, Gorillas und Schimpansen daran zu hindern, innerhalb ihrer eigenen natürlichen Gemeinschaften Gewalt gegeneinander anzuwenden. In diesem Fall könnte man vielleicht kulturelle Toleranz damit begründen, daß ein Eingreifen des Menschen den Individuen innerhalb dieser Gemeinschaft Schaden zufügen würde.)

Aber wie steht es mit den Wissenschaftlern, Philosophen und Laien, die uns nicht zustimmen? Natürlich müßten sie behaupten, daß eine der Prämissen unseres Arguments falsch ist oder daß der logische Schluß, den wir aus den Prämissen ziehen, auf irgendeine Weise unbegründet ist. Im folgenden wollen wir untersuchen, wie solche Behauptungen verteidigt werden könnten.

Gleichbehandlung für Gleiche

In der ersten Prämisse unseres Arguments (P1) darf das Wort »gleich« nicht im Sinne von »identisch« verstanden werden, wie es diejenigen, die sich gegen die Gleichheit der Rassen, der Spezies und der Geschlechter wenden, häufig tun. Lebewesen, die im moralischen Sinne gleich sind, müssen einander nicht exakt gleichen. Die offensichtliche Individualität erwachsener, männlicher, menschlicher Wesen hat zum Beispiel niemals diejenigen von ihrer Überzeugung abbringen können, die erklärt haben, daß alle Männer [men] gleich behandelt werden sollten. Die Grundidee ist vielmehr, daß es in allen Wesen, die zur selben Kategorie moralisch Gleicher gehören, gewisse relevante gleiche Merkmale gibt, nach denen sie in diese Kategorie eingeordnet werden müssen.[1]

Das gleiche gilt – mit notwendigen Veränderungen – für die Gleichbehandlung von Wesen, die sich in relevanter Hinsicht gleichen. Man denke etwa an gewisse fortschrittliche medizinische Behandlungsmethoden, die bei Menschen angewendet werden. Es gibt zum Beispiel jederzeit überall auf der Welt Menschen, die eine Bluttransfusion brauchen. Aber obwohl alle Menschen im moralischen Sinne gleich sind, folgt daraus nicht, daß jeder eine Bluttransfusion erhalten sollte. Es gibt auch Personen, die gegenwärtig kein zusätzliches Blut benötigen, und es gibt andere, die es ablehnen, fremdes Blut in ihren Adern zirkulieren zu lassen. In diesem Fall bedeutet die Gleichbehandlung nicht, daß gesunde Personen von der Straße geholt und gezwungen werden müssen, eine Bluttransfusion über sich ergehen zu lassen. Auch bedeutet es nicht, daß Erwachsene, die es aus religiösen Gründen ablehnen, gezwungen werden sollten, sich Blut oder Blutprodukte spritzen zu lassen. Gleichbehandlung bedeutet, daß jedes Wesen, das zu einer Kategorie der moralisch Gleichen gehört, gemäß seinen oder ihren Bedürfnissen und Wünschen behandelt werden sollte. Einige Theoretiker haben diese Art der Gleichheit als »Berücksichtigungsgleichheit« bezeichnet und damit sagen wollen, daß die Interessen aller Mitglieder der Gemeinschaft der Gleichen in gleicher Weise berücksichtigt werden sollten?[2]

Unter diesen Voraussetzungen wird kaum jemand etwas gegen P1 einzuwenden haben. Fast alle wesentlichen Theorien über Gerechtigkeit und Gleichheit stützen sich auf den allgemeinen Grundsatz, daß Wesen, die sich in relevanter Hinsicht gleichen, in einer entsprechend gleichen Weise behandelt werden sollten. Der Grundsatz in dieser Form ist eher eine Tautologie als eine unser Verhalten bestimmende, moralische Aussage, und wir brauchen daher weitere Prämissen, um dem Argument seinen normativen Inhalt zu geben.

Die Gemeinschaft der Gleichen

Die zweite Prämisse unseres Arguments (P2) nennt die Kriterien, nach denen Wesen verschiedenen moralischen Kategorien zugeordnet werden. Nach dieser Prämisse bestehen Gemeinschaften moralisch Gleicher aus Wesen, die im Hinblick auf ihre geistigen Fähigkeiten und ihr emotionales Leben etwa auf der gleichen Stufe stehen. Nehmen wir zum Beispiel an, daß Bäume weder denken noch fühlen noch soziale Kontakte miteinander haben können. Somit gehören sie zur gleichen moralischen Kategorie wie Steine und Regentropfen. (Diese Vermutung kann in gewissem Sinne falsch sein, aber das beeinflußt nicht das folgende Argument, welches hypothetisch ist.) Diese Ähnlichkeit bedeutet, daß man, wenn man gegen einen Stein treten oder einen Regentropfen fangen darf, auch legitimerweise mit dem Fuß gegen einen Baum treten und Bäume einzäunen darf. Irrelevante Unterschiede wie die Tatsache, daß Bäume lebende Organismen, Steine und Regentropfen dagegen unbelebte Objekte sind, haben in diesem Zusammenhang keine Bedeutung.[3]

Es gibt auch abweichende Auffassungen, nach denen psychologische und soziale Eigenschaften nicht die richtige Grundlage dafür sind, zu beurteilen, wie verschiedene Wesen behandelt werden sollten. Zu den alternativen Kriterien, die vorgeschlagen werden, gehören die Spezieszugehörigkeit, das persönliche Verdienst und die Fähigkeit, eigene Ansprüche geltend zu machen, ebenso wie die allgemeine Nützlichkeit. Im folgenden werden wir erklären, weshalb all diese alternativen Lösungen entweder nicht stichhaltig sind oder zu den gleichen Schlußfolgerungen führen wie die ursprüngliche Prämisse, auf die sich die Deklaration stützt.

Doch welchen Status der Gleichheitsbegriff, auf den sich die Deklaration stützt, auch haben mag, die dritte Prämisse (P3) kann auch unabhängig davon bestritten werden. Viele Wissenschaftler und Philosophen haben wiederholt behauptet, daß die geistigen Fähigkeiten und das emotionale Leben von Schimpansen, Gorillas und Orang-Utans nicht ausreichend entwickelt seien, um einen Vergleich mit den kognitiven Fähigkeiten und Gefühlen des Menschen zu rechtfertigen. Solche Behauptungen zu widerlegen oder zu bestätigen, ist natürlich in erster Linie die Aufgabe empirischer Wissenschaftler. Es gibt jedoch zwei begriffliche Gesichtspunkte, die die in der Deklaration zum Ausdruck gebrachte Auffassung zu bestätigen scheinen. Erstens vertreten die meisten Wissenschaftler, die behaupten, daß Menschen und die anderen Großen Menschenaffen zu verschieden seien, als daß man sie als moralisch gleich ansehen dürfe, die Auffassung, daß Versuche mit Schimpansen aufgrund der verblüffenden Ähnlichkeiten zwischen den Spezies die einzige Möglichkeit bieten zu gewährleisten, daß neue medizinische Verfahren für Menschen gefahrlos sind. Zweitens mag es zwar richtig sein, daß erwachsene Schimpansen, Gorillas und Orang-Utans in der Regel weniger intelligent und sensibel sind als durchschnittlich veranlagte, erwachsene Menschen, man sollte aber bedenken, daß die gleiche Aussage auch auf viele Menschen zutrifft, etwa auf sehr junge Kinder und auf geistig Behinderte. Setzen wir voraus, daß das in der Prämisse P2 vertretene allgemeine Prinzip richtig ist, dann ist es schwierig, das Argument zurückzuweisen, indem man seine dritte Prämisse (P3) angreift.

Moralische Grundprinzipien

Die vierte Prämisse unseres Arguments spricht von dem qualifizierten moralischen Grundsatz, daß Menschen – außer unter bestimmten besonderen Umständen – nicht getötet, gefangengehalten oder gefoltert werden dürfen. Mit diesen »besonderen Umständen« haben verschiedene Theoretiker geringfügig unterschiedliche Situationen oder Voraussetzungen gemeint. Die Deklaration beinhaltet, daß das Töten von Menschen zur Selbstverteidigung gerechtfertigt sein kann und daß Menschen nur dann gefangengehalten werden dürfen, wenn ein angemessenes Gerichtsverfahren voranging. Nach der Deklaration darf ein solcher Prozeß nicht dazu führen, daß Menschen (oder andere Große Menschenaffen) inhaftiert werden, wenn sie nicht eines Verbrechens überführt worden sind oder ihr dauerhafter Gewahrsam zu ihrem eigenen Schutz ist – oder sie selbst eine Bedrohung der Sicherheit anderer darstellen. Ausnahmslos wird es in der Erklärung jedoch abgelehnt, anderen wissentlich starke Schmerzen zuzufügen.

Die Richtigkeit all dieser näheren Bestimmungen läßt sich natürlich auch bestreiten. Was die Klausel über das Töten betrifft, so gibt es auch Menschen, die glauben, daß Töten immer Unrecht sei und auch dann nicht geduldet werden dürfe, wenn es zur Selbstverteidigung geschieht. Andere meinen, daß Handlungen, die in der modernen Gesellschaft als kriminell verurteilt werden, keine Inhaftierung rechtfertigen. Sie sind der Ansicht, die Gesellschaft selbst verursache und unterstütze Verbrechen, und die Maßnahmen zur Verhütung von Verbrechen kämen nur den Reichen und Mächtigen zugute und unterdrückten die Armen und Machtlosen. Außerdem seien Gefängnisstrafen nicht geeignet, Kriminelle zu bessern oder die Bürger zu schützen, denn in den Gefängnissen würden Gewalttätigkeiten und asoziales Verhalten gefördert, nicht aber wirksam bekämpft.

Aber neben diesen pazifistischen und abolitionistischen Einwänden können die näheren Bestimmungen der Deklaration auch aus einer eher ichbezogenen Sicht abgelehnt werden. Nicht jeder glaubt, daß es im Interesse eines Individuums liegen könne, wenn seine oder ihre Freiheit eingeschränkt wird. Und vielleicht glauben auch einige, es sei theoretisch falsch, wenn man es einerseits unter allen Umständen verurteilt, anderen Schmerzen zuzufügen, aber andererseits das Töten in Notwehr zuläßt.

Doch obwohl es über die Anwendung der in der Deklaration genannten moralischen Grundsätze Meinungsverschiedenheiten geben kann, schmälert das nicht die Gültigkeit dieser Grundsätze selbst. Abgesehen von Einzelheiten sind die meisten Menschen davon überzeugt, daß ein menschliches Wesen nicht getötet, gefangengehalten oder gefoltert werden darf, wenn es nicht gewichtige Ausnahmegründe dafür gibt. Wenn wir also davon ausgehen, daß Menschen und andere Große Menschenaffen gleich behandelt werden müssen, wie es die erste Schlußfolgerung (S1) bestätigt, dann sollten Schimpansen, Gorillas und Orang-Utans auch genauso vor einem gewaltsamen Tod, vor Freiheitsberaubung und wissentlich zugefügten Schmerzen geschützt werden. Die bevorzugte Behandlung einer Spezies auf Kosten der anderen drei läßt sich nur rechtfertigen, wenn man zeigen kann, daß die Schlußfolgerung S1 nicht stichhaltig ist. Und da sich die erste Prämisse als unstrittig erwiesen hat und sich die dritte Prämisse begrifflicher Prüfung entzieht, können Philosophen nur dann argumentieren, daß der Mensch anders behandelt werden sollte als die anderen Großen Menschenaffen, wenn sie die zweite Prämisse (P2) angreifen.

Gegen die mentalen Kriterien der moralischen Gleichheit

Es gibt zwei Möglichkeiten, die psychologischen und sozialen Kriterien für die moralische Gleichheit zu interpretieren, und jede dieser Interpretationen stößt auf spezifische Schwierigkeiten. Erstens ist es möglich, bei der Definition der »geistigen Fähigkeiten und des emotionalen Lebens«, die in der Deklaration als hinreichend vorausgesetzt werden, sehr strenge Maßstäbe anzulegen, um sicherzustellen, daß diejenigen, die die Kriterien erfüllen, auch wirklich die gleiche Berücksichtigung und Behandlung verdienen. Aus der Sicht erwachsener Menschen wäre es natürlich, zum Beispiel ein klares Selbstbewußtsein und wechselseitige verbale Kommunikation als notwendige Voraussetzungen anzusehen. Ein Problem dieser Lösung ist jedoch, daß dabei Säuglinge und geistig behinderte Menschen ebenso wie die meisten anderen Tiere aus der Gemeinschaft der moralisch Gleichen ausgeschlossen würden. Viele Menschen scheinen das für eine inakzeptable Schlußfolgerung zu halten, besonders in bezug auf die menschlichen Wesen, die die hier geforderten Bedingungen nicht erfüllen.

Zweitens ist es möglich, die Kriterien großzügiger zu definieren und zu sagen, daß auch ein rudimentäres Selbstbewußtsein verbunden mit der Fähigkeit, Schmerzen und Leid zu empfinden, ausreicht, um in die Gemeinschaft der Gleichen aufgenommen zu werden. Diese Auffassung wird offensichtlich in der Deklaration vertreten. Wer jedoch den mentalen Ansatz kritisiert, könnte sagen, daß bei dieser Lösung die Gemeinschaft der Gleichen über alle vernünftigen Grenzen hinaus erweitert werden würde. Wenn die Leidensfähigkeit als entscheidendes Kriterium für die Gleichbehandlung angesehen werden würde, dann müßte auch den »höheren« Tieren – den Delphinen, Schweinen und den anderen – das Recht auf Leben, Freiheit und Abwesenheit von wissentlich zugefügtem Schmerz zugestanden werden. Und ein solches Ergebnis wäre nach Auffassung derer, die den mentalen Ansatz ablehnen, regelrecht absurd.

Dieser Kritik kann man mit zwei Argumenten begegnen, ohne die mentalistische Sichtweise zu verwerfen. Einerseits wird die Erweiterung der Gemeinschaft der Gleichen über die Großen Menschenaffen hinaus nicht notwendigerweise diejenigen stören, die von vornherein der Deklaration zugestimmt haben. Auch wenn weitere Ausdehnungen der Kategorie der Gleichen zu drastischen Veränderungen in den Auffassungen und im Lebensstil der Menschen führen würden, beweist das nicht, daß solche Ausdehnungen absurd wären. Vermutlich hat auch die Abschaffung der Sklaverei das Leben in den Südstaaten der USA verändert, aber heute wäre das nur für wenige ein Argument dafür, an der Sklaverei festzuhalten. Die Deklaration schließt die Möglichkeit nicht aus, daß neben den Großen Menschenaffen vielleicht auch anderen Tieren gleiche Rechte gewährt werden müssen.

Andererseits ist es auch möglich, den Einwand zu entkräften, indem man die Beziehung zwischen den Rechten und den mentalen Fähigkeiten verschiedener Wesen genauer analysiert. Es gibt Tiere, und dazu gehören Große Menschenaffen wie wir, die nicht nur unter Zwängen und physischen Schmerzen leiden können, sondern sich auch ihrer selbst bewußt sind als individuelle Wesen, die über eine zeitlich kontinuierliche Existenz verfügen. Nur sie können unter ihrem eigenen Ableben leiden oder unter dem Gedanken ihrer eigenen Nicht-Existenz in der Zukunft, und nur sie haben das Recht auf Leben im strengen Sinne. Es gibt aber auch Tiere, die sich ihrer selbst nicht bewußt, aber doch empfindungsfähig sind und unter Gefangenschaft leiden – sie haben das Recht auf Freiheit und dürfen nicht gefoltert werden. Schließlich haben bloß fühlende Wesen, die nur körperliche Schmerzen empfinden können, einen Anspruch auf Schutz vor wissentlich zugefügtem Schmerz.

Die Definition dieser drei Kategorien moralisch Gleicher ist letztlich eine empirische Frage. Doch auch ohne weitere empirische Untersuchungen zeigt diese Aufteilung, daß, welche Schwierigkeiten sich innerhalb einer mentalistischen Betrachtungsweise auch ergeben können, diese keinen zwingenden Grund darstellen, diese Betrachtungsweise zu verwerfen. Das soll jedoch nicht heißen, daß sie allgemein anerkannt wird. Doch solange sich keine alternative Theorie finden läßt, die die psychologischen Kriterien überflüssig macht, gibt es keine triftigen Gründe dafür, das Fundament der Deklaration zu kritisieren.

Die Zugehörigkeit zu einer Spezies

Als Alternative zum mentalistischen Ansatz werden am häufigsten biologische Kriterien genannt. Im Kern dieser Sichtweise steckt die Behauptung, daß nur Menschen, das heißt Mitglieder der Spezies *Homo sapiens*, zu der Gemeinschaft der moralisch Gleichen gehören können. Wenn diese Theorie in ihrer orthodoxen Form vorgetragen wird, wird kein Bezug auf die Fähigkeiten, Leistungen oder Meinungen einzelner Menschen genommen. Als entscheidend wird angesehen, daß die Menschheit als Ganzes eine gegenüber allen anderen Spezies bevorzugte Behandlung verdient.

Die Auffassung, daß eine Spezies moralisch bedeutend ist, läßt sich auf zwei Arten vertreten, die jedoch beide nicht zu haltbaren Resultaten führen. Erstens behaupten einige Verfechter dieser Auffassung, daß Menschen nach dem Willen Gottes zur Befriedigung ihrer Bedürfnisse Tiere verwenden dürfen. Zweitens erklären andere, daß sich Menschen von anderen Tieren dadurch unterscheiden, daß sie Gesetze und eine Gesellschaft geschaffen haben. Es wäre absurd, Schimpansen, Gorillas und Orang-Utans gesetzliche oder soziale Pflichten aufzuerlegen, und deshalb wäre es auch absurd, ihnen die entsprechenden Rechte zuzubilligen.

Zum Leidwesen des theologischen Speziesismus liefert die Bibel keine Gründe, die das Töten, Gefangensetzen oder Quälen von Tieren ausdrücklich rechtfertigen.[4] Die Schöpfungsgeschichte erklärt nur, daß der Mensch der Herr der Schöpfung ist, nicht aber, daß er andere Tiere als Mittel für seine Zwecke benutzen soll. Schließlich gehört es nicht zu den Pflichten eines Herrschers, seine Untertanen zu essen oder sie ohne triftige Gründe einzusperren. Selbst wenn wir annehmen, daß jüdisch-christliche Glaubensinhalte im Rahmen einer kritischen Moral von Bedeutung sind, läßt sich die Deklaration nicht dadurch entkräften, daß man sich auf den Willen Gottes beruft.

Die humanistische Betrachtungsweise wiederum stützt sich zwar auf Tatsachen, wendet sie aber nicht konsistent an. Schimpansen, Gorillas und Orang-Utans haben sich nicht an der Schaffung der geltenden Gesetze und der Gestaltung unserer Sozialpolitik beteiligt, aber das gleiche gilt auch für die Mehrheit der Menschen. Die »Menschheit«, die für die meisten heute geltenden gesetzlichen Bestimmungen und politischen Verfahren verantwortlich ist, besteht zum größten Teil aus erwachsenen weißen Männern und nicht aus der Gesamtheit der Menschen ohne Unterschied hinsichtlich des Alters, der Rasse, des Geschlechts oder der gesellschaftlichen Stellung. Folglich sollte der Humanist die Grenze der moralischen Gleichheit nicht zwischen menschlichen und nichtmenschlichen Wesen ziehen, sondern zwischen erwachsenen weißen Männern und anderen menschlichen und nichtmenschlichen Wesen.

Leistung

Andere Kriterien zur Bestimmung dessen, wie verschiedene Wesen behandelt werden sollten, sind Leistung, die Fähigkeit, eigene Ansprüche geltend machen zu können, und allgemeine Nützlichkeit. Keinem dieser Ansätze ergeht es besser als dem puren Speziesismus.

Jene Moralisten, die glauben, daß sich Theorien der Gerechtigkeit und Gleichheit auf den Begriff der Leistung stützen müssen, erklären, daß alle Wesen ohne Rücksicht auf ihre natürlichen Anlagen oder ihren sozialen Hintergrund entsprechend ihrer Leistung behandelt werden sollten oder daß man ihnen »ihren gerechten Lohn« geben müsse. Hart arbeitende Menschen und produktive Haustiere verdienen die volle Achtung und Rücksicht anderer, während denjenigen, die sich ihren Anspruch nicht verdienen, wesentlich weniger gebührt. Wenn man diese Auffassung auf Versuchstiere in Laboratorien wie Schimpansen, Gorillas und Orang-Utans bezieht, haben wir es mit einer doppelten Moral zu tun. Einerseits verdienen es die Tiere, die dem Menschen als Versuchsobjekte »gute Dienste leisten«, von ihren Experimentatoren gut behandelt zu werden. Andererseits werden jedoch die Versuchstiere in den Laboratorien definitionsgemäß vielen Risiken und Erniedrigungen ausgesetzt. Schimpansen, Gorillas und Orang-Utans, die dem wissenschaftlichen Fortschritt dienen sollen, verbringen oft ihr ganzes Leben in Gefangenschaft und werden immer wieder körperlichen Schmerzen ausgesetzt. Selbst wenn es nur selten vorkommt, daß diese menschenähnlichen Affen sinnlos grausam behandelt werden, wird ihr Leben in vielen Fällen verkürzt und häufig als Folge des Experiments abrupt beendet.

Selbst diejenigen, die es nicht als beunruhigend empfinden, über inhaftierte Schimpansen, Gorillas und Orang-Utans nachzudenken, werden zugeben müssen, daß die Theorie der Leistungen und Verdienste letzten Endes in diesem Zusammenhang unhaltbar ist. Es gibt viele Menschen, die wie andere Große Menschenaffen nicht in der Lage sind, sich ihre Ansprüche durch produktive Arbeit zu verdienen, so wie sie vom körperlich und geistig leistungsfähigen Teil der menschlichen Gemeinschaft verstanden wird. Und doch würden die meisten zu Recht zögern, diesen Menschen die Rolle von Versuchstieren zuzuweisen. Sobald es sich um die Mitglieder unserer eigenen biologischen Spezies handelt, neigen wir dazu, die Ethik der Verdienste durch die Ethik des Mitgefühls oder der Rechte zu ergänzen. Aber die Theorie des gerechten Verdienstes liefert keine ausreichende Begründung dafür, die Anwendung dieser moralischen Schutzmaßnahmen auf Menschen zu beschränken. Die Theorie setzt eher voraus, als daß sie begründet, daß Schimpansen, Gorillas und Orang-Utans anders behandelt werden sollten als der andere Große Menschenaffe.

Die Fähigkeit, den eigenen Anspruch geltend zu machen

Ein Argument, das häufig beansprucht wird, um Speziesismus zu verteidigen, gründet sich darauf, daß Schimpansen, Gorillas und Orang-Utans nicht die Fähigkeit besitzen, ihre Ansprüche geltend zu machen, welches die Kriterien für die Ermessung solcher Ansprüche auch sein mögen. Die Vertreter dieser Auffassung scheinen vorauszusetzen, daß ein Wesen nur Rechte haben kann, wenn es diese Rechte selbst formuliert und für ihre Gewährung erfolgreich gekämpft hat. Das sei, wie sie sagen, bei den Fabrikarbeitern, den Frauen und den ethnischen Minderheiten so gewesen, die ihre politischen Rechte in vielen Ländern auf diese Weise erstritten haben, und dies sei der Weg, auf dem Rechte erworben werden sollten.

Dieser Auffassung müssen wir in einigen Punkten widersprechen. Erstens sind die Rechte der Fabrikarbeiter, der Frauen und verschiedener ethnischer Gruppen nicht in allen Teilen der Welt anerkannt. Sollen wir daraus schließen, daß die Mitglieder dieser Gruppen keinen Anspruch auf Leben und Freiheit haben und ihnen bewußt Schmerzen zugefügt werden dürfen, wenn sie zufällig in Ländern leben, die diese Rechte nicht anerkennen? Zweitens werden in vielen wohlhabenden Ländern Kinder und Menschen mit einer geistigen Behinderung durch gesetzlich verankerte Rechte geschützt, die sie nicht selbst für sich erkämpft haben. Sollten alle diese Rechte abgeschafft werden? Drittens mag die Fähigkeit, eigene Ansprüche geltend machen zu können, im Bereich der gesetzlichen und politischen Rechte eine gewisse Bedeutung haben. Aber wie die eben genannten Beispiele zeigen, kann dieses Kriterium im Zusammenhang mit ethischen Argumenten nicht gelten. Schutz und Mitgefühl können nicht mit gutem Gewissen auf diejenigen beschränkt werden, die wissen, wie sie es sich verdienen.

Allgemeine Nützlichkeit

Das letzte Argument für den Speziesismus ist der Hinweis auf die allgemeine Nützlichkeit des Gefangenhaltens und Erforschens von Schimpansen, Gorillas, Orang-Utans und anderen nichtmenschlichen Tieren für wissenschaftliche Zwecke. Der Tierversuch ist der Eckpfeiler der modernen Biomedizin und die Grundlage vieler technologischer Fortschritte in der Gesundheitsfürsorge. Der Verzicht darauf würde indirekt zu unabsehbarem menschlichem Leiden führen, denn damit gäbe es keinen Fortschritt mehr in der medizinischen Wissenschaft. Folglich würde das zu einer wesentlichen Veränderung unserer jetzigen Lebensgewohnheiten führen.

Diese grobe utilitaristische Sichtweise ist sowohl faktisch als auch theoretisch angreifbar. Ein empirischer Punkt, der bezweifelt werden kann, ist der tatsächliche Bedarf von Tierversuchen in der modernen Medizin und Gesundheitsfürsorge. In den vergangenen Jahrzehnten sind zahlreiche alternative Methoden zur Untersuchung lebender Organismen entwickelt worden, und es gibt Wissenschaftler, die behaupten, daß Versuche mit lebenden Tieren durch die Anwendung dieser neuen Methoden vollständig ersetzt werden können. Es ist natürlich möglich, daß Experimente mit Schimpansen, Gorillas und Orang-Utans durch nichts anderes ersetzt werden können. Aber ebenso ist es auch möglich, daß nur solche Wissenschaftler sie für unverzichtbar halten, die nicht ausreichend über die alternativen Testmethoden informiert sind. Wenn dies der Fall sein sollte, dann würde der Verzicht auf Experimente an nichtmenschlichen Großen Menschenaffen kaum oder gar kein menschliches Leiden zur Folge haben.

Die theoretische Schwierigkeit bei dieser groben utilitaristischen

Auffassung liegt darin, daß sie implizit von der Heiligkeit des Status quo in unserem sozialen Leben ausgeht. Es ist zweifellos richtig, daß das Leben vieler Menschen sich ändern würde, wenn die Deklaration über die Großen Menschenaffen anerkannt und durchgesetzt würde. Aber das ist an sich noch kein Argument gegen die Deklaration. Das Leben vieler Sklavenhändler hat sich fraglos durch die Abschaffung der Sklaverei verändert, aber das untergräbt nicht die grundsätzliche Gültigkeit der neuen Regel. Ungerechte und unmoralische soziale Regelungen sollten kritisiert werden, selbst wenn es für diejenigen, die zuvor auf Kosten anderer von ihnen profitiert haben, mit Nachteilen verbunden ist.

Die Gültigkeit der Deklaration

So hat es den Anschein, daß es keine überzeugenden und unstrittig gültigen Alternativen für die mentalen Kriterien der moralischen Gleichheit gibt. Die zweite Prämisse unseres Arguments (P2) ist daher gültig in dem Sinne, daß sie nicht durch andere populäre Auffassungen über die Grenzen der Gleichheit ersetzt werden kann. Das wiederum bedeutet, daß das Argument als Ganzes begrifflich vernünftig ist: Wenn wir voraussetzen, daß die psychologischen Tatsachen, von denen in der dritten Prämisse (P3) die Rede ist, stimmen, dann sind sowohl die Prämissen als auch die Folgerungen des Arguments gültig. Wenn Schimpansen, Gorillas und Orang-Utans tatsächlich geistige Fähigkeiten und ein emotionales Leben haben, die in etwa den unseren entsprechen, sollten wir nicht zögern, allen Großen Menschenaffen ohne Ansehen der Rasse, des Geschlechts oder der Spezies das Recht auf Leben, Freiheit und Abwesenheit von Folter zuzugestehen.

Dank der Verfasser: Wir danken Mark Shackleton, Dozent für englische Sprache an der Universität von Helsinki, für die sprachliche Bearbeitung dieses Aufsatzes.

Anmerkungen

1. Siehe zum Beispiel P. Singer, »All animals are equal« in P. Singer (Hrsg.), *Applied Ethics*, Oxford 1986, S. 215–228.
2. Ebenda, S. 217 ff.
3. Wer (wie etwa Albert Schweitzer) glaubt, daß alles Leben heilig ist, könnte sagen, daß auch Bäume leiden, wenn sie stark genug getreten werden. Diese Theoretiker könnten behaupten, daß wir das Leiden von Bäumen beobachten können, wenn wir sehen, wie durch äußere Einwirkungen entstandene Schäden durch entsprechende Notfallmaßnahmen beseitigt werden. Was die Verfechter dieser Auffassung wahrscheinlich damit meinen, ist, daß nur die Bemühungen lebender Wesen unser Mitgefühl wecken, während uns die Bewegungen unbelebter Objekte nicht berühren. Aber genaugenommen ist das nicht richtig. Auch unbelebte Objekte können sich so »verhalten«, daß man es anthropomorph interpretieren kann. Wenn man Steine in die Luft wirft, dann versuchen sie sofort, an ihren »natürlichen Ort«, zurückzukehren. Wenn Regentropfen aufgefangen werden, versuchen sie, andere Möglichkeiten zu finden, um den Erdboden zu erreichen. Und bei Computerspielen kann der Spieler oft »Schäden« verursachen, die der Computer zu verhindern, zu verringern und zu reparieren sucht. Theoretisch hindert Menschen nichts daran, diesen Bemühungen Sympathie entgegenzubringen.
4. Die Erschaffung der Tiere (zwei verschiedene Darstellungen) wird in der Genesis 1, 26–28 und Genesis 2, 18–22 beschrieben.

18
Eine Basis für (Interspezies-)Gleichheit

von Ingmar Persson

Ingmar Persson ist Professor für Philosophie an der Universität von Lund in Schweden. Sein Beitrag zu diesem Buch beginnt mit der Frage: Auf welcher Grundlage können wir die moralische Gleichheit aller Menschen rechtfertigen? Nachdem er eine Antwort auf diese Frage gefunden hat, fragt er weiter, ob diese Grundlage nur für unsere eigene Spezies gilt oder sie zum Beispiel auch die Forderung nach Gleichheit aller Großer Menschenaffen rechtfertigen könnte.

Ich möchte glauben – vor allem auch aufgrund der Arbeit einiger Autoren in diesem Buch –, daß nur wenige gebildete Menschen bestreiten würden, daß gewisse Dinge für nichtmenschliche Tiere gut oder schlecht sein können. Zumindest im Hinblick auf die Spezies, mit denen wir uns hier in erster Linie beschäftigen, die Schimpansen, Gorillas und Orang-Utans, wäre es besonders bizarr, das zu leugnen. Denn die deutlich erkennbaren physiologischen Übereinstimmungen und Parallelen im Verhalten zwischen Menschen und diesen nichtmenschlichen Tieren liefern den überzeugenden Beweis dafür, daß man letzteren ein Bewußtsein sowie Wünsche und Interessen zuschreiben muß; und man kann plausiblerweise sagen, daß im allgemeinen das, was die Wünsche eines Subjekts befriedigt, auch gut für dieses ist, während das, was seinen Wünschen zuwiderläuft, schlecht für dieses ist.

Ein Problem liegt natürlich darin, wie weit man die stammesgeschichtliche Leiter hinabsteigen kann um bei Tieren noch Bewußtsein und Zustände des Begehrens feststellen zu können. Ich selbst neige sehr dazu, dies nicht nur den Menschenaffen, sondern (mindestens) allen Wirbeltieren zuzuschreiben. Aber das ist eine Frage, zu der ich mich hier nicht äußern muß, denn für den vorliegenden Zweck genügt es zu sagen, daß es für die Großen Menschenaffen zutrifft.

Zudem besteht die Schwierigkeit, daß es Wünsche gibt – vor allem solche, die auf irrigen Annahmen beruhen –, deren Erfüllung demjenigen, der sie hat, möglicherweise nicht nützlich ist. Aber auch auf dieses Problem müssen wir hier nicht näher eingehen, denn es läßt sich kaum bestreiten, daß die Befriedigung der grundlegenden Wünsche, die Menschen mit nichtmenschlichen Tieren teilen – Wünsche nach den elementaren Dingen des Lebens wie ausreichende Ernährung, Abwesenheit von Schmerz usw. –, für den Betreffenden wertvoll ist.

So dürfen wir, wie ich meine, voraussetzen, daß das Leben für einige nichtmenschliche Wesen wie Schimpansen, Gorillas und Orang-Utans sowohl gut als auch schlecht sein kann. Es gibt jedoch viele, die dieser Auffassung zwar zustimmen und einräumen würden, daß wir eine gewisse moralische Verpflichtung haben, dafür zu sorgen, daß diese Wesen eher ein gutes als ein schlechtes Leben führen können, aber vor der Behauptung zurückschrecken, daß die Gerechtigkeit es fordert, daß das Leben dieser nichtmenschlichen Wesen den gleichen Wert hat wie das von Menschen. Mit anderen Worten, sie würden bestreiten, daß die Gerechtigkeit irgendeine Form von Interspezies-Gleichheit fordert. Dennoch werde ich im folgenden versuchen, diese Auffassung zu rechtfertigen.

Der Versuch, nachzuweisen, daß alle menschlichen Wesen in gewissem Sinne gleich sind, wird erschwert durch die vielen, deutlich erkennbaren, natürlichen Ungleichheiten zwischen ihnen: Menschen unterscheiden sich praktisch in jeder ihrer geistigen und körperlichen Fähigkeiten oder Begabungen. Ist es angesichts dieser auffallenden Unterschiede und Variationen wirklich vernünftig zu behaupten, daß alle Menschen gleich seien? Wenn es andererseits gelingt, dieses Hindernis zu überwinden und ein Gleichheitsprinzip zu finden, gemäß dem alle Menschen gleich sind, wird man vielleicht feststellen, daß die deutlich erkennbaren Unterschiede zwischen Menschen und nichtmenschlichen Tieren – wie etwa den anderen Großen Menschenaffen – eine umfassendere Anwendbarkeit dieses Grundsatzes nicht ausschließen. So rechtfertigen unter Umständen die Überlegungen, die die Überzeugung begründen, daß alle Menschen gleich sind, auch die Interspezies-Gleichheit zwischem dem *Homo sapiens* und anderen Spezies. Das ist in groben Zügen die Argumentation dieses Kapitels.

Die gleiche Berücksichtigung der Interessen

Bei der Behandlung dieses Themas argumentiert Peter Singer in seinem Buch *(Praktische Ethik)*, wegen der genannten Unterschiede könne sich der Grundsatz, daß alle Menschen gleich seien, nicht auf empirische Tatsachen über den Menschen stützen. »Gleichheit ist ein grundlegendes moralisches Prinzip, nicht eine Tatsachenbehauptung.«[1] Dieses ethische Grundprinzip ist »das Prinzip der gleichen Erwägung von Interessen«, das von uns verlangt, daß »wir unseren moralischen Überlegungen gleiches Gewicht geben hinsichtlich der ähnlichen Interessen all derer, die von unseren Handlungen betroffen sind«.[2] Wie Singer erklärt, leitet sich dieser Grundsatz aus seinem Utilitarismus ab, der in groben Zügen besagt, daß wir so handeln sollten, daß die Befriedigung der Interessen oder Präferenzen aller von der Handlung Betroffenen maximiert wird. Wenn wir dieses utilitaristische Ziel erreichen wollen, müssen wir natürlich die Interessen oder Präferenzen entsprechend ihrer Dringlichkeit berücksichtigen, also den stärkeren Interessen den Vorzug geben und gleichstarke Präferenzen gleich berücksichtigen. Da nicht nur Menschen, sondern auch nichtmenschliche Tiere Interessen haben, behauptet Singer, daß dieser Grundsatz dazu führt, daß auch sie in den Bereich der moralischen Gleichheit einbezogen werden.

Doch Singer selbst weist darauf hin, daß es Situationen gibt, in denen eine Verteilung gemäß dieses Gleichheitsprinzips »die Kluft zwischen zwei Personen, denen es unterschiedlich gut geht, eher noch vergrößern, als verringern [wird]«.[3] Singer nennt ein Beispiel, wo wir uns zwei verletzten Wesen gegenübersehen, aber unsere medizinische Ausstattung nur ausreicht, um eines von ihnen zu behandeln.[4] Eines, A, hat bereits ein Bein verloren, und es besteht die Gefahr, daß es an dem noch vorhandenen Bein eine Zehe verliert, während bei dem anderen, B, die Gefahr besteht, daß es ein Bein verlieren könnte. Da man annehmen kann, daß es schlimmer ist, ein Bein zu verlieren als eine Zehe, ergibt sich nach dem Prinzip der gleichen Berücksichtigung von Interessen, daß wir in dieser Situation die vorhandenen medizinischen Hilfsmittel für die Behandlung von B verwenden und damit den Unterschied im Gesundheitszustand zwischen A und B vergrößern, anstatt einen Ausgleich zu schaffen, indem wir diese Hilfsmittel für die Behandlung von A benutzen.

Gegen diese Entscheidung mag ethisch nichts einzuwenden sein, wir sollten jedoch bedenken, daß in *jeder* Situation, in der man nur einem von zwei Wesen, A oder B, helfen kann, und der Nutzen für A auch noch so geringfügig größer ist als der für B, der Grundsatz der gleichen Berücksichtigung der Interessen uns aufruft, A zu helfen, *ohne Rücksicht darauf*, wieviel besser die Ausgangsposition von A im Vergleich zu B war. Mir geht es gegen den Strich, mir vorstellen zu müssen, daß ein Gleichheitsprinzip solche Implikationen haben sollte.

Allerdings wird es in der Praxis nur selten zu solchen Situationen kommen, denn je mehr jemand hat, desto befriedigter ist er oder sie, und desto schwieriger ist es, seine oder ihre Befriedigung noch zu steigern. So wird zum Beispiel eine Menge an Nahrungsmitteln von einem Wohlgenährten gleichgültig entgegengenommen, während sie das Wohlbefinden eines Hungernden wesentlich steigert. Diesen Mechanismus bezeichnet man im allgemeinen als das Prinzip des sinkenden Grenznutzens. Aufgrund dieses Mechanismus wird die nach Singers Prinzip der Gleichheit vorgenommene Verteilung den Schlechtergestellten in der Regel mehr zukommen lassen, weil es bei ihnen eine stärkere Befriedigung erzeugt – und damit wird sich die Kluft zwischen den Ebenen des Wohlbefindens eher verringern als ausdehnen. Und genau das erwartet man intuitiv von einem Prinzip der Verteilungsgleichheit. Und doch könnte man den Grundsatz der gleichen Berücksichtigung von Interessen dafür kritisieren, daß er dieses Ergebnis nicht von sich aus garantiert.

Zudem würde Singer nicht bestreiten, daß die natürlichen Ungleichheiten in der menschlichen Spezies dazu führen, daß einige Menschen als Mittel zum utilitaristischen Zweck »nützlicher« sind als andere. Einige besitzen Talente und Gaben, mit denen sie einen größeren positiven Beitrag zum gesamten Gut leisten können wie durch wissenschaftliche Entdeckungen, Erfindungen, Kunstwerke, karitative Tätigkeiten usw. Vielleicht müssen einige von ihnen durch Belohnung ermutigt werden, wenn sie ihre Talente voll ausschöpfen sollen. Mit anderen Worten, es ließe sich möglicherweise rechtfertigen, diesen Menschen besondere Vergünstigungen zu gewähren, die die Lebensqualität für sie erhöhen, indem man sich darauf beruft, daß eine solche Behandlung die Maximierung der Befriedigung insgesamt fördert. Andererseits gibt es offenbar auch Menschen, die eher einen negativen Beitrag zum utilitaristischen Ziel leisten, indem sie Verbrechen begehen. Vom utilitaristischen Standpunkt aus gesehen läßt es sich rechtfertigen, sie durch die Androhung von Strafen, die ihre Lebensqualität verringern, von einem solchen Verhalten abzubringen. Insgesamt gesehen führt die Tatsache, daß die Menschen nicht alle gleich sind, dazu, daß ihr Wert für andere unterschiedlich ist, und dies wiederum liefert scheinbar eine utilitaristische Rechtfertigung dafür, sie verschieden zu behandeln und einigen ein angenehmeres Leben zu ermöglichen als anderen.

Im allgemeinen scheint Singer geneigt zu sein, die Bedeutung äußerer Vergünstigungen als Anreiz herunterzuspielen, denn er bekennt seine Sympathie zu dem marxistischen Grundsatz, daß die Verteilung der Güter aufgrund der Bedürfnisse erfolgen müsse, und nicht aufgrund von Fähigkeiten oder Leistungen.[5] Doch auf die Wirtschaft bezogen, muß er zugeben, daß wir, solange es keine »Abnahme der raffsüchtigen und egozentrischen Bestrebungen«[6] gibt, wahrscheinlich das Privatunternehmertum zulassen müssen, obwohl dieses System die Geschäftstüchtigen begünstigt. Ich nehme an, wenn er auf die Institution der Strafe eingegangen wäre, hätte er aufgrund der drohenden Gefährdung der Nutzenmaximierung einräumen müssen, daß auf Strafen nicht verzichtet werden kann, obwohl sie das Los der Kriminellen verschlechtert.

Das alles stellt jedoch nicht die logische Grundlage in Frage, die hinter dem Prinzip der gleichen Berücksichtigung von Interessen steht, daß die Aussicht auf die Erfüllung von Wünschen oder Interessen die alleinige Basis für die Verteilung der Güter ist; fraglich ist nur, ob eine Verteilung, die darauf abzielt, die Gesamtmenge der Erfüllungen zu maximieren, unbedingt mit dem zusammenfallen muß, was wir intuitiv als Gleichheit ansehen würden. Wir haben hier zwei Überlegungen angestellt. Manche sind gesünder und stärker und werden im allgemeinen eher ein Leben führen, das *für sie selbst* einen größeren Wert hat, und Singers Gleichheitsgrundsatz sagt uns nicht in jedem Fall, daß wir die Schlechtergestellten entschädigen sollen (nur dann, wenn es durch das Prinzip des sinkenden Grenznutzens unterstützt wird). Die Menschen sind auch mit Anlagen ausgestattet, die dazu führen, daß ihr Wert *für andere* verschieden ist, und das führt dazu, daß der Grundsatz der gleichen Berücksichtigung von Interessen es rechtfertigt, sie unterschiedlich zu behandeln, um nicht ein Absinken des Niveaus künftiger Erfüllung von Wünschen zu bewirken.

Doch könnten diese letzten Überlegungen nicht zu einem Argument erweitert werden, das versucht, den Grundsatz der gleichen Berücksichtigung von Interessen in ihrem Kern zu treffen, nämlich daß die Befriedigung von Interessen die einzig legitime Basis für die Verteilung der Güter ist? Nehmen wir an, es würde wie folgt argumentiert: Wer einen größeren Beitrag für das utilitaristische Ziel leistet, *verdient* eine bessere Behandlung, das heißt, sein Beitrag wird mit Vergünstigungen belohnt, während diejenigen, die das gemeinsame Gut schmälern, zum Beispiel wenn sie Verbrechen begehen, eine schlechtere Behandlung *verdienen*, nämlich Strafe. Nun ist hier der Begriff des Verdienstes mit dem der *Gerechtigkeit* verbunden: Was jemand verdient, hat für den Betreffenden selbst einen solchen Wert, daß es *gerecht* ist, es ihm zukommen zu lassen, weil es in gewissem Sinne dem Wert dessen entspricht, den das von dem Belohnten Geleistete für andere hat. Angesichts der verschiedenen, positiven und negativen Leistungen verlangt also die Gerechtigkeit, daß die Menschen ungleich behandelt werden.

Wenn dieses Argument nicht widerlegt werden kann, dann hat es den Anschein, daß keine Hoffnung besteht, die Ergebnisse des von Singer vertretenen utilitaristischen Gleichheitsprinzips zu korrigieren, wenn sie nach unserer Einschätzung zu großer Ungleichheit führen. Eines ist sicher, wenn ein Heilmittel von irgendwoher kommt, dann von Erwägungen der Gerechtigkeit. Darüber hinaus sind, solange dieses Argument nicht widerlegt wird, die Aussichten, eine Grundlage für die Interspezies-Gleichheit zu schaffen, offenbar sehr trübe, denn man könnte argumentieren, daß viele Menschen aufgrund ihrer überlegenen Leistungen eine bessere Behandlung verdienen als alle nichtmenschlichen Tiere.

Gleichheit als ein Prinzip der Gerechtigkeit

Zum Glück gibt es eine Erwiderung auf dieses letzte Argument, und Singer selbst liefert uns den Ansatz dazu, nämlich da, wo er sich gegen das Ideal der Chancengleichheit wendet. Er weist darauf hin, daß es diejenigen belohnt, die das Glück haben, die ererbten Veranlagungen mitzubringen, um sich sozial nützlich zu verhalten, während diejenigen bestraft werden, die das Pech haben, nicht mit solchen Genen ausgestattet worden zu sein.[7] Damit wird deutlich, daß niemand es verdient, besser oder schlechter behandelt zu werden, als irgend jemand anders, weil schließlich alles, was wir zu dem Zustand dieser Welt beitragen, von Faktoren bestimmt wird, die wir nicht beherrschen und für die wir nicht verantwortlich sind.

Man kann nicht vernünftigerweise der Meinung sein, daß jemand *moralisch* Lob oder Tadel im Verhältnis zum Wert eines Ereignisses oder Zustandes verdient, für die eine der beiden folgenden Bedingungen zutrifft:

1. man hat nicht durch eine Handlung oder Unterlassung kausal dazu beigetragen oder
2. wenn man einen solchen Beitrag geleistet hat, konnte man

entweder (a) nicht voraussehen, daß man diesen Beitrag leisten würde, oder (b) nicht verhindern, diesen Beitrag zu leisten (auch wenn man die notwendige Voraussicht gehabt hätte).

Normalerweise wird einem das, was man moralisch verdient, für das zugeschrieben, was man absichtlich bewirkt hat, weil man hier einen ursächlichen Beitrag zu etwas geleistet hat, das voraussehbar und (außer in den seltenen Fällen, in denen es noch andere Ursachen gab) vermeidbar war. Der Grund für diese Voraussetzung der Zuschreibung des Verdienstes ist die von uns festgestellte Beziehung zwischen Verdienst und Gerechtigkeit. Wenn jemand keinen Beitrag zu einem Zustand geleistet hat, der gut/schlecht für andere ist, kann die Gerechtigkeit nicht fordern, daß er entsprechend dem Wert, den dieser Zustand für andere hat, belohnt/bestraft wird, denn er hat ihn nicht bewirkt. Wenn jemand zu diesem Zustand beigetragen hat, dies jedoch unvermeidlich war oder er die Folgen seines Handelns nicht voraussehen konnte, könnte die Gerechtigkeit nicht fordern, daß er entsprechend dem Wert seines Beitrags begünstigt/benachteiligt wird. Denn in diesem Fall liegt die Ursache des von ihm bewirkten Zustandes zum Teil in Umständen, die er selbst nicht handhaben oder manipulieren konnte, sondern die, glücklicher- oder unglücklicherweise, unabhängig von ihm gewirkt haben.

Doch *jedes* intentionale Handeln ist letztlich das Ergebnis von Bedingungen, auf deren Entstehen der Handelnde keinen Einfluß gehabt hat. Eine intentionale Handlung entsteht als Folge bestimmter motivationaler Zustände – als Folge von Wünschen, Entscheidungen oder Absichten – und gewisser Fertigkeiten oder Fähigkeiten. Bis zu einem gewissen Grad können diese durch frühere intentionale Handlungen des Handelnden beeinflußt worden sein, aber unter der realistischen Voraussetzung, daß wir es hier nicht mit einem intentional Handelnden zu tun haben, der seit jeher als solcher existiert hat, werden wir schließlich zu Eigenschaften des Handelnden kommen, zu denen er *keinerlei* kausalen Beitrag geleistet hat, geschweige denn einen Beitrag, auf den weder a) noch b) der Bedingung 2 zutreffen, das heißt, Eigenschaften, die entweder durch frühe Umwelteinflüsse oder genetische Faktoren bestimmt sind. Daraus folgt, daß uns die Grundlage für das Zuschreiben dessen, was jemand moralisch verdient, entzogen ist: Die Gerechtigkeit kann nicht verlangen, daß wir einige besser behandeln, weil sie mit ihrem Beitrag der Welt nützen, und andere schlechter, weil ihr Beitrag schädlich ist, wenn sich letzten Endes zeigt, daß ihre Beiträge gar nicht die ihren sind. Ich habe bei dieser Argumentation einen deterministischen Standpunkt eingenommen, aber es ändert wenig, wenn wir annehmen, daß intentionales Handeln durch etwas bewirkt wird – etwa durch eine Entscheidung –, das keine hinreichende Ursache hat. Denn soweit diese Entscheidung kausal bestimmt ist, ist sie letztendlich eine Folge von Ursachen, zu deren Entstehung man nicht beigetragen hat, und soweit sie undeterminiert ist, kann man definitionsgemäß nicht von einem (kausalen) Beitrag sprechen. Außerdem habe ich speziell über *moralischen* Verdienst gesprochen, aber ich glaube, meine Argumentation läßt sich auch ohne weiteres verallgemeinern und auf andere Arten des Verdienstes übertragen, zum Beispiel auf die Schönheit, aufgrund der eine Frau es verdient, wie man sagt, einen Schönheitswettbewerb zu gewinnen, oder auf den hohen Intelligenzquotienten, aufgrund dessen man glaubt, daß eine Bewerberin eine gutbezahlte Anstellung verdient. Die Schönheit oder die Intelligenz eines Menschen sind etwas, zu dem man nur wenig oder gar nichts beigetragen hat, und deshalb kann es nicht gerecht sein, jemanden dafür zu belohnen.

So fehlt, gleichgültig, ob die Welt in jeder Hinsicht determiniert oder zum Teil nicht determiniert ist, dem Konzept des Verdienstes die Anwendbarkeit: Niemand verdient irgend etwas. Doch dann scheint die Gerechtigkeit zu verlangen, daß Nutzen und Lasten so aufgeteilt werden, daß schließlich alle ein für sie selbst möglichst gleich wertvolles Leben führen können. Denn wenn die verschiedenen Beiträge, die von den Menschen zum Nutzen anderer geleistet werden, es nicht als gerecht erscheinen lassen, einige von ihnen zu begünstigen, was sonst sollte das ermöglichen? Vielleicht könnte mancher versucht sein zu glauben, es sei gerecht, daß einige Individuen besser gestellt sind als andere, weil sie nach irgendwelchen Einrichtungen oder Bestimmungen, zum Beispiel nach der derzeitigen Eigentumsregelung, einen *Anpruch* darauf haben, über mehr Ressourcen zu verfügen. Das wäre jedoch nur gerecht, wenn diese Bestimmungen selbst gerecht sind, und das scheint uns wiederum zum Begriff des Verdienstes zurückzubringen. Zum Beispiel scheint die relevante Eigentumsregelung nur dann gerecht zu sein, wenn jeder die Früchte seiner Arbeit *verdient* und das Recht hat, sie nach eigenem Gutdünken zu verwenden.

Da ich keine Basis für eine gerechte Unterscheidung erkennen kann, die nicht vom Verdienst abhängig ist, komme ich zu dem Schluß, daß, wenn die Basis für die Verdienstzuschreibung nicht mehr vorhanden ist, unser Gerechtigkeitssinn verlangt, die Dinge so zu verteilen, daß das Ergebnis der Verteilung ein Leben ist, das für alle den möglichst gleichen Wert haben sollte. Die Argumentation lautet wie folgt:

a) Es ist gerecht, daß alle (für die etwas wertvoll sein kann) so behandelt werden, daß ihr Leben in bezug auf den Wert, den es für sie hat, möglichst gleich ist, es sei denn, sie verdienen es, ein Leben von unterschiedlichem Wert zu führen.
b) Niemand verdient es, ein Leben zu führen, das sich in seinem Wert vom Leben anderer unterscheidet (denn das Konzept des Verdienstes läßt sich nicht anwenden).
c) Deshalb ist es gerecht, alle so zu behandeln, daß ihr Leben in bezug auf den Wert, den es für sie hat, möglichst gleich ist.

Natürlich sind diese Überlegungen nicht unangreifbar, denn ich habe nicht *bewiesen* – und kann auch nicht erkennen, wie es bewiesen werden könnte –, daß a) zutrifft. Das heißt, daß es in Ermangelung der Anwendbarkeit des Verdienstes keinen anderen Umstand geben kann, der es rechtfertigt, einigen ein besseres Leben zuzugestehen als anderen. (Damit will ich nicht behaupten, daß nichts diese ungleiche Situation zu der *moralisch besseren* machen könnte, weil, wie sich aus folgendem ergeben wird, ich nicht die Möglichkeit ausschließen möchte, daß es einen anderen ethischen Grundsatz geben könnte, der unter Umständen vor dem Gerechtigkeitsprinzip Vorrang hat.) Doch solange niemand einen solchen Umstand ans Licht bringt, gilt unser Argument und liefert uns die logische Grundlage für ein Prinzip der Gleichheit oder der gleichen Behandlung, wie es in c) zum Ausdruck kommt. Obwohl Singer glaubt, »eine konsequentere Form von Egalitarismus« als sein Prinzip der Gleichheit wäre »nicht leicht zu rechtfertigen«[8], könnte man einige seiner Aussagen so lesen, als lieferten sie ungewollt die Grundlage für ein solches Prinzip. Wollte er mir in meiner Deutung seiner Aussagen folgen, dann müßte er natürlich ein ethisches Prinzip befürworten, das einen vom Utilitarismus unabhängigen Ursprung hat.

Das neue Prinzip sagt, es sollte betont werden, wie die Dinge vom Standpunkt der *Gerechtigkeit* aus sein sollten. Aber Gerechtigkeitserwägungen können in diesem Sinne sicherlich nicht die einzigen ethischen Erwägungen sein, und das neue Prinzip der Gleichheit könnte nicht das einzige ethische Prinzip sein. Das utilitaristische Prinzip, das die Maximierung der Erfüllung von Wünschen und Interessen verlangt, ist schon erwähnt worden, und um eine akzeptable Moral zu schaffen, brauchen wir mit Sicherheit ein Prinzip dieser Art – ein Prinzip, das auch Erwägungen des *Wohlwollens* einschließt und uns auffordert, das Leben von Individuen eher zu verbessern als zu verschlechtern. Denn das Prinzip der Gleichheit allein wäre moralisch indifferent gegenüber der Frage, ob wir den Wert, den jeder seinem Leben beimißt, dem der anderen angleichen, indem wir den Wert für einige erhöhen oder für andere verringern. Aber selbstverständlich ist die erste Strategie die moralisch vorzuziehende; und um dieses Ergebnis zu erzielen, bedarf es der Berufung auf Erwägungen des Wohlwollens. (Wegen dieser absurden Konsequenzen eines puren Gleichheitsprinzips vertreten einige, die sich zum Egalitarismus bekennen, die Ansicht, daß wir *den Schlechtergestellten Vorrang einräumen* sollten, und daß die Verbesserung ihres Wohlbefindens ein verhältnismäßig größeres moralisches Gewicht habe. Selbst wenn hier ein theoretischer Unterschied besteht, scheinen sich die praktischen Auswirkungen dieser Auffassung nicht von denen zu unterscheiden, die sich aus einer Mischung dessen ergeben, was ich als Erwägungen der Gerechtigkeit und des Wohlwollens bezeichnet habe.)

Nun mag die tatsächliche Welt so aussehen, daß eine strikte Befolgung des Prinzips der Gerechtigkeit zu einem Konflikt mit dem zusätzlichen Grundsatz des Wohlwollens oder der Nützlichkeit führt. Wir haben bereits oben etwas zu diesem Problem gesagt: Wenn wir nicht diejenigen belohnen, die etwas zum Gesamtgut beitragen, und diejenigen bestrafen, die es schmälern, wird die Nettobilanz des positiven Wertes in der Zukunft wahrscheinlich abnehmen, und er wird für alle geringer sein. Wir können zwar von einer Welt träumen, in der jeder den gleichen positiven Beitrag zum Gesamtgut leistet und daher alle auch im gleichen Maß belohnt werden, aber wir leben nun einmal nicht in einer solchen Welt. Vielleicht wird es uns gelingen, eine solche Welt zu schaffen – wenn wir (umstrittene) Techniken für genetische Manipulationen und Veränderungen der Umwelt entwickeln und anwenden. Aber bis eine solche Welt entstanden ist, müssen wir uns allem Anschein nach mit der Ungleichbehandlung von Wesen abfinden, die aus Gründen der Gerechtigkeit gleich behandelt werden sollten, falls wir nicht ein deutlich spürbares Absinken der Gesamterfüllung von Wünschen und Interessen hinnehmen wollen. Damit sind wir wieder bei den natürlichen Ungleichheiten, doch diesmal sollte klar sein, daß sie nicht die Gleichbehandlung als ein Ideal (der Gerechtigkeit) untergraben. Allerdings lassen sie unsere ethischen Überlegungen komplexer werden, denn sie zwingen uns, Erwägungen des Wohlwollens oder der Nützlichkeit auf der einen und denen der Gerechtigkeit auf der anderen Seite gegeneinander abzuwägen.

Interspezies-Gleichheit

Bis hierher habe ich von der (Intraspezies-)Gleichheit zwischen Menschen gesprochen, aber es dürfte klar sein, daß die in diesem Zusammenhang angestellten Überlegungen ebenso zur Verteidigung der Interspezies-Gleichheit angeführt werden können. Daß ein Individuum zu einer bestimmten Spezies gehört, ist offensichtlich nicht eine von ihr/oder ihm selbst verursachte Tatsache; es ist – um das übliche Kriterium für die Zugehörigkeit zu einer Spezies zu nennen – genetisch bestimmt. Deshalb wäre ein »Speziesismus«, der verlangt, daß zum Beispiel Schimpansen, Gorillas und Orang-Utans weniger gut behandelt werden müssen als Menschen, einfach weil sie Schimpansen, Gorillas oder Orang-Utans sind, ungerecht.

Aber wahrscheinlich ist das letztlich nicht das, worauf Speziesismus hinausläuft – wie auch der Rassismus und der Sexismus sich nicht in der Doktrin erschöpfen, daß gewisse Wesen diskriminiert werden sollen, weil sie einer bestimmten Rasse oder einem bestimmten Geschlecht angehören. Ein vernünftigerer Speziesismus (Rassismus, Sexismus) behauptet, daß Wesen, die einer bestimmten Spezies (einer bestimmten Rasse, einem bestimmten Geschlecht) angehören, auf Kosten der Angehörigen anderer Spezies (Rassen, Geschlechter) bevorzugt werden sollten, weil sie für diese Spezies (Rassen, Geschlechter) *typische* Merkmale aufweisen: zum Beispiel sollten Menschen besser behandelt werden als alle nichtmenschlichen Tiere, weil nur sie Vernunft besitzen, die Fähigkeit haben, sich einer Sprache zu bedienen usw. Mit anderen Worten, der wirkliche Grund für die Diskriminierung ist nicht die Zugehörigkeit zu einer Spezies, sondern der Besitz von Rationalität oder irgendeine andere geistige Fähigkeit.

Gegen diese Art des Speziesismus hat man das sogenannte Argument der Grenzfälle ins Feld geführt: Es wird darauf hingewiesen, daß, wenn es das Fehlen der Vernunft, der Fähigkeit zu sprechen usw. ist, was die Diskriminierung nichtmenschlicher Tiere rechtfertigt, dann ist auch die Diskriminierung bestimmter Menschen, besonders derjenigen, die geistig schwerbehindert sind, gerechtfertigt, denn auch ihnen fehlen diese besonderen Qualitäten. Offensichtlich sind normale Schimpansen, Gorillas und Orang-Utans mindestens ebenso intelligent wie einige geistig behinderte Menschen. Es hilft dem menschlichen Speziesisten nicht, daß diese Menschen zu einer Spezies gehören, deren Angehörige *normalerweise* mit den betreffenden geistigen Fähigkeiten ausgestattet sind, weil es mit Sicherheit vernünftiger ist, ein Wesen gemäß den Fähigkeiten zu behandeln, die es *tatsächlich* besitzt und nicht gemäß jenen, die die Norm einer Gruppe darstellen, zu der es gehört, gleichgültig, ob das betreffende Individuum diese Fähigkeiten hat oder nicht.

Für denjenigen, der sich für das Wohl von Tieren einsetzt, liegt die Schwäche des Arguments der Grenzfälle darin, daß es jene Theoretiker nicht überzeugen kann, die bereit sind, die Diskriminierung geistig behinderter Menschen hinzunehmen. Doch dieser Ausweg läßt sich noch weniger vertreten, wenn man von den oben angestellten Überlegungen ausgeht: Es kann sicherlich nicht gerecht sein, wenn man geistig Behinderte wegen ihrer Behinderung leiden läßt, denn sie liegt jenseits ihrer Verantwortung und Kontrolle. Selbstverständlich sprechen die gleichen Überlegungen auch dagegen, nichtmenschliche Tiere schlechter zu behandeln, weil sie mit bescheideneren geistigen Gaben ausgestattet sind, denn sie sind natürlich ebensowenig für diese bescheidenere Ausstattung verantwortlich. Hier müssen wir zu dem Schluß kommen, daß die Gerechtigkeit es verlangt, beide Gruppen so zu behandeln, daß der Wert, den ihr Leben für sie hat, soweit wie möglich dem Wert entspricht, den das Leben für andere hat.

Wenn die Gerechtigkeit es verlangt, daß Menschen und nichtmenschliche Tiere so behandelt werden, daß der Wert, den ihr Leben (für sie) hat, jeweils möglichst gleich ist, dann bedeutet das selbstverständlich nicht, daß zum Beispiel Menschenaffen (oder geistig behinderte Menschen) exakt so behandelt werden sollen wie normale Menschen. Wollte man etwa den Menschenaffen die gleichen Chancen für eine höhere Schulbildung anbieten, dann würde das den Wert ihres Lebens für sie nicht erhöhen, indem man es erfüllter macht, denn ihre geistigen Fähigkeiten passen nicht zu dieser Art von Ausbildung. Wir haben hier nicht behauptet, daß es zu einer gerechten Behandlung gehört, alle Wesen in der Weise gleich zu behandeln, daß sie dieselbe Menge derselben Güter erhalten, sondern daß die Güter so verteilt werden müssen, daß das Ergebnis soweit wie möglich auf einen Zustand hinausläuft, in dem alle Lebewesen ein Leben führen können, das für sie in gleicher Weise wertvoll oder befriedigend ist. Und angesichts der Tatsache, daß verschiedene Wesen unterschiedlich veranlagt sind, bedeutet dies, daß man sie entsprechend mit der unterschiedlichen Menge unterschiedlicher Güter versorgt.

Wir dürfen auch nicht vergessen, daß dieser Grundsatz nicht das einzige ethische Prinzip ist; wie gesagt, wir müssen auch ein Prinzip des Wohlwollens und der Nützlichkeit berücksichtigen. Dies müssen wir im Auge behalten, damit man die hier vertretene Auffassung nicht für eine hält, aus der sich absurde Konsequenzen ergeben. Angenommen, daß durch die Intelligenz oder die Lebenserwartung von Menschenaffen, die nicht mit der von Menschen übereinstimmt, ihr Leben in ihrem natürlichen Lebensraum nicht ebensoviel Wert oder Befriedigung enthält wie das eines Durchschnittsmenschen. Dann folgt daraus nicht, wenn man alles abwägt, daß wir moralisch verpflichtet sind, alles zu tun, um den Wert des Lebens eines durchschnittlichen Menschenaffen auf das Niveau des Wertes des Lebens eines normalen Menschen zu bringen. Denn eine solche Maßnahme könnte in unakzeptabler Weise die *totale* Menge des erreichbaren Wertes beeinträchtigen. (Man beachte, daß es jedoch aus den gleichen Gründen falsch wäre zu verlangen, wir sollten *alles* in unserer Macht Stehende tun, um die Lebensqualität geistig behinderter Menschen zu erhöhen, wenn dies ebenso in unakzeptabler Weise die Gesamtmenge an erreichbarem Wert schmälert.)

Bedenken wir darüber hinaus, wie groß die Zahl nichtmenschlicher Tierspezies ist, die möglicherweise über ein Bewußtsein verfügt und Wünsche hat, und wie sehr sich einige von ihnen vom Menschen unterscheiden, dann ist der Versuch, eine Gleichheit herzustellen, natürlich eine nicht durchführbare Maßnahme. Ich habe gehört, daß man behauptet hat, das Prinzip der Gerechtigkeit sei auf Lebewesen nicht anzuwenden, die nur sehr geringe geistige Fähigkeiten haben, etwa auf Reptilien und Fische, und daß es keinen Sinn mache, als ungerecht anzusehen, wenn zum Beispiel der eine Fisch ein angenehmeres Leben führt als ein anderer. Begründet wird diese Auffassung damit, daß die Erfahrungen, die diese Wesen zu unterschiedlichen Zeiten in ihrem Leben machen, nicht genügend miteinander verbunden sind, weil sie über kein klar erkennbares Gedächtnis verfügen. Wenn das zutrifft, würde uns dieser Einwand die Implikationen der Gleichheit leichter bewältigen lassen.

Ich bin aber nicht überzeugt, daß es zutrifft. Soweit ich sagen kann, ist die Tatsache, daß uns diese Ansicht plausibel scheinen mag, nur ein Symptom dafür, wie stark unsere Haltung noch vom Speziesismus beherrscht wird. Wenn man sich in seinem Denken nicht so weit hat verwirren lassen, daß man glaubt, jemanden ungerecht zu behandeln, setze voraus, daß dieses Wesen die Fähigkeit besitzt, die Ungerechtigkeit zu erkennen, dann kann ich nicht sehen, weshalb nur ein Wesen das Opfer einer Ungerechtigkeit sein kann, das über einen zusammenhängenden Bewußtseinsstrom verfügt, indem es zurückblicken (und vielleicht vorausschauen) kann. Ich kann es mir jedoch leisten, diese Frage unbeantwortet zu lassen, denn die Tiere, die uns hier in erster Linie interessieren, die Schimpansen, Gorillas und Orang-Utans, stehen geistig auf der gleichen Stufe wie einige Menschen, auf die wir mit allem Nachdruck die Reichweite der Gleichheitsidee ausdehnen.

Vor allem dürfen wir folgendes nicht aus den Augen verlieren, wenn wir auf den Einwand stoßen, der hier vertretene Grundsatz der Gleichheit ließe sich in der Praxis nicht verwirklichen: Im Gegensatz zu dem von Singer vertretenen Prinzip gründet sich der hier vorgeschlagene Grundsatz nicht auf den Utilitarismus und muß deshalb durch Überlegungen im Sinne des Utilitarismus ergänzt werden, um zu einer vernünftigen Moral zu gelangen. Andererseits kann eine solche Moral nicht allein aus einem utilitaristischen Prinzip bestehen, wenn die vorher dargelegte Argumentation richtig ist (nämlich daß eine Verteilung der Güter, die die Kluft zwischen den Bessergestellten und den Schlechtergestellten vergrößert, moralisch fragwürdig sein kann, auch wenn sie die Gesamtmenge der Befriedigung maximiert). Wenn Vorbehalte gegen eine solche Verteilung bestehen, dann hat das offensichtlich etwas damit zu tun, daß diese Verteilung in einem Zustand ungerechter Ungleichheit endet. Ein befriedigendes moralisches System muß daher ein vom Utilitarismus unabhängiges Prinzip der Gleichheit einschließen.

Die wichtigste ethische Schlußfolgerung, die wir aus den Überlegungen in diesem Kapitel ziehen können, ist, daß dieser Einwand immer noch gilt, wenn die Schlechtergestellten nichtmenschliche

Tiere sind wie Schimpansen, Gorillas und Orang-Utans – wenngleich unsere starken speziesistischen Vorurteile diese Tatsache wegwischen mögen. So habe ich, in der Hoffnung, auch andere Leute zu überzeugen als die, die bereits bekehrt sind, die Strategie angewendet, über die Intraspezies-Gleichheit zwischen den Menschen zur Interspezies-Gleichheit zu gelangen und mein Gleichheitsprinzip erst für den menschlichen Fall zu entwickeln und es dann über die Speziesbarrieren hinaus auszudehnen.

Dank des Verfassers: Ich möchte Derek Parfit und den Herausgebern für ihre wertvollen Hinweise zu früheren Entwürfen dieses Aufsatzes danken.

Anmerkungen

1. P. Singer, *Praktische Ethik*, Reclam, Stuttgart 1984, S. 32.
2. Ebenda, S. 32.
3. Ebenda, S. 37.
4. Ebenda, S. 37.
5. Ebenda, S. 55.
6. Ebenda, S. 59.
7. Ebenda, S. 54.
8. Ebenda, S. 37.

19
Unrechtmäßig erworbene Vorteile

von Tom Regan

Tom Regan ist Professor für Philosophie an der North Carolina State University und Präsident der Culture and Animals Foundation. In seinem bekanntesten Buch, The Case for Animals' Rights, *begründet er mit einer detaillierten philosophischen Argumentation die Notwendigkeit, die Grundrechte aller Lebewesen, die »Subjekte eines Lebens« sind – das heißt, die fähig sind, individuelle Erfahrungen zu machen und ein Leben zu führen, das für sie gut oder schlecht verlaufen kann –, anzuerkennen. In dem folgenden Aufsatz behandelt und widerlegt Regan die verschiedenen möglichen Gründe dafür, eine scharfe moralische Grenze zwischen menschlichen Wesen und den anderen Großen Menschenaffen zu ziehen. Eine frühere Version dieses Aufsatzes ist unter demselben Titel in* Health Care Ethics *erschienen, einem von Donald Van De Veer und Tom Regan herausgegebenen und 1987 in Philadelphia veröffentlichten Buch. Der Aufsatz wurde 1991 noch einmal in dem Buch* The Thee Generation: Reflections on the Coming Revolution *von Tom Regan abgedruckt und vom selben Verlag in Philadelphia veröffentlicht. Nachfolgend wird mit Erlaubnis des Verlags Temple University Press eine revidierte und gekürzte Version des Aufsatzes veröffentlicht.*

Ende 1981 konnte eine Berichterstatterin (wir nennen sie Karen und entsprechen damit ihrem Wunsch, anonym zu bleiben) einer großen Tageszeitung Einblick in bis dahin geheime Akten der Regierung nehmen. Unter Berufung auf das Gesetz über die Informationsfreiheit untersuchte Karen die Unterlagen über die von der Regierung finanzierte Erforschung der kurz- und langzeitigen Auswirkungen radioaktiven Abfalls auf den Organismus. Mit ziemlicher Verwunderung entdeckte sie in diesen Akten Aufzeichnungen über eine Reihe von Experimenten, in deren Verlauf Koronargefäßthrombosen (Herzanfälle) hervorgerufen und anschließend behandelt worden waren. Die Experimente waren über einen Zeitraum von fünfzehn Jahren von einem angesehenen Herzspezialisten (wir nennen ihn Dr. Ventrikel) vorgenommen und mit bundesstaatlichen Mitteln finanziert worden, und wäre Karen nicht zufällig auf diese Unterlagen gestoßen, dann wären die Experimente wahrscheinlich außerhalb des Macht- und Einflußbereichs von Dr. Ventrikel niemandem bekannt geworden.

Karens Überraschung wurde sehr bald zur Empörung, und sie konnte kaum glauben, was sie las. Fall für Fall erfuhr sie, wie Dr. Ventrikel und seine Mitarbeiter bei gesunden Versuchspersonen, die bisher keinerlei Anzeichen für Herzerkrankungen gezeigt hatten, bewußt das Versagen der Herztätigkeit herbeigeführt hatten. Die Methoden, mit denen der jeweilige »Herzanfall« inszeniert wurde, waren in einer wahrhaften Einkaufsliste experimenteller Techniken aufgeführt. Sie reichten von hohen Dosen stimulierender Mittel (zu den am häufigsten verwendeten gehörte das Adrenalin) bis zur Schädigung der Koronararterie durch elektrische Stromstöße, was zu ihrer Schwächung und der beabsichtigten Thrombose führte. Anschließend erprobten die Mitarbeiter von Dr. Ventrikel die Wirkung verschiedener Gegenmittel, die sie in der Hoffnung entwickelt hatten, die Widerstandskraft des Herzens gegen einen zweiten »Anfall« zu stärken. Die Mittel wurden in den verschiedensten Dosen verabreicht, und es gab die üblichen Kontrollgruppen. Einige Medikamente waren in einigen Fällen wirksamer als der Verzicht auf die medikamentöse Behandlung oder in anderen Fällen wirksamer als kleinere Dosierungen des gleichen Medikaments. Im Herbst 1981 wurde dieses Forschungsprojekt unvermittelt beendet, aber nicht, weil man am Erfolg dieser Forschungen zweifelte oder weil irgend jemand aufgrund ethischer Einwände einen Proteststurm entfachte. Wie so manches andere Projekt mußte auch das von Dr. Ventrikel wegen der damals herrschenden Wirtschaftsflaute eingestellt werden. Die Regierung verfügte nicht mehr über die notwendigen Mittel, um einem zweiten Antrag auf die Bewilligung weiterer Gelder stattgeben zu können.

Kein engagierter Reporter könnte diese Sache auf sich beruhen lassen, und so entschloß sich auch Karen, die Angelegenheit weiter zu verfolgen. Sie bat Dr. Ventrikel unter einem Vorwand um ein Interview, das ihr auch gewährt wurde. Als sie ihm sagte, daß sie Einsicht in die Akten genommen hatte, sie die fünfzehn Jahre dauernde, weitgehende fruchtlose Forschung genau kenne und sie sein Projekt mit Empörung ablehne, war Dr. Ventrikel sprachlos. Allerdings nicht, weil Karen an die Akte gekommen war, und auch nicht, weil sich die Unterlagen an der Stelle befanden, wo sie sich befanden (ein »Schreibfehler«, wie er versicherte). Was Dr. Ventrikel überraschte, war, daß irgend jemand der Ansicht sein könnte, daß sein Projekt ernsthafte ethische Fragen aufwerfen würde. Das folgende haben wir den Notizen Karens über ihr Gespräch mit Dr. Ventrikel entnommen:

Ventrikel: Aber ich verstehe nicht, worauf Sie hinauswollen. Sie wissen doch sicher, daß Herzerkrankungen die häufigste Todesursache sind. Wie kann es eine ethische Frage sein, ob man Medikamente entwickeln darf, die *buchstäblich* versprechen, Leben zu retten?
Karen: Manche Leute könnten sehr wohl einräumen, daß es ein gutes und edles Ziel ist, Leben zu retten, aber doch die Mittel in Frage stellen, mit denen das erreicht werden soll. Ihre »Patienten« haben schließlich vorher nicht an irgendwelchen Herzkrankheiten gelitten. *Sie* waren gesund, bevor sie in Ihre Hände gerieten.
Ventrikel: Aber ein Fortschritt in der Medizin ist einfach nicht möglich, wenn wir warten, bis die Leute krank werden, und erst dann feststellen können, was ihnen hilft. Es gibt zu viele Variablen außerhalb unserer Kontrolle und unseres Ver-

ständnisses, wenn wir versuchen, die medizinische Forschung im klinischen Bereich vorzunehmen. Die Geschichte der Medizin zeigt, wie hoffnungslos dieses Vorgehen ist.

Karen: Ich lese auch, daß nach Beendigung des Experiments – vorausgesetzt daß der »Patient« dabei nicht gestorben ist – die Überlebenden »geopfert« wurden. Soll das heißen, daß sie getötet wurden?

Ventrikel: Ja, das stimmt. Aber immer schmerzlos, immer schmerzlos. Und die Leiche kam sofort ins Laboratorium, wo weitere Tests vorgenommen wurden. Nichts wurde verschwendet.

Karen: Und das hat Sie nicht gekümmert – ich meine, Sie haben sich niemals gefragt, ob das, was Sie taten, falsch war? Ich meine...

Ventrikel unterbricht sie: Meine liebe junge Dame, Sie tun so, als sei ich eine Art moralisches Monster. Ich arbeite zum Nutzen der Menschheit und habe dabei gewisse kleine Erfolge erzielt. Ich hoffe, Sie werden dem zustimmen. Wer sich darüber aufregt und glaubt, das, was ich getan habe, sei unrecht, der hat vielleicht die besten Absichten, irrt sich jedoch. Schließlich verwende ich bei meiner Forschungsarbeit Tiere – Schimpansen, um genau zu sein – und keine Menschen.

Der springende Punkt

Die Geschichte über Karen und Dr. Ventrikel ist nur eine Geschichte, ein kleines bißchen Fiktion. Es gibt in Wirklichkeit keinen Dr. Ventrikel und keine Karen. Aber es *gibt* einen weitverbreiteten Gebrauch von Tieren in der wissenschaftlichen Forschung, auch bei Forschungsprojekten wie denen unseres imaginären Dr. Ventrikel. So hat unsere Geschichte, auch wenn die Einzelheiten erdacht sind und, das soll in aller Deutlichkeit gesagt werden, sie nur ein literarischer Kunstgriff und kein Tatsachenbericht ist, doch eine Pointe. Die meisten, die sie lesen, wären moralisch empört, wenn es wirklich einen Dr. Ventrikel gäbe, der Erkrankungen der Herzkranzgefäße im Rahmen eines Projekts, wie es hier beschrieben wurde, an ansonsten gesunden Menschen erforschte. Doch nur verhältnismäßig wenige würden moralisch befremdet eine Augenbraue heben, wenn sie erführen, daß solche Versuche an nichtmenschlichen Tieren vorgenommen werden, etwa an Schimpansen. Diese Geschichte hat uns, wie ich hoffe, etwas zu sagen, denn sie überrumpelt uns, führt uns diesen Unterschied vor Augen und läßt ihn in unserer Erfahrung lebendig werden; und indem sie das tut, sagt sie uns etwas über uns selbst und über unsere Wertbegriffe. Sofern wir meinen, daß Dr. Ventrikel unrecht handelte, wenn er seine Experimente an Menschen vornehmen würde, jedoch richtig, wenn er sie an Schimpansen durchführte, müssen wir glauben, daß es für die Behandlung von Menschen und Schimpansen verschiedene moralische Normen gibt. Doch diesen Unterschied anzuerkennen, wenn wir ihn anerkennen, ist nur der Beginn und nicht das Ende unseres moralischen Denkens. Wir dürfen nur dann behaupten, moralisch richtig zu urteilen, wenn wir einen *moralisch relevanten Unterschied* zwischen Menschen und Schimpansen nennen können, der es uns erlaubt, klar, zusammenhängend und vernünftig zu begründen, weshalb es unrecht wäre, Menschen bei Forschungsprojekten wie denen von Dr. Ventrikel zu benutzen, nicht aber Schimpansen.

Die »richtige« Spezies

Ein offensichtlicher Unterschied ist, daß Schimpansen und Menschen verschiedenen Spezies angehören. Das ist in der Tat ein Unterschied, aber ist er moralisch relevant? Nehmen wir – rein theoretisch – an, daß die unterschiedliche Spezieszugehörigkeit tatsächlich ein moralisch relevanter Unterschied *ist*. Wenn das so ist und wenn A und B zu zwei verschiedenen Spezies gehören, dann ist es durchaus möglich, daß das Töten oder Verletzen von A ein Unrecht darstellt, während dies bei B nicht der Fall ist.

Wir wollen diese Idee prüfen, indem wir uns vorstellen, daß Steven Spielbergs E. T. und einige seiner Freunde auf der Erde erscheinen. Was auch immer wir über sie sagen wollen, wir werden nicht behaupten, daß sie unserer Spezies, der Spezies *Homo sapiens* angehören. Wenn nun der Unterschied in der Spezieszugehörigkeit ein moralisch relevanter Unterschied ist, müssen wir bereit sein zu sagen, daß es *kein* Unrecht ist, E. T. und die anderen Mitglieder seiner biologischen Spezies zu töten oder zu verletzen, etwa auf der Jagd, obwohl es unrecht *ist*, so etwas mit den Mitgliedern unserer Spezies zu tun. Aber doppelte Maßstäbe sind nicht erlaubt. Wenn die Tatsache, daß *sie* zu einer anderen Spezies gehören, uns dazu berechtigt, sie zu töten oder zu verletzen, dann wird der Umstand, daß *wir* zu einer anderen Spezies gehören als sie, auch ihnen das Recht geben, uns zu töten oder zu verletzen. »Tut mir leid, mein Freund«, werden die Landsleute von E. T. sagen, bevor sie auf uns zielen oder *unsere* Herzanfälle auslösen, »aber du gehörst nun einmal nicht zur richtigen Spezies.« Und was uns betrifft, so dürfen wir uns nicht beklagen oder einen moralischen Einwand erheben, wenn die Zugehörigkeit zu einer Spezies nicht nur ein biologischer, sondern auch ein moralisch relevanter Unterschied ist. Bevor wir dieser Idee zustimmen, sollten wir deshalb überlegen, ob wir es, falls wir irgendwann einer anderen mächtigen Spezies von Außerirdischen begegnen, nicht für vernünftig halten, sie mit der Kraft des moralischen Arguments zu überzeugen. Wenn wir das tun, dann weisen wir die Auffassung zurück, daß Speziesunterschiede sowie andere biologische Unterschiede (z. B. Rasse oder Geschlecht) einen moralisch relevanten Unterschied von der Art darstellen, wie wir ihn suchen. Wir werden aber auch uns selbst daran erinnern müssen, daß wir keine verschiedenen Maßstäbe anlegen dürfen: Obwohl Schimpansen und Menschen verschiedenen Spezies angehören, ist dieser Unterschied an sich kein moralisch relevanter. Das heißt, Dr. Ventrikel konnte den Umstand, daß er für seine Experimente Schimpansen und nicht Menschen verwendet hatte, nicht damit rechtfertigen, daß diese Tiere zu einer anderen als unserer Spezies gehören.

Viele Menschen sind offensichtlich der Ansicht, daß theologische Unterschiede Menschen von anderen Tieren trennen. Sie sagen, Gott hat uns unsterbliche Seelen gegeben. Unser irdisches Leben ist nicht unser einziges Leben. Jenseits des Grabes gibt es ein ewiges Leben – für die einen den Himmel, für die anderen die Hölle. Andere Lebewesen haben nach dieser Ansicht keine Seele und deshalb auch kein Leben nach dem Tod. Das, so könnte man sagen, ist der moralisch relevante Unterschied zwischen ihnen und uns, und deshalb, so könnte man schließen, wäre es unrecht, die Experimente von Dr. Ventrikel an Menschen vorzunehmen, aber kein Unrecht, Schimpansen dafür zu benutzen.

Ich möchte dieser Auffassung hier lediglich in drei Punkten widersprechen. Erstens ist die hier nur (*sehr* grob) skizzierte theologische Auffassung nicht die einzige, die um unsere wohlinformierte Zustimmung ringt, und einige andere (vor allem die östlichen Religionen und die vieler Indianervölker) sagen, daß Tiere eine Seele haben, die nach dem Tode weiterlebt. Bevor wir daher als moralisch relevanten Unterschied zwischen Menschen und Tieren den vermeintlich theologischen Unterschied anführen können, müssen wir zuerst unsere theologische Auffassung gegenüber anderen theologischen Konkurrenten verteidigen. Diese Angelegenheit zu untersuchen, würde den Rahmen dieses Kapitels sprengen. Uns genügt es daran zu erinnern, daß es hier noch viel zu untersuchen gibt.

Zweitens, selbst wenn wir annehmen, daß Menschen Seelen haben, andere Tiere aber nicht, dann besteht kein eindeutiger logischer Zusammenhang zwischen diesen »Tatsachen« und dem Urteil, daß es unrecht wäre, Menschen gewisse Dinge anzutun, während es kein Unrecht wäre, Schimpansen die gleichen Dinge anzutun. Ob man eine Seele hat oder nicht, macht nur einen Unterschied in bezug auf die Chancen, daß die eigene Seele nach dem Tode weiterlebt. Wenn Schimpansen keine Seele haben, sind ihre Aussichten gleich Null. Aber weshalb berechtigt uns dieser Umstand, sie *in diesem Leben* in Dr. Ventrikels Forschungsprojekt zu benutzen? Und wieso verbietet uns der Umstand, daß wir eine Seele besitzen, falls wir eine besitzen, uns selbst *in diesem Leben* für solche Experimenet zu verwenden? Diejenigen, die sich auf einen vermeintlichen »theologischen Unterschied« zwischen Menschen und anderen Tieren als Bewertungsgrundlage dafür, wie sie jeweils behandelt werden sollen, berufen, die vermeiden viele Fragen eher, als daß sie sie beantworten.

Aber schließlich und drittens ist es selbst wiederum moralisch zu beanstanden, eine bestimmte Theologie zum Maßstab dessen zu machen, was in einer pluralistischen westlichen Gesellschaft des zwanzigsten Jahrhunderts zulässig ist und sogar vom Staat finanziell unterstützt wird, denn damit wird zumindest der vernünftige moralische und natürlich auch rechtliche Grundsatz verletzt, daß Kirche und Staat getrennt sein sollen. Selbst wenn es hätte gezeigt werden können, was nicht geschehen ist, daß Menschen Seelen haben, andere Tiere aber nicht, sollte dieser Umstand nicht als Waffe benutzt werden, um Rechtspolitik damit zu betreiben. Kurz gesagt, wir werden den moralisch entscheidenden Unterschied nicht finden können, wenn wir im Labyrinth alternativer Theologien danach suchen.

Das Recht auf Einwilligung

»Menschen können ihre Einwilligung geben oder verweigern; Tiere können das nicht. Das ist der moralisch entscheidende Unterschied.« Dieses Argument ist in einem Punkt mit Sicherheit unzutreffend, möglicherweise aber auch in einem weiteren Punkt. Zu diesem letzteren können wir sagen, daß es immer mehr Hinweise auf die intellektuellen Fähigkeiten der Großen Menschenaffen gibt. Die Aufmerksamkeit der Öffentlichkeit richtet sich vor allem auf Berichte von Untersuchungen über die angenommenen sprachlichen Fähigkeiten dieser Tiere, wenn sie zum Beispiel in der amerikanischen Zeichensprache für Taubstumme unterrichtet wurden. Die Schimpansen Washoe, Lana und Nim Chimpski sind dabei zu internationalen Berühmtheiten geworden. Wieviel diese Tiere wirklich verstehen und verstehen können, ist umstritten. Haben Primaten tatsächlich die Fähigkeit, eine Sprache zu verstehen und anzuwenden? Wenn dies so ist, könnten sie ihre Einwilligung geben oder verweigern? Gegenwärtig sind diese Fragen noch nicht definitiv beantwortet worden. Ich halte es für sehr wahrscheinlich, daß diese Tiere die dafür notwendigen Fähigkeiten besitzen. Aber auch das Gegenteil ist möglich. Deshalb ist es nicht einfach, zu diesem Problem eine eindeutige Stellung zu beziehen.

Doch abgesehen von der Frage, ob Schimpansen in der Lage sind, ihre Einwilligung zu geben, sollte es jedem klar sein, daß hier nicht der moralisch entscheidende Unterschied liegt, den wir suchen. Nehmen wir an, daß Dr. Ventrikel seine Experimente nicht nur an Schimpansen, sondern auch an Menschen vorgenommen hat, aber nur an geistig nicht voll entwickelten – solchen, die zwar deutlich erkennbare Präferenzen haben, die aber zu jung oder zu alt, zu schwach oder zu verwirrt sind, um ihre klare Einwilligung zu geben oder zu verweigern. Wenn diese Fähigkeit den moralisch entscheidenden Unterschied ausmacht, den wir suchen, dann müßten wir bereit sein zu sagen, daß es kein Unrecht wäre, wenn Dr. Ventrikel für die Erforschung der Herzkranzgefäße auch diese Menschen verwendete, obwohl es unrecht wäre, geistig kompetente Menschen zu benutzen, mit anderen Worten, jene, die ihre Zustimmung entweder geben oder verweigern können.

Doch obwohl die Bereitschaft, einem anderen zu erlauben, etwas mit einem zu tun, ein guter Grund sein könnte und es oft auch ist, diese andere Person von der moralischen Verantwortung zu entbinden, liegt die Unfähigkeit, seine Zustimmung zu geben oder zu verweigern, auf einer völlig anderen moralischen Ebene. Als sich die Kollegen von Walter Reed bereit erklärten, an den Gelbfieberexperimenten teilzunehmen, wurden diejenigen, die sie dem möglicherweise tödlichen Biß der sich auf Moskitos befindenden Fieberparasiten aussetzten, von jeder moralischen Verantwortung für die Risiken, die diese Freiwilligen auf sich nahmen, entbunden, und diejenigen, die die Risiken auf sich nahmen, taten weit mehr, als die Pflicht normalerweise verlangt – sie handelten, wie die Philosophen sagen, supererogatorisch. Weil sie mehr als ihre Pflicht taten, und zwar in der Hoffnung und Absicht, anderen zu nutzen, verdienen diese Pioniere unsere Achtung und unseren Beifall.

Im Fall von geistig nicht kompetenten Menschen liegen die Dinge völlig anders. Da diese Menschen (zum Beispiel kleine Kinder und Menschen mit einer geistigen Behinderung) nicht die geistigen Fähigkeiten besitzen, die notwendig sind, um überhaupt Pflichten haben zu können, wäre es absurd zu glauben, sie könnten mehr als ihre Pflicht tun; sie können nicht »über den Ruf der Pflicht hinaus« handeln, wenn, wie es bei ihnen der Fall ist, sie diesen »Ruf« zunächst einmal gar nicht verstehen können. Aber auch wenn sie sich nicht freiwillig zur Verfügung stellen können wie geistig kompetente Menschen, so können sie doch gezwungen oder genötigt werden, Dinge zu tun, die gegen ihren Willen sind oder ihren erkennbaren Präferenzen widersprechen. Zweifellos wird es manchmal moralisch nicht zu beanstanden sein, durch Zwang in ihr Leben einzugreifen. Das kann sogar moralisch notwendig sein, wenn wir zum Beispiel ein kleines Kind zwingen, sich im Rahmen einer Meningitis-Untersuchung einer Rückenmarkspunktion zu unterziehen. Aber die Zahl der Fälle, in denen wir moralisch berechtigt oder verpflichtet sind, gegenüber geistig nicht kompetenten Menschen Gewalt oder Zwang anzuwenden, um ein bestimmtes Ziel zu erreichen, ist nicht sehr groß. In erster Linie sind es Fälle, in denen wir in der Absicht und mit der Motivation handeln, *den Interessen gerade dieses Menschen zu dienen*. Das gibt uns aber nicht das Recht und ist kein Freibrief dafür, unter Zwang oder Gewalt geistig nicht kompetente Menschen dem Risiko eines erheblichen Schadens auszusetzen, weil es *anderen* nutzen könnte, indem es *deren* Risiken vermindert oder erkennbar macht. Die natürlich erworbene Herzkrankheit eines geistig nicht kompetenten Menschen zu behandeln, *ist* moralisch geboten, und wenn wir dabei etwas lernen, was auch anderen zugute kommen könnte, dann ist das keineswegs schlecht. Aber absichtlich bei einem geistig nicht kompetenten Menschen einen Herzanfall herbeizuführen, auf die Möglichkeit hin, daß andere davon profitieren könnten, ist moralisch völlig im Abseits. Geistig nicht kompetente Menschen sind keine »medizinischen Ressourcen« für den Rest von uns. Die Forschung von Dr. Ventrikel sollte, wenn er dabei Experimente an geistig nicht kompetenten Menschen vornimmt, moralisch verurteilt werden, gleichgültig, welcher Nutzen für andere dabei erzielt wird. Mögen unsere Vorteile von einer solchen Forschung auch noch so groß und real sein – sie wären alle unrechtmäßig erworben.

Was nun für geistig nicht kompetente Menschen (jene Menschen, die, um es noch einmal zu sagen, erkennbare Präferenzen haben, aber nicht fähig sind, ihre Einwilligung zu geben oder zu verweigern) gilt, das gilt auch für Schimpansen (und andere Tiere, die ihnen in relevanter Hinsicht gleichen und wie Schimpansen, so setzen wir voraus, ihre Einwilligung geben oder verweigern können). Ebenso wie im Fall dieser Menschen sind wir auch gegenüber diesen Tieren moralisch berechtigt und manchmal verpflichtet, sie auch entgegen ihren Präferenzen unter Zwang dem Risiko eines ernsten Schadens auszusetzen, wenn wir sie beispielsweise aus diagnostischen Gründen operieren. Aber die Zahl der Fälle, in denen wir berechtigt sind, Gewalt oder Zwang anzuwenden, ist moralisch begrenzt. Vor allem dürfen wir es nur dann tun, wenn es in *ihrem* individuellen Interesse liegt, wie sie von uns beurteilt werden. Wir dürfen es *nicht* im kollektiven Interesse *anderer* tun, auch nicht im Interesse von Menschen. Schimpansen sind nicht unsere Vorkoster, und wir sind nicht ihre Könige. Sie in einer Weise zu behandeln, die sie dem Risiko aussetzt, schweren Schaden zu nehmen, damit wir vielleicht etwas Nützliches daraus lernen, etwas, das anderen (einschließlich anderen Schimpansen!) zugute kommen könnte, etwas, das unser Verständnis für eine Krankheit, ihre Behandlung oder die Vorbeugung erweitert – sie also zwangsweise dem Risiko auszusetzen, aus einem oder all diesen Gründen erheblichen Schaden auf sich zu nehmen –, ist moralisch zu verurteilen.

Zu versuchen, eine solche Erkenntnis im Falle dieser Tiere zu vermeiden, während wir an der entsprechenden Erkenntnis im Falle von geistig nicht kompetenten Menschen festhalten, wäre ebenso vernünftig wie der Versuch zu pfeifen, ohne die Lippen zu benutzen. Es ist unmöglich. So wie es unrecht gewesen wäre, wenn Dr. Ventrikel für seine Untersuchungen der Herzkranzgefäße geistig nicht kompetente Menschen verwendet hätte, wäre es zumindest ebenso sicher ein Unrecht gewesen, statt dessen Schimpansen zu verwenden, obwohl die Gesetze die Verwendung dieser Tiere zulassen, nicht aber die von Menschen. Hier müssen die Gesetze geändert werden und Schimpansen den gleichen Schutz gewähren, wie er heute Menschen gewährt wird.

Der Wert des Individuums

Philosophisch gesehen gibt es eine Möglichkeit, dafür zu sorgen, daß wir uns keine unrechtmäßigen Vorteile verschaffen. Dazu müssen wir erkennen, daß Individuen einen bestimmten Wert haben – einen *inhärenten Wert*. Andere haben diesem Wert andere Namen gegeben, wie die *Würde* des Individuums. Diese Art Wert ist nicht dasselbe wie der positive Wert, den wir etwa unserem Wohlbefinden oder der Tatsache zuschreiben, daß wir gewisse Fähigkeiten besitzen. Eine unglückliche Person hat keinen geringeren inhärenten Wert (keine geringere Würde) als eine glückliche. Zudem hängt der inhärente Wert eines Individuums nicht davon ab, für wie nützlich oder liebenswert andere ihn oder sie halten. Ein Fürst und ein Bettler, eine Prostituierte und eine Nonne, die Geliebten ebenso wie die Verlassenen, das Genie und das geistig behinderte Kind, der Künstler und der Kunstbanause, der großzügigste Philanthrop und der skrupelloseste Gebrauchtwagenhändler – sie alle haben nach der hier vertretenen Philosophie inhärenten Wert, und zwar alle im gleichen Maß.

Den Wert des Individuums so zu sehen, ist keine leere Abstraktion. Unsere Antwort auf die Frage, »was bedeutet es schon, wenn wir meinen, daß alle Individuen den gleichen inhärenten Wert besitzen?«, muß lauten: »Es hat alle moralische Bedeutung dieser Welt!« Moralisch sind wir *immer* verpflichtet, diejenigen, die einen inhärenten Wert besitzen, in einer Weise zu behandeln, die die angemessene Achtung vor ihrem besonderen Wert zum Ausdruck bringt, und obwohl wir hier das ganze Ausmaß unserer Verpflichtungen, die an diese Grundpflicht geknüpft sind, weder darstellen noch verteidigen können, dürfen wir sagen, daß wir denjenigen, die einen solchen Wert besitzen, nicht die gebührende Achtung zeigen, wenn wir sie so behandeln, als seien sie bloße Wertbehältnisse oder als hinge ihr Wert davon ab oder wäre darauf zu reduzieren, welchen Nutzen sie anderen möglicherweise bringen könnten. Im einzelnen bedeutet das, daß Dr. Ventrikel nicht so handelt, wie es die Pflicht verlangt – mit anderen Worten, er würde ein moralisches Unrecht begehen –, wenn er seine Versuche an entscheidungsfähigen Menschen vornähme, ohne ihr Einverständnis eingeholt zu haben, mit der Begründung, daß seine Forschungen zur Entwicklung von Medikamenten oder chirurgischen Techniken führen könnten, die anderen zugute kämen. Damit würde er diese Menschen als bloße medizinische Ressourcen für andere behandeln, und obwohl Dr. Ventrikel dies tun und vielleicht ungestraft davonkommen könnte und obwohl andere möglicherweise einen Nutzen davon hätten, änderte das nichts daran, daß er ein schweres Unrecht begehen würde. Wenn wir jedem entscheidungsfähigen Menschen einen inhärenten Wert zubilligen, haben wir die theoretische Grundlage für ein Argument, mit dem wir zeigen können, daß die Verwendung entscheidungsfähiger Menschen gegen ihren Willen bei Forschungsvorhaben wie denen von Dr. Ventrikel moralisch nicht zu rechtfertigen ist.

Wer hat einen inhärenten Wert?

Wenn ein inhärenter Wert ohne Willkür auf entscheidungsfähige Menschen beschränkt werden könnte, dann müßten wir uns nach anderen Möglichkeiten umsehen, die ethischen Probleme zu lösen, die entstehen, wenn medizinische Experimente an anderen Individuen (zum Beispiel an Schimpansen) vorgenommen werden. Aber ein inhärenter Wert kann nur dann auf entscheidungsfähige Menschen beschränkt werden, wenn man das eine oder andere willkürliche Manöver vornimmt. Wenn wir einmal erkannt haben, daß die Moral keine doppelten Maßstäbe toleriert, dann können wir auch nicht, höchstens willkürlich, geistig nicht kompetenten Menschen oder anderen Tieren wie etwa Schimpansen, den gleichen inhärenten Wert absprechen. Kurz gesagt, alle haben diesen Wert, und alle haben ihn im gleichen Maß. Insgesamt gesehen ist dies ein wesentlicher Teil des angemessensten Gesamtbildes von Moral. Und es wäre unmoralisch, mit Lebewesen, die einen inhärenten Wert besitzen, Experimente vorzunehmen, wie wir sie im Fall Dr. Ventrikels geschildert haben (Versuche, bei denen sie dem Risiko ausgesetzt sind, zum Nutzen anderer erheblich geschädigt zu werden, ob dieser Nutzen nun wirklich eintritt oder nicht). Und keiner von ihnen darf in solchen Forschungsvorhaben benutzt werden, denn das würde bedeuten, sie so zu behandeln, als beschränke sich ihr Wert auf den möglichen Nutzen, den er für andere haben könnte.

Schmerzzufügung und Schadenszufügung

Das Verbot von Forschungsprojekten wie die des Dr. Ventrikel läßt sich auch dann nicht umgehen, wenn die Experimente an Tieren wie Schimpansen vorgenommen werden und deren Leiden durch die Verwendung von Betäubungs- oder Schmerzmitteln verhindert oder verringert wird. Einem Tier Leid zuzufügen, bedeutet – unter ansonsten gleichen Bedingungen – ihm Schaden zuzufügen. Das heißt, das individuelle Wohlergehen dieses Tieres wird eingeschränkt. Aber diese beiden Begriffe – das Schädigen einerseits und das Leiden andererseits – sind in wichtiger Hinsicht Verschiedenes. Das Wohlergehen eines Individuums kann unabhängig davon, ob ihm Leid zugefügt wird oder nicht, verringert werden, zum Beispiel wenn eine junge Frau im Schlaf durch die schmerzlose Injektion eines Nervenmittels zu einer stumpfsinnigen und gefühllosen »Pflanze« gemacht wird. Wenn wir bestreiten, daß ihr damit Schaden zugefügt worden ist, dann beschönigen wir nur das, was hier geschehen ist, auch wenn sie nicht leidet. Allgemeiner gesprochen, kann die Schädigung eines Individuums, verstanden als die Verringerung seines Wohlergehens, entweder in Form einer *Zufügung* geschehen (starkes körperliches Leiden ist das deutlichste Beispiel für diese Art des Schadens) oder in Form einer *Beraubung* (hierfür ist der länger andauernde Verlust körperlicher Freiheit ein klares Beispiel). Mit anderen Worten, nicht jeder Schaden verursacht Schmerzen, wie auch nicht alle Schmerzen schädlich sein müssen.

Angesichts dieser Überlegungen ist ein vorzeitiger Tod für Menschen und auch Tiere, wie die Schimpansen, der äußerste Schaden. Es ist für beide der äußerste Schaden, weil es die äußerste Beraubung ist, der höchste Verlust – der Verlust des Lebens selbst. Man mag die Schimpansen so »human« (in diesem Zusammenhang ein grausames Wort) umbringen wie nur möglich, damit wird der Schaden nicht gutgemacht, den ein vorzeitiger Tod für diese Tiere bedeutet. Zwar verringern die Anwendung von Betäubungsmitteln und andere »humane« Maßnahmen das diesen Tieren angetane Unrecht, wenn sie bei einem Forschungsprojekt, wie dem von Dr. Ventrikel, »geopfert« werden. Aber ein geringes Unrecht ist kein Recht. Eine Forschung, die darin gipfelt, daß Schimpansen »geopfert« werden oder sie und ähnliche Tiere der Gefahr aussetzt, ihr Leben zu verlieren, in der Hoffnung, wir könnten etwas lernen, das anderen nützt, ist moralisch zu verurteilen, so »human« diese Forschung auch in anderer Hinsicht sein mag.

Das Kriterium des inhärenten Wertes

Bevor wir zum Abschluß unserer Überlegungen kommen, müssen wir uns noch fragen, was den inhärenten Wert eines Lebewesens ausmacht. Manche sind versucht zu glauben, das Leben sei inhärent wertvoll. Nach dieser Auffassung wäre es richtig, auch Schimpansen einen inhärenten Wert zuzuschreiben, und das könnte den Beifall derjenigen finden, die sich dagegen wenden, diese Tiere als Mittel für unsere Zwecke zu benutzen. Diese Ansicht würde aber auch bedeuten, daß wir allem Lebendigen einen inhärenten Wert zuschreiben sollten, zum Beispiel auch dem Vogelknöterich, Läusen, Bakterien und Krebszellen. Um uns so vorsichtig wie möglich auszudrücken – es ist völlig ungeklärt, daß wir die Pflicht haben, diese Dinge mit Respekt zu behandeln, oder daß die Idee, dies zu tun, irgendeinen Sinn machen könnte.

Wesentlich plausibler ist die Ansicht, daß die Individuen, die einen inhärenten Wert besitzen, die *Subjekte eines Lebens* sind – das heißt, die Subjekte, die ein Leben erfahren, das über die Zeit hinweg für sie gut oder schlecht verlaufen kann, diejenigen, die *ein individuell erlebtes Wohlergehen* haben, das logisch unabhängig von ihrer Nützlichkeit hinsichtlich der Interessen oder des Wohles anderer ist. Entscheidungsfähige Menschen sind in diesem Sinne

Subjekte eines Lebens. Das sind aber auch jene geistig nicht kompetenten Menschen, mit denen wir uns im Vorangegangenen beschäftigt haben. In der Tat sind es auch viele andere Tiere wie Katzen und Hunde, Schweine und Schafe, Delphine und Wölfe, Pferde und Rinder – und am offensichtlichsten – Schimpansen und die anderen nichtmenschlichen Großen Menschenaffen. Wo man die Grenze zwischen den Tieren, die Subjekte eines Lebens sind, und denjenigen, die es nicht sind, ziehen soll, ist sicherlich strittig. Es gibt aber eine Fülle von Gründen anzunehmen, daß Angehörige der Säugetierspezies eine psycho-physische Identität über die Zeit hinweg besitzen, daß sie ein subjektiv erlebtes Leben haben, und ein individuelles Wohlergehen. Der gesunde Menschenverstand läßt uns diese Tiere so sehen, und unsere Umgangssprache wird nicht überstrapaziert, wenn wir von ihnen als Individuen sprechen, die in der Lage sind, bewußt zu erleben, daß es ihnen gut oder schlecht ergeht. Darüber hinaus steht das Verhalten dieser Tiere im Einklang mit der Auffassung, daß sie Subjekte eines Lebens sind. Auch aus der Evolutionstheorie ergibt sich, daß die Angehörigen vieler Tierspezies ebenso wie die Angehörigen der Spezies *Homo sapiens* Subjekte eines Lebens sind, das sie als ihr eigenes erfahren, und ein individuelles Wohlergehen haben. Daher haben wir starke Gründe anzunehmen, daß, auch wenn endgültige Beweise fehlen, diese Tiere alle Voraussetzungen erfüllen, um Subjekte eines Lebens zu sein.

Wenn nun diejenigen, die dieses Kriterium erfüllen, einen inhärenten Wert haben, und diesen in gleichem Maß, dann haben auch Schimpansen und andere Tiere, die Subjekte eines Lebens sind, diesen Wert, *und* sie haben ihn weder in geringerem noch in stärkerem Maß als wir. Wenn zudem, wie wir gesagt haben, der Besitz dieses inhärenten Wertes aus moralischen Gründen verbietet, diejenigen, die diesen Wert haben, als bloße Hilfsmittel für andere anzusehen, dann sind alle medizinischen Experimente wie die von Dr. Ventrikel, die an diesen Tieren zum möglichen Nutzen anderer vorgenommen wurden, moralisch zu verurteilen. Und das gilt nicht nur für die Fälle, bei denen sich der Nutzen für andere nicht einstellt, sondern es sind auch die Fälle zu verurteilen, die einen

Nutzen für andere erbracht haben. Auch hier wie in anderen Fällen rechtfertigt der Zweck nicht die Mittel.

Diese Anerkennung der *moralischen* Gleichheit von Menschen, Schimpansen und anderen Tieren, die Subjekte eines Lebens sind, darf nicht ignoriert werden, wenn eine Reform unserer *Gesetze* gefordert wird. Gerade die Vorstellung von einer gerechten Gesetzgebung, wie sie im Hinblick auf die Behandlung von Menschen gilt, beruht auf der Anerkennung der Würde oder, wie hier formuliert, des inhärenten Wertes des Individuums. Individuelle menschliche Wesen müssen, wenn sie von den Gesetzen und den Gerichten gerecht behandelt werden sollen, mit der ihnen gebührenden Achtung behandelt werden, und zwar nicht etwa wegen ihrer Leistungen, ihrer besonderen Gaben oder ihres Reichtums, sondern allein wegen der Würde oder wegen des Wertes, den sie als die Individuen besitzen, die sie sind. Weil die Schimpansen (und die anderen nichtmenschlichen Großen Menschenaffen) keinen geringeren Anspruch auf eine solche Würde haben, muß unser Rechtssystem reformiert werden, um zu erreichen, daß diese Tiere mit dem Respekt behandelt werden, den sie verdienen.

Schlußfolgerung

Wahrscheinlich stimmt das Urteil der meisten Menschen in dieser Frage mit einer solchen Schlußfolgerung nicht überein. Wenn wir gute Gründe für die Annahme hätten, daß die Wahrheit immer das ist, was die meisten Menschen glauben, dann könnten wir Dr. Ventrikels Experimenten an Schimpansen, die er im Namen der Vorteile für andere durchgeführt hat, zustimmen. Aber wir haben keine guten Gründe zu glauben, daß die Wahrheit sich plausibel an der Meinung der Mehrheit messen ließe, und was wir über die Geschichte des Vorurteils und der Bigotterie wissen, spricht überzeugend, wenn auch schmerzlich, gegen diese Ansicht. Nur die gesammelte Kraft eines wohlinformierten, fairen und strengen Arguments kann entscheiden, wo die Wahrheit liegt oder wo sie am wahrscheinlichsten liegt, wenn wir eine kontroverse moralische Frage untersuchen.

Diejenigen, die es ablehnen, daß an Tieren wie Schimpansen eine derartige Forschung betrieben wird, und die den hier vorgebrachten Argumenten zustimmen, lehnen diese Versuche dann nicht deshalb ab, weil sie glauben, daß eine solche Forschung nur eine Verschwendung von Zeit und Geld ist, oder daß sie niemals zu einem Nutzen für andere führen wird, oder daß diejenigen, die sich an solchen Forschungen beteiligen – um Dr. Ventrikel zu zitieren – »moralische Ungeheuer« sind. Diejenigen unter uns, die eine solche Forschung ablehnen, tun dies, weil diese Forschung nicht möglich wäre, ohne daß dafür ein hoher moralischer Preis bezahlt werden muß, der darin besteht, daß der inhärente Wert der benutzten Tiere mißachtet wird.

20

Der Aufstieg der Menschenaffen: Erweiterung der moralischen Gemeinschaft

von Bernard E. Rollin

Bernard Rollin hat eine wahrscheinlich einmalige Kombination von Lehrstühlen inne: Er ist Professor der Philosophie, der Physiologie und der Biophysik. Er lehrt an der Colorado State University, wo er das erste Seminar der Welt über tierärztliche Ethik und Tierrechte eingerichtet hat. In seinem Buch Animal Rights and Human Morality *untersucht er die moralische Grundlage, auf der Tieren Rechte zugeschrieben werden können. Anschließend hat er in* The Unheeded Cry: Animal Consciousness, Animal Pain and Science *die wissenschaftliche Ideologie, daß Tiere nicht wirklich Gefühle und Empfindungen haben und nicht fähig seien zu denken, einer vernichtenden Kritik unterzogen. In diesem Kapitel setzt er sich unter Rückgriff auf die Themen beider Bücher für die Erweiterung der moralischen Gemeinschaft durch die Aufnahme der Großen Menschenaffen ein. Er schließt mit dem Vorschlag, daß ein Gericht untersuchen sollte, ob man den Großen Menschenaffen zu Unrecht die fundamentalen Rechte, die allen Personen zustehen, verweigert hat.*

Noch vor fünfundzwanzig Jahren wäre der Vorschlag kulturell unvorstellbar gewesen, die moralische Gemeinschaft so zu erweitern, daß sie auch Tiere in den Bereich moralischer Rücksicht einschließt. Im Lauf der einhundertfünfzig Jahre, in denen die Gesellschaft sich über die Beschränkung des menschlichen Verhaltens gegenüber anderen Lebewesen auf irgendeiner formalen Ebene Gedanken machte, beschränkte sich diese Aufmerksamkeit auf das Verbot offensichtlicher, absichtlicher, gewollter, ungewöhnlicher, bösartiger, unnötiger Grausamkeit und die seichte Aufforderung, Tiere »freundlich« zu behandeln. Diese minimalistische, auf den kleinsten gemeinsamen Nenner reduzierte Ethik fand ihren formalen Ausdruck in gegen die grausame Behandlung von Tieren gerichteten Gesetzen, die außer zum Schutz der Tiere auch erlassen worden waren, um Sadisten und Psychopathen das Handwerk zu legen, deren erste Opfer Tiere sein könnten und die, wenn nichts gegen sie unternommen würde, dazu übergehen könnten, sich mit ihrer krankhaften Veranlagung gegen Menschen zu wenden. Die traditionelle Tierschutzbewegung blieb ebenfalls in den Kategorien von Freundlichkeit und Grausamkeit gefangen und tendierte aus diesem Grunde dazu (und tut dies noch immer), in vereinfachender Weise jeden, der Tieren Leiden verursacht, als »grausam« zu kategorisieren.

Aus nicht völlig klar erkennbaren Gründen hat die Gesellschaft während der vergangenen zwei Jahrzehnte offenbar begonnen, über die stark vereinfachende Ethik der Grausamkeit und Freundlichkeit hinaus, angemessenere moralische Kategorien dafür zu entwickeln, wie die Behandlung anderer Tiere gesteuert, beurteilt und in bestimmten Grenzen gehalten werden soll. Dabei ist die entscheidende Einsicht hinter dieser neuen Haltung vielleicht die Erkenntnis, daß das von Menschen verursachte Leiden der Tiere in der großen Mehrheit der Fälle nicht die Folge der menschlichen Grausamkeit ist, sondern sich aus der »normalen« Verwendung der Tiere ergibt und aus gesellschaftlich anerkannten Motiven erfolgt. Wissenschaftler mögen durch das Bestreben, Gutes zu tun, durch hohe Ideale und edle Absichten motiviert sein, doch das Leiden der Tiere wird sehr viel häufiger von Menschen verursacht, deren Handeln von diesen Motiven bestimmt ist, als durch ausgesprochene Sadisten. Massentierhalter mögen durch den Wunsch nach Wirtschaftlichkeit, Profit, Produktivität, kostensparende Ernährung und durch andere vermeintlich akzeptable Ziele motiviert sein, aber auch ihre Aktivitäten verursachen Leiden von Tieren in einer Größenordnung, die traditionell unvorstellbar ist. Man kann Vermutungen darüber wagen, weshalb das Verlangen nach einer solchen Ethik für die Behandlung der Tiere erst heute erkennbar wird. Das liegt vielleicht in erster Linie daran, daß die Gesellschaft erst in letzter Zeit ihre Aufmerksamkeit auf entrechtete Gruppen und Individuen konzentriert, und zwar in einem Ausmaß, wie wir es in der bisherigen Geschichte der Menschheit noch nicht erlebt haben. Dies betrifft Frauen, Schwarze, Homosexuelle, Eingeborene, Alte, die Dritte Welt, psychisch Kranke, Behinderte, Kinder und so weiter. Vor nicht langer Zeit konnte die Gesellschaft für die Behandlung solcher Menschen kaum mehr bieten als eine gegen Grausamkeit gerichtete Ethik. Eine allgemeine Sorge um Gerechtigkeit und Fairneß und eine Betonung der Verpflichtung statt eines gönnerhaften Wohlwollens gegenüber den Machtlosen und Unterdrückten muß unausweichlich zu einer neuen sozialen Betrachtung unseres Umgangs mit Tieren geführt haben. Um diese Antworten wirklich richtig einschätzen zu können, müssen wir uns an einige von Sokrates' Weisungen erinnern. Als Lehrer und Philosoph, der sich mit ethischen Fragen beschäftigte, und als ein Mann, der versuchte, in einer intellektuell hochentwickelten demokratischen Gesellschaft bedeutsame sozial-ethische Veränderungen herbeizuführen, war sich Sokrates der Tatsache bewußt, daß ein Moralist Ethik nicht *lehren* kann, das heißt, anderen ethische Wahrheiten nicht in der Weise vermitteln kann wie einem Schüler die Namen von Hauptstädten und dann von anderen erwarten kann, diese Wahrheiten als Tatsachen zu akzeptieren. Schließlich kann man, wie Wittgenstein einmal gesagt hat, alle Tatsachen im ganzen Universum aufzählen, und man wird dabei niemals die Tatsache finden, daß töten unrecht ist. Sokrates glaubte vielmehr, daß ein Moralist diejenigen, denen er etwas sagen will, an das *erinnern* muß, was in ihnen schlummert, ihnen aber nicht bewußt ist, um ihnen zu helfen, ihre Ideen sozusagen zu gebären und sich ihrer in verständlicher Weise bewußt zu werden. Tatsächlich vergleicht Sokrates die Rolle des Morallehrers mit der einer Hebamme.

Dieser sokratische Gedanke kann weit über seine Wurzeln hinaus im Platonismus fortgeführt werden. Es ist im wesentlichen Ausdruck der Einsicht, daß sich der moralische Fortschritt nicht aus dem Nichts entwickelt, sondern nur auf etwas aufbauen kann, was bereits vorhanden ist. Mit anderen Worten, der vernünftigste und wirksamste Weg, moralische Vorstellungen in Individuen und Gesellschaften zu wecken, ist es, ihnen zu zeigen, daß die betreffenden Ideen eigentlich Folgen von Ideen sind, die sie bereits als wahrheitsgemäß anerkannt haben. Mit anderen Worten, ich kann andere veranlassen, meine Ideen zu akzeptieren, wenn ich ihnen zeige, daß es eigentlich ihre Ideen sind oder zumindest unausweichliche logische Ableitungen von Ideen, die für sie eine Selbstverständlichkeit sind.

In unserer demokratischen Gesellschaft erzeugt die soziale Ethik des Konsenses ein Gleichgewicht zwischen Individualität und Sozialität, zwischen dem, was Philosophen Deontologie* und Teleologie** nennen, genauer gesagt, zwischen den Rechten des Individuums und dem, was der Gesellschaft nützt. Während zwar die meisten sozialen Entscheidungen und politischen Verfahren auf das abgestimmt werden, was der größten Anzahl von Menschen den größten Nutzen bringt, wird dies durch den Respekt vor dem Individuum beschränkt. Unsere Ethik umgibt das Individuum mit Schutzzäunen, um die Unverletzlichkeit seiner oder ihrer menschlichen Natur, des *telos*, davor zu schützen, in dem Bemühen um das allgemeine Wohl oder das Wohl der Mehrheit unterzugehen. Deshalb können wir einen unbeliebten Redner nicht zum Schweigen zwingen, einen Terroristen nicht foltern, um festzustellen, wo er

* Beurteilung des moralischen Wertes einer Handlung nach ihrer Übereinstimmung mit einer moralischen Pflicht [Anm. d. Übersetzers]

** Beurteilung des moralischen Wertes einer Handlung nach ihren Konsequenzen [Anm. d. Übersetzers] eine Bombe versteckt hat, oder einen Dieb nicht so lange schlagen, bis er uns sagt, wo er seine unrechtmäßig erworbene Beute versteckt hat. Diese Schutzzäune um das Individuum sind *Rechte*. Sie bewahren die fundamentalen Aspekte der Individualität sogar vor dem allgemeinen Gut. Insbesondere schützen sie das, was man plausiblerweise als wesentlich für das Menschsein ansieht: Zu glauben, was man will, zu sagen, was man will, an Eigentum und Privatsphäre festzuhalten, den Wunsch zu haben, nicht gefoltert zu werden und so weiter. Und alle diese Ansprüche werden gestützt durch die ganze Kraft des Gesetzes.

Es wird nicht schwierig sein, zu dem, was wir bisher ausgeführt haben, die Zustimmung der meisten Menschen in unserer Gesellschaft zu finden. In der Tat sind soziale Veränderungen traditionell sehr häufig dadurch bewirkt worden, daß man Menschen an moralische Grundsätze erinnert, die sie unbewußt akzeptieren. Man könnte sagen, etwas Ähnliches ist geschehen, als (denkende) Anhänger der Rassentrennung sich mit der Integration der Rassen einverstanden erklärten, oder als Frauen, die traditionell etwa vom Studium der Veterinärmedizin ausgeschlossen waren, nun doch in diesem Beruf zugelassen wurden. In diesen beiden Fällen ist es vermutlich nicht notwendig gewesen, irgendwelchen neuen moralischen Grundsätzen zu folgen. Was hier erforderlich ist, ist die Erkenntnis, daß eine moralische Verpflichtung zur Chancengleichheit, Gerechtigkeit, Fairneß usw., an die sich die Anhänger der Rassentrennung oder diejenigen, die Frauen aus den Veterinärschulen ausschlossen, grundsätzlich gebunden fühlten, eine praktische Konsequenz beinhaltet. Um es einfach auszudrücken, diese Leute hatten die Anwendung demokratischer moralischer Prinzipien auf alle Personen bereitwillig akzeptiert. Was sie ignoriert hatten war die Tatsache, daß die Gruppe der Personen weit größer war, als sie bislang anerkannten und Schwarze und Frauen einschloß.

Diese Haltung, die seit Beginn der fünfziger Jahre durch die soziale Forderung, daß Ethik in der Praxis verwirklicht werden müsse und nicht nur ein theoretisches Lippenbekenntnis bleiben dürfe, geschärft und vertieft worden ist, hat zur Entstehung einer Ethik für Tiere beigetragen. Das heißt mit anderen Worten, die

Menschen beginnen damit, die ethischen Grundsätze, die wir für den Umgang mit unseren Mitmenschen anerkannt haben, auch auf die Behandlung von Tieren anzuwenden. Das soll nicht heißen, daß Menschen dies in selbstbewußter Weise tun, jedenfalls nicht mehr als die meisten Menschen die Konsensethik, die, wie wir oben beschrieben haben, für das Zusammenleben in der menschlichen Gesellschaft gilt, bewußt artikulieren können. Sie werden vielmehr in eine Beschreibung dieser Ethik in ihrer Anwendung auf Tiere einwilligen, wenn sie artikuliert wird – mit anderen Worten, wenn man ihnen hilft, sich zu erinnern.

Ein großer Schritt bei der Ausdehnung der Ethik auf Tiere, den zu tun dem Durchschnittsmenschen nicht schwerfallen wird, ist die Erkenntnis, daß es keine guten Gründe gibt, sie ihnen vorzuenthalten. Mit anderen Worten, es gibt keinen moralisch relevanten Unterschied zwischen Menschen und Tieren, der es vernünftigerweise rechtfertigen könnte, unseren Umgang mit Tieren nicht nach den gleichen ethischen Grundsätzen zu bewerten, wie sie im Rahmen der Konsensethik für Menschen gelten.[1] Es gibt nicht nur keine moralisch relevanten Unterschiede, sondern sogar bedeutsame, moralisch relevante Ähnlichkeiten. Am wichtigsten aber ist die Tatsache, daß die meisten Menschen glauben, daß Tiere bewußte Wesen sind, daß das, was wir ihnen antun, eine Bedeutung für sie hat, und daß sie die Fähigkeit haben, zahlreiche moralisch relevante Erfahrungen zu machen – Schmerz, Furcht, Glück, Langeweile, Freude, Trauer, Kummer; kurz gesagt, die ganze Skala der Gefühle erleben, die bei unserer moralischen Rücksicht auf Menschen eine so große Rolle spielen.[2]

Der gesunde Menschenverstand sieht es als eine Selbstverständlichkeit an, daß Tiere ein Bewußtsein haben, ebenso aber auch, daß jedes Tier über eine eigene Wesensart (*telos*) verfügt – »Fische müssen schwimmen, Vögel müssen fliegen«, wie das Volkslied sagt. So wird es auch hier nicht schwierig sein, normale Menschen dazu zu bringen, zuzugeben, daß die zentralen, in seinem Wesen begründeten Interessen des Tieres vor Einmischung geschützt werden sollten. Auch wenn wir Tiere benutzen, sollten sie ein Leben führen, das ihrem Wesen entspricht. Es ist kein Zufall, daß die Leute, die

Hühner in Legebatterien einsperren, der Öffentlichkeit in ihrer Werbung nicht mitteilen, wie sie diese Hühner wirklich aufziehen. In ihren Anzeigen wird das Leben der Hühner so dargestellt, als liefen sie frei auf dem Hühnerhof herum und führten ein »glückliches Hühnerleben«. Gewöhnlich sind Menschen, auch wenn sie sich nicht für Tiere einsetzen, entsetzt, wenn sie erfahren, wie Mastkälber in Gefangenschaft, »wilde« Tiere in engen Käfigen und Primaten in kargen, öden und leeren Räumen leben.

Es ist deutlich, daß die Ethik für Tiere, wie ich sie oben beschrieben habe, nun, wenn zunächst auch nur zögernd und unvollständig, Ausdruck in einer neuen Gesetzgebung findet, und das ist meiner Meinung nach die Schlüsselrolle, die dem Begriff der »Rechte« zukommt.[3] Die in den Vereinigten Staaten erlassenen Gesetze über die Verwendung von Tieren in der Forschung stützten sich im wesentlichen auf das moralische Recht von Tieren, weder Schmerz noch Leiden oder Angst ausgesetzt zu werden, es sei denn, die Vermeidung solcher Zustände beeinträchtigt die Forschungsarbeit. All dies wird allerdings nicht in der Sprache der Juristen formuliert, denn Tiere sind nach geltendem Recht noch immer Eigentum, und Eigentum kann keine Rechte haben. Aber begrifflich enthalten diese Gesetze die Vorstellung, daß die Abwesenheit von Schmerz, Angst und Leid ein wesentlicher Bestandteil der Natur von Tieren wie auch von Menschen ist und Tiere daher den Anspruch haben, daß sie vermieden werden.[4] Viele aktive Tierrechtler halten diesen gesetzlichen Schutz für absolut unzureichend, und das ist mit Sicherheit richtig. Aber sie vergessen, daß wir noch bis vor kurzem eine Situation hatten, in der die einzige Beschränkung bei der Verwendung von Tieren – und das galt nach gesetzlicher Definition nicht einmal im Rahmen der medizinischen Forschung – das erwähnte Verbot offenkundiger Grausamkeit war.

Die amerikanische Gesetzgebung erkennt nicht nur die Freiheit *von* Leiden an, sie sieht auch die Freiheit *zu* bestimmten Dingen vor, das heißt, sie erkennt das moralische Erfordernis an, daß zumindest für einige Tiere die Möglichkeit bestehen muß, wenigstens einige Aspekte ihres Wesens zu verwirklichen. So verlangen diese Bestimmungen, daß Hunde die Gelegenheit haben sollen, sich zu bewegen, und nichtmenschliche Primaten in einer Umgebung untergebracht werden, die »ihr psychisches Wohlbefinden fördert«. Es ist richtig, daß sich diese Forderungen auf bestimmte bevorzugte Tiere richten (ein Gesichtspunkt, der, wie wir noch sehen werden, bei der Aufnahme der Großen Menschenaffen in die Gemeinschaft der moralisch Gleichberechtigten eine besondere Bedeutung hat), und auf sehr begrenzte Rechte. Das ist jedoch, verglichen mit der bisher historisch üblichen Situation, die es den Wissenschaftlern erlaubte, mit ihren Versuchstieren praktisch alles zu tun, eine revolutionäre Entwicklung, und ihre Bedeutung sollte nicht unterschätzt werden. Diese Rechte müssen jetzt beachtet werden, selbst wenn das für die Forscher höhere Kosten und Belastungen bedeutet.[5]

Diese Gesetze billigen den Tieren zudem moralisch relevante mentale Zustände zu und verlangen von den Wissenschaftlern, bis zu einem gewissen Grade in moralischen Kategorien über Tiere zu denken, was die übliche Auffassung von der Wertfreiheit der Wissenschaft unterhöhlt. Wie sehr die wissenschaftliche Ideologie untergraben wird, kommt in amüsanter Weise in der folgenden Anekdote zum Ausdruck: Als der Leiter des APHIS (Animal and Plant Health Inspection Service), einer Abteilung des amerikanischen Landwirtschaftsministeriums (USDA), deren Aufgabe es war, die Befolgung der neuen Gesetze zu überwachen, die American Psychological Association um Hilfe bat bei der Definition des »psychischen Wohlbefindens von Primaten«, wurde ihm versichert, so etwas gäbe es nicht. Seine vielsagende Antwort lautete: »Vom 1. Januar 1987 an (das war der Tag, an dem das Gesetz in Kraft trat) wird es das geben, ob Sie mir nun helfen wollen oder nicht.« In den wenigen Jahren nach Inkrafttreten dieser Gesetze sind mehr Artikel über Schmerzen, Leiden und Angst von Tieren und deren Vermeidung erschienen, als in den einhundert Jahren zuvor, und die wissenschaftliche Gemeinschaft wurde veranlaßt, bislang aus der Wissenschaft verbannte, anthropomorphisierende (vermenschlichende [Anm. d. Übersetzers]) Begriffe für Tiere gelten zu lassen, und damit anzuerkennen, daß sie Schmerzen empfinden und leiden können.[6]

Das zweite Beispiel für die gesetzliche Bestätigung dieser neuen Rechtsethik kommt aus Schweden, wo 1988 ein Tierrechts-Gesetz für die Landwirtschaft erlassen wurde.[7] Dieses Gesetz gründet sich fest auf die von uns hier dargelegten moralischen Vorstellungen und verwendet sogar juristische Formulierungen. Es legt fest, daß landwirtschaftlich genutzte Tiere das Recht haben, ein Leben ihrem *telos* entsprechend zu führen und deshalb unter Bedingungen gehalten werden müssen, die ihrem Wesen entsprechen. Rinder erhalten damit auf unbegrenzte Dauer das »Recht zu grasen«, und die, auf Kosten der Tiere, nur auf Wirtschaftlichkeit und Produktivität angelegten Ställe müssen abgeschafft werden.

Was bisher geschehen ist, ist im wesentlichen folgendes: Die Gesellschaft ist über die lediglich gegen Grausamkeit gerichtete Ethik hinausgegangen und hat ihr Interesse zum Ausdruck gebracht, daß Tieren durch unsere Hand kein Leid zugefügt wird und sie ein glückliches Leben führen können. Die Rechte der Tiere müssen, wie es ihr jeweiliges Wesen erfordert, unseren Umgang mit ihnen bestimmten Beschränkungen und Kontrollen unterwerfen, und Bequemlichkeit, Nützlichkeit, Wirtschaftlichkeit, Produktivität und Kosten können Verstöße gegen die Rechte von Tieren nicht begründen. Man kann erkennen, daß diese Gedanken zaghaft in manche Gesetzgebung Eingang gefunden haben. Man kann auch sehen, daß sich in der landwirtschaftlichen Tierhaltung manches geändert hat, ohne daß besondere Gesetze erlassen worden sind. Die umfangreichen Bemühungen in den letzten zehn Jahren, Zoos zu schaffen, die die Natur der Tiere respektieren, sind ein weiteres Zeichen dafür, daß sich die neue Ethik ausbreitet. Zudem hat man den Eindruck, daß die Gesellschaft tatsächlich bereit ist, auf bestimmte Tiernutzungen und Annehmlichkeiten um der Tiere willen zu verzichten. So werden in Kanada keine Seehunde mehr gejagt, viele Menschen lehnen es ab, Pelze zu tragen, und es gibt Kosmetikfirmen, die keine Tierversuche mehr durchführen. Daß dies alles geschieht, ohne daß es gesetzlich geregelt ist, zeigt ebenfalls, wieweit diese neue Ethik bereits akzeptiert wird. Das gleiche läßt sich der Tatsache entnehmen, daß in den Vereinigten Staaten Gesetze vorbereitet werden, die die Aufzucht von Kälbern in Boxen und das Testen von kosmetischen Erzeugnissen an Tieren verbieten. Die Tatsache, daß die Verwaltung von Wildnisgebieten, deren traditionelle Funktion es war, »Jagdwild« für Jäger zu organisieren, dazu übergegangen ist, die nicht-konsumierenden Interessen von Naturliebhabern zu fördern, weist in die gleiche Richtung.

Festigung und Ausdehnung der neuen Ethik – die Großen Menschenaffen

Die Gesellschaft hat also, welche Gründe das nun auch haben mag, angefangen, sich »daran zu erinnern«, unsere Konsensethik für Menschen auf Tiere auszudehnen. Wie praktisch alle sozialen Umwälzungen in stabilen Demokratien, so ist auch diese erfolgt, weil das stillschweigend als richtig Erkannte allmählich immer deutlicher artikuliert wurde, und nicht weil man versucht hat, radikale neue Ideen durchzusetzen, die mit unseren sozial-ethischen Vorstellungen nichts gemein haben. Die nächste Schlüsselfrage ist: »Wie kann man dafür sorgen, daß sich diese revolutionäre Entwicklung fortsetzt und nicht auf der gegenwärtigen Stufe stehenbleibt oder sogar rückgängig gemacht wird?«

Bereits von Sokrates haben wir etwas sehr Wichtiges über ethische Veränderungen gelernt. Nun wollen wir uns etwas eingehender mit gewissen Erkenntnissen des Philosophen David Hume beschäftigen. Hume hat erklärt, daß Moralität ein Zusammenwirken von Vernunft und Leidenschaft, das heißt Emotionen, erfordert.[8] Die Vernunft mag uns erlauben, logische Schlüsse aus unseren moralischen Vorstellungen zu ziehen, aber die Vernunft motiviert uns nicht zum Handeln. Wir werden durch emotionale Neigungen und Abneigungen motiviert, durch Dinge, die uns glücklich machen, uns empören oder Mitleid in uns erregen und so weiter. Außerdem hat Hume darauf hingewiesen, daß unser moralisches Leben seine Kraft durch Sympathie gewinnt, das heißt, durch das Mitgefühl mit anderen Wesen, und dieses Gefühl erlaubt es uns, auf ihre positiven und negativen Gefühle zu reagieren, die uns zum Handeln motivieren.[9]

Diese Erkenntnisse von Hume scheinen durch das, was wir über unsere aufkeimende Ethik für Tiere gesagt haben, bestätigt zu werden. Zunächst galt unser Interesse offensichtlich in erster Linie den Tieren, zu denen wir eine Beziehung der Sympathie und der freundschaftlichen Gefühle pflegen – unseren Haustieren. Sie reagieren auf unsere Stimmungen und Gefühle ebenso wie wir auf die ihren. Das erklärt natürlich auch, weshalb sich die traditionelle Tierschutzbewegung in so besonderem Maße um Haustiere kümmert, besonders um Hunde. Je größer der Abstand ist, den wir zu einem Tier haben, desto weniger wahrscheinlich ist es, daß wir ihm Sympathie entgegenbringen. Deshalb sind führende Mitglieder der traditionellen Tierschutzbewegung oft unerschrockene Angler, und andere durchaus empfindsame Menschen haben keine Hemmungen, Schlangen zu töten, auf welche Weise auch immer.

Unsere Gefühle im Hinblick auf ein Tier oder auf seine Behandlung werden unweigerlich unsere Bereitschaft, die neue Ethik auf dieses Tier anzuwenden, beeinflussen. Nur wenige von uns werden bereitwillig und selbstverständlich diese Ethik auch für Haifische oder Ratten gelten lassen, obwohl auch diese Tiere alle Voraussetzungen für moralischen Schutz erfüllen, denn sie haben Bewußtsein und ein eigenes Wesen. Wir haben uns in unserer Kultur jedoch daran gewöhnt, diese Tiere als schädlich, als Bedrohung, als Ungeziefer anzusehen, und daher macht es uns nichts aus, wenn sie mutwillig getötet werden, selbst wenn es, wie im Fall der Haifische, nur zum Vergnügen geschieht, oder, wie bei Ratten und Mäusen, auf qualvolle Weise. Es ist bezeichnend, daß sich die Bevölkerung von Kalifornien gegen die Jagd auf Pumas ausgesprochen hat, bis das Interesse für diese Tiere in dramatischer Weise abnahm, nachdem in einem Film gezeigt wurde, wie Pumas auf ihre Beutetiere Jagd machen.

Bei der praktischen Ausdehnung der oben geschilderten Ethik spielen Emotionen und Einfühlungsvermögen eine große Rolle. Daß in dem oben erwähnten US-Versuchstiergesetz gerade für Hunde und Primaten gefordert wurde, ihnen ein glückliches, nicht nur schmerzfreies Leben zu ermöglichen, ist bezeichnend dafür, wie sehr wir uns gefühlsmäßig mit diesen Tieren identifizieren, und es zeigt unsere weitgehend wohlgesonnenen Reaktionen ihnen gegenüber. Das Verbot der Jagd auf kanadische Robben und der Haltung von Kälbern in engen Boxen ist mit Sicherheit auf das starke Mitgefühl für diese jungen Tiere zurückzuführen, das durch den Kontrast zwischen diesen kindlichen Wesen und der Abscheu, die das Niederknüppeln oder das in Kisten stopfen dieser Tiere hervorruft, ausgelöst wurde. Es zeigte sich auch, daß einer der einflußreichsten Faktoren, die zur Verabschiedung der Gesetze über Versuchstiere im Jahr 1985 in den Vereinigten Staaten führten, die Veröffentlichung der grausamen Filmaufnahmen waren, die zeigten, wie an der University of Pennsylvania Pavianen die Schädel zertrümmert wurden. Das löste die heftigsten Ausbrüche des Mitgefühls für diese Tiere und der Empörung gegenüber den unnahbaren, gleichgültigen Wissenschaftlern aus, die in der Manier der Nazi-Wissenschaftler augenscheinlich völlig unempfindlich waren gegen den natürlichen Abscheu normaler Menschen vor dem, was sie taten. (Das kulturelle Stereotyp des Wissenschaftlers als einer kalten und distanzierten Person, fern von jedem normalen menschlichen Gefühl, das im Bewußtsein der Öffentlichkeit stets mit dem entgegengesetzten Stereotyp des Wissenschaftlers zu kämpfen hatte, der als heldische Gestalt gegen Krankheit und Leiden kämpft, spielte zweifellos eine entscheidende Rolle, als die nüchterne Einschätzung der Öffentlichkeit von Wissenschaft und Technologie in den vergangenen Jahren deutlich zunahm.)

Das soll natürlich nicht heißen, daß die Öffentlichkeit (und das sind schließlich *wir*) nicht fähig ist, über solche automatischen primitiven Emotionen hinauszukommen; der entscheidende Punkt ist, daß wir daran arbeiten müssen, unsere konditionierten Reaktionen zu überwinden. Menschen, die zum Beispiel mit Ratten oder praktisch allen anderen Tieren arbeiten, können Achtung und sogar Zuneigung für diese Tiere entwickeln, doch leider tut die wissenschafltiche Ideologie alles, um solchen störenden Gefühlen vorzubeugen.

Angesichts dieser Humeschen Überlegungen wird deutlich, daß die Großen Menschenaffen – die Schimpansen, Gorillas und Orang-Utans – wahrscheinlich die Tiere sind, die sich am besten dazu eignen, die neue Ethik, von der wir sprechen, zu fördern, zu artikulieren, zum Ausdruck zu bringen und zu festigen. Das trifft aus einer Vielzahl wichtiger Gründe zu.

im zwanzigsten Jahrhundert gesammelten Daten deutlich, daß zumindest diese Tiere eine so ausgeprägte Intelligenz besitzen, daß wir sie ohne weiteres verstehen können, und daß diese Intelligenz derjenigen normaler Kleinkinder wenigstens gleichkommt. (Savage-Rumbaugh hat kürzlich in einem Artikel, der in der Zeitschrift *Child Development* erscheinen soll, nachgewiesen, daß ein zehnjähriger Schimpanse bei einem Test über das Verständnis der englischen Sprache wesentlich bessere Leistungen zeigte als ein zweijähriges Kind.[13])

Das sind also einige der entscheidenden Gründe dafür, daß die Großen Menschenaffen sich sehr gut dazu eignen, bei ihnen die neue Ethik so weit wie möglich zu verwirklichen. Es gibt nur wenige Tiere, die aufgrund ihrer rationalen und emotionalen Anlagen so gut geeignet sind, die verbreitete Übereinstimmung zu fördern, die wesentlich ist, um ihnen im Rahmen unseres ethisch-rechtlichen Systems »Menschenrechte« zuzugestehen. Es bleibt nur noch die Frage, wie dies am schnellsten erreicht werden kann.

Einer der wichtigsten Schritte auf diesem Weg muß es sein, die Öffentlichkeit über das außergewöhnliche *telos* der Großen Menschenaffen aufzuklären. Nicht so sehr im Hinblick darauf, daß sie irgendwelche, ihnen von Menschen beigebrachte »Tricks« vorführen können, wie etwa das Erlernen einer Zeichensprache, so wunderbar und verführerisch das auch sein mag. Was uns interessieren sollte, ist nicht ihr Leben im Vergleich mit dem unseren, sondern ihr Leben an sich, als etwas, das in seiner eigenen Umgebung untersucht und erzählt werden muß, wobei wir als zurückhaltende Beobacher so wenig wie möglich eingreifen dürfen. In dieser Hinsicht ist Jane Goodall eine Inspiration und hat außerordentlichen Mut bewiesen in einer Welt, in der Mut eine immer seltener werdende Tugend ist. Goodalls physischer Mut, den sie im dreißigjährigen Zusammenleben mit Schimpansen gezeigt hat; ihr wissenschaftlicher Mut, den sie zeigt, wenn sie Geschichten über das Leben der Schimpansen erzählt, die für die traditionelle Wissenschaft methodologisches Anathema sind und doch Bände sprechen, und schließlich ihr moralischer Mut, mit dem sie sich über den von der Wissenschaft verkündeten Grundsatz hinwegsetzt, daß die Wissenschaft wertfrei sein müsse, haben dazu geführt, daß sich die Aufmerksamkeit der Öffentlichkeit schon jetzt auf die Schimpansen richtet. Und nicht nur sie und andere wie Dian Fossey, deren selbstloser Einsatz für die Berggorillas zu ihrem Märtyrertod geführt hat, haben uns in vielsagender Weise die Geschichte der Großen Menschenaffen erzählt und uns daran erinnert, daß alle diese Tiere einer gefährdeten Spezies angehören. Auf diese Weise können wir nicht nur die Mitglieder der Gesellschaft wachrütteln, denen es in erster Linie um Tiere als individuelle Objekte moralischer Rücksicht geht, sondern auch diejenigen, die sich nicht um Individuen kümmern, sondern um das Aussterben von Spezies. Diese unterschiedlichen Belange liegen oft im Streit miteinander, aber in diesem Fall können sie sich wirksam einander annähern.

Wer dafür eintritt, die Gemeinschaft der moralisch Gleichen zu erweitern, muß zum Erzieher werden oder zumindest zum Förderer der Erziehung. Eine solche Erziehung muß in den Grundschulen beginnen – welches Kind wird nicht von den Geschichten über das Leben und die Gesellschaft der Menschenaffen fasziniert sein? Man muß das Aufklärungspotential von Film und Fernsehen nutzen, so wie Goodall es getan hat. Und man muß die Tatsachen in einen Zusammenhang mit der moralischen Botschaft bringen und dabei die neue Ethik für Tiere artikulieren und anwenden.

Der beste praktische Schritt wird wohl sein, auf ein Gesetz zu drängen, das vorschreibt, die Menschenaffen sich selbst zu überlassen. Wir sollten sie nicht als Zootiere, zu unserer Unterhaltung oder für die Forschung importieren, sei sie nun mit körperlichen Eingriffen verbunden oder nicht. Wie Linden[14] gesagt hat, sind wir einfach nicht in der Lage, ihr natürliches Wesen und die ihnen zustehenden Rechte in der Gefangenschaft zu respektieren. Wir sollten sie in Ruhe lassen und es den Jane Goodalls und anderen, von ihrer moralischen Verantwortung geleiteten Naturforschern und Künstlern überlassen, uns mit Worten und mit ihren Kameras etwas von den unerschöpflichen Wundern und der Großartigkeit dieser Wesen zu erzählen. Und die Maxime soll lauten: Erkenne, ohne zu verletzen, beobachte, ohne zu manipulieren, bewundere sie für sich selbst und nicht für dich selbst.

Ich habe schon an anderer Stelle [15] auf den engen Zusammenhang von Gesetz und Moralität hingewiesen. Solange Tiere rechtlich nur Eigentum sind, dessen Behandlung nur durch leere Verbote gegen absichtliche »Grausamkeit« bestimmt wird, kann praktisch alles Leid, das Tieren durch Menschen zugefügt wird, von der geltenden sozialen Ethik geduldet werden. Deshalb ist es außerordentlich wichtig, von Rechten zu sprechen, denn Rechte haben, wie wir gesehen haben, sowohl eine juristische als auch eine moralische Funktion. Schließlich müssen die Rechte von Tieren, die die fundamentalen Aspekte ihres *telos* schützen sollen, in unserem Rechtssystem »großgeschrieben« werden, wenn ihre systematische Verletzung beendet werden soll. Wie wir gezeigt haben, durchdringt dieser Gedanke die neue Ethik für Tiere.

Aber jeder weiß genau, daß grundsätzliche rechtliche Veränderungen unerträglich viel Zeit in Anspruch nehmen, wobei diese Trägheit in ihrem Ausmaß direkt der revolutionären Natur der moralischen Veränderung entspricht, die dem Gesetz zugrunde liegt. Damit ist es eine Sisyphusarbeit, den rechtlichen Anspruch von Tieren durchzusetzen. Solange mit Macht ausgestattete Interessen einer solchen Veränderung entgegenstehen, kann ihre Verwirklichung endlos lange in diesem Sumpf steckenbleiben, es sei denn, die öffentliche Meinung läßt sich für diesen Gedanken begeistern. Das kann meiner Ansicht nach am besten dadurch erreicht werden, daß wir die gegenwärtige Gesetzgebung in Richtung auf die Befreiung von Tieren lenken. Das ist natürlich eine gewaltige Aufgabe, da die geltenden Gesetze im Grunde Ausdruck der traditionellen sozialen Ethik für Tiere sind. Dennoch glaube ich, daß es erreicht werden kann, besonders im Fall der Großen Menschenaffen.

Ein großer Teil der Öffentlichkeit ist ausreichend mit der neueren Arbeit vertraut, bei der den Großen Menschenaffen eine Sprache, oder was die meisten Menschen als Sprache ansehen, beigebracht worden ist. Obwohl einige Wissenschaftler behaupten mögen, diese Tiere verfügten nicht über eine echte Sprache, weisen unsere praktischen Erfahrungen entschieden in die entgegengesetzte Richtung. Schließlich kann man diese Tiere im Fernsehen beobachten und sehen, wie sie auf neue Art Zeichen miteinander verbinden, Freude und Kummer ausdrücken, die Forscher beschimpfen und irrezuführen versuchen und sogar neue Ausdrücke erfinden. Da die Sprache, philosophisch gesehen, ohnehin nicht relevant dafür ist, ob jemand Träger von Rechten ist, kommt es nicht darauf an, ob das, was die Menschenaffen hier zeigen, nach einigen ziemlich abstrusen wissenschaftlichen (oder szientistischen) Kriterien eine Sprache ist oder nicht. Sondern es kommt vielmehr darauf an, daß die meisten Menschen, die *meinen*, daß die Beherrschung einer Sprache irgendwie moralisch relevant *ist* für die Gewährung von Rechten, sie als Tiere *sehen*, die eine Sprache haben.

Stellen wir uns einen Schimpansen, einen Orang-Utan oder einen Gorilla vor, der gelernt hat, sich mit Hilfe eines Systems mit Menschen zu verständigen, das von den meisten als tatsächlich linguistisches System angesehen wird. Das Experiment hat seinen Abschluß gefunden, das Tier wird nicht länger gebraucht und nun in einen Zoo oder ein Laboratorium gebracht. Als ich Ende der siebziger Jahre zum erstenmal einen solchen Fall diskutierte, war dieses Szenarium noch rein hypothetisch.[16] Aber Ende der achtziger Jahre entsprach es nur allzusehr der Realität. Wie Eugene Linden[17] es so treffend dokumentiert hat, kommt es heute leider mit herzzerreißender Häufigkeit zu solchen Fällen. Linden berichtet, wie diese Tiere ihren Kummer, ihre Verwirrung, ihre Sorge, ihren Zorn, ihre Furcht und ihre Trauer mitteilten, nachdem sie aus einer reichen Umwelt herausgerissen worden waren, wo man sie als »Menschen ehrenhalber« behandelt hatte – wo sie manchmal wie ein Kind im Hause des Forschers lebten – und dann plötzlich an einem Ort eingesperrt werden, wo man Eingriffe an ihnen vornimmt, und wo sie niemanden haben, weder Menschen noch Affen, mit dem sie sich verständigen könnten, und ein erbärmliches, einsames, armseliges Leben führen müssen. Am tragischsten ist es vielleicht, daß sie nicht verstehen können, womit sie das verdient haben, was sie in ihrer kompletten Unschuld mit Sicherheit als Strafe empfinden müssen.

Hier habe ich zu bedenken gegeben, daß wir die moralische und rechtliche Befreiung von Tieren, zumindest dieser Tiere, dadurch beschleunigen können, daß wir die bestehenden rechtlichen Möglichkeiten nutzen und sie im Rahmen unseres Gerichtssystems ihre Geschichte erzählen lassen. Ich stelle mir einen möglichen Rechtsstreit vor, der auf dem Vorwurf der Verweigerung eines ordentlichen Gerichtsverfahrens und dem der grausamen und außergewöhnlichen Strafe aufbaut. Man könnte triftige Gründe dafür vorlegen, daß diese Tiere nach allen vernünftigen Standards *Personen* sind, denen man die einer Person zustehenden fundamentalen Bürgerrechte und Verfahren verweigert hat. Diese Tiere besitzen eine meßbare Intelligenz, die manchmal über die bestimmter Menschen hinausgeht, sie können vernünftig denken und, was am wichtigsten ist, sie können überzeugend für sich selbst sprechen und von ihrem Schmerz und ihrem Kummer erzählen.

Ich stelle mir also einen neuen »Affenprozeß« vor, der im Hinblick auf seine unmittelbare Wirkung und seine Folgen mindestens ebenso aufsehenerregend werden könnte wie der Scopes-Prozeß, bei dem ein Gesetz des Staates Tennessee überprüft wurde, das es als ungesetzlich erklärte, die Evolutionstheorie zu lehren. Ein solcher Prozeß wäre in derselben Weise außerordentlich hilfreich. Der Scopes-Prozeß erzwang eine öffentliche Darstellung unserer wissenschaftlichen, begrifflichen und pädagogischen Überzeugungen sowie eine dialektische Untersuchung der Rolle, die Wissenschaft und Religion in einer demokratischen Gesellschaft spielen. Unser Verfahren würde die Untersuchung unserer moralischen und damit verbundenen rechtlichen Überzeugungen erzwingen und Gebiete beleuchten, die allzulange im Dunkeln geblieben sind.

Wie ein solcher Prozeß auch ausgehen sollte, die Tiere würden auf jeden Fall gewinnen. Würde der Prozeß verloren, dann wären diese Fragen gewaltig und unvergeßlich zur Sprache gebracht worden, und das Unvermögen unseres geltenden Rechts und unserer Moral, diese unschuldigen Wesen zu schützen, wären zwingend und unauslöschlich in das öffentliche Bewußtsein gedrungen. Ja, selbst wenn es nicht zu einem solchen Gerichtsverfahren käme, würde das gleiche Ergebnis erzielt durch die große – und ohne Zweifel positive – Reaktion der Öffentlichkeit, die ein gekonnter und von erstklassigen juristischen, philosophischen und naturwissenschaftlichen Geistern inszenierter Versuch hervorrufen würde. Und schließlich würde die von uns oben dargestellte neue Ethik artikuliert und zum Leben erweckt werden – zugunsten aller Tiere und mit Sicherheit zugunsten der Großen Menschenaffen, deren beschämende Behandlung durch den Menschen einen solchen Prozeß erst notwendig gemacht hat.

Anmerkungen

1. B. E. Rollin, *Animal Rights and Human Morality*, Teil I und II, Buffalo 1981.
2. B. E. Rollin, *The Unheeded Cry: Animal Consciousness, Animal Pain and Science*, Oxford 1989.
3. Rollin, *Animal Rights and Human Morality*, Teil I und II.
4. B. E. Rollin, »Federal laws and policies governing animal research. Their history, nature and adequacy«, in J. M. Humber und R. F. Almeder (Hrsg.), *Biomedical Ethics Reviews 1990*, Clivton, NJ, 1991, S. 195–229.
5. Ebenda.
6. Rollin, *The Unheeded Cry*.
7. »Swedish farm animals get a Bill of Rights«, *New York Times*, 25. Oktober 1988.
8. David Hume, *A Treatise of Human Nature Traktat über die menschliche Natur*, Hamburg, 1973, Buch II.
9. Ebenda.
10. J. Goodall, *The Chimpanzees of Gombe*, Cambridge, MA, 1986, S. 118.
11. Rollin, *The Unheeded Cry*.
12. W. Köhler, *The Mentality of Apes*, 1925; Neuauflage New York 1959.
13. Erscheint demnächst in *Child Development Monographs*.
14. E. Linden, *Silent Partners: The Legacy of the Ape Language Experiments*, New York 1986.
15. Rollin, *Animal Rights and Human Morality*, S. 82–83.
16. Ebenda, S. 82–83.
17. Linden, *Silent Partners*.

21
Sentientismus

von Richard D. Ryder

Richard Ryder ist Psychologe von Beruf und einer der Vorkämpfer der modernen Tierbefreiungsbewegung. Er war Vorsitzender der Royal Society for the Prevention of Cruelty to Animals und Präsident von Britain's Liberal Democrat Animal Protection Group. Heute ist er parlamentarischer Berater der Political Animal Lobby. Hier setzt sich Ryder für die Beendigung des »Speziesismus« ein. Er war der erste, der diesen Begriff in einem Flugblatt verwendet hat, auf das er sich im ersten Abschnitt dieses Kapitels bezieht. Zu seinen Büchern gehören Victims of Science, Animal Revolution: Changing Attitudes Towards Speciesism *und als Herausgeber* Animal Welfare and the Environment.

Schimpansen lieben sich ganz ähnlich wie die Menschen, aber normalerweise laufen sie nicht Gefahr, sich mit Syphilis zu infizieren, es sei denn, sie sind Versuchstiere in einem Laboratorium. Ein Bild, das mich ewig verfolgen wird, ist das in den fünfziger Jahren in einer dänischen medizinischen Zeitschrift abgedruckte Foto eines unglücklichen kleinen Schimpansen mit einer von Läsionen bedeckten Haut, der an einer experimentellen Syphilis stirbt. Ich habe dieses Foto 1970 in meinen ersten beiden Flugblättern verwendet, mit denen ich für Tierrechte eintrat.[1]

Gerade weil mehr als achtundneunzig Prozent der Gene unserer Schimpansen-Vettern die gleichen sind wie unsere, wurden und werden sie noch immer in der Wissenschaft gnadenlos ausgebeutet. Ihr einziger Schutz waren bisher ihre Kosten.

Schimpansen haben mit uns Werkzeugherstellung und -gebrauch gemeinsam, die Fähigkeit, sich in einer (nicht verbalen) Sprache auszudrücken,[2] den Haß auf Langeweile, eine intelligente Neugier in bezug auf ihre Umwelt, die Liebe zu ihren Kindern, eine intensive Furcht vor Angriffen, enge Freundschaften, einen Horror vor Verstümmelungen, ein umfangreiches Repertoire von Emotionen und sogar die gleiche Fähigkeit zu ausbeutender Gewalt, die auch wir sooft im Umgang mit ihnen an den Tag legen. Vor allem zeigen sie natürlich im Grunde die gleichen nervlichen, verhaltensmäßigen und biochemischen Anzeichen für Schmerz und Not.

Gentechnologie, die zur Erzeugung neuer Tierspezies geführt hat (die manchmal auch *menschliche* Gene enthalten wie im Fall der Schweine von Beltsville und einigen krebsanfälligen Mäusen), führen unsere traditionelle, auf den Speziesismus gestützte Moral ad absurdum. Seit Jahrhunderten und noch heute mißt der Laie den Speziesunterschieden eine viel zu große Bedeutung zu, nicht ahnend, daß die Grenzen zwischen den Spezies alles andere als undurchlässig sind. Löwen und Tiger können sich untereinander fortpflanzen und Hybriden zeugen, die ebenfalls fortpflanzungsfähig sind. Spezies der Ordnung der Primaten (zu der auch der Mensch gehört), können sich ebenfalls untereinander fortpflanzen, obwohl ich (noch) keinen anerkannten Fall kenne, bei dem ein Mensch mit irgendeinem der anderen Großen Menschenaffen Nachkommen gezeugt hat: die sexuelle Anziehung zwischen Spezies scheint nicht sehr stark zu sein, und eine Paarung könnte sich, zumindest wenn sie in ihrer natürlichen Form erfolgt, als äußerst gefährlich für den physisch schwächeren menschlichen Partner erweisen!

Wir erkennen die Schimpansen, Gorillas und Orang-Utans mehr als jede ander Spezies intuitiv als unsere Verwandten. Den Implikationen des Darwinismus – daß biologische Verwandtschaft auch moralische Verwandtschaft bedeuten könnte – wird jedoch immer noch aufgrund von einflußreichen Interessen und einem kommerziell motivierten Speziesismus Widerstand geleistet. Es ist interessant, daß in einigen Fällen der Handel mit Schimpansen für Versuche in Laboratorien von Leuten mit einer angeblichen Nazi-Vergangenheit betrieben wird – Speziesismus scheint, soweit er Schimpansen betrifft, dem Rassismus psychologisch sehr nahe zu stehen.

Schimpansen, Gorillas und Orang-Utans sind daher eine Herausforderung für unsere konventionelle Moral. Sie zwingen uns, unsere ethischen Grundlagen in Frage zu stellen. Was sind also diese Grundlagen? Nach meiner Ansicht geht es bei der Moralität um Altruismus. Viele Spezies zeigen einen grundlegenden Altruismus: Sie schützen andere Mitglieder ihrer Gruppe vor Angriffen, sie helfen sich gegenseitig bei der Körperpflege, vor allem sorgen sie gemeinsam für ihre Jungen und teilen ihre Nahrung mit anderen Verwandten. Menschen zeigen ein ähnliches Verhalten, aber es wird gewöhnlich erlebt als entweder von einem (erlernten) Pflichtgefühl oder einem spontanen Gefühl der Empathie motiviert, das darauf beruht, daß man sich der Empfindungsfähigkeit des anderen bewußt ist, besonders ihrer Fähigkeit, Schmerz und Not zu empfinden. Die Empfindungsfähigkeit (Bewußtsein) ist an sich das größte Geheimnis des Universums. Seit einhundert Jahren hatten Psychologen Hemmungen, dieses elementare Phänomen zu untersuchen. Nun wird es wieder untersucht, und man stellt seine Ähnlichkeit mit der Quantenmechanik fest.[3] Es ist die empathische Erkenntnis, daß andere das Mysterium des Schmerzes und der Not ähnlich wie wir selbst bewußt erleben, was uns augenscheinlich häufig veranlaßt, unser Verhalten ihnen gegenüber zu zügeln.

Dieses Gefühl der Empathie ergibt auch vor dem Hintergrund der Evolution Sinn, und zwar aus zwei Gründen: Erstens bedeutet es den Schutz und das Überleben unserer Nachkommenschaft (und daher unserer Gene), und zweitens fördert es die soziale Kooperation. Manchmal hat man den ersten dieser Gründe, die Förderung des Überlebens unserer Gene, so stark betont, daß behauptet wurde, nahe Verwandtschaft als solche sei der Auslöser der emotionalen Basis für Moralität. Aber zweifellos wird das Argument dadurch entkräftet, daß auch Adoptivkindern ein intensives elterliches Gefühl entgegengebracht werden kann. Die biologische Verwandtschaft ist keine notwendige Voraussetzung für fürsorgliches Verhalten, was jeder weiß, der gesehen hat, wie eine Katze ein junges Kaninchen oder eine Hündin eine kleine Katze säugt. Das

Potential elterlicher Gefühle ist in uns allen, kann aber auch von Empfängern ausgelöst oder auf sie gerichtet sein, die einer anderen Spezies angehören. Unser kleiner Kater Leo wird nicht nur den alten Kater Albert lecken, sondern auch mich. Niemand hat ihm das beigebracht. Putzerfische und Rhinozerosvögel sind wahrscheinlich von Natur aus so programmiert, daß sie ihre gefährlichen, aber toleranten Wirtstiere einer anderen Spezies von Parasiten befreien. Junge Schimpansen werden mit jungen Pavianen spielen. Die Spezies ignorieren sich nicht; sie interagieren.

Im Lauf der Jahre wurde der Wirkungsbereich der Moralität allmächlich über den unmittelbaren Bekanntenkreis hinaus erweitert. Man beginnt zu erkennen, daß Fremde und Angehörige anderer Völker und Religionen uns ähnlich sind. Das ist nicht nur ein intellektueller, sondern auch ein emotionaler Vorgang, und das spontane Mitgefühl mit anderen scheint sich zu vergrößern, je stärker die Vertrautheit ist. Die Menschen in unserer westlichen Kultur kennen heute nicht nur die anderen Mitglieder ihrer Familien oder ihres Stammes. Die zunehmende Reisetätigkeit und das Fernsehen haben dazu geführt, daß wir mehr und mehr mit den Menschen in fernen Ländern und den Gefühlen anderer Spezies vertraut wurden.

Kinder zeigen sofort ihre Sympathie für nichtmenschliche Wesen, und sie haben recht, wenn sie das tun. Andere Primaten sind als unsere Vettern erkannt worden, seit die modernen Europäer im sechzehnten und siebzehnten Jahrhundert zum erstenmal mit ihnen in Berührung kamen.[4] Über einen Zeitraum von fast dreihundert Jahren hinweg hat man nichtmenschliche Primaten tatsächlich in der gleichen Weise wie verkrüppelte Menschen, bärtige Frauen und andere menschliche Kuriositäten zur Unterhaltung ausgebeutet. Heute, in einer Welt, in der wir wenigstens versuchen, unseren Mitmenschen eine größere Achtung entgegenzubringen, ist die Zeit für einen umfassenderen Sentientismus gekommen. Was ich mit Sentientismus meine, ist einfach, daß die Bedeutung der Empfindungsfähigkeit [sentiency] anerkannt werden sollte und sie, in welchem Wesen sie auch immer entsteht, unsere Moral leiten sollte. Die Schimpansen, Gorillas und Orang-Utans haben mit Sicherheit die gleichen Gefühle wie wir. Wir dürfen überzeugt sein, daß die Mitglieder dieser Spezies ebenso leiden können wie wir. Wir sind alle durch unsere Fähigkeit, Schmerzen zu empfinden, miteinander verwandt. So laßt uns also Verwandtschaft und Zuneigung zu einem einzigen Ganzen verbinden.

Anmerkungen

1. Richard D. Ryder, *Speciesism*, privat gedrucktes Flugblatt, Oxford 1970; Richard D. Ryder und David Wood, *Speciesism*, privat gedrucktes Flugblatt, Oxford 1970.
2. Peter Singer, Befreiung der Tiere, München 1982, S. 33
3. Richard D. Ryder, »The mind-brain problem«, *The Psychologist*, April 1990, S. 159–160.
4. Keith Thomas, *Man and the Natural World*, London 1983, S. 132; Richard D. Ryder, *Animal Revolution: Changing Attitudes Towards Speciesism*, Oxford 1989, S. 72

22

Die Großen Menschenaffen und der Widerstand des Menschen gegen ihre Gleichheit

von Dale Jamieson

Viele Beiträge in diesem Buch liefern Argumente für die Aufnahme der Großen Menschenaffen in die Gemeinschaft der Gleichen. Dale Jamieson setzt in seinem Aufsatz bereits voraus, daß eine solche Aufnahme gerechtfertigt ist und fragt: Warum haben Menschen solche Schwierigkeiten, diese Idee zu akzeptieren? Jamieson ist Professor für Philosophie an der University of Colorado in Boulder und ehemaliger Direktor des Center für Values and Social Policy an derselben Universität. In seinen früheren Arbeiten befaßte er sich mit der Sprachphilosophie. Seither hat er über ethische Fragen im Zusammenhang mit unserer Behandlung von Tieren, über philosophische Fragen, die sich bei dem Versuch ergeben, das Verhalten von Tieren zu verstehen und über die Erderwärmung geschrieben. Zusammen mit Marc Bekoff hat er das Buch Interpretation and Explanation in the Study of Animal Behavior *herausgegeben.*

Fragen über das Wesen und die Grenzen der Gemeinschaft der Gleichen sind sowohl in der Theorie als auch in der Praxis strittig. Während ich diese Worte schreibe, wird im früheren Jugoslawien ein blutiger Krieg zwischen Serben und Kroaten geführt. Viele fürchten, das sei nur eine Vorschau auf das, was in der ehemaligen

Sowjetunion geschehen könnte. Die Spannungen zwischen Tschechen und Slowaken verschärfen sich, und auch die »Unruhen« in Nordirland gehen weiter. Hier in New York, wo ich dieses Kapitel schreibe, haben sich die Beziehungen zwischen chassidischen Juden und Amerikanern afrikanischer Abstammung in den Crown Heights von Brooklyn so sehr verschlechtert, daß man mit einer Reihe von Vergeltungsmorden rechnen muß. Die Beziehungen zwischen Schwarzen und Koreanern sind im allgemeinen sehr schlecht, und in ganz Amerika kommt es immer wieder zu Zwischenfällen, bei denen Schwarze und Asiaten von weißen Rassisten angegriffen werden.

Die meisten Menschen werden diese Vorkommnisse bedauern und sagen, daß in dieser Welt, in der die Beziehungen der Menschen zueinander immer enger werden, die verschiedenen Gruppen lernen müssen, miteinander auszukommen. Sie müssen einander nicht unbedingt mögen, müssen sich aber gegenseitig als Gleiche respektieren. Ob es nun Kroaten oder Serben, Schwarze oder Hispanics sind, alle Menschen sind Mitglieder einer Gemeinschaft der Gleichen und haben das Recht, in Frieden und Ruhe zu leben, ohne daß ihr Leben und ihre Freiheit bedroht werden.

Die Fälle der Konfrontationen zwischen einzelnen ethnischen Gruppen, die ich erwähnt habe, stellen die Gemeinschaft vor praktische Probleme: Wie können wir es erreichen, daß die Menschen sich in ihrem Handeln davon leiten lassen, was nach ihrer Überzeugung richtig ist, und die Gleichheit anderer anerkennen? Auf theoretischer Ebene ist die Schlacht schon fast gewonnen. Nicht viele Menschen würden ernsthaft behaupten, daß es zulässig ist, Serben oder die Ureinwohner Australiens wegen ihrer Rasse oder Volkszugehörigkeit schlecht zu behandeln. Doch der Mensch ist oft besser in der Theorie als in der Praxis.

Aber wir müssen sogar in der Theorie noch einen weiten Weg zurücklegen, bis wir unsere Gleichheit mit den anderen Großen Menschenaffen anerkennen. Die Vorstellung, daß Schimpansen, Gorillas und Orang-Utans als Mitglieder unserer Gemeinschaft der Gleichen anerkannt werden sollten, erscheint vielen Menschen bizarr oder empörend. Aber ebenso wie die Verfasser der anderen

Beiträge in diesem Buch glaube ich, daß wir sehr gute Gründe haben, sie in diese Gemeinschaft einzuschließen.

In diesem Kapitel werde ich nicht versuchen, darauf einzugehen, was die Gemeinschaft der Gleichen ist oder wozu ihre Mitglieder berechtigt sind, denn diese Fragen sind bereits in den anderen Beiträgen ausführlich behandelt worden. Ich erkläre vielmehr meine Zustimmung zur Deklaration über die Großen Menschenaffen: Die Gemeinschaft der Gleichen ist die moralische Gemeinschaft, innerhalb derer gewisse moralische Grundsätze unsere Beziehungen zueinander bestimmen; und zu diesen moralischen Grundsätzen gehören das Recht auf Leben und der Schutz der individuellen Freiheit.

Mein Hauptinteresse in diesem Kapitel ist zu untersuchen, weshalb es vielen Menschen so schwerfällt, die moralische Gleichheit der Großen Menschenaffen zu akzeptieren. Das folgende kann als eine spekulative Diagnose der Ursachen für den Widerstand des Menschen gegen die Anerkennung unserer moralischen Gleichheit mit den anderen Großen Menschenaffen angesehen werden. Ich hoffe, wenn die Ursachen dieses Widerstandes erst einmal deutlich gemacht worden sind, werden sie sich zum Teil außer Kraft setzen lassen, und wir können dann an die schwierige Aufgabe herangehen, unsere moralischen Vorstellungen in die Praxis umzusetzen. Ich werde darstellen, welche meiner Auffassung nach die fünf Ursachen dafür sind, daß wir uns weigern, unsere moralische Gleichheit mit den anderen Großen Menschenaffen anzuerkennen.

Eine Ursache für unseren Widerstand ist vielleicht folgende: Wir sind nicht sicher, was die Anerkennung unserer Gleichheit mit den anderen Großen Menschenaffen für unser individuelles Verhalten und für unsere sozialen Institutionen bedeuten würde. Würde man ihnen erlauben, sich um politische Ämter zu bewerben? Würden wir gezwungen sein, das ihnen über Jahrtausende zugefügte Unrecht auszugleichen, indem wir entsprechende Aktionsprogramme ins Leben rufen?

Diese Unklarheiten ergeben sich zum Teil aus der Enge unseres Vorstellungsvermögens, zum Teil aber auch daraus, daß es hier um ganz wesentliche Fragen geht, die nicht im voraus beantwortet werden können. Es hat den Anschein, daß es Menschen oft an der nötigen Phantasie fehlt, wenn sie radikale soziale Veränderungen erwägen sollen. Eine Welt ohne Sklaverei war vor dem amerikanischen Bürgerkrieg für viele weiße Südstaatler unvorstellbar. Ein Leben ohne Apartheid können sich viele Süfafrikaner noch immer kaum vorstellen.

Ein Grund dafür, daß wir uns radikalen sozialen Veränderungen widersetzen, liegt vielleicht darin, daß wir uns kein richtiges Bild von der Zukunft machen können, und wir fürchten uns vor dem, was wir uns nicht vorstellen können.

Aber nachdem ich das gesagt habe, muß ich zugeben, daß es sehr unklar ist, was genau die Anerkennung der moralischen Gleichheit der Großen Menschenaffen bedeuten würde. Selbstverständlich würde der Gebrauch von Schimpansen in der medizinischen Forschung aufhören, ebenso die Zerstörung der Gebiete, in denen die Berggorillas leben, aber welche anderen Veränderungen würden uns bevorstehen? Wir kommen der Beantwortung dieser Frage vielleicht näher, wenn wir über die Erfahrungen der Amerikaner mit sozialen Veränderungen nachdenken. Nach der Befreiung der Sklaven und ihrer Anerkennung als Bürger wußte man nicht genau, welche Rechte und welcher Schutz ihnen gewährt werden müßten. Über mehr als ein Jahrhundert hinweg haben eine Reihe von gerichtlichen Entscheidungen und gesetzgeberischen Maßnahmen dies im einzelnen geklärt. So etwas ist ein fortlaufender Prozeß, der sich im voraus nicht vollständig überblicken läßt. Wenn wir soziale Praktiken, die sich nicht rechtfertigen lassen, zu verändern haben, dann müssen wir auch die daraus resultierende, unvermeidbare Unsicherheit in Kauf nehmen.

Eine zweite Ursache des Widerstands kann man im allgemeinen mit den Ursachen von Rassismus und Sexismus in Verbindung bringen. Menschen tolerieren Verschiedenheit eher in der Theorie als in der Praxis.

Das Überhandnehmen der Gewalt bei Konfrontationen ethnischer Gruppen und der Mißbrauch von Frauen durch Männer hat mit Sicherheit etwas mit den krassen Unterschieden zwischen den fraglichen Gruppen zu tun. Doch die Unterschiede zwischen Menschen erscheinen gering im Vergleich mit den Unterschieden zwischen Menschen auf der einen und Schimpansen, Gorillas und Orang-Utans auf der anderen Seite. Die Idee, unsere moralische Gleichheit mit diesen Wesen zuzugeben, scheint angesichts solcher Unterschiede sehr ausgefallen zu sein.

Es ist jedoch interessant festzustellen, daß sich die Wahrnehmung von Verschiedenheit oft verändert, sobald moralische Gleichheit anerkannt ist. Vor der Sklavenbefreiung (und einige überzeugte Rassisten vertreten noch heute diese Ansicht) stellte man die amerikanischen Schwarzen eher auf eine Stufe mit Menschenaffen oder anderen Affen als mit Kaukasiern. Sobald die moralische Gleichheit anerkannt war, begann sich die Wahrnehmung von Identität und Unterschied zu verändern. Die Schwarzen wurden zunehmend als Teil der »menschlichen Familie« angesehen, deren Mitglieder alle als von »bloßen Tieren« grundsätzlich verschieden betrachtet wurden. Vielleicht wird eines Tages ein Zustand erreicht werden, in dem die Ähnlichkeiten unter den Großen Menschenaffen uns ins Auge springen wird und wir die Unterschiede zwischen ihnen als trivial und bedeutungslos betrachten werden – oder vielleicht sogar als bereichernd.

Eine dritte Ursache für den Widerstand der Menschen gegen die Gleichheit für die Großen Menschenaffen ist das Fehlen der Stimmen, die nach einer solchen Gleichheit rufen. Die Anerkennung der Gleichheit wird entscheidend durch Mitgefühl und durch einfühlende Identifizierung beeinflußt. Es ist schwierig, sich mit Wesen zu identifizieren oder sich in sie hineinzuversetzen, die weit entfernt sind und deren Not nicht direkt artikuliert wird. Die psychologische Bedeutung der Nähe ist in der Tat einer der Gründe, weshalb die Not afrikanischer Menschen sooft übersehen wird. Viele Afrikaner sind heute vom Hungertod bedroht, und doch machen sich die Industriestaaten scheinbar größere Sorgen um die sehr viel geringeren Nöte ihrer eigenen Opfer der wirtschaftlichen Rezession.

Selbst wenn die Unterdrückten oder Benachteiligten mächtige und beredte Fürsprecher haben, sind die Opfer selbst oft effektiver als diese. Diesen Aspekt der menschlichen Psychologie haben die

Befürworter von Tierversuchen in der Forschung immer wieder ausgenutzt, in deren Werbekampagnen häufig Kinder vorgestellt werden, die behaupten, nur noch am Leben und glücklich zu sein, weil es Tierversuche gibt. Diese ehemaligen Opfer von Krankheiten oder Unfällen sind oft erfolgreichere Fürsprecher der Forschung als Wissenschaftler. Das Problem mit den anderen Großen Menschenaffen liegt jedoch darin, daß sie nicht in der Lage sind, sich den Menschen verständlich zu machen. Deshalb müssen Menschen ihre Interessen vertreten, und ihre Aufrufe haben nur eine begrenzte Wirksamkeit.

Eine vierte Ursache für den Widerstand der Menschen gegen die Gleichheit ist die Erkenntnis, daß sie zu einem Rückschlag für menschliche Interessen führen würde. Je mehr Mitglieder die Gemeinschaft der Gleichen hat, desto geringer sind die Vorteile, die dem einzelnen Mitglied zukommen. Das ist zum Teil die Ursache für den historischen Widerstand gegen die Erweiterung des Bereichs der moralischen Rücksicht. Gesellschaftliche Eliten haben sich den Ansprüchen unterer Schichten auf Gleichheit widersetzt; Männer haben sich geweigert, die Gleichheit der Frauen anzuerkennen; und Weiße haben solche Forderungen der Schwarzen zurückgewiesen. Der Verlust ungerechter Vorteile ist ein Teil des Preises, den man für ein Leben in einer moralisch wohlgeordneten Gesellschaft bezahlen muß, aber diejenigen, die diese Kosten tragen müssen, versuchen, sie bezeichnenderweise zu vermeiden.

Die vielleicht tiefste Quelle des menschlichen Widerstands liegt darin, daß der Anspruch auf Gleichheit aller Großen Menschenaffen einen fundamentalen Konflikt mit der ererbten nahöstlichen kulturellen und religiösen Weltsicht der meisten westlichen Gesellschaften bedeutet. Das Judentum, das Christentum und der Islam räumen dem Menschen einen besonderen Platz in der Natur ein. Nach der orthodoxen christlichen Auffassung sind Menschen etwas so Besonderes, daß Gott sogar die Gestalt eines Menschen annahm; es wäre undenkbar, daß er die Form eines Schimpansen, eines Gorillas oder eines Orang-Utans angenommen hätte. Selbst Ungläubige leben mit dem Erbe dieser Traditionen. Die Besonderheit des Menschen in der Natur ist Teil des Hintergrundes unserer Glaubensvorstellungen und Handlungen. Doch wie James Rachels (siehe 15. Kapitel) überzeugend argumentiert hat, verliert dieses Bild, in dem die Einzigartigkeit des Menschen eine so wichtige Rolle spielt, durch die zunehmende Verbreitung der Weltsicht von Wissenschaft und Philosophie an Bedeutung. Ein säkulares Bild, das die Evolutionstheorie ernstnimmt, liefert kein Fundament für menschliche Privilegiertheit. Nach dieser Auffassung sind die Menschen nur eine Spezies unter vielen, und nicht eine Spezies über vielen. Auf die Dauer wird es das Schicksal der Menschen sein, den gleichen Weg zu gehen wie andere Spezies, die heute ausgestorben sind, und das Bild, das uns die Wissenschaft vermittelt, enthält nichts, was uns zu der Annahme berechtigt, daß dies ein Verlust sein würde. Natürlich gibt es keinen direkten logischen Widerspruch zwischen der wissenschaftlichen Weltsicht und dem Anspruch des Menschen auf Einzigartigkeit: man kann weiterhin beides vertreten, wie das viele tun. Die wissenschaftliche Weltsicht nimmt uns jedoch einen großen Teil des Hintergrunds, der einst Ansprüche auf menschliche Einzigartigkeit plausibel scheinen ließ. Ohne diesen Hintergrund erscheinen solche Ansprüche zunehmend *ad hoc* und ungestützt.

In diesem Kapitel habe ich versucht, einige Ursachen dafür zu nennen, daß Menschen sich weigern, die moralische Gleichheit der Großen Menschenaffen anzuerkennen. Aus einer bestimmten Perspektive betrachtet, überrascht es nicht so sehr, daß eine Gruppe angesehener Wissenschaftler und Philosophen bereit ist, eine solche Gleichheit zu verteidigen, sondern eher, daß solche Ansprüche so vielen Menschen absurd erscheinen. Worauf ich hinweisen wollte, ist, daß dieser erste Eindruck von Absurdität Ausdruck tief verwurzelter Ängste und Befürchtungen hinsichtlich unseres Platzes in der Natur und unserer Beziehungen zu denjenigen sein könnte, die anders sind als wir. Selbst wenn diese Diagnose richtig ist, werden solche Ängste und Befürchtungen nicht sofort verschwinden. Wir müssen noch einen weiten Weg gehen, bis unsere neue, nach den natürlichen Verhältnissen ausgerichtete Weltsicht unsere Beziehungen zum Rest der Natur bestimmen wird. Aber bevor unsere Dämonen gezähmt werden können, müssen sie identifiziert und verstanden werden. Ich habe versucht, einen ersten Schritt in Richtung auf eine solche Identifizierung und ein solches Verständnis zu tun.

Dank des Verfassers:
Mein Dank gilt den Herausgebern und Richard Sorabji für ihre kritischen Bemerkungen zu den ersten Entwürfen dieses Kapitels.

Teil V

MENSCHENAFFEN ALS PERSONEN

23
Die Wahokies

von Harlan B. Miller

Harlan Miller ist Geschäftsführer der Society for the Study of Ethics & Animals. Er ist Professor für Philosophie am Virginia Polytechnic Institute und der State University (Virginia Tech) in den Bergen des westlichen Virginias und ist (mit William Williams) Herausgeber einer Sammlung von Aufsätzen mit dem Titel Ethics and Animals. *Mit der folgenden philosophischen Parabel läßt er eine ehrwürdige Tradition der philosophischen Literatur wiederaufleben.*

Ein kleines Volk ohne Sprache

Stellen wir uns vor, daß wir in einem tiefeingeschnittenen Gebirgstal in Westvirginia eine Gruppe von Menschen entdecken, die nicht nur nicht reden können, sondern auch keine Sprache haben. Es sind die Nachkommen von europäischen Arbeitern und deren Frauen, die in diesem Gebirgstal, von der Außenwelt abgeschnitten, gelebt haben, nachdem ein Projekt für die Gewinnung von Bauholz und den Bau einer Eisenbahn in den Jahren um 1840 gescheitert war. Die anderthalb Jahrhunderte dauernde Inzucht in dieser kleinen Gruppe (ursprünglich waren es etwa einhundert, und heute sind es einhundertzweiundsechzig Personen) hat bemerkenswerte Auswirkungen gehabt und zu einer Uniformität der äußeren Erscheinung, ungewöhnlicher Häufigkeit bestimmter physischer Anomalien und so weiter geführt.

Aber das auffallendste an den Wahokies (man hat sie nach dem

Berg, der ihr kleines Tal überragt, genannt) ist die Tatsache, daß sie keinerlei Sprache haben. Sie sprechen keine Sprache, sie lesen keine Sprache (obwohl sie ein paar Zeitungen und eine Bibel aufbewahrt haben, die ihren Vorfahren gehörten), und sie singen keine Lieder. Wahokie-Kleinkinder lallen nicht, und vorläufige Untersuchungen zeigen, daß Wahokie-Kinder, die in gewöhnlichen Familien aufwachsen, sich kaum für das Sprechen interessieren und nur sehr geringe Fortschritte machen, wenn sie lernen sollen, eine Sprache zu verstehen oder zu sprechen. (Das älteste dieser Wahokie-Kinder ist jetzt sechs Jahre alt und liegt in seiner Entwicklung weit hinter einem normalen Dreijährigen zurück.) Mit einem erheblichen Aufwand und Zeit und Mühe konnten nur geringe Erfolge erzielt werden, und nur einige Wahokies haben schließlich ein paar Worte gelernt.

Die Sprachorgane der Wahokies weisen, soweit sich das feststellen läßt, keine Anomalien auf. Sehvermögen und Gehör sind im Durchschnitt besser entwickelt als bei einer normalen Population. Aus irgendeinem Grund, der zweifellos in der chemischen Zusammensetzung oder der Konstruktion des Gehirns zu suchen ist, sind sie nicht in der Lage, eine vollentwickelte menschliche Sprache zu beherrschen, oder haben einfach kein Interesse daran. Die Ursache ist höchstwahrscheinlich genetisch bedingt (Umweltfaktoren, die dafür verantwortlich sein können, hat man nicht gefunden), aber man hat sie bisher noch nicht identifizieren können. Vergleichende Untersuchungen ihrer DNS sind noch nicht abgeschlossen. Nachkommen aus Verbindungen zwischen Wahokies und normalen Menschen sind nicht bekannt. Tatsächlich sind keine solchen Verbindungen bislang bestätigt worden, obwohl es entsprechende Gerüchte gibt.

Obwohl die Wahokies zweifellos Menschen sind, unterscheiden sie sich aufgrund der Tatsache, daß sie keine Sprache haben, doch sehr von anderen Gruppen von Menschen, auf die man vordem gestoßen war. Ohne eine Sprache haben sie praktisch auch keine Kultur. Die Anthropologen wollen sie nicht als einen »Stamm« bezeichnen. Vielleicht sind sie eine besondere Gruppe. Sie haben keine Religion, und da sie keine Möglichkeit haben, ihre Abstammung und Verwandtschaft festzustellen, haben sie kein Inzesttabu. Augenscheinlich erkennen Mütter und Kinder eine besondere Beziehung an, ebenso wie Geschwister, aber das ist wohl alles. Es gibt etwa zehn bis zwanzig Gruppen, die sich gelegentlich zusammenschließen, wieder trennen und ihre Mitglieder austauschen. Die meisten Gruppen werden von einem dominierenden Mann geleitet.

Die Entdeckung der Wahokies hat zu einer Reihe äußerst verwirrender rechtlicher, administrativer und moralischer Probleme geführt.

Sind die Wahokies Bürger? Sind sie Eigentümer »ihres« Grund und Bodens? Unterliegen sie dem Strafgesetz? Nach einer Verfügung des Justizministers des Staates Virginia sind sie mündige Bürger, und jeder, der sich in die Wählerlisten eintragen lassen will und nachweisen kann, daß er mindestens achtzehn Jahre als ist, ist hierzu berechtigt. Doch kein Wahokie hat bisher ein Interesse an Wahlen gezeigt, und niemand hat einem von ihnen Regierung und Volksvertretung erklären können.

Die Frage der Bürgerrechte ist keine dringende, aber im Hinblick auf die Kinder der Wahokies ist es zu ernsten Konflikten gekommen.

Einige der jüngsten sind von Sozialarbeitern des Kreises aus ihren Gruppen herausgenommen und bei Pflegeeltern untergebracht worden (dies sind die Fälle, die den besten Hinweis auf Spracherwerb liefern – oder eher darauf, daß ein solcher nicht vorhanden ist). Einige Monate sind sporadisch Versuche unternommen worden, das Gesetz zur Schulpflicht durchzusetzen. Solche Versuche mußten aber aufgegeben werden, weil man feststellte, daß das Schulsystem überhaupt nicht vorbereitet war, mit solchen Kindern umzugehen.

Eine Gruppe von normalen Bürgern hat sich zu dem Verein der Freunde der Wahokies zusammengeschlossen und eine gerichtliche Verfügung erreicht, die Übergriffe auf das von den Wahokies bewohnte Land verbietet. Außerdem durften Wahokie-Kinder ihren Eltern nicht mehr fortgenommen werden, und ein Teil des Strafrechts wurde für die Wahokies außer Kraft gesetzt (besonders die den Inzest und das Mindestalter für den Geschlechtsverkehr betreffenden Bestimmungen).

Die Freunde der Wahokies und andere ihnen wohlgesonnene Normalbürger können sich oft nicht darüber einigen, was die beste Vorgehensweise ist. Einige meinen, wir sollten die Wahokies ganz sich selbst überlassen und jedes Eingreifen von außen verhindern. Aber die meisten unterstützen die Programme zur vorbeugenden Impfung und zur medizinischen Versorgung in Notfällen, die den Wahokies zur Verfügung stehen.

Andere behaupten, man könne eine weitere Ausweitung des bereits entstandenen Schadens nur dadurch vermeiden, daß man die Wahokies davon abhält, sich zu vermehren. Vielleicht könnte man das durch empfängnisverhütende Injektionen oder Implantate erreichen, die ihnen im Rahmen einer normalen medizinischen Behandlung verabreicht werden. Der römisch-katholische Bischof der Diözese, in der die Wahokies leben, lehnt das natürlich entschieden ab.

Eine entgegengesetzte Auffassung zu der der Freunde der Wahokies, des Justizministers und des Bischofs, die die Interessen der Wahokies, was immer diese auch sein mögen, schützen wollen, vertritt eine Koalition, die von Jim's River Laboratories angeführt wird. Sie sind der Ansicht, es sollte erlaubt sein, die Wahokies gefangenzusetzen und sie dazu entweder aus dem Gebirgstal herauszuholen oder in ihren Höhlen festzuhalten, um mit ihnen Forschungen und Tests durchzuführen.

Ihre Argumentation ist einfach. Sie erklären, die Wahokies seien zwar Menschen, das heißt, sie gehören zur Spezies *Homo sapiens*, sie sind aber nicht Personen, weil sie keine Sprache und daher auch kein reflektierendes Selbstbewußtsein haben. Sie haben keinen Rechtsbegriff und können deshalb auch keine Rechte haben. Natürlich sind sie empfindungsfähig, intelligent und auf eine nichtreflektierende Weise selbstbewußt, aber das sind auch Affen und Ratten. Wir scheuen uns nicht, zum Wohl menschlicher Personen mit Ratten zu experimentieren. So sollten wir auch nicht zögern, zum Wohl menschlicher Personen mit menschlichen Nichtpersonen zu experimentieren. Da die Wahokies in der Tat Mitglieder der gleichen biologischen Spezies sind, eignen sie sich viel besser für die Forschung und toxikologische Tests als Ratten, Rhesusaffen oder sogar Schimpansen. Wir dürfen es deshalb nicht zulassen, daß uniformierte Sentimentalität die Suche nach Wahrheit und Sicherheit behindert.

Sind die Wahokies Personen?

Wenn wir eine scharfe Trennungslinie zwischen Personen und Nichtpersonen annehmen und den Begriff »Person« in einem sehr strengen Sinn verstehen, dann sind die Wahokies wahrscheinlich keine Personen. Wenn man als Person fähig sein muß, einen Lebensplan zu entwerfen, mit anderen relativ abstrakte, vertragliche Beziehungen aufzunehmen und nach den eigenen Wünschen zweitrangige Wünsche zu haben, dann sind die Wahokies keine Personen. Und wenn das moralische Universum so aufgeteilt ist, daß es auf der einen Seite nur die höchstwichtige Gruppe der Personen und auf der anderen nur die unwichtige Gruppe, der alles andere angehört, gibt, dann folgt daraus, daß die Interessen der Wahokies sehr viel geringere Bedeutung haben als die unseren.

Aber das physische und moralische Universum ist nicht so. Die Interessen von Personen sind etwas Wichtiges, und leere Bierdosen haben keine Interessen. Es gibt noch viele ander Dinge, auf die es ankommt. Einige dieser Dinge, zum Beispiel Kunstwerke, haben kein eigenes Interesse, haben jedoch eine moralische Bedeutung, weil sich Personen für sie interessieren. Wichtiger sind in diesem Zusammenhang die zahlreichen Wesen, die sehr wohl eigene Interessen haben, obwohl sie keine volle Personalität besitzen.

Eine Krabbe oder ein Wurm hat, so scheint es, recht wenige Interessen, vielleicht nur das minimale Interesse, Schmerzen zu vermeiden und Angenehmes zu suchen, wie alle fühlenden Wesen. Die Interessen eines Huhns sind umfassender, die eines Hundes oder einer Katze noch mehr. Intelligente, soziale Wesen wie Wölfe, Affen und Delphine haben sehr umfangreiche physische, verhaltensmäßige, soziale und (jawohl) intellektuelle Interessen.

Die Wahokies sind sehr intelligente, wißbegierige, hoch soziale und empfindsame Wesen. Geben wir zu, daß sie aufgrund ihrer Beeinträchtigung nicht alle Voraussetzungen für Personalität erfüllen. Daraus folgt aber gewiß nicht, daß sie moralisch auf der Stufe von Bierdosen stehen. Sie haben Anspruch auf einen substantiellen moralischen Rang für sich. Sie sind zumindest Quasipersonen.

Personen und Quasipersonen

Das Wort »Quasiperson« ist natürlich ein Neologismus, aber es bezeichnet eine Art moralischen und rechtlichen Status, der in unserer Begriffswelt in den verschiedensten Formen seit Jahrtausenden anerkannt wird. Einigen Gruppen menschlicher Wesen wurde eine Stellung eingeräumt, die anders und gewöhnlich niedriger ist als die vollentwickelter Personen, aber höher als die irgendwelcher anderer Tiere oder unbelebter Gegenstände.

Sklaven wurden im allgemeinen als Quasipersonen angesehen. Soweit eine Gesellschaft sexistisch ist (zumindest in der uns bekannten Form), werden Frauen als Quasipersonen behandelt. Säuglinge und Kleinkinder sind überall Quasipersonen ebenso im allgemeinen geistig schwerbehinderte Menschen jeden Alters. Eine Quasiperson besitzt nicht alle Rechte einer Person, kommt aber in den Genuß der meisten Maßnahmen zum Schutz der Personalität. Manchmal geht mit Quasipersonalität ein besonderer Schutz einher, der vollgültigen Personen nicht zukommt. Dabei denken wir etwa an das gesetzliche Verbot der Kinderarbeit oder die nach amerikanischem Recht geltende Bestimmung, daß weibliche Soldaten nicht zum Kampf mit der Waffe eingesetzt werden dürfen. Solche Schutzbestimmungen sind typischerweise wie in diesen beiden Beispielen paternalistisch.

In einer fortschrittlichen sexistischen, rassistischen Gesellschaft wie im Athen des Jahres 400 vor Christus oder im Virginia von 1840, zu dem die Vorfahren der Wahokies die Verbindung verloren hatten, kann es zahlreiche Status-Schichten geben. Das damals in Virginia geltende Recht unterschied ganz klar und in mannigfaltiger Weise zwischen erwachsenen weißen Männern (die als einzige alle Bürgerrechte genossen und damit rechtlich als Personen anerkannt waren), erwachsenen weißen Frauen, weißen Kindern, freien Schwarzen, Sklaven und geistig Behinderten.

Status-Vielfalt gehört nicht der Vergangenheit an. Selbst in den egalitärsten modernen Gesellschaften gelten für Frauen immer noch gewisse rechtliche und viele soziale Einschränkungen, denen Männer nicht unterworfen sind. Der quasipersonale Status junger und geistig behinderter Menschen ist noch deutlicher. Die ganz jungen und die, die für geistig nicht kompetent erklärt werden, sind auf die verschiedenste Weise sowohl eingeschränkt als auch geschützt. Im allgemeinen durchläuft der (normale) junge Mensch eine ganze Reihe von Stufen auf dem Weg zur vollen Personalität. Einige dieser Stufen sind durch gesetzliche Bestimmungen in bezug auf Auto fahren, wählen, Alkohol trinken, Schulpflicht und so weiter definiert, während andere nur vage und durch die allgemeine Sitte und die Beurteilung der Eltern festgelegt sind.

Die Wahokies sind in gewisser Weise wie Kinder, in anderer Weise wie deutlich geistig Behinderte, lassen sich aber in mancherlei Hinsicht mit keiner dieser beiden Gruppen vergleichen. Ihre Interessen, ihre Wünsche und ihre Fähigkeiten sollten ihren Status bestimmen. Da sie die Bedeutung von Begriffen wie Vertrag oder Volksvertretung nicht verstehen können, ist es gerechtfertigt, ihnen vertragliche oder politische Rechte zu verweigern und andere Personen zu bestimmen, die die Vormundschaft für sie übernehmen und ihre Interessen auf diesen Gebieten vertreten. Da sie andererseits sehr wohl Pläne machen, Ursache und Wirkung unterscheiden und ihre Präferenzen und Abneigungen zum Ausdruck bringen können, sollten ihre Freiheiten im allgemeinen so wenig wie möglich eingeschränkt werden. Die Einzelheiten ihres Status sowie die Schwierigkeiten des Abwägens einander widersprechender Interessen einzelner Wahokies werden politisch entschieden werden müssen.

Aber mit Sicherheit werden die Argumente der Jim's River Laboratories nicht das geringste Gewicht haben. Die Wahokies sind offensichtlich empfindsam, intelligent und selbstbewußt. Daß sie keine Sprache haben und nichts von dem, was daraus resultiert, rechtfertigt Experimente, die ohne ihre Zustimmung mit ihnen durchgeführt werden, ebensowenig, wie es Experimente mit achtzehn Monate alten normalen Kindern rechtfertigt.

Bei diesem gedanklichen Experiment (oder Märchen, wenn man will) kommt es natürlich nicht auf den moralischen Status der Wahokies an, denn es gibt sie nicht. Uns geht es um den Status von Schimpansen, Gorillas und Orang-Utans. Schimpansen, Gorillas und Orang-Utans gleichen in allen moralisch relevanten Merkmalen den imaginären Wahokies. Da nun die Wahokies Anspruch auf den Schutz eines quasipersonalen Status haben, gilt das gleiche auch für die anderen Großen Menschenaffen.

Eine Möglichkeit, sich gegen diese Schlußfolgerung zu wehren, besteht darin, die Analogie zwischen nichtmenschlichen Großen Menschenaffen und Wahokies als in einer entscheidenden Hinsicht unzutreffend abzulehnen. Unterscheiden sich etwa die Schimpansen in einer moralisch bedeutsamen Hinsicht von den Wahokies?

Man könnte sagen, daß die Wahokies mit uns verwandt sind – genetisch verwandt –, die Schimpansen aber nicht. Doch so ist es eben nicht. Die Wahokies sind näher mit uns verwandt als die Schimpansen, aber beide sind unsere Verwandten; oder vielmehr sind die Wahokies mit einigen von uns näher verwandt. Ich bin Amerikaner, europäischer Abstammung seit mindestens zehn, wahrscheinlich mehr Generationen. Die Wahokies sind näher mit mir verwandt als mit einer Japanerin, deren Vorfahren bis in die zehnte oder zwanzigste Generation Japaner waren.

Aber wenn wir nicht Rassisten der schlimmsten Sorte sind, dann ist das alles irrelevant. Daß irgendein fremder Amerikaner näher mit mir verwandt ist als diese Japanerin, hat nicht die geringste Bedeutung für seinen oder ihren moralischen Status. Beide haben den Anspruch darauf, um ihrer selbst willen von mir geachtet zu werden. Sobald wir die enge Stammesmoral aufgegeben haben, begreifen wir, daß der moralische Status durch die Eigenschaften eines Wesens bestimmt wird, nicht durch seine Abstammung. Das trifft für Schimpansen, Gorillas, Orang-Utans und Wahokies ebenso zu wie für normale Menschen.

Ich gehe davon aus, daß alle Menschen von gemeinsamen Vorfahren abstammen. Nehmen wir aber an, das wäre nicht so und wir stammten von verschiedenen zueinander parallel verlaufenden Evolutionspfaden ab und pflanzten uns auf wundersame Weise untereinander fort oder ein Strang der Menschheit wäre evolviert und der Rest im Gegensatz dazu von Außerirdischen erschaffen. Dies sind zwar bizarre und sehr unwahrscheinliche Vermutungen, aber wenn sie zuträfen, würde es den moralischen Status keines Menschen in Zweifel ziehen. Die Frage ist nicht, auf welchem Wege wir hierhergekommen sind, sondern wie wir sind.

Wenn also die Analogie zwischen Wahokies und Großen Menschenaffen aufgegeben werden soll, dann aufgrund irgendeines entscheidenden Unterschieds. Die Wahokies sehen aus wie wir (einige von uns), und Schimpansen, Gorillas und Orang-Utans tun das nicht (sehr), es ist aber schwierig, einzusehen, wie jemand – geradeheraus – ein Argument darauf stützen könnte. Sehr viel einleuchtender wäre die Behauptung, das geistige Leben der Wahokies läge auf einer viel höheren und komplexeren Stufe als das von Schimpansen, Gorillas oder Orang-Utans. Ließe sich eine solche Behauptung durch Tatsachen stützen?

Wir können natürlich keine vergleichenden Intelligenztests mit Wahokies und Schimpansen vornehmen, da es keine Wahokies gibt. Mancher mag behaupten, es sei intuitiv erkennbar, daß der intellektuelle Unterschied zwischen »bloßen Affen« und normalen Menschen mehr bedeute als das Fehlen oder das Vorhandensein einer Sprache. Ich halte das keineswegs für so offensichtlich, und ich glaube, jeder, der dies tut, unterschätzt die geistigen Fähigkeiten von Großen Affen, die Bedeutung der Sprache oder beides.

Hier gibt es keine überwältigenden Argumente, nur mehr oder weniger gut begründete Voraussagen über das, was die Zeit uns lehren wird, wenn wir mehr und mehr über uns, die anderen Großen Menschenaffen sowie über Geist und Gehirn von uns allen erfahren werden. Gleichgültig wieviel Beweismaterial wir zusammentragen werden und wieweit die Achtung der Intelligenz von Schimpansen, Gorillas und Orang-Utans in der Wissenschaft verwurzelt sein wird, die Speziesisten werden stets behaupten können, daß zwischen Menschenaffen und Mensch eine gewaltige Kluft besteht. Es ist immer noch möglich, zu behaupten, die Erde sei eine flache Scheibe oder jede Spezies sei das Ergebnis eines einzelnen Schöpfungsakts. In ein paar Jahrzehnten werden all diese Behauptungen auf der gleichen Stufe stehen.

Es wäre möglich, zu behaupten, daß die Wahokies moralisch den gleichen Rang haben wie Schimpansen, ohne deshalb die Ausbeutung der Schimpansen als Versuchstiere und so weiter abzulehnen. Dazu muß man nur den Argumenten der Jim's River Laboratories zustimmen. Mein Argument in diesem Kapitel habe ich in die Form einer *reductio ad absurdum* gekleidet. Wenn man die geschilderte Ausbeutung von Menschen ohne Sprache nicht für moralisch »absurd« (das heißt empörend und abstoßend) hält, dann wird man sich von diesem Argument nicht überzeugen lassen.

Was für eine Art von Quasipersonen sind Schimpansen, Gorillas und Orang-Utans? Das heißt, welchen rechtlichen und moralischen Status sollten sie haben? Selbstverständlich sollten sie vor Angriffen und Ausbeutung geschützt werden. Das Töten eines Schimpansen, Gorillas oder Orang-Utans sollte als Mord gewertet werden, wie und wann immer das Töten eines Menschen so gewertet wird. Gorillas, Schimpansen und Orang-Utans sollten vor Belästigung, körperlichem Mißbrauch und unzureichenden Lebensbedingungen geschützt werden. Ohne ihre Zustimmung sollten keine Experimente mit ihnen durchgeführt werden. Sie sollten weder eingesperrt noch eingeschränkt werden, es sei denn, daß dies notwendig wird, um zu vermeiden, daß sie sich selbst oder anderen Schaden zufügen.

In der Praxis können wir nichts Besseres für diese Menschenaffen tun, als sie allein zu lassen und Schutzgebiete für sie einzurichten, zu denen Menschen nur unter strenger Aufsicht Zutritt haben. Eine Forschung, die ihr Leben nicht stört, ein gewisser Grad der medizinischen Versorgung und eine eventuelle Nahrungsmittelversorgung in Notzeiten könnten angemessene Maßnahmen sein. Die Wahokies in meiner Geschichte sind geschädigte Menschen, und vielleicht wäre es erlaubt, ihre Fortpflanzung zu begrenzen. Aber Schimpansen, Gorillas und Orang-Utans sind keine geschädigten Menschen, sondern normale Schimpansen, Gorillas und Orang-Utans. Wir sollten ihnen das Beste wünschen, sie vor uns selbst schützen und sie in Ruhe lassen.

24

Menschen, nichtmenschliche Tiere und Personalität

von ROBERT W. MITCHELL

Robert Mitchell ist Professor an der psychologischen Fakultät der Eastern Kentucky University. Er hat an der Untersuchung der linguistischen Fähigkeiten von Delphinen, einem Papagei und einem Orang-Utan mitgearbeitet und sich aktiv mit theoretischen und empirischen Untersuchungen bestimmter Verhaltensweisen wie Täuschung, Verstellung, Imitation und Selbsterkennung im Spiegel bei Menschen und nichtmenschlichen Tieren beschäftigt. Mit N. S. Thompson hat er das Buch Deception: Perspectives on Human and Nonhuman Deceit *herausgegeben, das zum erstenmal das Thema der bewußten Täuschung bei Menschen und nichtmenschlichen Tieren behandelt. Gegenwärtig gibt er zusammen mit S. T. Parker und M. Boccia das Buch* Selfawareness in Animals and Humans *heraus, das von der Cambridge University Press veröffentlicht werden soll, sowie mit N. S. Thompson und H. Lyn White Miles ein Buch mit dem Titel* Animals Anecdotes and Anthropomorphism. *In diesem Kapitel fragt er, ob Menschenaffen Personen im eigentlichen Sinn dieses Wortes sein können.*

Sind Schimpansen, Gorillas und Orang-Urans Personen? In diesem Kapitel untersuche ich diese Frage, die offensichtlich im Zusammenhang mit der Absicht, Große Menschenaffen in die Gemeinschaft der Gleichen aufzunehmen und ihnen einige Grundrechte einzuräumen, eine wesentliche Bedeutung hat. Ich behandle die Frage nach der Personalität von Tieren im allgemeinen aus einer bestimmten philosophischen Perspektive, bevor ich dann darauf eingehe, welche Bedeutung meine Überlegungen für die besagte Absicht hat.

In seinem Roman *Der Tag der Delphine* schildert Robert Merle die Delphine als Personen, das heißt, als selbstbewußte Wesen, die eine gewisse Kontrolle über ihre eigene Tätigkeiten haben, über diese Tätigkeiten (via Sprache) reflektieren und ein Moralgefühl besitzen.[1] Diese Darstellung hat mich zur Beteiligung an Projekten veranlaßt, bei denen Delphinen (und einem Papagei) eine sprachähnliche Kommunikation beigebracht wurde. Obwohl ich nach der Arbeit mit diesen Tieren nicht entscheiden konnte, ob sie Personen waren oder nicht, hat mich dieses Forschungsunternehmen dazu veranlaßt, zu versuchen, bei Tieren Anzeichen für die Begleiterscheinungen von Personalität zu finden: verbale Kommunikation, Selbstreflektion und das Wissen, daß es auch andere Personen gibt. Diese letztere Art des Wissens läßt sich nur mit Hilfe eines Kommunikationssystems erkennen, das es erlaubt, Selbstbewußtsein zum Ausdruck zu bringen.[2] Eine überzeugende Auffassung in der Frage, was es bedeutet, eine Person zu sein, ist die, daß ich, um eine Person zu sein, an irgendeinem Punkt in der Entwicklung zur Personalität erkenne, daß du erkannt hast, daß ich ein Bewußtsein habe. Um von Personalität sprechen zu können, bedarf es daher anscheinend einer dreifachen Reflexion des Bewußtseins: »Das Ego, das Ich, kann nicht wirklich in Erscheinung treten [...] ohne daß es seinem *Ego in den Augen des anderen begegnet.*«[3]

Diese und andere Bedingungen der Personalität[4] finden sich übersichtlich geordnet in einem Begriffsschema von Dennett.[5] Nach seiner Analyse hängt Personalität zunächst von drei voneinander unabhängigen Eigenschaften ab: rational zu sein, intentional zu sein und als rational und intentional wahrgenommen zu werden. Wenn ein Lebewesen anerkannterweise diese drei Eigenschaften aufweist, erfordert die Personalität, daß das Wesen mit anderen in Wechselbeziehung steht, indem es andere als rational und intentional wahrnimmt. Die nächste Voraussetzung ist, daß dieses Wesen fähig sein muß, verbal zu kommunizieren, und schließlich muß es Selbstbewußtsein besitzen. Diese letzten drei Eigenschaften sind hierarchisch voneinander abhängig und gründen sich auf die ersten drei.

Keine dieser Eigenschaften (außer der letzten) muß als solche von dem Wesen erkannt werden, und, wie Dennett sagt, zeigen die meisten intelligenten Wesen die ersten vier. So liegt das große Problem bei der Entscheidung, ob ein Wesen eine Person ist, darin, festzustellen, ob es verbal kommuniziert und selbstbewußt ist. Bei den meisten voll entwickelten Menschen scheint die Fähigkeit, sich verbal mitzuteilen und sich seiner selbst bewußt zu sein, deutlich vorhanden, aber bei nichtmenschlichen Tieren und einigen Menschen sind beide Eigenschaften nicht offensichtlich. Mit Selbstbewußtsein meint Dennett die Fähigkeit der reflektierenden Selbstbewertung, das heißt, »nicht nur gegenüber *sich selbst* die Haltung des Mitteilenden zu übernehmen, sondern die [...] eines Wesens, das nach Gründen fragt und zu überreden sucht«.[6] Dennett stützt seine Definition der verbalen Kommunikation auf die von Grice entwickelte Theorie der nicht-natürlichen Bedeutung, die definiert, daß jemand, der irgendeine Äußerung von sich gibt, damit intendiert, daß ein anderer die Absicht des Äußernden erkennt, er solle auf diese Äußerung hin etwas tun oder glauben.[7] Nur wenn verbale Kommunikation erkennbar ist, sollten wir einen Nachweis für Selbstbewußtsein erwarten. So ergibt sich angesichts der Tatsache, daß nichtmenschliche Wesen nicht sprechen können, die Frage, wie wir ihre (potentiellen) verbalen Kommunikationen erkennen sollen.

Die beste Antwort darauf hat, wie ich glaube, Bateson[8] in seiner Analyse der Metakommunikation beim Spiel nichtmenschlicher Wesen gegeben.[9] Bateson hat sich mit der Evolution der verbalen Kommunikation beschäftigt und gefragt, wie ein Wesen, das nicht sprechen kann, ein Kommunikationssystem entwickeln könnte, das zu einer Kommunikation der menschlichen Art führt. Er glaubte, ein Wesen könnte seine Aktivitäten simulieren und anderen Wesen den Umstand verdeutlichen, daß es sich um eine Simulation handelt. So meinte Bateson zum Beispiel, daß Affen, die spielerisch miteinander kämpfen, so tun, *als wenn* sie kämpfen (das heißt, sie simulieren das Kämpfen), jedoch anzeigen, daß sie nicht kämpfen, indem sie deutlich machen, daß sie es nicht wirklich tun. Wenngleich Batesons Analyse des spielerischen Kämpfens für die meisten Affen nicht zutreffen mag, ist seine Annahme, das Erkennen der eigenen Simulation oder der eines anderen sei eine Möglichkeit für Wesen, die nicht sprechen, eine verbale Kommunikation zu entwickeln, faszinierend.[10] Gibt es irgendwelche Hinweise darauf, daß nichtmenschliche Wesen durch Simulation erkennen, erzeugen und/oder kommunizieren?

Bei einem solchen Nachweis geht es gewöhnlich um intentionale Imitation.[11] So hat zum Beispiel der Orang-Utan Chantek, der die Zeichensprache erlernt hat, das zweidimensionale Foto eines weiblichen Gorillas imitiert, die mit dem Finger auf ihre eigene Nase zeigte.[12]

Um den Gorilla zu imitieren, muß Chantek gewußt haben, wie er aussehen würde, wenn er die auf dem Foto gezeigte Handlung ausführte, und wie es sich anfühlen würde, eine solche Handlung mit seinem eigenen Körper zu erzeugen. Er muß also fähig gewesen sein, das visuelle Bild auf seine eigenen Bewegungsempfindungen zu übertragen – das heißt, auf Empfindungen seiner eigenen »Körperhaltung, -gegenwart oder -bewegung«.[13] Diese Übertragung eines visuellen Bildes auf einen kinästhetischen Akt, der diesem visuellen Bild ähnelt (es simuliert), ist insofern faszinierend, als sich daraus schließen läßt, daß Chantek eine kreuzmodale Vorstellung von seinem Körper hat, was wiederum zeigt, daß er eine bildliche Vorstellung seiner selbst hat. Eine solche kreuzmodale Imitation erfolgt oft in Form einer Vortäuschung: Ein Rhesusaffe, der die Schale einer Kokosnuß trug und wieder zurücklegte, tat dies auf eine Weise, mit der er direkt eine Rhesusaffenmutter imitierte, die ihr Kind trug und hinlegte;[14] und die Schimpansin Washoe, die die Zeichensprache erlernt hatte, badete eine Puppe genau so, wie ihre menschlichen Pfleger sie selbst gebadet hatten.[15] Diese vortäuschenden Imitationen lassen wiederum darauf schließen, daß der Imitierende die Fähigkeit hat, zwischen visuellen Erfahrungen und kinästhetischen Vorstellungen von sich zu übersetzen, und zwar so, daß der Imitierende vermutlich in der Lage war zu wissen, wie er Handlungen ausführen konnte, die sich auf ein visuelles mentales Bild von sich selbst bei der Ausführung einer solchen Handlung stützen. Die meisten Fälle, in denen nichtmenschliche Wesen imitieren oder vortäuschen, haben überraschenderweise nichts mit Kommunikation zu tun: Es scheint dem betreffenden Tier zu genügen, sich mit der Simulation zu beschäftigen, ohne den Versuch zu unternehmen, einen anderen irgendwie an einer solchen Simulation zu beteiligen. Können Wesen, die ihre visuellen Erfahrungen imitieren, auch auf Imitation beruhende visuelle Erfahrungen für andere Wesen erzeugen? Das heißt, können sie über Simulation mit anderen kommunizieren?

Während nur wenige Fälle von kreuzmodaler Imitation bei nichtmenschlichen Tieren vorkommen, gibt es noch weniger Fälle der kommunikativen Imitation, das heißt einer Simulation, die ein Wesen benutzt, um einem anderen mitzuteilen, daß es simuliert, und um auf diese Weise bewußt mit ihm eine Metakommunikation aufzunehmen und eine nicht-natürliche Bedeutung zu vermitteln. Die Mitteilung nicht-natürlicher Bedeutungen ist selbstverständlich ein direkter Test für verbale Kommunikation und beinhaltet gewöhnlich irgendeine Art der Simulation. Die Komplexität dessen, was durch Simulation mitgeteilt werden kann, zeigt das Beispiel eines zwölf Monate alten Jungen J, der seinen Vater aus einem anderen Zimmer holt, um an einen Bauklotz heranzukommen, der von einer Springteufelschachtel heruntergefallen und hinter einem Bücherschrank gelandet ist. Weil der Vater nicht versteht, was der Junge von ihm will (da er den Vorfall selbst nicht beobachtet hat), demonstriert J den Verlauf der Flugbahn des Bausteins hinter den Bücherschrank:

> J ... nimmt die Hand seines Vaters in die eigene, legt beide auf die Schachtel, erzeugt eine Art explosives Geräusch und führt seine und seines Vaters Hand im Bogen auf den Bücherschrank zu. Dann langt J mit seiner eigenen Hand hinter den Bücherschrank, macht eine Art konventionalisiertes Ge-

räusch der Anstrengung, das signalisiert, daß er etwas erreichen will. Dann sieht er seinen Vater an und sagt etwas wie »Klotz«.[16]

J will, daß sein Vater etwas holt, was hinter den Bücherschrank geflogen ist, und außerdem will er, daß sein Vater seine Absicht erkennt. Diese Absichten realisiert er dadurch, daß er für seinen Vater die Ereignisse simuliert, die dazu geführt haben, daß der Baustein jetzt nicht erreicht werden kann. Auch nichtmenschliche Wesen können ähnliche Rekonstruktionen, die Kommunikation über Simulation erzeugen, sowie nicht-natürliche Bedeutungen zeigen. Ein großer weiblicher Tümmler aus dem Indischen Ozean versuchte, die Aufmerksamkeit menschlicher Beobachter außerhalb des Glasfensters ihres Wassertanks auf sich zu lenken, indem sie etwas imitierte, um eine gemeinsame Erfahrung zu vermitteln: Nachdem sie »eine Wolke Zigarettenrauch« beobachtet hatte, schwamm sie »zu [ihrer] Mutter, kam zurück und spuckte einen Mund voll Muttermilch aus, die um ihren Kopf eine Wolke bildete, und erzielte damit einen ganz ähnlichen Effekt wie die Wolke aus Zigarettenrauch«.[17] In ähnlicher Weise verzichtete der Orang-Utan Chantek darauf, das Zeichen für *Milch* zu verwenden und spielte statt dessen einen Teil der Situation nach, in der er normalerweise seine Milch bekam: Er »gab seinem Pfleger zwei Gegenstände, die er brauchte, um sein Milchgetränk zuzubereiten, und starrte dann dorthin, wo sich der noch fehlende Bestandteil des Milchgetränks befand«.[18] Diese Kommunikationen unter Verwendung nicht-natürlicher Bedeutungen erforderten das Simulieren eines vorangegangen Ereignisses. Eine solche Art der Kommunikation wäre außerordentlich beschwerlich, wenn nur auf diese Art Informationen weitergegeben werden könnten, und selbstverständlich müssen nicht-natürliche Bedeutungen, wie im Fall von J und Chantek geschehen, konventionalisierten Äußerungen weichen, wenn ein kontinuierliches und umfassendes Kommunikationssystem existieren soll.[19] Was jedoch an den geschilderten Vorgängen bemerkenswert ist, ist die Tatsache, daß der Simulator beabsichtigt, der andere solle erkennen, daß die Simulation *von* etwas ist, das den Handlungen selbst ähnelt, aber etwas anderes ist als diese. Der Simulator will erreichen, daß der Beobachter die Ähnlichkeit mit etwas erkennt und sich zugleich der Tatsache bewußt ist, daß der Simulator diese Ähnlichkeit erkennen lassen will. Die Mitteilung nicht-natürlicher Bedeutungen ist Teil einer als solcher erkannten intentionalen Simulation, und das ist es, was Grice gemeint hat.[20]

Warum würden Wesen von einer so umständlichen Methode Gebrauch machen wie der Mitteilung nicht-natürlicher Bedeutungen auf dem Wege der Simulation? Die Antwort auf diese Frage ist vielleicht, daß Tiere zwei Zuhörerschaften gleichzeitig etwas mitzuteilen haben: Für die eine Zuhörerschaft ist die Information verborgen, für die andere offenkundig. So benutzen zum Beispiel erwachsene Rhesusaffen Kampfspiele zur Bedrohung anderer Affen, wenn eine direkte Bedrohung zu Schwierigkeiten führen könnte:[21] Gegenüber dem einen Affen (ihrem »Spielpartner«) erzeugen sie bei diesem Kampfspiel den Eindruck, daß es sich um einen echten Kampf handelt, während ein Verbündeter dieses Affen, etwa seine Mutter, den Eindruck hat, es handele sich nur um ein Spiel, wodurch sie das Eingreifen des Verbündeten vermeiden können. Um ein ähnliches Täuschungsmanöver scheint es sich zu handeln, wenn eine Simulation gegenüber *demselben* Individuum benutzt wird, um gleichzeitig eine Information zu verbergen und eine andere, um falsche Information zu geben. So tat zum Beispiel ein Gorilla so, als suche er nach Nahrung, um in die Nähe eines Gorilla-Babies zu kommen, dessen Mutter sehr darauf bedacht war, ihr Kind zu schützen.[22] Ein Schimpanse imitierte freundliche Gesichtsausdrücke und Gesten, um eine Schimpansin nah genug anzulocken, um sie leicht angreifen zu können, und ein anderer Schimpanse spielte zum Schein, um andere von Angriffen gegen ihn abzulenken.[23] Bei all diesen Täuschungsmanövern mußte der Ausführende eine Interpretation für sich behalten und anderen auf möglichst auffällige Weise eine zweite Interpretation präsentieren – *dieselbe Handlung erhält durch das Tier zwei Beschreibungen*. Durch solche dualen Beschreibungen kann dieses Wesen »erkennen, daß die Signale, die andere Individuen und auch es selbst geben, nur Signale sind, denen man vertrauen oder mißtrauen kann, die irreführend sein können, die man zurückweisen, verstärken oder korrigieren kann und so weiter«.[24] Dieses Erzeugen doppelter Bedeutungen hat wesentliche Konsequenzen für die Moralität, denn

> *wenn ich für eine Handlung verantwortlich gemacht werden soll* (eine Verhaltensweise von mir unter einer bestimmten Beschreibung), dann muß ich mir dieser Handlung unter dieser Beschreibung *bewußt* gewesen sein. Warum? Weil ich nur dann, wenn ich mir der Handlung bewußt bin, *sagen* kann, was ich damit beabsichtige, und mich von einer privilegierten Position aus an dem Frage- und Antwortspiel beteiligen kann, bei dem ich Gründe für meine Handlung nenne.[25]

So entsteht also durch die bewußte Täuschung via Simulation die Fähigkeit, zur dualen Beschreibung, und durch Mitteilung nichtnatürlicher Bedeutungen via Simulation kommt es zu einer gemeinsamen Perspektive. Nehmen wir an, daß einige Tiere die Kriterien für verbale Kommunikation erfüllen, dann können wir jetzt nach Hinweisen darauf suchen, daß diese Tiere ein Selbstbewußtsein besitzen, das mit einem Sinn für moralische Verantwortlichkeit gekoppelt ist.

Die Fälle von bewußter Täuschung, imitierender Vorstellung und der Kommunikation nicht-natürlicher Bedeutungen legen nahe, daß der Imitierende eine gewisse innere Vorstellung von sich selbst und/oder eine gewisse innere Vorstellung von der Psychologie des anderen hat, von denen eine oder beide sein Verhalten bestimmen. Aber diese Aktivitäten scheinen nicht das Vorhandensein der Art von Selbstbewußtsein zu beweisen, das uns hier interessiert, nämlich bei dem ein Wesen eine reflektierende Selbstbewertung zeigt. Gibt es andere Möglichkeiten, ein solches reflektierendes Selbstbewußtsein nachzuweisen?

Eine herkömmliche Methode für die Feststellung von Selbstbewußtsein ist es zu beobachten, ob sich jemand im Spiegel wiedererkennt. Viele Menschen, Schimpansen und Orang-Utans und einige Gorillas erkennen sich im Spiegel, und das wird im allgemeinen als Zeichen für ein bereits vorher existentes Selbstbewußtsein angesehen.[26] Wenn man sich selbst im Spiegel erkennt, dann bedeutet dies, daß man die Simulation des eigenen Körpers erkennt, was wiederum auf die Fähigkeit schließen läßt, daß man die Simulation als solche ebenso versteht wie ihre Beziehung zum eigenen Körper. Wenn das gelungen ist, hat das Erkennen des Selbst im Spiegel zur Folge, daß das Wesen erkennt, daß jede Aktion[27], die es kinästhetisch erlebt, identisch mit der visuellen Wahrnehmung dieser Aktion im Spiegel ist. Eine Fähigkeit, die sich bereits beim imitierenden Vortäuschen zeigt. Es ist sogar wahrscheinlich, daß diese Fähigkeit, die Simulation in einem Spiegel zu erkennen, teilweise auf der bereits vorher vorhandenen Fähigkeit beruht, Aktivitäten anderer Wesen über kinästhetisch-visuelles Angleichen zu imitieren.[28]

Wir müssen jedoch feststellen, daß das bloße Wiedererkennen seiner selbst im Spiegel kein Nachweis eines Selbstbewußtseins im Sinne einer reflektierenden Selbstbewertung ist.[29] Zu wissen, daß man aussieht wie sein eigenes Spiegelbild, heißt noch nicht, daß man die Fähigkeit hat, über die eigene Situation im Leben nachzudenken oder sich ein Urteil über sich selbst zu bilden. Aber bestimmte Reaktionen vor dem Spiegel zeigen *tatsächlich*, daß man einen gewissen Sinn für eine kritische Selbstbewertung hat, wenn nämlich der Beobachter das Spiegelbild seiner Selbst dazu benutzt, um ein Bild von sich selbst zu erzeugen, das ästhetisch oder kulturell für ihn selbst oder andere befriedigend ist. Bei Menschen wird ein »reflektierendes Selbstbewußtsein«, das unser Bewußtsein dessen einschließt, wie andere uns wahrnehmen, dazu verwendet, ein solches ideales Bild von uns selbst herzustellen.[30] Ein solches reflektierendes Selbstbewußtsein scheint bei den anderen Großen Menschenaffen nicht vorhanden. Reflektierendes Selbstbewußtsein unterscheidet sich von dem Selbstbewußtsein, das sich in den Beispielen für imitierendes Verstellen, absichtliche Täuschung und Mitteilung nicht-natürlicher Bedeutungen zeigt, insofern, als es das Bewußtsein des Bewußtseins eines anderen in das eigene Bewußtsein des Selbst aufnimmt: Dies ist die entscheidende Voraussetzung für Personalität. Der Begriff »reflektierend« bedeutet sowohl, daß das eigene Selbstbild durch die Perspektive anderer erlebt wird, (das heißt, das Bild des Selbst wird vom anderen reflektiert), als auch, daß man fähig ist, sich selbst zu überprüfen (das heißt, man kann über die eigenen Gedanken »reflektieren« und sie bewerten).

Wenngleich es für Menschen und Menschenaffen zutrifft, daß man »über das Spiegelbild in der Lage ist, zum Betrachter seiner selbst zu werden«, gilt vielleicht nur bei Menschen (und nicht einmal bei allen Menschen), daß mit dem eigenen Selbstbild »die Möglichkeit eines Idealbildes von sich selbst entsteht – in der Sprache der Psychoanalytiker, die Möglichkeit eines Über-Ich«.[31] Infolge des reflektierenden Selbstbewußtseins sind die Ideale der Moralität möglich. Aber zusammen mit einem solchen reflektierenden Selbstbewußtsein entsteht die Fähigkeit des besonnenen Argumentierens zur Stützung der eigenen moralischen Vorstellung.[32]

Soweit ist deutlich, daß nichtmenschliche Wesen einschließlich der Großen Menschenaffen keine Personen sind, weil ihnen das volle Selbstbewußtsein fehlt oder das, was ich hier als reflektierendes Selbstbewußtsein bezeichnet habe. So hat es den Anschein, daß Menschen, nicht aber Große Menschenaffen, aufgrund des reflektierenden Selbstbewußtseins »über die Vergangenheit und die Zukunft nachdenken und Alternativen für ihr Handeln im Lichte ihrer Vorstellung von einem im ganzen gut gelebten Leben abwägen können«.[33] Aber die Großen Menschenaffen unterscheiden sich vom Menschen in dieser Hinsicht augenscheinlich nur graduell und nicht grundsätzlich, da ihnen ihr Selbstbewußtsein und die Fähigkeit, Perspektiven einzunehmen, geistige Bilder liefert, Vorstellungen von sich selbst und anderen, die sie verwenden können, um ihre Aktivitäten zu planen.[34] Um Pläne zu machen, muß man sich nicht nur eine zukünftige Situation bildlich vorstellen können, sondern man muß sich vorstellen, welche Rolle man selbst *in* dieser zukünftigen Situation spielt. Der Simulator kann sich daher die verschiedensten Szenarien vorstellen, um dann zu wählen, in welcher dieser Situationen er leben will. In diesem Sinne ist es der Beginn eines reflektierenden Selbstbewußtseins. Schimpansen (und andere Große Menschenaffen) können vielleicht keinen »allgemeinen Lebensplan aufstellen«[35], sie können aber einen allgemeinen Plan für (mindestens) einen Tag oder eine Nacht fassen: Zum Beispiel kann eine Schimpansin ein Werkzeug auswählen und mitnehmen, das ihr helfen wird, sich an einem weit entfernten Ort etwas zu essen zu besorgen, oder sie kann sich zum Wärmen Heubündel aus ihrer Behausung mit nach draußen nehmen, wenn sie es am Tag zuvor draußen als kalt empfand.[36] Zu diesen Tagesplänen können auch Pläne für ihre Kinder gehören, zum Beispiel, daß der junge Schimpanse gewisse manuelle Fertigkeiten lernen sollte, indem er imitiert, was ihm seine Eltern zeigen.[37] Auf diese Weise können Große Menschenaffen über Vergangenheit und Zukunft nachdenken und alternative Handlungsverläufe im Lichte ihrer Vorstellung von einem ganzen gut gelebten Tag oder einer Nacht abwägen.

In vielfältiger Weise zeigen die Fähigkeiten der Großen Menschenaffen im Hinblick auf das Bewußtsein ihrer selbst, ihr Bewußtsein der Psychologie und des reflektierenden Selbstbewußtseins anderer, daß sie (zumindest bei unserem heutigen Wissensstand) in vielerlei Hinsicht kleinen Kindern gleichen. Ebenso wie wir Kinder davor schützen würden, gequält zu werden, wie wir ihnen (wenn auch begrenzt) Freiheit gewähren und ihnen das Recht auf Leben garantieren, müssen wir den Großen Menschenaffen die gleichen Bedingungen einräumen.[38] Es ist richtig, daß Menschenaffen nicht argumentativ für ihre Rechte eintreten können,[39] aber kleine Kinder oder unterdrückte Menschen, deren Unterdrücker sich weigern, ihre Sprache zu lernen, können das ebensowenig; und doch schützen wir moralisch ihre Rechte, zumindest im Prinzip.

Trotzdem gibt es noch Probleme. Man muß nur Hearnes[40] Analyse der sozialen Interaktion zwischen der Schimpansin Washoe und ihren menschlichen Pflegern lesen, um zu erkennen, daß selbst Schimpansen, die gelernt haben, sich mit einer Zeichensprache zu verständigen, kaum soweit in eine vom Menschen beherrschte Kultur integriert werden können wie menschliche Kinder oder Hunde (obwohl Patterson und Linden[41] das soziale Zusammenleben mit dem Gorilla Koko, der ebenfalls die Zeichensprache beherrscht, als offenbar reibungslos schildern). Wenn man Menschenaffen als Personen ansieht, dann ist unklar, welche Normen man anlegen soll, wenn man das Verhalten der Menschenaffen korrigieren will, angesichts des Umstands, daß sie allem Anschein nach keine eigenen moralischen Normen haben und wahrscheinlich die jeder menschlichen Kultur nicht akzeptieren oder vollständig verstehen werden. Selbst wenn Menschenaffen unter der entsprechenden menschlichen Anleitung beginnen würden, die Moralität einer menschlichen Kultur zu entwickeln (was nach Ansicht mancher Leute geschieht, wenn Menschenaffen in bestimmten Situationen die Zeichen für »schlecht« und »schmutzig« verwenden), scheint es unangemessen, sie dazu zu bewegen, solche moralischen Urteile zu bilden. Anders als menschliche Kinder brauchen Menschenaffen keinen Kontakt mit Menschen, um sich natürlich zu entwickeln und ein Leben im Einklang mit ihren Tagesplänen zu führen. So könnte unsere Ethik den Menschenaffen erlauben, innerhalb spezifischer Grenzen ein freies Leben zu führen. Doch an diesen Grenzen kann es zu Schwierigkeiten kommen, wenn Menschenaffen und Menschen jeweils in das Territorium des anderen vordringen, ähnlich wie bei Grenzstreitigkeiten unter Menschen. Ebenso wie zwischenmenschliche Konflikte können auch Konflikte zwischen Menschenaffen und Menschen (oder unter Menschenaffen) zu Morden führen. Angesichts der Tatsache, daß zum Beispiel Schimpansen sowohl Menschen als auch andere Schimpansen jagen und essen,[42] ist unklar, wie man diese Kontroversen beilegen soll: Sollte man einen Schimpansen für die Ermordnung eines anderen Schimpansen oder eines Menschen, den er getötet hat, um ihn zu essen, verantwortlich machen? Wenn das so ist, wie läßt sich eine solche Verantwortung rechtlich berücksichtigen? Unter Menschen

> müssen diejenigen, die andere beherrschen wollen, rechtfertigende Gründe für ihre Herrschaft anführen, was Kritikern erlaubt ..., diese Gründe zu analysieren und Fehler aufzudekken. Für Schimpansen sind solche rhetorischen Überlegungen nicht notwendig, und deshalb gibt es keinen Grund für moralische Kritik (an Schimpansen).[43]

Leider ist jede »moralische Sicht« oder jeder »Gerechtigkeitssinn«, der innerhalb der mentalen Grenzen Großer Menschenaffen möglich ist, egozentrisch und pragmatisch[44] und enthält keine Argumentation und überlegte Debatte. Die Tatsache, daß eine Kritik am

Verhalten von Schimpansen und anderen Großen Menschenaffen auf moralischer Basis unmöglich ist, hat ernste Konsequenzen insofern, als Menschenaffen für ihre Handlungen nicht verantwortlich gemacht werden können. (Mich stört hier ein bißchen die Parallele zwischen Behauptungen, daß Menschenaffen unfähig sind, moralisch zu handeln, und den Vorstellungen gebildeter weißer Männer im 18. und 19. Jahrhundert, daß nichtweiße und/oder nichtmännliche Personen minderwertig seien und deshalb nicht die gleichen politischen Rechte haben dürften.[45] Doch die Unterschiede zwischen Menschenaffen und Menschen in bezug auf ihre sprachlichen Fähigkeiten sind und waren zwischen weißen Männern und anderen Menschen eindeutig nicht festzustellen, und diese Fähigkeit – oder ähnliche Fähigkeiten – scheinen die notwendige Voraussetzung für reflektierendes Selbstbewußtsein zu sein. Doch ein überzeugendes Ergebnis der gegenwärtigen Forderung, die Menschenaffen in die Gemeinschaft der Gleichen aufzunehmen, ist, daß dabei die Ähnlichkeiten der Menschenaffen zu den Menschen und besonders, soweit wir das heute wissen, zu menschlichen Kindern deutlich zu Tage gefördert werden.)

Die Tatsache, daß die Großen Menschenaffen keine vollgültigen Personen sind, erschwert uns natürlich die Entscheidung, wie wir sie behandeln sollen: Obwohl es ganz einfach und vernünftig ist, diesen Menschenaffen das Recht auf Leben und Schutz vor Mißhandlungen zu gewähren, stellt das Recht auf Freiheit ein schwierigeres ethisches Problem dar. Menschen ermorden andere Menschen und können dafür verantwortlich gemacht werden, weil sie sich entschieden haben, die Freiheit eines anderen zu verletzen – ein moralisches Vergehen. Da Menschenaffen keine Vorschriften gegen Mord kennen, entstehen durch die Einschränkung ihrer Freiheit als Folge der Ermordnung eines anderen – oder sogar, um die mögliche Ermordnung eines anderen zu verhindern – moralische Schwierigkeiten, wenn Menschenaffen den Status von Personen ohne die entsprechenden Verantwortlichkeiten haben. Wir können eine Person für ihr Handeln verantwortlich machen, weil sie die (rechtlichen und moralischen) Konsequenzen ihres Handelns erkennen und Gründe für die Redlichkeit ihrer Handlungen nennen kann. Weil Menschenaffen keine Personen im vollen Sinn des Wortes sind, können sie nicht zur Rechenschaft gezogen werden, denn sie verstehen den Sinn von Moralität nicht und können ihr Handeln nicht begründen. Deshalb kann eine gewisse Einschränkung ihrer Freiheit zur Verhütung ihres Todes oder zur Verhinderung von Mordtaten moralisch gerechtfertigt sein, weil wir als Menschen unserem und ihrem Leben einen Wert beimessen. (Eine solche Einschränkung gibt es natürlich auch für Kinder und gewisse geistig behinderte, unmoralische oder amoralische ältere Menschen.) Wenngleich die Großen Menschenaffen keine Personen im vollen Sinn des Wortes sind, haben sie doch psychologische Fähigkeiten, die sie zu Zwecken an sich machen und die sie unseren Schutz verdienen lassen.

Dank des Verfassers: Ich bin dankbar für die Hinweise der Herausgeber, die wesentlich zur Klarheit meines Aufsatzes beigetragen haben.

Anmerkungen

1. R. Merle, *The Day of the Dolphin,* New York 1969 (dt. *Der Tag der Delphine,* München, Neuauflage 1991).
2. A. C. Danto, »Persons«, in P. Edwards (Hrsg.), *The Encyclopedia of Philosophy,* Bd. 6, New York 1967, S. 110–114; W. R. Schwartz, »The problem of other possible persons: dolphins, primates, and aliens«, *Advances in Descriptive Psychology,* Bd. 2, 1982, S. 31–55.
3. M. Merleau-Ponty, »The child's relations wirh others« in J. M. Edie (Hrsg.), *The Primacy of Perception,* North Western University Press, Illinois, 1960/1982, S. 96–155.
4. Danto, »Persons«.
5. D. C. Dennett, »Conditions of personhood« in *Brainstorms Philosophical Essays on Mind and Psychology,* Cambridge, MA, 1976/1978, S. 267–285.
6. Dennett, »Conditions of personhood«, S. 284.
7. H. P. Grice, »Meaning«, *Philosphical Review,* Bd. 66, 1957, S. 377–388.
8. D. Bateson, »A theory of play and fantasy« in *Steps to an Ecology of Mind,* New York 1955/1972, S. 177–193; G. Bateson, »The message ›This ist play‹«, in B. Schaffner (Hrsg.), *Group Processes: Transactions of the Second Conference,* Madison, NJ, 1956, S. 145–242.
9. R. W. Mitchell, »Batesons's concept of ›metacommunication‹ in play«, *New Ideas in Psychology,* Bd. 9, 1991, S. 73–87; H. P. Grice, »Meaning revisited«, in N. V. Smith (Hrsg.), *Mutual Knowledge,* New York 1982, S. 223–243.
10. Mitchell, »Bateson's concept«, S. 77–78.

11. R. W. Mitchell, »A comparative-developmental approach to understanding imitation«, in P. P. G. Bateson und P. H. Klopfer (Hrsg.), *Respectives in Ethology,* Bd. 7, New York 1987, S. 183–215.
12. H. L. W. Miles, »The cognitive foundations for reference in a signing orangutan«, in S. T. Parker und K. Gibson (Hrsg.), *»Language« an Intelligence in Monkeys and Apes: Comparative Developmental Perspectives,* Cambridge 1990, S. 535.
13. W. Morris (Hrsg.), *The American Heritage Dictionary of the English Language,* Boston 1969, S. 721.
14. J. A. Breuggeman, »Parental care in a group of free-ranging rhesus monkeys *(Macaca mulatta)«, Folia Primatologica,* Bd. 20, 1973, S. 196.
15. R. A. Gardner und B. T. Gardner, »Teaching sign language to a chimpanze«, *Science,* Bd. 165, 1969, S. 666.
16. S. Rubin und D. Wolf, »The development of maybe: the evolution of social roles into narrative roles«, in E. Winner und H. Gardner (Hrsg.), *New Directions for Child Development,* Nr. 6: *Fact Fiction, and Fantasy in Childhood,* San Francisco 1979, S. 18.
17. C. K. Tayler und G. S. Saayman, »Imitative behaviour by Indian Ocean bottlenose dolphins *(Tursiops aduncus)* in captivity«, *Behaviour,* Bd. 44, 1973, S. 291.
18. Miles, »Cognitive Foundations for reference«, S. 535.
19. R. G. Millikan, *Language, Thought, and Other Biological Categories: New Foundations für Realism,* Cambridge 1984.
20. Grice, »Meaning revisited«, S. 233–234.
21. J. A. Breuggeman, »The function of adult play in free-ranging *Macaca mulatta«,* in E. O. Smith (Hrsg.), *Social Play in Primates,* New York 1978, S. 169–191.
22. R. W. Mitchell, »Deception in captive lowland gorillas«, *Primates,* Bd. 32, 1991, S. 523–527.
23. F. de Waal, »Deception in the natural communication of chimpanzees« in R. W. Mitchell und N. S. Thompson (Hrsg.), *Deceptions: Perspectives on Human and Nonhuman Deceit,* Albany 1986, S. 221–244.
24. Bateson, »A theory of play and fantasy«, S. 178; siehe auch Grice, »Meaning revisites«, S. 233–234.
25. Dennett, »Conditions of personhood«, S. 282–283.
26. G. G. Gallup, Jr., »Self-awareness and the emergence of mind in primates«, *American Journal of Primatology,* Bd. 2 (1982), S. 237–248; F. Patterson, »Self-recognition in gorillas«, eine Arbeit, die auf einem Symposium der American Soviety of Primatologists über die Erkenntisfähigkeit und das Verhalten von Gorillas 1990 in David, Californien, vorgelegt wurde; siehe aber auch R. W. Mitchell, »Mental models of mirror self-recognition: two theories«, *New Ideas in Psychology,* Bd. 11, 1993.
27. Mitchell, »Mental models«.
28. P. Guillaume, *Imitation in Children,* 2. Auflage, Chicago 1926/1971; siehe auch Mitchell, »Mental models«.
29. Mitchell, »Mental models«.
30. Ebenda.
31. Merleau-Ponty, »The child's relations with others«, S. 136.

32. L. Arnhart, »Aristotle, chimpanzees, and other political animals«, *Social Science Information*, Bd. 29, 1990, S. 477–557.
33. Ebenda.
34. R. W. Mitchell, »A framework for discussing deception« in R. W. Mitchell und N. S. Thompson (Hrsg.), *Deception Perspectives on Human and Nonhuman Deceit*, Albany 1986, S. 3–40; R. W. Mitchell, »A theory of play«, in M. Bekoff und D. Jamieson (Hrsg.), *Interpretation and Explanation in the Study of Animal Behavior, Bd. 1: Interpretation, Intentionality, and Communication*, Boulder, CO, 1990, S. 197–227.
35. Arnhart, »Aristotle, chimpanzees, and other political animals«.
36. J. Goodall, *The Chimpanzees of Gombe: Patterns of Behavior*, Cambridge, MA, 1986, S. 31, 587–588.
37. C. Boesch, »Teaching among wild chimpanzees«, *Animal Behaviour*, Bd. 41, 1991, S. 530–532.
38. Mitchell, »A framework for discussing deception«, S. 30.
39. Arnhart, »Aristotle, chimpanzees, and other political animals«, S. 526.
40. V. Hearne, »A walk with Washoe: how far can we go?« in *Adam's Task: Calling Animals by Name*, New York 1986, S. 18–41.
41. F. Patterson und E. Linden, *The Education of Koko*, New York 1981.
42. Goodall, *The Chimpanzees of Gombe* S. 282–285.
43. Arnhart, »Aristotle, chimpanzees, and other political animals«, S. 526–527.
44. F. B. M. de Waal, »The chimpanzees's sense of social regularity and its relation to the human sense of justice«, *American Behavioral Scientist*, Bd. 34, 1991, S. 334–339.
45. Siehe P. Singer, Befreiung der Tiere. Eine neue Ethik zur Behandlung der Tiere, München 1982, S. 20–24; S. J. Gould, *The Mismeasure of Man*, New York 1981, S. 32–35.

25

Personalität, Eigentum und Rechtsfähigkeit

von Gary L. Francione

Was ist der rechtliche Status der Großen Menschenaffen, und wie läßt er sich verändern? Wenn die Deklaration über die Großen Menschenaffen umgesetzt werden sollte, wie ließen sich die Rechte der Menschenaffen schützen? In diesem Kapitel äußert sich Gary Francione zu diesen Fragen. Seine Beispiele sind Fälle aus der amerikanischen Rechtsprechung, aber seine Vorschläge sind allgemein anwendbar. Francione ist Juraprofessor an der Rutgers University School of Law in Newark, New Jersey, und Direktor der Rutgers Animal Rights Law Clinic.

Gesetzlich verankerte Rechte für Große Menschenaffen

Die Deklaration über die Großen Menschenaffen verlangt, die Gemeinschaft der Gleichen so zu erweitern, daß sie alle Großen Menschenaffen mit einschließt: Menschen, Schimpansen, Gorillas und Orang-Utans. Im besonderen verlangt die Deklaration, daß bestimmte moralische Grundsätze für alle Großen Menschenaffen gelten sollen: das Recht auf Leben, der Schutz der individuellen Freiheit und das Verbot der Folter.

Wenn diese Grundsätze eine Bedeutung haben sollen, die über bloße Absichtserklärungen hinausgeht, dann müssen sie in geltendes Recht umgesetzt werden, das auf alle Mitglieder der Gemeinschaft der Gleichen anzuwenden ist und gerichtlich durchgesetzt werden kann. Tatsächlich besagt die Deklaration selbst, man müsse moralische Grundsätze gerichtlich einklagen können.

Diejenigen, die diese Grundsätze als *gesetzliche* Regeln unterstützen und nicht nur als moralische Erklärungen, müssen sich darüber im klaren sein, daß die Gesetze in den meisten Ländern und mit Sicherheit die amerikanische Gesetzgebung sehr ernste begriffliche Hindernisse für eine solche Position darstellen. Das amerikanische Rechtssystem enthält zahlreiche Kategorien und verbindet negative Konsequenzen mit jenen, die sich auf Rasse, Geschlecht, sexuelle Vorlieben, Alter, Nationalität und Behinderung gründen.[1] Aber es gibt keine schwerwiegenderen Konsequenzen als diejenigen, die sich aus der Einteilung in *Spezies* ergeben.

Obwohl zum Beispiel Experimente an einem Menschen die Einwilligung der Person erfordern (oder die Einwilligung eines gesetzlichen Vertreters, wenn die Person selbst sie nicht geben kann) und auf vielen Ebenen einer rechtlichen Prüfung unterworfen sind, dürfen Tierexperimente (in den Vereinigten Staaten) mit jedem Tier und zu jedem Zweck vorgenommen werden, der von einem aus anderen Tierexperimentatoren bestehenden Ausschuß gebilligt wird, und die Bestimmung über die Einwilligung der Betroffenen findet hier offensichtlich keine Anwendung. Zudem besteht nicht die Notwendigkeit nachzuweisen, daß das Experiment dem Versuchsobjekt nützt – wie das in praktisch jedem Fall verlangt wird, bei dem Experimente an Menschen durchgeführt werden. Sobald ein Wesen auf der anderen Seite der Speziesbarriere angesiedelt ist, liefert das Gesetz praktisch keinen Schutz für dieses Wesen und Menschen können es in einer Weise verletzen, die undenkbar wäre, wenn es sich selbst um die benachteiligtsten Mitglieder der menschlichen Gesellschaft handelte.

In diesem Kapitel möchte ich kurz auf den Begriff des Tieres als Eigentum eingehen, um die Speziesdiskriminierung zu erläutern, die sich in praktisch allen Rechtssystemen widerspiegelt. Als nächstes werde ich dafür argumentieren, daß auch die konservativste Auslegung des Begriffs des gleichen Schutzes verlangt, daß alle

Großen Menschenaffen nach dem Gesetz als »Personen« angesehen werden müssen. Schließlich werde ich einige Probleme untersuchen, welche die Integration von Rechten für alle Großen Menschenaffen in unser Rechtssystem betreffen.

Tiere als Eigentum

Daß nichtmenschliche Tiere anders behandelt werden als Menschen hat etwas damit zu tun, daß Tiere und Menschen in unserem Rechtssystem völlig verschiedene Positionen einnehmen. Nach dem Gesetz können Menschen Rechte haben, Tiere jedoch nicht. Obwohl die Gesellschaft ein zunehmendes Bewußtsein für Tiere entwickelt und ein Konsens darüber besteht, daß Tiere zumindest gewisse moralische Rechte haben, die von unserem Rechtssystem anerkannt werden sollten, haben sie immer noch den Status des *Eigentums* von Menschen – ebenso wie man früher die Sklaven als das Eigentum ihrer Herren betrachtete.

Man stimmt jedoch im allgemeinen darin überein, daß man Tieren keine »unnötigen« Schmerzen zufügen und sie nicht töten sollte, wenn sich dies nicht »rechtfertigen« läßt. Obwohl Tiere als Eigentum betrachtet werden, das keine Rechte haben kann, gibt es viele Gesetze, die vorgeben, Tieren unter bestimmten Umständen ein gewisses Maß an Schutz zu gewähren. Das Problem liegt darin, daß, wenn Menschen versuchen zu bestimmen, wann Leiden oder Tod »notwendig« sind, sie sich zwangsläufig auf eine »hybride« Argumentation einlassen. Hierbei werden die Interessen von Menschen – einschließlich der vom Gesetz festgelegten Tatsache, daß Menschen den Anspruch auf Rechte haben, besonders das Recht auf Eigentum – und die Interessen der Tiere einander gegenübergestellt, wobei letztere nicht durch einen Rechtsanspruch unterstützt werden.[2] Und nichtmenschliche Tiere sind eine Form des Eigentums, über das der Mensch verfügen will. In diesem Rahmen können Tiere praktisch nie ausschlaggebend sein, solange Menschen die einzigen Träger von Rechten sind und Tiere nur als Eigentum angesehen werden – als Objekte der Inanspruchnahme eines wichtigen menschlichen Rechts.

Die Behandlung von Tieren als Eigentum wird illustriert durch das Gerichtsverfahren »der Staat gegen Le Vasseur«.[3] Kenneth Le Vasseur war Student an der Universität von Hawaii. Im Januar 1975 begann er in dem Universitäts-Marinelaboratorium in Kewalo Basin, Honolulu, als Forschungsassistent zu arbeiten. Seine Aufgaben bestanden in erster Linie darin, die Delphin-Wasserbekken des Laboratoriums instand zu halten, zu reinigen, mit den Delphinen zu schwimmen und sie zu füttern. Nachdem Le Vasseur mehr als zwei Jahre mit den Delphinen gearbeitet hatte, kam er im Mai 1977 zu der Ansicht, daß die Delphine als Folge ihrer langen Gefangenschaft in den Laboratoriumsbecken stark gefährdet waren. Er und einige andere Leute holten zwei Delphine aus ihren Becken im Laboratorium heraus und entließen sie in den Ozean. Le Vasseur wurde wegen Diebstahls in einem schweren Fall angeklagt, verurteilt und ging in die Berufung.

Die wichtigste Frage bei der Berufungsverhandlung war, ob das Gericht sich bei der Entscheidung geirrt hatte, daß Le Vasseur sich nicht auf den Rechtfertigungsgrund der »Wahl zwischen zwei Übeln« berufen konnte. Dieser Rechtfertigungsgrund, der je nach Rechtsprechung verschieden formuliert sein kann, sah nach den in Hawaii geltenden Gesetzen vor, daß ein bestimmtes Verhaltens, das normalerweise als kriminell gilt, gerechtfertigt sein könnte, wenn der Täter glaubt, daß sein Verhalten »notwendig war, um einen unmittelbar bevorstehenden Schaden oder ein Übel von sich selbst oder *einem anderen* abzuwenden«, wenn »der Schaden oder das Übel, das durch ein solches Verhalten abgewendet werden soll, größer ist als der, den das Gesetz verhindern soll, das die unter Anklage gestellte Straftat definiert«.[4]

Le Vasseur sagte aus, er habe versucht, in zweifacher Hinsicht einen Schaden von *einem anderen* abzuwenden. Erstens argumentierte er, daß das Wort *andere* auch Delphine einschließen sollte. Das Appellationsgericht wies dieses Argument zurück, weil der Gesetzestext »einen anderen« als *Person* definiere, und obwohl Aktiengesellschaften und Verbände rechtlich als »Personen« angesehen werden können, entschied das Gericht, daß dies für Delphine nicht möglich sei.

Zweitens argumentierte Le Vasseur, daß nach dem in Hawaii geltenden Recht auch die Vereinigten Staaten als »Person« gelten könnten. Nun erklärte Le Vasseur, das vom amerikanischen Bundesstaat erlassene Tierschutzgesetz[5] verbiete die grausame Behandlung von Tieren, und mit der Freilassung der Delphine habe Le Vasseur versucht, dem von den Vereinigten Staaten vertretenen Grundsatz einer humanen Behandlung von Tieren zu entsprechen. Obwohl das Gericht anerkannte, daß das Tierschutzgesetz und die »darin enthaltenen Bestimmungen der vom Staat verfolgten Absicht entsprächen, das Wohlbefinden von Labortieren wie der besagten Delphine zu schützen«[6], blieb das Gericht bei seiner Auffassung, daß Le Vasseur falsch gehandelt habe, weil er sich mit der Bundesregierung hätte in Verbindung setzen und ihr melden müssen, daß sich die Delphine in Lebensgefahr befanden, sich aber nicht, um den Tieren zu helfen, für den Diebstahl hätte entscheiden dürfen.

Nach Ansicht des Gerichts war das Vergehen des Diebstahls fremden Eigentums ein ebenso großes Übel wie das Übel, das Le Vasseur hatte verhindern wollen – der Tod der Delphine. Diese Entscheidung ist absolut verständlich angesichts der Tatsache, daß sowohl das Tierschutzgesetz als auch andere, die Behandlung von Tieren betreffende Gesetze von der Voraussetzung ausgehen, daß nichtmenschliche Lebewesen das *Eigentum* von Menschen sind und zum Nutzen des Menschen verwendet werden können. Da nun nichtmenschliche Tiere als Eigentum angesehen werden, nahmen die Forscher an der Universität nur eines ihrer *Rechte* wahr, nämlich das Recht auf privates Eigentum. Es darf uns daher nicht überraschen, daß, obwohl das Gericht anerkannte, daß das bundesstaatliche Tierschutzgesetz eine humane Behandlung von Tieren verlangte, das Übel, das Le Vasseur abwenden wollte, die *in*humane Behandlung der Tiere, kein größeres (ja sogar ein geringeres) Übel war als das, was er tatsächlich verursacht hatte, nämlich die Verletzung der *Eigentums*rechte der Universität.

Dem Interesse der Tiere wird, selbst wenn es aus der Perspektive des Tieres ein schwerwiegendes ist, praktisch immer weniger Gewicht beigemessen als den trivialsten menschlichen Interessen, weil

Menschen in den meisten Fällen absolut keine Möglichkeit haben, in einem Tier etwas anderes zu sehen als eine Art Eigentum. Die meisten Konflikte zwischen Menschen und Tieren entstehen, weil ein Mensch versucht, sein Besitzrecht in bezug auf ein Tier durchzusetzen, und dieser Konflikt erfordert scheinbar, daß wir die menschlichen und tierischen Interessen gegeneinander abwägen. Doch wenn wir das tun, vergleichen wir die Interessen von Menschen, die durch gesetzlich verankerte Rechtsansprüche gestützt werden und besonders durch das Recht, über Eigentum zu verfügen, mit den Interessen von nichtmenschlichen Tieren, die sich auf keine gesetzlich verankerten Rechtsansprüche stützen können, *weil* das Tier als Eigentum des Menschen angesehen wird, um dessen Interessen es geht.

Dieses Abwägen völlig verschiedener, aber in besonderer Weise zueinander in Beziehung stehender, rechtlicher Gegebenheiten ist die Ursache dafür, daß Tiere praktisch immer auf der Verliererseite stehen. Wir verurteilen zum Beispiel das »unnötige« Leiden von Tieren, dulden aber den Gebrauch (und hier ist es ein Synonym für das Wort »Mißbrauch«) von Schimpansen in Zirkussen. Es besteht keine Möglichkeit, die Verwendung von Schimpansen in Zirkussen mit unserer Ablehnung des »unnötigen« Leidens von Tieren in Übereinstimmung zu bringen, ohne zu verstehen, daß ein solcher Mißbrauch von Tieren nur »nötig« gemacht wird durch die Existenz eines Rechts auf den Besitz des Schimpansen – und in den westlichen Gesellschaften betrachtet man dieses Besitzrecht als ein sehr wichtiges Recht.

Der rechtliche Personenstatus

Wenn die Deklaration über die Großen Menschenaffen, soweit es Schimpansen, Gorillas und Orang-Utans betrifft, überhaupt eine Bedeutung haben soll, dann ist es notwendig, ihnen den *rechtlichen Personenstatus* zuzuerkennen und sie nicht mehr als *Eigentum* von Menschen zu behandeln oder zu betrachten. Nur dann können Menschenaffen als legitime Inhaber *gesetzlich verankerter* Rechte gelten.

Es mag Leute geben, die behaupten, der Begriff des rechtlichen Personenstatus ließe sich begrifflich auf nichts anderes beziehen als auf menschliche Personen. Es ist in der Tat eine unter Laien allgemein verbreitete Ansicht, daß Menschen rechtlichen Personenstatus besitzen und daß nur Menschen Personen sein können. Eine kurze Untersuchung der juristischen Lehrmeinung zeigt jedoch, daß diese Ansicht falsch ist. Nicht alle Menschen werden (oder wurden) als Personen angesehen, und nicht alle Personen, im rechtlichen Sinne, sind Menschen.

Sklaven in den Vereinigten Staaten und anderswo genossen, obwohl es eindeutig Menschen waren, keinen rechtlichen Personenstatus; man betrachtete sie, in ähnlicher Weise wie heute nichtmenschliche Tiere, als Eigentum.[7] Ganz ähnlich wurden früher Frauen in den Vereinigten Staaten als Eigentum ihrer Männer angesehen, und in manchen Nationen sind Frauen rechtlich immer noch erheblich benachteiligt. Kinder haben gewisse Rechte und sind, strenggenommen, nicht das Eigentum ihrer Eltern. Dennoch sieht das Gesetz für sie keinen vollen rechtlichen Personenstatus vor.

Ebenso wie nicht alle Menschen als Personen betrachtet werden, sind auch nicht alle Personen Menschen. In dem Verfahren gegen Le Vasseur argumentierte der Angeklagte unter anderem, daß die Definition für »ein anderer« auch Delphine einbeziehen sollte, weil »ein anderer« auch eine Körperschaft sein könne und der Ausschluß der Delphine nicht gerechtfertigt sei. Nach geltendem Recht werden Körperschaften als »Personen« angesehen, die das Recht haben, andere vor Gericht zu verklagen, selbst verklagt zu werden, Eigentum zu besitzen und so weiter. Es wäre in der Tat keine Übertreibung zu behaupten, daß viele amerikanische Gesetze Aktivitäten von Körperschaften betreffen und die meisten amerikanischen Anwälte unter anderem auch mit der Vertretung von Körperschaften beschäftigt sind. Wenn ein Wirtschaftssystem es für vorteilhaft hält, kann sein Begriff der »Person« sehr dehnbar werden.

Die Bioethik beschäftigt sich heute mit der Frage des rechtlichen Personenstatus hinsichtlich seiner Anwendung auf Föten und geistig nicht kompetente ältere Menschen. Das Oberste Bundesgericht hat entschieden, daß »Personalität« nach der Verfassung einem nicht lebensfähigen Fötus nicht zugestanden werden kann, und die Lebensfähigkeit tritt gewöhnlich erst im dritten Trimester der Schwangerschaft ein.[8] Eine frühere Anerkennung des rechtlichen Personenstatus würde das Persönlichkeitsrecht der Frau verletzen, zu dem auch das Recht gehört, eine ungewollte Schwangerschaft zu beenden. Ähnlich gibt es erhebliche Rechtsstreitigkeiten und Diskussionen über die Frage, wann bei Kranken oder alten Personen der »Tod« eintritt, um festzulegen, wann lebenserhaltende Maßnahmen auf Veranlassung der Angehörigen oder des Staates eingestellt werden können.

Das Eigenartige an vielen Diskussionen über den rechtlichen Personenstatus ist, daß die Debatte um die Frage, ob dieses oder jenes Wesen eine Person ist, sich häufig auf Attribute der Person konzentrieren, die *eindeutig* bei *allen* Großen Menschenaffen vorhanden sind. Eine der umfangreichsten Listen dieser Attribute der menschlichen Person legt zum Beispiel der Bioethiker Joseph Fletcher vor, der fünfzehn »positive Voraussetzungen« für Personalität nennt. Diese Attribute sind: ein Mindestmaß an Intelligenz, Selbstbewußtsein, Selbstkontrolle, ein Zeitgefühl, ein Gefühl für die Zukunft, ein Gefühl für die Vergangenheit, die Fähigkeit, eine Beziehung zu anderen einzugehen, ein Interesse für andere, Kommunikation, Kontrolle über die eigene Existenz, Neugier, Veränderung und Veränderungsfähigkeit, Ausgewogenheit zwischen Rationalität und Gefühl, Idiosynkrasie und Funktion der Großhirnrinde.[9] Obwohl wir bezweifeln können, daß Föten von Schimpansen, Gorillas oder Orang-Utans (oder sogar sehr junge Schimpansen, Gorillas oder Orang-Utans) oder geistig nicht kompetente ältere Schimpansen, Gorillas oder Orang-Utans alle diese Attribute zeigen, können wir nicht mehr daran zweifeln, daß *alle* Großen Menschenaffen (außer ihren Föten und vielleicht den sehr jungen und geistig nicht kompetenten älteren) diese Merkmale aufweisen.

Zudem besitzten die Großen Menschenaffen diese Eigenschaften in ganz ähnlicher Weise. Das heißt, im Hinblick auf ihre geistigen Fähigkeiten und ihr emotionales Leben – Eigenschaften, denen die meisten von uns für den Begriff der »Personalität« eine zentrale

Bedeutung beimessen – zeigen alle Großen Menschenaffen eine sehr große Ähnlichkeit. Und in dieser Hinsicht muß man den Ausschluß eines jeden Großen Menschenaffen aus der Gemeinschaft der Gleichen als willkürlich und irrational ansehen und nicht nur als moralisch nicht zu rechtfertigen.

Philosophen wie Tom Regan[10] und Peter Singer[11] haben überzeugend nachgewiesen, daß es keine moralische Rechtfertigung für das, was Richard Ryder »Speziesismus« genannt hat, geben kann, oder dafür, daß man die Entscheidung, wer als Mitglied der Gemeinschaft der Gleichen anzusehen ist, von der Spezieszugehörigkeit abhängig macht. Viele Gegner des Angriffs gegen den Speziesismus betonen als vermeintliche Entkräftung, daß es unmöglich sein werde, irgendwo »die Grenze zu ziehen«, wenn wir die Zugehörigkeit zu einer Spezies als Kriterium zur Bestimmung der Mitgliedschaft in der Gemeinschaft der Gleichen zurückweisen. Obwohl mich diese Haltung persönlich nicht überzeugt und ich glaube, daß eine kohärente moralische Auffassung es erfordert, diese Grenze bei der *Empfindungsfähigkeit* zu ziehen, was dazu führen würde, sehr viele Wesen in die Gemeinschaft der Gleichen mit einzubeziehen, so muß ich auch zugeben, daß es schwierig ist, jemandem, der meiner Ansicht nicht zustimmt, »Irrationalität« vorzuwerfen (einfach aufgrund dieser Unstimmigkeit).

Wo auch immer wir diese Grenze ziehen wollen, es ist doch klar, daß alle Großen Menschenaffen auf die gleiche Seite gehören und daß es irrational wäre, einige Große Menschenaffen auf die eine und andere auf eine andere Seite zu stellen. Interessanterweise entspricht diese Auffassung auch durchaus den konservativsten Tests, die verwendet werden, wenn es darum geht, die nach amerikanischem Gesetz geltenden Garantien auf gleichen Schutz auszulegen. Das heißt, wenn jemand eine von der Regierung vorgenommene Klassifizierung als eine Verletzung dieses gleichen Schutzes ablehnt, dann hat er nachzuweisen, daß diese Klassifizierung irrational und nicht mit einem legitimen Interesse der Regierung verbunden ist. (Es gibt auch Fälle, in denen die Regierung ihr zwingendes Interesse nachweisen muß und der Anspruch der Regierung einer strengen gerichtlichen Untersuchung unterworfen wird.) Dieser rigorose Test wird angewendet, wenn es sich bei der Klassifizierung um ein fundamentales Recht handelt wie etwa um das Recht der freien Meinungsäußerung. Es gibt aber auch noch andere Tests, die zwischen dem Nachweis der »Irrationalität« und der strengen gerichtlichen Untersuchtung liegen, zum Beispiel werden Klassifizierungen aufgrund des Geschlechts eingehender geprüft.

Jede Klassifizierung der »Person«, die einige Menschenaffen aus dem Bereich der »Personalität« ausschließt, ist angesichts der eindeutigen und unbestreitbaren geistigen und emotionalen Ähnlichkeit *aller* Großen Menschenaffen völlig irrational. Diese Irrationalität verstärkt sich durch die Tatsache, daß die Verfassung der Vereinigten Staaten es erlaubt, unter »Personen« völlig unähnliche Entitäten zu fassen, wie etwa Körperschaften.

In diesem Sinne ist das Argument für die Einbeziehung der Großen Menschenaffen in den Bereich der moralischen Rücksicht höchst überzeugend. Es verlangt nicht die Einbeziehung aller fühlenden Wesen in den Bereich der moralischen Rücksicht als *Personen*, sondern nur die Aufnahme der Wesen, die dem Menschen so grundlegend ähnlich sind, daß ihr Ausschluß völlig irrational wäre – ebenso irrational wie eine Klassifizierung menschlicher Wesen aufgrund ihrer Haarfarbe.

Vormundschaft und Strafmündigkeit

Es gibt noch zwei weitere Aspekte, die ich im Zusammenhang mit der Frage der Einbeziehung aller Großen Menschenaffen behandeln möchte, und zwar aus rechtlicher Perspektive.

a) Vormunde zum Schutz gesetzlich verankerter Rechte

Kritiker dieser Einbeziehung könnten sagen, wenn allen Großen Menschenaffen bestimmte Grundrechte zugebilligt würden, wäre es unmöglich, diese Rechte durchzusetzen, weil nur Menschen in der Lage sind, ihre Rechte vor Gericht einzuklagen. Diesem Einwand wird man normalerweise mit der Antwort begegnen, daß wir Vormunde für die Großen Menschenaffen ernennen, da diese selbst nicht in der Lage sind, ihre eigenrechtlichen Ansprüche einzufordern. Zum Beispiel sind geistig Schwerbehinderte und Kinder Menschen, die ihre gesetzlichen Ansprüche nicht selbst geltend machen können. In solchen Fällen werden Gerichte für diese »Mündel« Vormunde ernennen, und diese Vormunde nehmen vor Gericht ihre Interessen wahr.

Obwohl ich grundsätzlich mit dieser »Standardantwort« einverstanden bin, gibt es offenbar gewisse Schwierigkeiten mit dem Vormundschaftsmodell, die man bisher noch nicht berücksichtigt hat. Einmal geht es um die Frage, wem (d. h. welchem Menschen) die Aufgabe des Vormunds übertragen wird. Wenn es sich um Menschen mit einer geistigen Behinderung oder um Kinder handelt, geht das Rechtssystem davon aus, daß einige Familienangehörige benannt werden können, die, wie wir glauben, die Interessen des Mündels am besten wahrnehmen werden. Diese Annahme mag in vielen Fällen unberechtigt sein, und die Familienangehörigen werden vielleicht nicht in jedem Fall im Interesse des Mündels handeln, aber zumindest theoretisch und in den meisten Fällen auch praktisch hat sich dieses System bewährt.

Im Fall der Schimpansen, Gorillas und Orang-Utans andererseits scheint es schwierig zu sein, die Kriterien für die Ernennung des geeigneten Vormunds zu definieren. Nach unserem heutigen Rechtssystem sind nichtmenschliche Tiere das Eigentum von Menschen, wir können uns aber mit Sicherheit nicht darauf verlassen, daß der Eigentümer eines Tieres wirklich im besten Interesse des Tieres handelt. Wie schon oben gesagt, entstehen Konflikte zwischen Menschen und Tieren im allgemeinen im Zusammenhang mit einem Besitzanspruch auf das Tier, den dessen Eigentümer oder jemand, der im Auftrag des Eigentümers handelt, geltend macht. In einer Gemeinschaft von Gleichen werden nichtmenschliche Mitglieder überhaupt kein Eigentum sein, und deshalb ist diese Lösung völlig unbrauchbar.

Eine mögliche Lösung des Problems wäre es, die Vormundschaft Menschen oder Organisationen zu übertragen, die ein Interesse an oder ein Fachwissen über Tiere betreffende Fragen bewiesen haben. So könnten wir zum Beispiel die Vormundschaft Mitgliedern von Tierschutzorganisationen anvertrauen. Ein solches Vorgehen würde jedoch endlose Kontroversen und Meinungsverschiedenheiten unter Tierschützern hervorrufen, die sich oft nicht darüber einigen können, was wirklich im Interesse nichtmenschlicher Tiere *liegt*.

Man könnte dieser Schwierigkeit damit begegenen, daß man die Rechte der nichtmenschlichen Großen Menschenaffen sorgfältig festlegt und damit den Umfang der Machtbefugnis, die ausgeübt werden müßte, eingrenzt. Wenn nun diese Entscheidungsfreiheit begrenzt ist, spielt es keine so große Rolle mehr, wer diese Aufgabe übernimmt. Das heißt, im Falle menschlicher »Mündel« betreffen die rechtlichen Fragen im allgemeinen das, was im »besten Interesse« des Mündels liegt. Das sind oft sehr komplexe Fragen, weil es nicht immer klar ist, was im »besten Interesse« eines Menschen liegt. Wenn ein Vormund zum Beispiel entscheiden muß, ob der minderjährige Mündel eine andere Schule besuchen oder der geistig behinderte Mündel in einer anderen Institution untergebracht werden soll, dann kann es auch nach sehr gründlicher Prüfung unklar sein, was im »besten Interesse« des Kindes oder der geistig behinderten Person liegt.

Wenn wir jedoch den Großen Menschenaffen gewissenhaft die in der Deklaration genannten Rechte gewähren – das Recht auf Leben, auf Freiheit und auf Abwesenheit von Folter –, dann werden wir in den meisten Fällen wissen, was im »besten Interesse« des nichtmenschlichen Menschenaffen liegt. Eine »strenge Festlegung« dieser Rechte wird den nichtmenschlichen Menschenaffen tatsächlich nur nützen, weil die Deklaration gleichbedeutend ist mit der Aussage, daß bestimmte identifizierte Tatbestände dem »besten Interesse« Großer Menschenaffen *entsprechen*.

Wenn wir zum Beispiel akzeptieren, daß es *keine* ungerechtfertigte Einmischung in die Freiheit irgendeines Großen Menschenaffen geben kann, dürfen wir es nicht mehr zulassen, daß diese Tiere in Zoos oder Forschungslaboratorien eingesperrt werden. Dementsprechend wäre es die einzige Aufgabe ihres gesetzlichen Vertreters, sich um die sofortige Freilassung des Großen Menschenaffen zu bemühen, der ungerechtfertigterweise behindert oder gefangengehalten wird. Natürlich könnte es unter bestimmten Umständen notwendig sein, diesen Menschenaffen zu resozialisieren, aber über die Methoden einer Resozialisierung gibt es sehr viel weniger Meinungsverschiedenheiten als darüber, ob diese Tiere überhaupt gefangengehalten werden dürfen.

Die Schwierigkeiten bei der Entscheidung, was im »besten Interesse« eines Großen Menschenaffen liegt, ergeben sich nur, wenn sich der »Speziesismus« einschleicht und wir für Schimpansen, Gorillas und Orang-Utans eine Behandlung vorsehen, die sich durchaus von der Behandlung von Menschen unterscheidet. Das soll natürlich nicht heißen, daß die strikte Anwendung der drei in der Deklaration genannten Grundrechte die rechtlichen Entscheidungen leicht machen wird. Auch unter den günstigsten Voraussetzungen wird es sehr schwierige Probleme geben, und vermutlich viele davon. Hier soll nur gesagt sein, daß eine Beantwortung dieser Fragen leichter wird, wenn wir die Rechte nichtmenschlicher Großer Menschenaffen als absolute *Verbote* dessen ansehen, was diesen Wesen angetan werden kann.

(b) Die Strafmündigkeit Großer Menschenaffen

Die Deklaration faßt auch Umstände ins Auge, in denen ein Großer Menschenaffe, der ein Verbrechen begangen hat, dafür eingesperrt wird. Wenn sich diese Berücksichtigung der Schuldfähigkeit auf Menschen beziehen soll und nicht auf Schimpansen, Gorillas oder Orang-Utans, dann sehe ich keine Schwierigkeiten mit diesem Begriff. Wenn andererseits Menschenaffen in ihrer Bewegungsfreiheit eingeschränkt oder eingesperrt werden können, weil sie eine Bedrohung für die Gemeinschaft darstellen, dann kann man auch diese Auffassung zumindest unter bestimmten Umständen akzeptieren. Wenn zum Beispiel ein Gorilla, der gegenwärtig noch in einem Zoo gefangengehalten wird, aus irgendeinem Grund nicht in die Wildnis zurückgebracht werden kann, dann läßt sich eine gewisse Einschränkung seiner Freiheit vielleicht rechtfertigen, um die Sicherheit dieses Gorillas und des Gemeinwesens zu gewährleisten.

Es ist jedoch klar, daß die Deklaration ein Wiederaufleben der formalen Strafmündigkeit *jedes* Tieres verbieten würde (sei es nun ein Großer Menschenaffe oder eine Ratte).[12] So intelligent Schimpansen, Gorillas und Orang-Utans auch sind, es läßt sich nicht nachweisen, daß sie die Fähigkeit besitzen, Verbrechen zu begehen, und in diesem Sinne müssen sie wie Kinder oder geistig nicht kompetente Menschen behandelt werden. Eine solche Behandlung entspricht auch der Anwendung des Vormundschaftsmodells zur Erleichterung der Eingliederung der Rechte nichtmenschlicher Großer Menschenaffen in unser Rechtssystem. Wir bestimmen gesetzliche Vertreter, die die Interessen ihrer Mündel wahrnehmen, weil wir diese, aus welchen Gründen auch immer, für unfähig halten, eigenverantwortliche Entscheidungen zu treffen. Ebenso erkennen wir mit der Anwendung des Vormundschaftsmodells auf nichtmenschliche Große Menschenaffen an, daß ihnen gewisse Fähigkeiten fehlen, und eine dieser Fähigkeiten ist das Vermögen, gesetzliche Bestimmungen zu verstehen und zu befolgen. Es erschiene höchst ungerecht und unvernünftig, diese Unfähigkeiten zum Zweck der Ernennung eines gesetzlichen Vertreters anzuerkennen und dann zuzulassen, daß die Großen Menschenaffen für strafmündig erklärt werden.

Schlußfolgerungen

Die Rechtsdeklaration ist ein vernünftiger Versuch, anzuerkennen, was wir viel zu lang ignoriert haben: daß gewisse nichtmenschliche Tiere als »Personen« betrachtet werden *müssen*, damit ihre fundamentalen Rechte durch das Gesetz geschützt werden können. Angesichts der nachgewiesenen mentalen und emotionalen Ähnlichkeiten zwischen allen Großen Menschenaffen wäre es in der Tat irrational, diesen Schutz nicht allen Großen Menschenaffen zu gewähren. Darüber hinaus ist das insbesondere in einem Rechtssystem nicht zu rechtfertigen, das bereits einige nichtmenschliche Entitäten als juristische Personen anerkennt. Diese nichtmenschliche Entitäten werden nicht deshalb als Personen angesehen, weil sie irgendein deutliches Kriterium für Personalität aufweisen. Vielmehr wird ihnen dieser Status gewährt, weil Investoren durch unser modernes kapitalistisches Rechtssystem geschützt werden sollen. Doch selbst wenn wir den Begriff »Personalität« in einer schwach objektivistischen Weise verstehen (das heißt als ein Konzept, dessen Anwendung von bestimmten Bedingungen festgelegt wird), dann kann kein Zweifel daran bestehen, daß Personalität ein Begriff ist, der auf alle Großen Menschenaffen anzuwenden ist.

Anmerkungen

1. Siehe M. Minow, *Making All the Difference: Inclusion, Exclusion and American Law*, Ithaca, NY, 1990.
2. Ich arbeite gegenwärtig an einem Buch, in dem ich ausführlicher die Schwierigkeiten untersuche, die sich ergeben, wenn Tiere als Eigentum behandelt werden.
3. 613 P. 2d 1328 (Haw. Ct. App. 1980).
4. 613 P. 2d 1332 (keine Hervorhebung im Original).
5. Das amerikanische Tierschutzgesetz enthält die wichtigsten Bestimmungen über die Behandlung von Tieren, an denen Experimente vorgenommen werden. Es findet sich in Titel 7 des United States Code in den Abschnitten 2131 bis 2157.
6. 613 P. 2d in 1333.
7. Siehe A. Watson, *Slave Law in the Americas*, Athens, GA 1989.
8. *Roe versus Wade*, 410 U.S. 113 (1973).
9. J. Fletcher, »Humanness« in *Humanhood: Essays in Biomedical Ethics*, New York 1979, S. 12–16.
10. T. Regan, *The Case for Animal Rights*, Berkeley und Los Angeles 1983.
11. P. Singer, *Befreiung der Tiere*, München 1982.
12. Siehe E. P. Evans, *The Criminal Prosecution and Capital Punishment of Animals*, New York 1906.

26

Die großen Menschenaffen als anthropologische Subjekte – Die Demontage des Anthropozentrismus

von Barbara Noske

Barbara Noske machte ihren Abschluß als Magistra Artium im Fach Kulturelle Anthropologie und ihren Doktor der Philosophie an der Universität von Amsterdam, wo sie eine Anstellung als Wissenschaftlerin an der Fakultät für Sozialphilosophie hatte. Gegenwärtig arbeitet sie als freie Publizistin und beschäftigt sich dabei mit Fragen der Beziehungen zwischen Mensch und Tier, zwischen Kultur und Natur sowie mit Frauenforschung. Barbara Noske ist eine Sozialwissenschaftlerin, wie man sie nur selten findet, denn sie bezieht in ihre praktische Arbeit auch Tiere ein. In Ihrem Buch Humans and Other Animals *wendet sie sich gegen die Auffassung, daß sich anthropologische Methoden nur auf Menschen anwenden lassen. Hier erwägt sie die Möglichkeit einer neuen Art der Kulturellen Anthropologie: eine Anthropologie, die nicht nur Menschen, sondern auch die Großen Menschenaffen einschließt.*

Anthropologen würden normalerweise sagen, das Studienobjekt ihrer Disziplin sei *anthropos* (die Menschheit), und halten es deshalb für völlig natürlich, sich kaum oder gar nicht um das nichtmenschliche Reich der Menschenaffen zu kümmern. Allerdings können Menschenaffen dann und wann in kulturellen anthropologischen Studien eine gewisse Rolle spielen, aber hauptsächlich nur als Rohmaterial für menschliches Handeln und Denken.

Zahlreiche anthropologische Untersuchungen beschäftigen sich tatsächlich mit den Beziehungen von Menschen oder menschlichen Gruppen zu Tieren: Tiere sind häufig als integraler Bestandteil wirtschaftlicher Konstellationen von Menschen und menschlicher ökologischer Anpassungen behandelt worden[1] und spielen in allen möglichen menschlichen Glaubenssystemen und Weltanschauungen eine Rolle.[2] Es hat lange Tradition, in der Anthropologie zu untersuchen, auf welche Weise menschliche Gruppen und Kulturen mit ihrer natürlichen Umwelt, einschließlich anderer Spezies, umgehen und diese begreifen – wie man in den Theorien der kulturellen Ökologie und des kulturellen Materialismus sehen kann. Solche Studien beschränken sich gewöhnlich auf Menschen als Handelnde, die auf Tiere einwirken oder mit ihnen umgehen, oder als Subjekte, die über Tiere nachdenken und ihnen Gefühle entgegenbringen. Aus diesen Gründen werden Tiere gemeinhin als passive Objekte dargestellt, auf die man einwirkt, über die man nachdenkt und denen man Gefühle entgegenbringt. Weit davon entfernt, sie als eigenständige Subjekte anzuerkennen, das heißt als Wesen, die auf ihre Umgebung (zu der auch Menschen gehören können) einen mehr oder weniger unabhängigen Einfluß ausüben, werden die Tiere selbst von den Anthropologen praktisch übersehen.[3] Zumindest neigen Anthropologen zu der Auffassung, Tiere seien eines anthropologischen Interesses nicht würdig. Wie ich es sehe, ist der Grund dafür darin zu suchen, daß die sozialen und kulturellen Anthropologen im allgemeinen der Ansicht sind, Tiere als solche hätten einer Wissenschaft nichts zu bieten, die sich mit »dem Sozialen« und »dem Kulturellen« beschäftigt. (Ausnahmen sind die biologischen Anthropologen, die die biologischen Aspekte der Menschheit und die Ursprünge der Kultur studieren.)

Anthropologen und Soziologen sowie andere Geisteswissenschaftler vertreten im allgemeinen die Auffassung, daß es außerhalb des menschlichen Bereichs keinerlei Sozialität und Kultur gebe. Diese Phänomene werden als ausschließlich menschliche betrachtet, eine Ansicht, die die Anthropologen (ebenso wie ihre Kollegen in den anderen Sozialwissenschaften) zu dem zirkulären Argument bringt, Tiere könnten, da sie keine Menschen sind, unmöglich soziale oder kulturelle Wesen sein. Obwohl es zahlreiche verschiedene Definitionen des Begriffs Kultur gibt,[4] würden die meisten Anthropologen darin übereinstimmen, daß Kultur etwas ist, das über die rein organische Ebene hinausführt, etwas, das von menschlichen Gemeinschaften erzeugt und aufrechterhalten wird, und zwar auf eine Weise, die nicht unmittelbar von der genetischen Veranlagung eines jeden beteiligten Individuums gesteuert wird. Sozial- und Kulturanthropologen neigen dazu, Menschen nach den materiellen und sozialen Vereinbarungen zu beurteilen, die sie treffen und durch die sie auch geformt werden, und zwar als Wesen, die soziale Verhältnisse bilden und selbst von ihnen gebildet werden. Kultur tritt nicht nur als materielles und beobachtbares Phänomen oder Ereignis auf, sondern umfaßt auch immaterielle und nicht beobachtbare, ideenbildende Regelsysteme wie Symbole, Begriffe und Werte, die, wenn auch nicht immer wissentlich, kollektiv von Menschen geschaffen werden.[5] Menschen werden als Wesen aufgefaßt, die ihre eigene Geschichte gestalten, und während man früher glaubte, ihre Naturgeschichte sei für sie gemacht worden, versucht die moderne Menschheit in zunehmendem Maß, auch diese Geschichte selbst zu gestalten. Im Gegensatz dazu glaubt man, Tiere hätten nur eine Naturgeschichte, die für sie gemacht wurde und die dazu geführt hat, daß sie sich überhaupt erst evolutionär entwickelten.

Anders als Menschen werden Tiere gewöhnlich nur als Organismen betrachtet, die in erster Linie von ihrer individuellen genetischen Konstitution gesteuert werden, das heißt von ihren Instinkten oder ihren Genen. Es zeigt sich jedoch, daß diese Überzeugung eher *apriorisch* ist angesichts der Tatsache, daß fast niemand, der sich mit dem Studium der menschlichen Gesellschaft und Kultur beschäftigt, sich die Zeit nimmt, über Tiere die gleichen Fragen zu stellen, wie die, die er über Menschen zu beantworten bemüht ist. Man sucht einfach nicht nach dem Sozialen und Kulturellen dort, wo man es mit Sicherheit nicht finden kann, nämlich außerhalb der menschlichen Sphäre! Wenn man von vornherein Menschen als die einzigen Wesen mit der Fähigkeit begreift, eine Gesellschaft, eine Kultur oder eine Sprache hervorzubringen, dann hat man damit im voraus, fast per Definition, ausgeschlossen, daß es eine »Affengesellschaft«, »Affenkultur« oder »Affensprache« geben könnte. Paul Bohannan ist einer der wenigen Anthropologen, die es für wert erachten, auch Tiere aus anthropologischer Sicht zu betrachten. Er warnt vor dem verbreiteten Vorurteil, es gebe eine fundamentale Diskontinuität zwischen Mensch und Tier. Bohannan glaubt, daß Tiere und ihre Qualitäten eher Angelegenheit einer genauen Untersuchung als eine der Definition und Vermutung sein sollte.[6]

Im großen und ganzen kommen Tiere in der Anthropologie auch weiterhin nicht nur als Objekte vor, auf die menschliche Subjekte einwirken, sondern auch als Antithese von allem, was gemäß den Sozialwissenschaften den Menschen »menschlich« macht. Die Sozialwissenschaften präsentieren sich selbst als die Wissenschaft von der Diskontinuität zwischen Tieren und Menschen. Das soll nicht heißen, daß die Anthropologen und Soziologen jede Vorstellung von der Menschheit als einer Tierspezies unter anderen Spezies ablehnen. Die meisten anthropologischen und soziologischen Lehrbücher beginnen sogar mit einer kurzen Darstellung des Ursprungs und des evolutionären Hintergrundes des Menschen. Oft lassen sie sich kurz auf den prähistorischen Übergang vom Menschenaffen zum Menschen (als Einleitung zur biologischen Anthropologie) ein und nennen zumindest einige allgemeine biologische Eigenschaften des Menschen wie etwa eine Reihe körperlicher Merkmale und Lebenszyklus-Aktivitäten, die Menschen und Menschenaffen gemein haben oder auch nicht.[7] So wird zumindest formal die Verwandtschaft der Menschen mit anderen Tieren, besonders den Menschenaffen, anerkannt, und ihre morphologische und physiologische Ähnlichkeit mit Großen Menschenaffen wird, wenn auch nur recht oberflächlich, zur Kenntnis genommen.

Es gibt jedoch nur sehr wenige Kulturanthropologen, die bereit zu sein scheinen, sich mit der Frage zu beschäftigen, was die Tier-Mensch-Kontinuität im Zusammenhang mit ihrem eigenen Arbeitsbereich bedeuten könnte. Auch stellen die meisten Anthropologen die gewohnte hierarchische Herangehensweise Beziehungen zwischen Menschen und Tieren als eine Beziehung des Subjekts zum Objekt zu sehen, nicht in Frage, und am allerwenigsten fragen sie nach der Art, in der Tiere als Subjekte in Beziehung zu menschlichen Subjekten stehen. Die große Mehrheit der Anthropologen und Soziologen neigt dazu, unsere Kontinuität zum Menschenaffen als eine Art rein materielles Überbleibsel aus einer fernen prähistorischen Vergangenheit zu behandeln. Bestenfalls wird unser »Primatenkörper« als die materialle Grundlage betrachtet, auf der unser wirkliches »Menschsein« (Geist, soziales Leben, Kultur und Sprache) entstehen konnte.[8] Für viele Sozialwissenschaftler besteht unser Menschsein aus einer Art tierischer Basis, plus einigen lebenswichtigen Zusätzen.

Zugleich hüten sich die Sozialwissenschaftler vor jeder Form eines biologischen Essentialismus, das heißt, vor jedem Begriff des Menschseins, einer universalen menschlichen Natur.[9] Sie werden sich beeilen – mit Recht –, auf die Gefahren hinzuweisen, die entstehen können, wenn man die sozialen Unterschiede zwischen Menschen im Sinne ihrer biologischen Naturen wie Rasse oder Geschlecht erklärt, und sie werden betonen, daß das Wesen der Menschheit darin liegt, kein spezifisches Wesen zu haben. Oft heißt es, die Anthropologie sollte eher die soziale, kulturelle und historische Vielfalt *innerhalb* der menschlichen Spezies zum Thema ihrer Untersuchungen machen als mit irgendeiner Art universaler menschlicher Natur daherzukommen.[10]

Ironischerweise nähern sich viele Sozialwissenschaftler, die diese Ansicht vertreten, fast ohne es zu merken genau jener essentialistischen Position, die sie angeblich sosehr verabscheuen, sobald eine andere biologische Kategorie zur Sprache kommt, nämlich die Speziesbarriere zwischen uns und den Menschenaffen. Plötzlich tauchen unter Anthropologen und anderen Sozialwissenschaftlern ganz klare Aussagen darüber auf, was Mensch *ist* und was Tier *ist*. Ihre ausgesprochene und durchaus gültige Kritik an denjenigen, die in Begriffen von biologischen Naturen denken, verliert angesichts ihrer eigenen Annahmen über das Wesen von Mensch und Tier entschieden an Glaubwürdigkeit. Im Grunde haben Anthropologen Vorstellungen von einem universalen menschlichen Wesen:

Zuerst und vor allem liegt es in unserem »Nichttiersein« und in des Menschenaffen »Nichtmenschsein«.

Doch wenn das Menschsein identisch sein sollte mit dem Nichttiersein, woraus besteht dann das Tiersein, was sind Tiere, und was sind Menschenaffen? Wie schon gesagt, kaum ein Sozialwissenschaftler interessiert sich auch nur entfernt für Tiere um ihrer selbst willen und denkt gar daran, soziologische und anthropologische Fragen im Hinblick auf Tiere zu stellen. Was ich damit meine, sind typische Fragen über kollektive Bedeutungen, wie sie in Tiergesellschaften im allgemeinen und in den Gesellschaften der Großen Menschenaffen im besonderen existieren. Welche sozialen Vorstellungen und Regelsysteme haben Schimpansen, Gorillas und Orang-Utans, und welchen soziokulturellen Mustern folgen einzelne Menschenaffen?

Angesichts der Tatsache, daß Tiere aus ihren jeweiligen Forschungsbereichen ausgeschlossen werden, stellt sich die Frage, aus welchem Grunde Sozialwissenschaftler so selbstsicher sind? Welche Vorstellungen haben diese Wissenschaftler von Tieren, und woher haben sie ihre Ideen?

Tiere als Produkte biologischer Gesetze

Ich habe bereits an anderer Stelle darauf hingewiesen,[11] wie weitgehend unser gegenwärtiges Bild von Tieren durch die Naturwissenschaften geprägt worden ist, die zu einer reduktionistischen und objektivierenden Betrachtungsweise neigen. Die sogenannte »wissenschaftliche Revolution« hat ein ganz spezifisches Bild von der natürlichen Welt geschaffen: An die Stelle der Natur als einer in gewisser Weise göttlichen Lebenskraft trat die Natur als nützliches, technisches Objekt mit keinem eigenen Zweck oder Wert. In den Augen moderner Wissenschaftler ist die Natur zu einer mechanischen, meßbaren und quantifizierbaren Angelegenheit geworden. Dieser Prozeß, den man als *die Entzauberung der Natur* kennt, ist durch die Anwendung des *Sparsamkeitsprinzips* verstärkt worden, ein Grundsatz, der von Wissenschaftlern verlangt, die natürlichen Phänomene auf ihre tiefstmögliche, das heißt, materiellste und meßbarste Ebene zu bringen. Nach diesem Prinzip sollten Wissenschaftler versuchen, nach Möglichkeit alles auf materieller Ebene zu erklären, zum Beispiel durch neurophysiologische oder genetische Fakten, statt Erklärungen mentaler, geschweige denn sozialkultureller Art heranzuziehen.[12] Was nun die Wissenschaften betrifft, die sich mit Tieren befassen, hat dies dazu geführt, die Komplexität von Tieren und ihrem Leben zu vernachlässigen, weil die kognitive Priorität den Aspekten von Tieren zukommt, die gemessen und überprüft werden können. Die anderen Aspekte von Tieren, diejenigen, die im Sinne der vorherrschenden biologischen Methodik kaum gemessen werden können, werden daher als zweitrangig abgetan oder, was noch schlimmer ist, es wird versucht, ihre Existenz mit fadenscheinigen Gründen zu bestreiten. Auf diese Weise kommt es dazu, daß der Teil der Tiere, der in Laboratorien untersucht und von positivistischen Naturwissenschaftlern kontrolliert wird, als das vollständige Tier gilt. Das alles wird gestützt von der cartesianischen Vorstellung von der Tier-Maschine, einer Auffassung, die Tieren jede Subjektivität, jedes Gefühl, die Leidensfähigkeit, Bedürfnisse, Angst und Wissen abspricht.[13] Kurz gesagt, Tiere endeten als passive, von den Gesetzen der lebenden Materie bestimmte Produkte.

Selbst innerhalb des Paradigmas, das in den Tierwissenschaften vorherrscht – die im neunzehnten Jahrhundert von Darwin entwickelte Evolutionstheorie und ihre im zwanzigsten Jahrhundert erfolgten Erweiterungen wie die Soziobiologie –, werden die Tiere häufig als Ergebnisse eines blind wirkenden Mechanismus der natürlichen Selektion dargestellt. Darwin selbst ließ Raum für zweckhaftes Handeln, Urteil und Wahl bei Tieren sowie Ansätze von Tierkulturen als *ursächliche* Faktoren in der Evolution. Aber im allgemeinen halten Darwinisten ein soziales und kulturelles Verhalten eher für ein *Resultat* als für eine *Ursache* der Evolution. Aus der Perspektive moderner Biologen sind Tiere in erster Linie passive Träger von Genen. Demgemäß werden Tiere unbeabsichtigt das Verhalten zeigen, das ihre Gene in die nächste Generation befördert. Als Folge davon wird jedes tierische Verhalten als mit Anpassungsmechanismen und der Weitergabe von Genen verbunden betrachtet: Ein einzelnes Tier verhält sich gegenüber anderen in einer Weise, die sich als adaptiv erwiesen hat.[14]

Man beachte, daß aus dieser Sicht alle entscheidenden Eigenschaften des Tieres als vererbt betrachtet werden, das heißt, es wird angenommen, daß sie »in den Genen« ihren Ursprung haben. Das muß so sein, wenn man die natürliche Selektion der Gene als den Mechanismus sieht, der hinter allem tierischen Leben steht. Schließlich befinden sich die Gene in den einzelnen Organismen, und nicht in den Kulturen. Und die Gene werden mit Hilfe der Fortpflanzungsorgane des Individuums weitergegeben.

Die vorherrschenden Tierwissenschaften, wie Biologie und Ethologie, sind daher nicht imstande, mit Dingen umzugehen, die sozial und kulturell (statt genetisch) entstanden sind und die wiederum diejenigen prägen, die sie geschaffen haben. Allgemein gesagt, besitzen Biologen und Ethologen nicht das methodologische Rüstzeug, die nichtmateriellen Aspekte der Kultur wie Ideen, Bedeutungen und Werte, an denen Gruppen festhalten, begrifflich einzuordnen. Selbstverständlich gehen viele Biologen das Risiko ein, biologisch deterministische Erklärungen für das Verhalten von Menschen *und* Tieren zu geben.

Wenn, und *nur* wenn ein solcher biologischer Reduktionismus auf Menschen gerichtet wird, geraten die Sozialwissenschaftler in Aufruhr. Im Gegensatz dazu scheinen diese Erforscher der menschlichen Gesellschaft und Kultur unkritisch jeglicher Vorstellung vom Tier beizupflichten, die ihnen von ihren Kollegen vorgelegt wird. Was Sozialwissenschaftler typischerweise nicht erkennen, ist, ob dieses von Tieren gezeichnete Bild wirklich der »Wahrheit« über Tiere entspricht. Anders als bei den Vorstellungen vom »Mann« und in letzter Zeit bei den Vorstellungen von der »Frau« hat man sich bisher nur sehr wenig mit dem Bild von Tieren beschäftigt, das der Mensch von ihnen zeichnet.

Anthropozentrismus oder Anthropomorphismus: ein Dilemma?

Viele Forscher, die sich mit dem Verhalten von Tieren beschäftigten, neigen in der Tat dazu, uns ein sehr mechanistisches Bild des Tieres zu vermitteln. Nach ihren Äußerungen (zumindest wenn sie sich als Fachleute äußern) haben Tiere keine kulturellen Neigungen oder Wünsche, zeigen keine Liebe zur Kultur und sind natürlich unfähig, eine Kultur zu schaffen. Statt dessen zeigen sie ein gewisses Verhalten, das durch einen bestimmten Mechanismus verursacht und durch gewisse Reize ausgelöst wird. Es ist leicht einzusehen, weshalb dieses vergegenständlichte Bild des Tierseins Sozialwissenschaftler selbst von dem Wunsch abhält, sich der dornigen Frage der Mensch-Tier-Kontinuität zu stellen. So sträuben sich Anthropologen, der Möglichkeit ins Auge zu sehen, daß nicht nur Menschen, sondern auch Menschenaffen Formen einer Kultur schaffen könnten, die es wert sind, anthropologisch untersucht zu werden. Da sich die biologischen Wissenschaften mit Zustimmung der Sozialwissenschaften als die Expertenwissenschaft auf dem Gebiet der Erforschung von Tieren ausgeben, wurden diese (einschließlich der Menschenaffen) nur mit rein biologischen und genetischen Erklärungen in Verbindung gebracht. Im allgemeinen glauben Anthropologen, diese Erklärungen reichten im Hinblick auf den Menschen nicht aus. Um die Menschen vor einem neuerlichen Angriff des biologischen Determinismus zu schützen, verteidigen Anthropologen im allgemeinen die Nichtaffenartigkeit des Menschen. Die Affenartigkeit des Menschen wird nur auf physischer Ebene anerkannt. Doch hier geht es uns nicht sosehr darum, ob die Anthropologie die »Affenartigkeit« der Menschheit anerkennt, sondern in allererster Linie um die Anerkennung der Sozialität und »Kulturalität« unter Menschenaffen durch diese Disziplin. Könnten große Menschenaffen eigenständiger Gegenstand der anthropologischen Forschung sein?

Das Versagen, die Affe-Mensch-Kontinuität der Kulturfähigkeit anzuerkennen, hat noch einen anderen Grund: die Angst der Biologen vor dem Anthromorphismusvorwurf, dem Vorwurf, Tieren ausschließlich menschliche Eigenschaften zuzuschreiben, in diesem Fall den Großen Menschenaffen. Eigenschaften, die unter dieser Überschrift laufen, wären typischerweise die unfaßbaren und nicht meßbaren Aspekte von Menschenaffen, genau diejenigen, die, wie wir gesehen haben, im Rahmen der Tierwissenschaften kaum in Angriff genommen werden können. Doch nur wenn ein Wissenschaftler so weit geht, daß er sagt, alle Eigenschaften von Tieren, die nicht im Labor gemessen werden können, existieren nicht, kann er ohne weiteres jeden Vergleich nichtphysischer Eigenschaften eines Tieres als unangebrachten Anthropomorphismus brandmarken.

Indessen bewachen Anthropologen und andere Sozialwissenschaftler eifersüchtig das, was nach ihrer Ansicht die Domäne des Menschen ist, und applaudieren den Ängsten des Biologen vor dem Anthropomorphismus. Was derzeit als Anthropomorphismen verurteilt wird, sind jene Charakterisierungen, die er unbedingt dem Menschen, und nur dem Menschen, vorbehalten will. So wird die Drohung des biologischen Determinismus mit Anthropozentrismus abgewehrt.

Aber wie kann man wissen, ob Menschenaffen anders sind als wir oder uns gleichen, wenn man es ablehnt, dieselben Fragen über beide zu stellen? Es gibt heute einige mutige Wissenschaftler, die sagen, daß Tiere eher menschenähnlich und weniger objektähnlich sind, als ihre eigene Wissenschaft es uns glauben machen will. Aber oft werden sie diese Auffassung nur außerhalb der wissenschaftlichen Diskussion zugeben, und das auch eher kleinlaut, denn sie sind sich der Tatsache bewußt, daß sie damit aus der Sicht der biologischen und der Sozialwissenschaften schon fast ein Sakrileg begehen. Das hat zur Folge, daß solche Leute häufig eine merkwürdige Spannung erkennen lassen zwischen den geltenden biologischen Regelsystemen und ihren eigenen Erfahrungen mit der Personalität von Tieren.

Die Kultur der Menschenaffen

Immerhin haben Biologen und Ethologen in den letzten Jahren Phänomene bei Tieren – besonders Menschenaffen – entdeckt, die Anthropologen und Soziologen in die Kategorien *Gesellschaft* und *Kultur* einordnen würden, wenn sie sich die Mühe machten, sie zu studieren. Ohne behaupten zu wollen, daß die Menschenaffengesellschaften völlig identisch mit den gegenwärtig existierenden menschlichen Gesellschaften sind, unterliegt es keinem Zweifel, daß Menschenaffen in Gesellschaften zusammenleben, die mehr sind als nur zufällige Zusammenschlüsse von Individuen. Jane Goodall, Frans de Waal und viele andere Forscher, die regelmäßig Gruppen von Schimpansen erforschen, sowie Dian Fossey, die Gorillas studierte, haben zahlreiche Berichte über Menschenaffen verfaßt, die sich offensichtlich an soziale Regeln und Normen halten und einander bedeutungsvolle Nachrichten mitteilen. Darüber hinaus können sie *über* Dinge kommunizieren, die nicht gegenwärtig sind. Diese Kommunikationen sind viel mehr als das bloße Äußern von Emotionen wie Furcht, Schmerz oder Zorn.[15]

Gemeinsame Bedeutungen, Sitten und Werte sind Teil der Kultur, die hinter den Handlungen und Interaktionen derer stehen, die derselben Gesellschaft angehören. Ob bewußt oder unbewußt, ausdrücklich oder stillschweigend, Ideen und Bedeutungen werden kollektiv von sozialen Gruppen erzeugt und dann im Gedächtnis behalten, weitergegeben und gelernt und gehen so auf die Reise durch Zeit und Raum.

Nicht nur Goodall und Fossey, die durch ihre Studien über wildlebende afrikanische Menschenaffen bekanntgeworden sind, sondern auch Emil Menzel und Frans de Waal, die beide das Verhalten von Schimpansengruppen in (Semi-) Gefangenschaft beobachtet haben, berichten von überzeugenden Beispielen für die Verbreitung sozialer Standards und eine soziale Bedeutung, die in Menschenaffengesellschaften verbreitet sind.[16] Zudem gibt es zahlreiche Berichte über die Herstellung und Verwendung materialer Formen von Kultur unter Menschenaffen wie etwa Werkzeuge. Besonders Jane Goodall, aber auch Yukimaru Sugiyama und Geza

Teleki waren von der Feinheit und Komplexität der Herstellung und Verwendung von Werkzeugen bei Schimpansen ebenso verblüfft wie von ihren Werkzeugtraditionen.[17]

Was nun eine andere kulturelle Ausdrucksform – die Sprache – betrifft, so geht es dabei im Grunde um die Übermittlung von Bedeutungen mit Hilfe kollektiv anerkannter Symbole. Die Laborversuche, Menschenaffen in einer Reihe »humanisierter« Sprachen zu unterrichten, sind in diesem Zusammenhang bekannt. Ob es sich dabei nun jeweils um eine durch Gesten, Zeichen oder Computer vermittelte Sprache handelt – all diese Unternehmungen sind Beispiele, wo Menschenaffen die Sprache und die Bedeutungen gelernt haben, die eigentlich in einer Menschen/Affen-Gesellschaft, der wenigstens ein Menschenaffe und ein menschlicher Lehrer angehören, vorherrschen.

In den Gesellschaften Großer Menschenaffen hat man viele Formen von Kultur wie Sprache, Bedeutungen, Werkzeuge und abstraktes Denken gefunden. Es ist nicht meine Aufgabe, auf weitere Einzelheiten einzugehen, denn andere Autoren in diesem Buch sind besser dafür geeignet. Was ich jedoch betonen will, ist die Notwendigkeit eines anthropologischen Zugangs zu den Gesellschaften und Kulturen von Menschenaffen. Wie bereits oben gesagt, gibt es gegenwärtig nur eine anthropozentrische Anthropologie von Menschen, die möglicherweise in ihren Beziehungen zu Tieren untersucht werden oder auch nicht. Mir liegt daran, sozusagen die Reichweite der Anthropologie zu vergrößern.

Darüber hinaus kann die Feststellung, daß Menschen und andere Große Menschenaffen alle von einer Art sind – zu einer Gemeinschaft gleicher Subjekte gehörig –, nur zu einer völligen Revision der Methoden führen, mit denen wir gegenwärtig Menschenaffen erforschen. Die hier vorgeschlagene Haltungsänderung fordert es, daß wir Menschenaffen, die sich als menschliche Studienobjekte in Laboratorien befinden, freilassen. Vielmehr scheint es angemessen, daß Menschen ihre Menschenaffensubjekte um Zustimmung bitten, bevor sie in ihre Gesellschaften eindringen, so wie es Anthropologen tun müssen, wenn sie einer ihnen unbekannten Gemeinschaft von Menschen auf den Leib rücken wollen. Im übrigen haben sowohl Fossey als auch Goodall deutlich gesagt, daß sie sich zu Beginn ihrer jeweiligen Forschungsarbeiten wie aufdringliche Besucher fühlten.

Die Anthropologie ist weitgehend eine Wissenschaft, die sich mit dem »anderen« beschäftigt. Statt eines Subjekt-Objekt-Zugangs verfügt sie in besonderem Maße über eine Methode, bei der ein Subjekt dem anderen Subjekt begegnet: teilnehmende Beobachtung von und leben mit Menschen in anderen Gesellschaften und anderen Kulturen. Anders als die in Laboratorien arbeitenden Wissenschaftler, die damit zufrieden sind, von außen her zu registrieren und zu messen, werden sich Anthropologen darum bemühen – soweit das möglich ist –, von innen her zu untersuchen. Sie werden in die Sphäre des anderen eintauchen müssen, das alltägliche Leben der Menschen teilen, ihre Sprache lernen sowie ihre Gewohnheiten und Ansichten erfahren. Im Idealfall werden sie bestrebt sein, Indianer unter Indianern zu werden. Die teilnehmende Beobachtung ist praktisch eine Übung im *Einfühlungsvermögen*.

Zugegebenermaßen werden wir in gewissem Sinne *niemals* eins mit dem anderen sein. Es wird uns nie gelingen, unsere eigene Sozialisation und unsere westliche Geschichte zu überspringen. So können westliche Anthropologen die Menschen, die sie studieren, niemals wirklich kennen oder verstehen. Anthropologen bleiben notwendigerweise die Gefangenen ihrer eigenen Herkunft. In diesem entscheidenden Sinn läßt sich der Ethnozentrismus niemals ganz überwinden. Doch zumindest soweit es sich um menschliche Subjekte handelt, wird von einem Anthropologen erwartet, daß er diesen unerkennbaren Boden eher mit Respekt als mit Geringschätzung betritt.

Eine ähnliche Situation muß sich ergeben, wenn wir Menschenaffen-Subjekte studieren. Kein Wissenschaftler kann aus seinem Anthropozentrismus völlig hinaustreten, denn er kann sein Menschsein und die typisch menschliche Perspektive nicht überwinden. Insofern bleiben unsere Mitaffen unerkennbar.

Eigenartigerweise haben einige Biologen angesichts der Schwächen ihrer eigenen traditionellen Paradigmen bereits erkannt, und zwar besser als die Anthropologen selbst, welche Möglichkeiten die

Anthropologen für die Erforschung der Menschenaffen haben. So hat die Verfasserin des Buches *Primate Visions*, Donna Haraway, in einem früheren Werk bereits eine »Anthropologie der Menschenaffen« ins Auge gefaßt.[18]

Was würde das faktisch bedeuten? Hier kann man nur spekulieren. Anstatt Menschenaffen menschlichen Gesellschaften, menschlichen Kulturen und einer von Menschen geschaffenen Sprache anzupassen, könnte der Anthropologe, um das gesellschaftliche und kulturelle Leben von Menschenaffen zu untersuchen, eine Zeitlang an diesem sozialen Leben teilnehmen. Anstatt Menschenaffen unsere sprachlichen Formen und unsere soziale Ordnung aufzudrängen, müßten diese Anthropologen von ihren Schimpansen-, Gorilla- oder Orang-Utanlehrern die natürliche Affensprache lernen und die Regeln befolgen, die in den jeweiligen Gesellschaften von Schimpansen, Gorillas oder Orang-Utans gelten. Im Idealfall müßten Anthropologen, die das gesellschaftliche Leben der Menschenaffen erforschen, selbst »Affen unter Affen« werden. Sie sollten zum Beispiel beachten, wie Menschenaffen die Welt sehen. Die Menschenaffen sehen, riechen, fühlen, schmecken oder hören die Welt vor dem Hintergrund ihres eigenen Bezugsrahmens. Ebenso wie wir unterscheiden und wählen sie zwischen Sinneseindrücken. Das können Unterscheidungen sein, von denen wir nicht einmal wissen, daß sie existieren. Die Aspekte der Welt, die wir als offensichtliche Charakteristiken ansehen würden, müssen keineswegs dem entsprechen, was für einen Schimpansen, Gorilla oder Orang-Utan von Bedeutung ist. Es gibt eine besondere Art, wie die Dinge für einen Menschenaffen aussehen, schmecken, riechen, sich anfühlen oder anhören, eine Art, von der wir keine Vorstellung haben werden, so lange wir darauf bestehen, daß die einzigen Dinge, die es wert sind, sie zu kennen, unsere eigenen Deutungen der Welt sind.

Wäre es überhaupt möglich, eine Anthropologie Großer Menschenaffen zu entwickeln? Das werden wir nicht wissen, bevor jemand es versucht hat. Eines ist sicher: Die meisten Sprachexperimente mit Menschenaffen sind zunächst unternommen worden, um die menschliche (wissenschaftliche) Forschung zu erleichtern.

Es sieht so aus, als wäre es für die Wissenschaftler notwendig gewesen, Menschenaffen eine menschliche Sprache beizubringen, weil sie selbst nur eine defekte oder begrenzte Körpersprache beherrschten. Mit anderen Worten, der Subjekt-Objekt-Zugang wurde bisher praktisch nicht in Frage gestellt. Der Anthropozentrismus behauptet sich noch immer.

Wie wäre es, wenn die Menschenaffen die Menschen in *ihrer* Sprache unterrichteten? Würden wir ebensogute Schüler sein wie sie? Bisher sind es die Menschenaffen gewesen, die in diesem sozialen und kulturellen Prozeß die passive Rolle spielten. Sie waren es, die gezwungen wurden, einen Schritt auf uns, die Menschen, zuzugehen. Sie waren es, von denen man verlangte, die *menschlichen* Kommunikationsformen, die *menschlichen* Bedeutungen in *menschlichen* Situationen zu verstehen. Gelegentlich haben sowohl Jane Goodall als auch Dian Fossey versucht, die Rollen zu tauschen. Sie haben sich aktiv darum bemüht, sich den Verhaltensweisen von Menschenaffen anzupassen, teilweise um deren Vertrauen zu gewinnen und sie von ihrer eigenen Harmlosigkeit zu überzeugen, oder um zu verhüten, selbst angegriffen zu werden. Doch ihr wichtigstes Ziel war es, Gesellschaften von Schimpansen und Gorillas mit einem Minimum an Einmischung zu erforschen, obwohl Goodall und ihre Mitarbeiter die Schimpansen von Gombe mit Bananen versorgten.

Was nun die anthropologische Feldforschung unter Menschenaffen-Subjekten betrifft, könnte man fragen, ob man dabei nicht gerade das zerstört, was man erfahren will. Könnte die Arbeit eines menschlichen Anthropologen den Menschenaffen überhaupt etwas nützen? Oder würden ihre authentischen Menschenaffengesellschaften nicht doch ganz schnell von uns kolonialisiert oder zerstört werden? Wäre es nicht besser, Menschenaffen ganz sich selbst zu überlassen?

Solche Fragen, die uns daran erinnern, daß Anthropologen selbst nicht in einem sozialen Vakuum handeln, tauchen von Zeit zu Zeit in den Kreisen der Anthropologen auf, aber bisher nur im Hinblick auf menschliche Subjekte. Wiederum zeigt sich sowohl in den Arbeiten von Goodall als auch von Fossey deutlich, daß sie häufig vor einem ähnlichen Dilemma standen. (Vielleicht könnte man sie sogar als »Tieranthropologen avant la lettre« bezeichnen.) Fragen dieser Art zu stellen, scheint heute, da wir eine richtige anthropologische Feldforschung unter Menschenaffen erwägen, sogar noch berechtigter zu sein.

Homo sapiens ist nicht gerade dafür bekannt, den menschlichen »anderen« fair zu behandeln, geschweige denn den »anderen« im Tier. Doch um eine Vorstellung von unserem eigenen Ruf zu bekommen, den wir im Tierreich haben, müßten uns eine enorme Zahl von Tiersprachen und Weltsichten beigebracht werden. Laßt uns mit den Großen Menschenaffen beginnen.

Anmerkungen

1. Siehe zum Beispiel die Arbeit von Marvin Harris sowie A. Leeda und A. P. Vayda (Hrsg.), *Man, Culture and Animals in Human Ecological Adjustments*, ein Bericht, der auf einem Symposium der American Association for the Advancement of Science in Denver am 30. 1961 basiert und 1965 in Washington erschien.
2. Siehe die Arbeit von Claude Lévi-Strauss, Edmund Leach und Mary Douglas. Siehe auch Steven Lonsdale, *Animals and the Origins of Dance*, London 1981.
3. Diese Tatsache ist auch bestätigt worden von Elizabeth A. Lawrence, *Rodeo - An Anthropologist Looks at the Wild and the Tame*, S. 3, Chicago 1984.
4. Siehe A. L. Kroeber und Clyde Kluckhohn, *Culture, a Critical Review of Concepts and Definitions,*New York 1952.
5. Siehe Ralph L. Holloway jr., »Culture, a human domain« in *Current Anthropology*, Bd. 10, Nr. 4, 1969, S. 395–412; siehe auch Roger M. Keesing, *Cultural Anthropology, A Contemporary Perspective*, New York 1981, S. 68–69
6. Paul Bohannan, »Rethinking culture: a project for current anthropologists«, *Current Anthropology*, Bd. 14, Nr. 4, 1973, S. 357–372.
7. Siehe Nico Wilterdink, »Biologie en sociologie, argumenten voor een ethologisch gefundeerde sociologie«, *Sociologische Gids*, Bd. XXII, Nr. 1, S. 8.
8. Siehe Charles Woolfson, *The Labour Theory of Culture. A Reexamination of Engels's Theory of Human Origins*, London 1982.
9. Zur Diskussion dieser Haltung siehe Roger Trigg, *The Shaping of Man, Philosophical Aspects of Sociobiology*, Oxford 1982, S. 78–102.
10. Siehe Robert Wokler, »Perfectible apes in decadent cultures, Rousseau's anthropology revisited«, *Daedalus, Journal of the American Academy of Arts and Sciences*, Bd. 107, Nr. 3, 1978, S. 110.
11. Barbara Noske, *Humans and Other Animals, Beyond the Boundaries of Anthropology*, London 1989.

12. Siehe E. J. Dijksterhuis, *De mechanisering van het wereldbeeld*, Amsterdam 1985; erste Auflage 1950.
13. Siehe Adolf Portmann, *Biologie und Geist*, Frankfurt am Main 1973.
14. Michael Ruse, »Sociobiology: a philosophical analysis«, in Arthur L. Caplan (Hrsg.), *The Sociobiology Debate, Readings on the Ethical and Scientific Issues Concerning Sociobiology*, New York 1978.
15. Siehe Adrian Desmond, *The Apes Reflexion*, London 1980.
16. Siehe Jane Goodall, *The Chimpanzees of Gombe*, Cambridge 1986; siehe auch Dian *Fossey, Gorillas im Nebel*, München 1989; siehe auch Emil Menzel, »Human language – who needs it?« in Georgina Ferry (Hrsg.), *The Understanding of Animals*, Oxford 1984; zwei Bücher von Frans de *Waal: Chimpansee politiek, macht en seks bij mensapen (Schimpansenpolitik)*, Amsterdam 1982 und *Wilde Diplomaten, Versöhnung und Entspannungspolitik bei Affen und Menschen*, München 1991.
17. Siehe *Goodall, The Chimpanzees of Gombe*, Cambridge 1986, Siehe auch Y. Sugiyama, erwähnt von Frans de Waal, »Het menselijk voetstuk; gedragsovereenkomsten tussen de mens en andere primaten«, in F. B. M. de Waal (Hrsg.), *Sociobiologie ter discussie, evolutionaire wortels van menselijk gedrag?*, Utrecht/Antwerpen 1981; siehe auch Geza Teleki, zitiert von Adrian Desmond, *The Apes Reflexion*, S. 144–146.
18. Donna Haraway, »Primatology is politics by other means«, in Ruth Bleier (Hrsg.), *Feminist Approaches to Science*, New York 1986.

27
Personen imitieren – Pro und Kontra

von Steve F. Sapontzis

Steve Sapontzis ist Philosophieprofessor am Hayward-Campus der California State University. Er ist Mitbegründer und Mitherausgeber der Zeitschrift Between the Species, *die Aufsätze über Ethik und unsere Beziehungen zu nichtmenschlichen Tieren veröffentlicht. In seinem Buch* Morals, Reason and Animals *und in vielen Artikeln hat er eingehend eine große Bandbreite von Argumenten bezüglich des moralischen Status von Tieren untersucht. In dem folgenden Beitrag übernimmt er, wie er selbst sagt, die Rolle eines Störenfrieds. Er stellt eine Prämisse in Frage, die viele andere, die in diesem Buch zu Wort kommen, vertreten; daß nämlich den Großen Menschenaffen aufgrund ihrer intellektuellen Fähigkeiten Anspruch auf einen höheren moralischen Status zukommt als anderen Wesen, die Interessen haben.*

Als ich die vorläufige Liste der bedeutenden Fachleute sah, die ihre Beiträge zu diesem Buch leisten würden, mußte ich mich fragen, was ich tun könnte, das nicht bloß überflüssig wäre. Als mich Paola Cavalieri ursprünglich um einen kurzen Artikel über Schimpansen und »Menschenrechte« für *Etica & Animali* bat, nahm der Begriff der Personalität in ihren Überlegungen, wie allgemein in der Moralphilosophie, einen besonderen Platz ein. Dieser Begriff wird in der Deklaration über die großen Menschenaffen nicht erwähnt, aber ich möchte doch ein paar Worte darüber sagen. Personalität zu diskutieren wird uns zu einer Annahme – zu einer Art intellektueller

Voreingenommenheit – führen, die der Konzentration auf die Großen Menschenaffen zugrunde liegt und die ich für moralisch nicht einwandfrei halte. Natürlich möchte ich kurz darauf eingehen – jedes Buch braucht ein bißchen von einem Störenfried. Als nächstes werde ich ein paar Gedanken der »Ja-und-Nein«-Art zu der Diskussion beisteuern, ob unsere Beziehungen mit nichtmenschlichen Großen Menschenaffen durch die gleichen moralischen Grundsätze oder Rechte geregelt sein sollten wie unsere Beziehungen zu Menschen. Nach der Erörterung dieser theoretischen Gesichtspunkte möchte ich natürlich die Gangart wechseln und meinen Beitrag mit einigen politischen Anmerkungen abschließen.

Überlegungen zum Speziesismus – die intellektuelle Voreingenommenheit von Personen

Was wäre also zur Personalität zu sagen? Wäre es vernünftig, obwohl es sicher zunächst befremdlich klingen mag, zu sagen, daß nichtmenschliche Große Menschenaffen Personen sind?

Der Begriff »Person« hat sowohl eine beschreibende als auch eine bewertende Bedeutung. Im bewertenden Sinne dieses Begriffs sind »Personen« Wesen, deren Interessen moralisch oder rechtlich vor einer routinemäßigen Ausbeutung durch jene geschützt werden, deren Handlungen direkt durch moralische oder rechtliche Auffassungen beeinflußt werden können. Personen sind diejenigen, von denen Moralität oder Gesetz sagen, daß wir sie als moralisch oder rechtlich Handelnde fair behandeln müssen und sie nicht, wie Kant sagen würde, als bloße Mittel zur Befriedigung unserer Interessen behandeln dürfen[1]. Ich glaube – und habe diese Überzeugung an anderer Stelle ausführlich begründet[2] –, daß wir alle Wesen, die Interessen haben (das heißt, alle Wesen mit Gefühlen) als Personen in diesem bewertenden Sinn des Begriffes ansehen sollten. Das heißt, ich meine, wir sollten alle Wesen, die Interessen haben, fair behandeln, und keines von ihnen als ein bloßes Mittel zur Befriedigung unserer Interessen ansehen. Das ist es, worum es bei der Tierbefreiung geht.

In Kürze lautet das Argument dieser Schlußfolgerung wie folgt:

Moralität ist zielgerichtetes Handeln, das darauf abzielt, die Welt insofern zu verbessern, als daß Leiden und die Nichterfüllung von Bedürfnissen verringert und Glück und Erfüllung vermehrt werden sowie in größerem Maß Fairneß und Achtung vor anderen und Tugenden wie Wohlwollen und Unparteilichkeit vorherrschen. Durch unsere Ausbeutung nichtmenschlicher Tiere entfernen wir uns von all diesen moralischen Zielen. Die Massentierhaltung, das Fallenstellen bei der Pelztierjagd und andere Formen der Ausbeutung nichtmenschlicher Tiere erhöhen Leiden und Frustration in der Welt und verringern Glück und Erfüllung – das genaue Gegenteil unserer moralischen Ziele. Indem wir unsere enorme Macht über nichtmenschliche Tiere dazu benutzen, ihnen für unsere eigene Bequemlichkeit und unseren Wohlstand Lasten aufzubürden und sie Verluste erleiden zu lassen, erweitern und stärken wir die Herrschaft der Tyrannei und der an Verachtung grenzenden Gleichgültigkeit gegenüber anderen – auch das ist das genaue Gegenteil unserer moralischen Ziele. Wenn wir schließlich unsere Abscheu gegenüber und unser Mitleid mit dem Leiden nichtmenschlicher Tiere abwertend als »Zimperlichkeit« und »Sentimentalität« bezeichnen und unsere Kinder dazu bringen, solche Gefühle zu ignorieren, indem wir ihnen beibringen, nichtmenschliche Lebewesen zu jagen, zu schlachten oder lebend zu sezieren, begrenzen und unterdrücken wir die Tugenden, deren wir fähig sind, und auch das steht im direkten Widerspruch zu unseren moralischen Zielen. Deshalb wird unser Ziel, die Welt moralisch zu einem besseren Ort zu machen, in jeder dieser Hinsichten sehr viel wirksamer verfolgt, wenn wir alle jene, die fähig sind, zu leiden und glücklich zu sein und die fair und tugendhaft behandelt werden können, von menschlicher Ausbeutung befreien.

Dennoch besteht selbst unter den Befürwortern von Tierrechten die starke Neigung, eine enge Verbindung zwischen der »Person« im bewertenden Sinn und der »Person« im beschreibenden Sinn, wo dieser Begriff einfach nur eine andere Bezeichung für ein menschliches Wesen ist, beizubehalten. Einige Autoren wie beispielsweise Tom Regan[3] meinen, nur die intellektuell höher entwikkelten nichtmenschlichen Tiere verdienten den Schutz ihrer Interessen vor der Ausbeutung durch den Menschen, und andere wie etwa Peter Singer[4] behaupten, intellektuell höher entwickeltes Leben habe einen höheren Wert als intellektuell weniger entwickeltes Leben. Es überrascht nicht, daß Intellektuelle zugunsten des Intellektuellen voreingenommen sind, aber diese Voreingenommenheit öffnet Kritikern wie J. Baird Callicott[5] die Tür, die behaupten, daß die Forderung nach Tierrechten in einem anthropozentrischen Wertsystem verhaftet bleibt. Statt menschliche Chauvinisten zu sein, so sagen diese Kritiker, sind Tierbefreiungsfürworter menschenähnliche Chauvinisten, aber das ist nur ein geringer Unterschied.

Wenn sich die Bemühungen und der Einsatz für Tierrechte auf nichtmenschliche Große Menschenaffen und andere nichtmenschliche Primaten konzentrieren, dann ist das ein Ausdruck und ein Fortsetzen dieser Voreingenommenheit. Wir werden aufgefordert zu erkennen, daß schädigende Experimente mit nichtmenschlichen Großen Menschenaffen unrecht sind, weil diese Menschenaffen uns genetisch so sehr gleichen oder so intelligent sind wiederum wie wir. Solche Aufforderungen behalten eindeutig eine anthropozentrische Weltanschauung bei und modifizieren sie nur durch die Anerkennung, daß wir keine absolut einzigartige Lebensform sind.

Die Ablehnung unserer Speziesvoreingenommenheit – die Überwindung des Speziesismus – erfordert, daß wir auch unsere Voreingenommenheit zugunsten des Intellektuellen zurückweisen (zumindest als Kriterium für den Wert eines Lebens oder für Personalität im wertenden Sinne). Den Speziesismus zu überwinden, bedeutet, über die bescheidene Ausweitung unseres moralischen Horizonts, die sich nur auf die intellektuell höher entwickelten nichtmenschlichen Tiere wie Schimpansen und Wale erstreckt, hinausgehen.

Es erfordert nicht nur die Anerkennung, daß die Quelle von Wert nicht in etwas eigentümlich Menschlichem liegt; es erfordert auch die Anerkennung, daß Wert nicht in etwas Menschenähnlichem begründet ist oder in etwas, von dem Menschen gewiß sind, daß sie das meiste davon haben (weil sie ringsum die intellektuell am höchsten entwickelten Wesen sind).

Eine affektive Werttheorie kann die erforderliche Grundlage für eine solche unvoreingenommene Weltsicht liefern. Nach einer solchen Theorie entstehen Werte im Zusammenhang mit Gefühlen wie Wohlbefinden und Schmerz, Erfüllung und Frustration, Freude und Sorge, Erregung und Niedergeschlagenheit und so weiter. Ohne solche Gefühle gibt es nur Tatsachen und Definitionen, daß heißt, physische und begriffliche Strukturen und Veränderungen. Stellen Sie sich vor, Sie haben ein Blatt Papier zerknüllt und in den Papierkorb geworfen. Dort wird es sich vielleicht ein wenig auseinanderfalten und seine Position im Papierkorb verändern. Vielleicht hören Sie das sogar, aber solange es Ihnen gleichgültig ist und diese Veränderung nicht auf die Gefühle irgendeines anderen Wesen wirkt, ist hier kein Wert vorhanden. Aber wenn Gefühle an diesem Vorgang beteiligt sind, können diese Strukturen und Veränderungen einen Wert bekommen: Sie können ein Beitrag oder eine Beeinträchtigung für eine Welt sein, die angenehm oder unangenehm, befriedigend oder unbefriedigend, fröhlich oder traurig, erregend oder deprimierend und so weiter ist. Wenn dieses Papier durch das Auseinanderfalten wieder aus dem Korb herausgeschleudert wird, auf den Boden fällt und Sie es erneut aufheben und wieder in den Papierkorb werfen müssen, wie lästig ist das für Sie! Die Veränderung hat einen Wert bekommen.

Nun sind Gefühle nicht etwas eigentümlich Menschliches und auch nichts, was nur für menschenähnliche Tiere bezeichnend ist. Anzeichen in Verhalten und Physiologie machen deutlich, daß Gefühle Teile der Psychologie und der Welten einer großen Vielfalt nichtmenschlicher Tiere sind, zu denen Fische und Reptilien ebenso gehören wie Vögel und Säugetiere. Darüber hinaus gibt es keinen Grund zu glauben, daß intellektuell hochentwickelte Wesen quantitativ oder qualitativ stärkere Gefühle haben als intellektuell weniger entwickelte Wesen. Jeremy Bentham, der behauptete, alle moralischen Werte ergäben sich aus der Vermehrung oder der Verringerung von Glück, nannte sieben Dimensionen für den Wert von Gefühlen: Intensität, Dauer, Gewißheit, Ausmaß, Folgeträchtigkeit, Reinheit und Nähe.[6] Selbst wenn also intellektuell höher entwickelte Wesen sich einer größeren Vielfalt von Gefühlen erfreuen, können diejenigen, die intellektuell weniger entwickelt sind, diesen Mangel durch eine größere Intensität, Dauer, Reinheit sowie ein größeres Ausmaß usw. kompensieren und sogar überwinden. Das nächste Mal, wenn Sie an den Strand oder in den Park gehen, sehen Sie sich um und stellen Sie fest, wer am glücklichsten ist und den Tag am meisten genießt. Sind es die intellektuell hochentwikkelten erwachsenen Menschen, oder sind es die Kinder und die Hunde?

Wenn wir daher erkennen, daß alle fühlenden Wesen von der Ausbeutung durch den Menschen befreit werden sollten, gerade weil sie fühlende Wesen sind, werden wir den Speziesismus überwunden und unsere Moralität vom anthropozentrischen Vorurteil befreit haben. In einer solchen Moralität sind wir dazu aufgerufen anzuerkennen, daß nicht nur die Ausbeutung menschenähnlicher Tiere wie der nichtmenschlichen Großen Menschenaffen (*prima facie*) falsch ist, sondern auch daß die Ausbeutung von Ratten, Eidechsen, Fischen und jedem anderen fühlenden Wesen, ob menschenähnlich oder nicht, ob intellektuell hoch entwickelt oder nicht (*prima facie*), falsch ist.

Überlegungen zum Rechtsbegriff – Unterschiede ernstgenommen

Wenn wir nun alle fühlenden Wesen als Personen im wertenden Sinne behandeln sollten, folgt dann daraus, daß wir sie genauso behandeln sollten wie menschliche Wesen? Folgt daraus, daß wir »Menschenrechte« auf nichtmenschliche Wesen ausdehnen sollten? Wäre es das, was die Aufnahme der nichtmenschlichen Großen Menschenaffen in die Gemeinschaft der Gleichen bedeutet?

Der Schutz der Interessen nichtmenschlicher Tiere vor der menschlichen Ausbeutung verlangt, daß wir ihnen nur dann die gleichen Grundrechte gewähren, die Menschen heute genießen (sollen), wenn nichtmenschliche Tiere die gleichen Grundinteressen haben wie wir, und nur wenn die Ausdehnung von Rechten der geeignete Weg ist, diesen Schutz sicherzustellen. Es ist aber nicht offensichtlich, daß jede dieser beiden Bedingungen erfüllt ist.

Ob nichtmenschliche Tiere dieselben Grundinteressen haben wie wir, hängt nicht nur davon ab, was ihre oder unsere Interessen sind, sondern auch davon, wie sie charakterisiert sind. Wir können Interessen in einer so allgemeinen Art beschreiben, daß man alle fühlenden Tiere als Wesen bezeichnen kann, die (normalerweise) die gleichen Grundinteressen haben wie wir. Wir können zum Beispiel sagen, daß wir alle ein Interesse am Leben, an der Freiheit und dem Streben nach Glück haben und deshalb alle der gleichen Art des Schutzes unserer Interessen bedürfen. Die drei Rechtsgrundsätze, die in der Deklaration über die Großen Menschenaffen genannt werden – das Recht auf Leben, den Schutz der individuellen Freiheit und das Verbot der Folter –, sind von dieser sehr allgemeinen Art.

Wir können aber auch bei der Beschreibung dieser Interessen sehr viel mehr ins Detail gehen. Wir werden dann unter Umständen erkennen, daß wir Interessen haben, die nichtmenschliche Tiere nicht haben und umgekehrt, und daß wir daher eines Schutzes bedürfen, den sie nicht brauchen und umgekehrt. Zum Beispiel ist ein Bestandteil des Strebens nach Glück für viele Menschen die Freiheit der Religionsausübung, und sie brauchen das Recht auf religiöse Freiheit (oder ein anderes moralisch/rechtliches Instrument), um dieses Interesse zu schützen. Nichtmenschliche Tiere haben offensichtlich kein solches Interesse und brauchen dieses Recht daher nicht. Andererseits gehört es für einige nichtmenschliche Tiere zum Streben nach Glück, ihre Flügel ausbreiten zu können. Deshalb brauchen sie das Recht (oder ein anderes moralisch/rechtliches Instrument), um dieses Interesse zu schützen. Da wir keine Flügel haben, brauchen wir ein solches Recht nicht.

Die Antwort auf die Frage, ob nun den nichtmenschlichen Großen Menschenaffen die gleichen moralischen und gesetzlich verankerten Rechte gewährt werden sollen wie den Menschen, hängt daher zum Teil davon ab, ob diese Grundrechte in einer allgemeinen oder einer spezifischen Weise formuliert werden. Bei der Entwicklung moralischer und rechtlicher Codes, die von Menschen befolgt werden sollen und denen gegenüber sie zur Rechenschaft gezogen werden könnten, müßten spezifische Formulierungen gefunden werden. Deshalb muß die Antwort auf dieser Ebene »Nein« lauten: Selbst in moralischen und rechtlichen Codes, die in keiner Weise speziesistisch sind und die Achtung vor Tieren wahren, müssen nichtmenschliche Große Menschenaffen nicht die gleichen moralischen und gesetzlichen Grundrechte haben wie Menschen.

Und vergessen wir nicht, im umgekehrten Fall gilt das gleiche. Es besteht die Tendenz zu glauben, daß, wenn wir folgern, daß nichtmenschliche Tiere nicht in jedem Fall die gleichen Rechte haben wie Menschen, dies so sei, weil sie nur Anspruch auf die Gewährung einiger dieser Rechte haben. Doch wenn man den moralischen und rechtlichen Schutz auf spezifische Interessen stützt, kann das auch zu der Schlußfolgerung führen, nichtmenschliche Tiere sollten Rechte haben, die Menschen nicht brauchen. So können spezifische nichtmenschliche und menschliche Rechte verschieden sein, ohne daß die ersteren nur eine Untergruppe der letzteren sind, und deshalb heißt das auch nicht, daß nichtmenschliche Tiere moralisch oder rechtlich weniger wertvolle Wesen sind.

Doch die Entwicklung dieser spezifischen, Tiere respektierenden Regelsysteme würde sich auf die allgemeineren Formulierungen von Rechten stützen wie die, daß nichtmenschlichen Großen Menschenaffen die gleichen Formen des moralischen und rechtlichen Schutzes ihrer Interessen an Leben, Freiheit und Streben nach Glück zu gewähren sind wie die, die Menschen heute genießen (sollen). So könnte unsere Frage auf dieser Ebene des Grundsatzes doch mit »Ja« beantwortet werden. In der Deklaration über die Großen Menschenaffen wird die Idee der Gemeinschaft der Gleichen auf dieser sehr allgemeinen Ebene definiert, wo der oft irreführende Anspruch auf oder Aufruf zur »Gleichheit« von Menschen und nichtmenschlichen Tieren durchaus sinnvoll ist.

Dennoch sage ich nur, daß die Antwort auf unsere Frage, ob nichtmenschlichen Tieren menschliche Grund*rechte* zugestanden werden sollten, Ja sein »könnte«, denn es bestehen noch andere Unklarheiten, bevor wir diese Frage endgültig beantworten können. Wenn wir zum Beispiel über die Interessen nichtmenschlicher Tiere sprechen, konzentrieren wir uns für gewöhnlich auf Dinge, die diese Tiere interessieren könnten wie etwa Nahrung und Bewegungsfreiheit. Aber daneben gibt es Dinge, für die sich nichtmenschliche Tiere nicht interessieren können, die für sie jedoch von Interesse sind, weil sie Einfluß auf ihre Gefühle haben. Deshalb wäre es notwendig, bei der Entwicklung moralischer und rechtlicher Regelsysteme zum Schutz der Interessen aller fühlenden Tiere Dinge zu berücksichtigen, die für nichtmenschliche Tiere von Interesse sind, obwohl sie kein Interesse an ihnen haben.

Ein Beispiel ist das Wählen. Nichtmenschliche Tiere können nicht begreifen, was Wählen bedeutet und wie es ihre Interessen berührt. Deshalb fühlen sie sich, anders als Menschen, nicht verwundbar oder herabgesetzt, weil sie nicht wählen dürfen. Dennoch kann die Tatsache, welche Politiker gewählt werden oder nicht, einen entscheidenden Einfluß auf ihre Interessen haben. So würde es zum Beispiel den Interessen von nichtmenschlichen Großen Menschenaffen dienen, wenn Politiker gewählt würden, die schädigende Experimente an nichtmenschlichen Primaten ablehnen. Daher sind die Wahlen für nichtmenschliche Große Menschenaffen von Interesse, auch wenn sie kein Interesse am Wählen haben können. Wenn wir daher nichtmenschlichen Großen Menschenaffen die gleichen Formen des moralischen und rechtlichen Schutzes ihrer Interessen gewähren sollen, den die Menschen gegenwärtig genießen (sollen), dann muß die Tatsache, daß Wahlen für sie von Interesse sind, in unsere Überlegungen mit einfließen.

Wir könnten zu dem Schluß kommen, daß nichtmenschliche Tiere das Wahlrecht brauchen – mittels eines um ihr Wohlergehen besorgten, informierten gesetzlichen Vertreters –, um ihre Interessen an Leben, Freiheit und Streben nach Glück zu schützen. Doch die Schwierigkeiten, ein solches Recht auszuüben, sind so groß, daß sie diese Schlußfolgerung völlig unplausibel werden lassen. Wie sollen nichtmenschliche Tiere gezählt und registriert werden, und wie sollen die stellvertretenden menschlichen Wähler ausgewählt und ihnen zugeteilt werden? Auch im Fall von Kindern, deren Interessen ebenfalls durch den Ausgang von Wahlen berührt werden, kommen wir nicht zu dem Schluß, daß es der Schutz ihrer Interessen verlangt, ihnen das Wahlrecht zuzugestehen. Analog dazu erfordert auch der Schutz der Interessen nichtmenschlicher Großer Menschenaffen kein solches Recht für sie.

Solche Fälle zeigen, daß wir die Dinge zu sehr vereinfachen, wenn wir daraus, daß etwas die Grundinteressen von Mitgliedern einer Gruppe berührt und diese Interessen geschützt werden sollten, schließen, daß diese Mitglieder der Gruppe ein Recht auf (oder gegen) dieses Etwas haben. Es besteht besonders in den Vereinigten Staaten eine Tendenz, sofort – und lautstark – das Konzept von Rechten zu bemühen, wann immer Fragen über Interessen auftauchen. Aber dieses Konzept paßt nicht problemlos auf all solche Situationen, besonders wenn die fraglichen Interessen nicht diejenigen normaler menschlicher Erwachsener sind, das heißt, die Interessen intellektuell hochentwickelter, autonom handelnder Wesen. Deshalb bedarf es für den moralischen und rechtlichen Schutz der Grundinteressen nichtmenschlicher Wesen unter Umständen einiger Findigkeit und eines überlegten Umgangs mit einer Vielzahl moralischer und rechtlicher Kategorien anstelle der automatisch erhobenen Forderung, nichtmenschlichen Wesen das Recht auf (oder gegen) die Dinge zuzugestehen, die einen Einfluß auf ihre Grundinteressen haben (können, werden, würden). So definiert zum Beispiel die Deklaration über die Großen Menschenaffen die Gemeinschaft der Gleichen im Hinblick auf »moralische Grundsätze oder Rechte«, und unter den drei genannten Grundsätzen wird nur einer als Recht identifiziert, während die anderen ein »Schutz« und ein »Verbot« sind.

Bei der Entwicklung und Anwendung dieser Kategorien muß jedoch klar vorausgesetzt sein, daß sie den Interessen derer, die keine intellektuell entwickelten, moralisch und rechtlich Handelnden sind, den gleichen Grad des Schutzes bieten, wie ihn die Rechte für die Interessen solcher Handelnden gewährleisten. Das heißt, wenn die Interessen eines Wesens, das durch eine dieser Kategorien geschützt wird, mit den Interessen eines durch ein Recht geschützten anderen in Konflikt geraten, hat dieses Recht nicht automatisch Vorrang vor dieser anderen Kategorie. Um zu vermeiden, daß nichtmenschliche Tiere nur den scheinbaren Schutz unserer gegenwärtigen »humanen« Werte und Gesetze genießen – ein Schutz, der selbst durch so triviale Wünsche wie die, helles Kalbfleisch essen und beim Einkauf von einem Dutzend Eiern ein paar Pfennige sparen zu wollen, leicht aufgehoben werden kann –, müssen die moralischen und rechtlichen Kategorien, die wir zur Befreiung nichtmenschlicher Tiere von der Ausbeutung durch den Menschen entwickeln und anwenden sollen, den gleichen herausragenden Status haben, der gegenwärtig nur für den Rechtsbegriff gilt. Das ist ein weiterer Aspekt der Überwindung der intellektuellen Voreingenommenheit in unserem Speziesismus: Unser derzeit wirksamstes moralisches und rechtliches Konzept, nämlich das der »Rechte«, ist eines, das nur den Fähigkeiten und Bedingungen intellektuell hochdifferenzierter Wesen angepaßt ist. In einer befreiten Ethik müssen Konzepte, die auf die Fähigkeiten und Bedingungen fühlender Wesen zugeschnitten sind, die nicht über eine große intellektuelle Differenzierung verfügen, den gleichen Status und die gleiche Kraft haben wie der Rechtsbegriff.

Kurz gesagt: Während nichtmenschliche Große Menschenaffen als Personen im wertenden Sinne dieses Wortes anerkannt werden sollten – das heißt, daß sie den gleichen Grad des moralischen und rechtlichen Schutzes ihrer Interessen genießen sollten wie Menschen dies tun (oder eigentlich tun sollten) –, muß dieser Schutz nicht in jedem Fall darin bestehen, daß ihnen bestimmte Rechte zugeschrieben werden. Dennoch muß die Befreiung der nichtmenschlichen Großen Menschenaffen von der Ausbeutung durch den Menschen nicht die Form der Gewährung der »Menschenrechte« annehmen. Diese Menschenaffen werden einige der Rechte, die Menschen benötigen, nicht brauchen, wenn sie nicht alle menschlichen Interessen teilen, aber sie werden unter Umständen auch einige Rechte benötigen, die wir nicht brauchen, wenn sie Interessen haben, die wir nicht mit ihnen teilen. Ebenso können andere Kategorien des moralischen und rechtlichen Schutzes für die Fähigkeiten und Bedingungen dieser Menschenaffen angemessener sein als Rechte. Und schließlich haben nichtmenschliche Große Menschenaffen aus der Perspektive der Ethik der Befreiung offensichtlich keinen größeren Anspruch auf Personalität und diesen Schutz ihrer Interessen als andere, intellektuell weniger differenzierte, nichtmenschliche Tiere.

Überlegungen zum Befreiungsprozeß – das wahre Streben nach Idealen

Dennoch kann es aus der Perspektive der Praxis der Befreiungsethik angemessen und sogar politisch klug sein, die menschenähnlichen Charakteristiken nichtmenschlicher Großer Menschenaffen zu betonen und sich um den moralischen und rechtlichen Schutz ihrer Interessen als Personen zu bemühen, bevor man den Schutz der Interessen aller fühlenden Wesen anstrebt.

Wir Menschen haben soziale Instinkte: Wir neigen dazu, die Welt zwischen »uns« und »ihnen« aufzuteilen und uns gegenüber denjenigen, die wir als Verwandte ansehen, sehr viel stärker verpflichtet zu fühlen. In dem Maße, wie wir also Menschen dazu veranlassen können anzuerkennen, daß nichtmenschliche Große Menschenaffen Mitglieder unserer biologischen »Familie« sind und sie somit dazu bewegen, ihre verwandtschaftlichen Gefühle auf diesen erweiterten Familienkreis auszudehnen, wird es wahrscheinlicher, daß wir für nichtmenschliche Große Menschenaffen den Schutz ihrer Interessen vor der Ausbeutung durch den Menschen erwirken, den sie moralisch verdienen und dringend brauchen. Auf diese Weise mag es einen praktischen, politischen Ehrenplatz für nichtmenschliche Große Menschenaffen geben – ähnlich wie der von Haustieren, die zu unserem sozial erweiterten Familienkreis gehören –, obwohl es letztendlich ohne Bezugnahme auf menschliche Instinkte und Neigungen theoretisch weder für sie noch für irgendeine andere fühlende Spezies eine solche Sonderstellung gibt.

Diese praktische Schlußfolgerung sollte nicht als ein Aufweichen der Befreiungsideale verurteilt werden. Allzuoft vergessen wir, wenn wir uns mit der Moralphilosophie beschäftigen, daß sie eine praktische Wissenschaft sein soll, das heißt ein Studium, dessen Folgerungen nicht Theorien sind, sondern Handlungen. Ideale sind notwendig, um unser moralisches Handeln zu leiten, aber aus Idealen allein läßt sich nicht ableiten, was getan werden soll. Unser Handeln wird nicht nur von den Idealen, sondern auch von dem Material bestimmt, mit dem wir umgehen müssen, um diese Ideale zu verwirklichen. Und das Material, mit dem wir es bei der Befreiung der Tiere – wie bei jedem moralischen Wandel – zu tun haben, sind Menschen, so wie sie gegenwärtig sind, mit ihren angeborenen Fähigkeiten und Unfähigkeiten, ihren Gefühlen und Gefühlslosigkeiten, mit den von ihnen geschaffenen Kulturen, den jeweils geltenden moralischen oder unmoralischen Überzeugungen und Praktiken, den aktuellen ökonomischen Abhängigkeiten und vorhandenen Weltanschauungen. Die angemessene Aufgabe der Moralphilosophie ist es, Begriffe und Argumente zu entwickeln und geltend zu machen, die Menschen, wie sie sind, dazu veranlassen, aus der Welt einen besseren Ort zu machen, und die angemessene Aufgabe der Tierbefreiungsethik ist es, Menschen dazu zu bewegen, aus der Welt einen besseren Ort für nichtmenschliche Tiere zu machen. Das Entwickeln moralischer Theorien und Ideale, wie es in diesem Kapitel geschehen ist, ist nur ein Mittel zu diesem Zweck.

Diese Ideale müssen im Auge behalten werden, wenn unsere Bemühungen um nichtmenschliche Tiere nicht vereinnahmt werden und bloß rhetorische, selbstgefällige Veränderungen bewirken sollen – wie es beispielsweise der Fall ist, wenn Tierexperimentatoren bereitwillig zugeben, daß nichtmenschliche Tiere Rechte haben, doch dann fortfahren zu erklären, daß diese Rechte beim humanen Opfern nichtmenschlicher Tiere in den Laboratorien respektiert werden. Andererseits werden jene, die darauf bestehen, daß alle Projekte zur Befreiung der Tiere sich ausschließlich auf das Ideal konzentrieren und geringschätzig jedes Abstimmen von Befreiungsidealen auf gegenwärtige Realitäten ablehnen, wahrscheinlich nicht mehr erreichen als das Gefühl, saubere Hände und ein reines Gewissen zu haben. Indem sie bewußt den Kontakt mit vielen der Kräfte ablehnen, die die Wirklichkeit bewegen und gestalten, wird es ihnen wahrscheinlich nicht gelingen, nichtmenschlichen Tieren zu helfen, und ihre so hochgeschätzten schönen Ideale werden wahrscheinlich bloße Ideale bleiben, während nichtmenschliche Tiere auch weiterhin leiden und sterben müssen, ohne daß ihnen geholfen wird.

Die Beteiligung an Kampagnen – so wie diese, die erreichen will, daß der Schutz moralischer und gesetzlich festgelegter Grundsätze und Rechte auf nichtmenschliche Große Menschenaffen ausgedehnt wird –, die sich den Anthropozentrismus und andere menschliche Schwächen zunutze machen und deshalb den Idealen der Tierbefreiung nicht entsprechen, bedeutet daher kein Abrücken von diesen Idealen. Es bedeutet, diese Ideale in der Welt, wie sie ist, zu verwirklichen und zu verfolgen. Dies und nicht die theoretische Präzision und die Reinheit des Gewissens ist es, worum es bei der Moralphilosophie und dem Engagement für Tiere schließlich geht.

Anmerkungen

1. »Handle so, daß du die Menscheit, sowohl in deiner Person, als in der Person eines jeden andern, jederzeit zugleich als Zweck, niemals bloß als Mittel brauchest.« Immanuel Kant, *Grundlegung zur Metaphysik der Sitten*, Frankfurt 1974, S. 61.
2. S. F. Sapontzis, *Morals, Reason, and Animals*, Philadelphia 1987.
3. T. Regan, *The Case of Animal Rights*, Berkeley 1983.
4. P. Singer, *Befreiung der Tiere. Eine neue Ehtik zur Behandlung der Tiere,* München, 1982.
5. J. Baird Callicott, *In Defence of the Land Ehtic*, Buffalo 1989.
6. J. Bentham, *Eine Einführung in die Prinzipien der Moral und der Gesetzgebung, IV. Kapitel.*

Teil VI

REALITÄT

28
Besitzgegenstände

von David Cantor

David Cantor arbeitet für das Research and Investigations Department bei ›People for the Ethical Treatment of Animal in Washington‹, DC. Er hat zahlreiche Artikel über die Verwendung von Tieren in Schulen und über andere Formen der Ausbeutung von Tieren geschrieben. Der folgende Aufsatz liefert Beispiele dafür, wie der gegenwärtige rechtliche und moralische Status Großer Menschenaffen es Menschen erlaubt, sich ihnen gegenüber zu verhalten.

Gegenwärtig leben einige Tausend Große Menschenaffen in den Vereinigten Staaten: etwa zweitausend Schimpansen in Laboratorien, acht- bis neunhundert in Zoos und einige in der Unterhaltungsindustrie. Zehn bis zwanzig Orang-Utans werden in der Unterhaltungsindustrie benutzt, fünfzehn bis zwanzig in Laboratorien und einige Hundert in Zoos. Fast dreihundert Gorillas leben in Zoos, zehn bis fünfzehn in Laboratorien, und soweit man weiß, werden gegenwärtig keine in der Unterhaltungsindustrie verwendet. Allerdings wird ein Gorilla in einem Einkaufszentrum in Tacoma, Washington, ausgestellt.

Zwei Hauptfaktoren haben verhindert, daß sich die Zahl der Großen Menschenaffen in den Laboratorien in den letzten Jahren nicht wesentlich erhöht hat: ihre geringe Geburtenrate in Gefangenschaft und die »Convention on International Trade in Endangered Species of Wild Fauna and Flora« (CITES). CITES, ansässig in der Schweiz, überwacht die Einhaltung eines Handelsvertrages, der von hundertelf Nationen einschließlich Großbritanniens und der USA unterzeichnet worden ist. Sie hat den Export vieler Spezies – einschließlich der Großen Menschenaffen – aus ihren natürlichen Lebensräumen drastisch verringert, obwohl es immer noch illegale Verschiffungen gibt. So bleiben den Experimentatoren, die geschützte Tiere suchen, nur die, die ins Land geschmuggelt wurden oder die in Gefangenschaft geboren sind.

Schimpansen in einem Laboratorium

1987 betrat eine Gruppe mit dem Namen True Friends das Laboratorium SEMA (ehemals Meloy) in Rockville, Maryland, wo, wie man wußte, Schimpansen und viele andere Primaten für Versuche gehalten wurden, die mit den National Institutes of Health (NIH) vertraglich vereinbart waren. Die True Friends machten Fotos und Videoaufnahmen in den Laboratorien und holten vier Schimpansen heraus, die konkrete Beweise für die Bedingungen lieferten, unter denen die Tiere bei SEMA lebten und starben. People for the Ethical Treatment of Animals (PETA) veröffentlichten diese Fakten und fügten ihrem Bericht Informationen aus Regierungsakten und anderen schriftlichen Quellen hinzu. Da die Versorgungsstandards für Tiere in Laboratorien überall in den Vereinigten Staaten von den gleichen Kriterien bestimmt und die staatlichen Inspektionen in allen Einrichtungen auf der gleichen Grundlage und von den gleichen Behörden vorgenommen werden, kann man die Geschichte von SEMA als im großen und ganzen repräsentativ für andere Forschungslaboratorien in den Vereinigten Staaten ansehen, doch um korrekt zu sein, müssen Einzelheiten stets überprüft werden. Zur Zeit des Besuchs der True Friends bei SEMA waren dort viele Arten von Primaten mit Grippe, Hepatitis und anderen Krankheiten sowie mit Krebs und HIV, dem menschlichen AIDS-Virus, infiziert worden. Schimpansen waren mit Hepatitis und HIV infiziert. Experimentatoren notierten die Symptome und den Verlauf der Krankheiten und testeten mögliche Behandlungsmethoden.

Fast siebenhundert Primaten lebten allein in kleinen Stahlkäfigen (isolettes), die für ein Tier bestimmt waren und nichts enthielten, was für eine Belebung hätte anregen können: Käfige mit Türen aus Maschendraht oder Eisenstäben, feste Seitenwände, die verhinderten, daß die Tiere, die nebeneinanderlebten, sich sehen konnten. Große Räume waren mit diesen Käfigen gefüllt, so daß die Tiere einander hören und in einigen Fällen auch sehen, aber keinen Kontakt aufnehmen konnten. Mit Krankheiten infiziert, verbrachten sie ihr ganzes Leben auf diese Weise. Ein Schimpanse lebt unter Umständen fünfzig Jahre in einem Isolierkäfig und verläßt ihn nur, wenn es die Durchführung von Experimenten oder die Wartung des Käfigs erfordert – oder nach seinem oder ihrem Tod.

Laut Vertrag mußten die Experimentatoren von SEMA für die NIH Forschungsprotokolle erstellen und »nichtmenschliche Primaten unterbringen und verpflegen sowie dabei AIDS-bezogene Studien und Untersuchungen verschiedener Darm- und Atemwegserkrankungen durchführen«. In dem am 18. Dezember 1984 geschlossenen Vertrag heißt es weiter:

> Der Vertragschließende wird die Schimpansen (oder auf Anweisung des zuständigen Beamten andere Tiermodelle) isoliert versorgen und unterbringen, die für die Erforschung des erworbenen Immunschwächesyndroms verwendet werden sollen. Alle im Rahmen dieses Projektes verwendeten Tiere sollen in einem gesonderten und von allen anderen Tieren getrennten Raum untergebracht werden.

Weiter heißt es in diesem Vertrag:

> Insbesondere soll der Vertragschließende:
> 1) eine Unterbringungsmöglichkeit bereitstellen, die etwa neun Schimpansen (von denen fünf bis zu 25 Kilogramm und vier bis zu 20 Kilogramm wiegen sollen) für die AIDS-Forschung aufnehmen kann.
> 2) diese Tiere in Käfigen und Isolationseinheiten halten, die die Regierung zur Verfügung stellen wird.
> 3) die Tiere nach Anweisung des Beamten, der dieses Projekt leitet, mit dem von ihm zur Verfügung gestellten Material

> behandeln oder infizieren, um Blutentnahmen, Gewebeuntersuchungen und Öffnungen der Bauchhöhle vorzunehmen, sowie andere Proben zu erstellen, die von den Wissenschaftlern der NIH auf mögliche Infektionen hin analysiert werden. Die Regierung schätzt pro Tier 500 Blutentnahmen (Plasmapheresen/Leukopheresen); 100 Biopsien und 100 Öffnungen der Bauchhöhle.[1]

(Der Vertrag enthielt auch Angaben über Experimente mit Totenkopfäffchen, Rhesusaffen und anderen Primaten.)

Laut Vertrag mit dem National Institute of Allergies and Infectious Diseases (NIAID, eine Abteilung der NIH), sollte SEMA ein Experiment durchführen, bei dem auf bis zu zehn Schimpansen jährlich für unbestimmte Zeit das HTLV-III oder andere neuentdeckte menschliche Retroviren übertragen und auf Anzeichen für eine Infektion hin verfolgt werden.[2]

Wie alle Laboratorien, die bei der Nationalen Gesundheitsbehörde NIH unter Vertrag stehen, muß sich auch SEMA von der American Association for Accreditation of Laboratory Animal Care (AAALAC), einer gemeinnützigen Organisation, daraufhin überprüfen lassen, ob es sich an die Richtlinien des US Public Health Service (PHS) für die Versorgung von Tieren hält. In den Richtlinien des PHS heißt es:

> Das Unterbringungssystem [für in der Forschung eingesetzte Tiere] sollte:
> - Raum bieten, der angemessen ist, Bewegungsfreiheit und normale Körperhaltungen erlaubt sowie über einen für die betreffende Spezies angemessenen Ruheplatz verfügt;
> - eine für die Tiere angenehme Umgebung darstellen;
> - für eine ausbruchsichere Behausung sorgen, in der die Tiere sicher eingesperrt sind;
> - ihnen leichten Zugang zu Nahrung und Wasser ermöglichen;
> - eine ausreichende Belüftung bieten;
> - die biologischen Bedürfnisse der Tiere berücksichtigen, das

heißt, den Erhalt der Körpertemperatur, die Möglichkeit zu urinieren, den Darm zu entleeren und, sofern angebracht, sich fortzupflanzen;
- gemäß den Erfordernissen der jeweiligen Spezies die Tiere trocken und sauber halten;
- unnötige körperliche Einschränkungen vermeiden und
- die Tiere vor voraussehbaren Risiken schützen.[3]

Für Schimpansen, die mehr als fünfundzwanzig Kilo wiegen, empfehlen die Richtlinien einen Käfig mit den Mindestausmaßen von 2,33 Quadratmetern Bodenfläche für jedes Tier und einer Mindesthöhe von 2,13 Metern. Für Schimpansen mit einem Gewicht zwischen fünfzehn und fünfundzwanzig Kilogramm soll die Bodenfläche pro Tier mindestens 0,74 Quadratmeter groß sein und die Höhe des Käfigs 91,44 Zentimeter betragen. So könnte nach dem oben erwähnten Vertrag, der vorsieht, daß einige Schimpansen mehr als fünfundzwanzig Kilogramm und andere etwas weniger wiegen, ein Schimpanse mit einem Gewicht von vierundzwanzig Kilogramm jahrelang in einem Käfig gehalten werden, der nur ein Drittel des Raumes umfaßt, der für einen nur etwas größeren Schimpansen mit einem Gewicht von sechsundzwanzig Kilogramm vorgesehen ist.[4]

Wie alle amerikanischen Forschungseinrichtungen, die Tiere verwenden, muß sich auch SEMA an das amerikanische Tierschutzgesetz halten, nach dem das amerikanische Landwirtschaftsministerium (USDA) durch seinen Animal and Plant Health Inspection Service (APHIS) sicherstellen muß, daß Tiere, die für Versuche benutzt, ausgestellt oder als Haustiere gehalten werden, human versorgt und behandelt werden.[5]

In den zwei Jahren, bevor PETA seine Informationen über SEMA veröffentlichte (1985 bis 1986), nannten die Untersuchungsberichte des APHIS neunzehn Verletzungen des Tierschutzgesetzes in fünfzehn Kategorien, darunter Raumanforderung, Nahrungs- und Wasserversorgung, Sauberhaltung, Wartung der Unterbringungen, tierärztliche Versorgung, Bekämpfung von Ungeziefer, Ausbildung der Mitarbeiter, Abwasserbeseitigung, Zustand der Innenwände der Käfige, Beleuchtung und Belüftung. In allen fünf Inspektionsberichten, die während dieser beiden Jahre abgegeben wurden, hieß es, daß die Primaten »zu groß für ihre Käfige« seien. Hinsichtlich der Sauberkeit hieß es in einem dieser Berichte:

> In vielen der Hauptunterkünfte ... waren die Gitterstäbe mit eingetrocknetem Kot beschmiert, und auf dem Boden lagen Ansammlungen von Schmutz- und Nahrungsresten ... eingetrocknetes Futter und Schutt entlang der Gummidichtungen der Käfigtüren. In allen untersuchten dunklen Ecken wurden Schaben und Mäusekot festgestellt, Anzeichen von Ungeziefer fanden sich überall.

Die Futterbehältnisse wurden als »stark verunreinigt« beschrieben und in einem Bericht hieß es, »angesichts der... Mängel ist es unbedingt erforderlich, mehr und besser ausgebildetes Personal einzustellen, um diese zu korrigieren«.[6]

Während derselben zwei Jahre meldeten die Inspektoren der AAALAC sechzehn Verstöße gegen die Richtlinien des PHS. Daraufhin wurde SEMA eine Bewährungsfrist gesetzt. In der Zeit von 1981 bis 1986 wurde für SEMA dreimal sooft eine Bewährungsfrist angeordnet wie eine Bestätigung über die Einhaltung der Richtlinien erteilt. Zu den Mängeln in den Jahren 1985 und 1986 gehörte auch die Unterbringung der Schimpansen in Käfigen, die nicht den Erfordernissen des Tierschutzgesetzes und der AAALAC entsprachen; einige befanden sich in Käfigen, die 101,6 Zentimeter hoch, 66,04 Zentimeter breit und 76 Zentimeter tief waren – kleiner als die Mindestgröße für *jeden* Schimpansen. Die Gitterstäbe und die Käfigwände waren mit eingetrocknetem Kot beschmiert, und auf den Abflußrinnen befand sich im Übermaß Urinstein. Viele Tiere brauchten tierärztliche Behandlung. Zu den Symptomen, die sie zeigten, gehörten Schüttelfrost, Hautabschürfungen, Haarausfall und Erbrechen. Ein Affe wurde tot auf dem Boden seines Käfigs gefunden.

In den Jahren 1981 bis 1984 starb bei SEMA eine ungewöhnlich große Anzahl von Tieren, und zwar 78, eines »zufälligen« Todes, darunter fünf Schimpansen. Ein Schimpanse, die Nummer A 51, erstickte an seinem eigenen Erbrochenen. SEMA schrieb diesen Vorfall »einem Versagen der normalen Vorgänge« zu. Ein Beamter des NIH sagte, daß »Ereignisse, die zum Tode von A 117 (einem Schimpansen) geführt haben«, der in einem zu kleinen Käfig erstickt war, »vermieden werden können und müssen«. Ein Schimpanse starb, weil er nicht mehr atmen konnte, nachdem er mit Ketamin betäubt worden war. Ein Tierarzt, der das Tier behandelt hatte, sagte, wegen zunehmender Arbeitsbelastung und zu kleinen Mitarbeiterstabs müßten die Techniker mehrere Schimpansen auf einmal narkotisieren. Die Folge war, daß kein Tier ausreichend genau überwacht wurde, um seine oder ihre Sicherheit zu gewährleisten.

Der Vorsitzende des Akkreditierungsgremiums der AAALAC schrieb im März 1986: »Gegenwärtig werden Primaten, die aus unvorhergesehenen Ursachen sterben, die mit dem Versuchsprotokoll in keinem Zusammenhang stehen, nach ihrem Tode obduziert... Das Gremium ist jedoch darüber beunruhigt, daß keine genauen histopathologischen oder mikrobiologischen Untersuchungen vorgenommen werden, die notwendig wären, um eine definitive Diagnose zu stellen.[7]

Wie die von den True Friends bei SEMA aufgenommenen Videobänder deutlich zeigten, waren viele der in den Isolierkäfigen lebenden Tiere psychotisch geworden. Einige drehten sich ständig im Kreise und reagierten nicht auf die Anwesenheit von Besuchern. Ein älterer männlicher Schimpanse mit der Nummer 1164 saß gekrümmt auf dem Boden seines Käfigs, schaukelte vor und zurück und murmelte unentwegt vor sich hin.[8]

Im September 1992 erlaubte der Präsident von SEMA – heute heißt das Laboratorium Bioqual –, einen Teil dieser Einrichtung, eine Art »Schimpansenschaukasten«, zu besichtigen und zu fotografieren. Die Anlage bestand aus einer fortlaufenden Reihe abgeteilter, hundezwingerartiger Ausläufe mit Wänden aus Plexiglas. Die Schimpansen in diesen einzelnen Behausungen, es waren etwa zwanzig, konnten die anderen Schimpansen vor, hinter und neben sich sehen. Es gab ein Spielzimmer mit Spielsachen und Klettergerüsten. In den Behausungen gab es Möglichkeiten für die Schimpansen hin und her zu schwingen, es gab Spielzeug und einen erhöhten Schlafplatz. Man sagte den Besuchern, jeder Schimpanse bekäme täglich zwei Früchte. Der Präsident erklärte, es würden bei Bioqual zwar immer noch Experimente mit Hepatitis, Grippe und anderen Infektionskrankheiten durchgeführt, aber die Schimpansen würden nicht mehr für die AIDS-Forschung verwendet.[9]

Der Handel mit Orang-Utans

Nur noch etwa zwanzigtausend Orang-Utans leben heute in Freiheit auf den Inseln Borneo und Sumatra. Orang-Utans werden von Zoos, Zirkussen, Tiertrainern in der Unterhaltungsindustrie und von reichen Privatsammlern hochgeschätzt. Da sie so selten sind, werden für Orang-Utan-Babies hohe Preise gezahlt – in den Vereinigten Staaten bis zu fünfzigtausend Dollar.[10] Die Jäger töten gewöhnlich die Mütter und manchmal auch andere Erwachsene und Babies, um an einen jungen Orang-Utan heranzukommen. Unter Berücksichtigung der hohen Sterblichkeitsrate bei gefangenen Tieren schätzen Tierrechtler, daß für ein Tier, das die lange Reise bis zu einem Zoo oder an einen anderen Bestimmungsort überlebt, mit Sicherheit zwei oder drei und vielleicht sogar bis zu zehn Tiere sterben.[11]

Das Schicksal einer Gruppe gefangener Orang-Utans, der sogenannten »Bangkok Six«, hat die Aufmerksamkeit der Öffentlichkeit auf den internationalen Handel mit Primaten gelenkt. Die sechs Orang-Utans wurden ohne Nahrung oder Wasser in zwei Holzkisten mit der Aufschrift »Vögel« eingepfercht und von Borneo über Singapur nach Bangkok in Thailand gebracht. Die zugenagelten Kisten hatten nur Löcher mit dem Durchmesser eines Bleistifts für die Belüftung. Eine Kiste, die drei Orang-Utans enthielt, wurde auf dem Kopf stehend transportiert. Wären Beamte des Flughafens Bangkok nicht durch die Schreie, die aus den Kisten kamen und so gar nicht nach Vögeln klangen, neugierig genug geworden, um die Kisten mit einem Röntgengerät zu durchleuchten, dann wären die Tiere nach Belgrad in Jugoslawien und von dort vielleicht in einen Moskauer Zoo geschickt worden.

Zu der Ladung, die als »persönliches Gepäck« gekennzeichnet

war, gehörten auch zwei Siamangs, die wahrscheinlich als Bezahlung für den Belgrader Zoo bestimmt waren, der den Weitertransport der Orang-Utans nach Moskau überwachte. Obwohl Thailand Mitglied von CITIES ist, erlaubte das Land 1990 den Import und Export nichtheimischer Spezies.[12] Die Beamten auf dem Flughafen in Bangkok beschlagnahmten die Orang-Utans und Siamangs tatsächlich nicht deshalb, weil sie einer vom Aussterben bedrohten Spezies angehörten, sondern weil sie falsch ausgezeichnet waren.

Kurt Schäfer, ein Deutscher, der in Thailand lebte und dem das »persönliche Gepäck« gehörte, wurde von den thailändischen Beamten keines Vergehens beschuldigt, wurde jedoch in Singapur angeklagt, weil er ohne offizielle Genehmigung Orang-Utans und Siamangs ausgeführt hatte. Er flog freiwillig nach Singapur und erhielt dort eine Geldstrafe von nur tausendzweihundert Dollar.[13] Wer es in Singapur unterläßt, die Spülung einer öffentlichen Toilette zu betätigen, muß ein Bußgeld von hundert Dollar bezahlen.[14] Die Beamten in Singapur gewährten in Schäfers Fall drei »mildernde Umstände«: Er habe »einem Freund einen Gefallen getan«, hatte er den Beamten gesagt, die dann versäumten, nach dem Namen des »Freundes« zu fragen. Dann war er freiwillig nach Singapur gekommen, um sich dem Gericht zu stellen, und schließlich waren die Orang-Utans und die Siamangs beschlagnahmt worden.[15]

Freiwillige Mitarbeiter des Wildlife Fund von Thailand gaben den Orang-Utans die Namen Bambi, Bimbo, Fossey, Ollie, Tanya und Thomas. Sie alle waren an Lungenentzündung erkrankt, litten an Dehydrierung und Parasitenbefall.[16] Man glaubte nicht, daß Ollie überleben würde, als die internationale Liga zum Schutz der Primaten (IPPL) und die Orang-Utan Foundation die erfahrene Orang-Utan-Pflegerin Diana Taylor-Snow beauftragten, die Orang-Utans gesundzupflegen und auf die Freilassung in der Wildnis vorzubereiten. Der Zustand von Ollie besserte sich, aber bei Bimbo stellte man Schäden an der Leber und Milz fest (möglicherweise die Folgen seiner Unterbringung mit dem Kopf nach unten während des Transports von Singapur nach Bangkok), und zudem litt er unter häufigem Niesen, Schnupfen, Durchfall und Scherpilzflechte. Trotz seiner schlechten körperlichen Verfassung war Bimbo neugierig und lebhaft. Es gelang ihm, die Kiste, in der er steckte, über den Fußboden zu bewegen, indem er in ihr herumsprang und durch das Beobachten seiner Umgebung lernte er schnell, an die Dinge heranzukommen, die ihn interessierten.[17]

Taylor-Snow und die freiwilligen Helfer des Wildlife Fund von Thailand pflegten die Orang-Utans, soweit dies angesichts ihres ernsten Zustandes möglich war, gesund, um sie dann in ihren Heimatwäldern freizulassen.

In der Zwischenzeit hatte sich die Geschichte um die »Bangkok Six« von der Wildnis Borneos in einen Gerichtssaal in Miami, Florida, verlagert, wo Matthew Block, der Leiter von Worldwide Primates, am 19. Februar 1992 von einer Anklagejury wegen seiner angeblichen Beteiligung am Export der Orang-Utans angeklagt wurde, welcher eine Verletzung der CITES-Gesetze und des US-Gesetzes zum Schutz gefährdeter Spezies darstellte. Man glaubte, Block sei der »Freund«, dem Kurt Schäfer im Februar 1990 den »Gefallen« getan hatte, den Transport der »Bangkok Six« zu begleiten.

Der 1961 geborene Matthew Block hatte schon im Alter von dreizehn Jahren angefangen, mit exotischen Vögeln zu handeln, und war bereits als junger Mann eine Hauptfigur im Importgeschäft mit Tieren. Im Alter von einundzwanzig Jahren verdiente er mit dem Verkauf exotischer Vögel mehr als sechshunderttausend Dollar jährlich, aber die strengeren Regierungsbestimmungen und die zunehmende Konkurrenz veranlaßten Block, sich dem Handel mit Primaten und anderen Tieren, zu denen auch Elefanten gehörten, zuzuwenden und diese an Zoos zu verkaufen. 1989 hatte sein Unternehmen einen Jahresumsatz von 1,2 Millionen Dollar erreicht, importierte jährlich zweitausend Affen[18] und beherrschte somit etwa ein Viertel dieses Marktes in den Vereinigten Staaten.[19] Damit gehörte er zu den drei wichtigsten Lieferanten nichtmenschlicher Primaten für Tierversuche.[20]

Obwohl Block unentwegt seine Unschuld beteuerte, sollte das Gerichtsverfahren im Fall der »Bangkok Six« am 24. August 1992 eröffnet werden, aber am 24. August erschütterte der Hurrikan

Andrew Südflorida, und die Eröffnung des Verfahrens wurde verschoben. Die Verzögerungen, die der Hurrikan verursacht hatte, behinderten Miamis Prozeßliste. Blocks Anwalt arbeitete indessen einen Antrag aus: Block würde sich wegen zwei minderschwerer Delikte für schuldig bekennen, wenn die zwei Hauptanklagepunkte fallengelassen würden. Das Bekanntwerden des Antrags löste bei Tierhändlern in der ganzen Welt zunächst Beifall aus, aber im Dezember 1992 weigerte sich der Vorsitzende Richter James Kehoe unter Hinweis auf einige hundert Briefe aus allen Teilen der Welt, in denen die Sorge zum Ausdruck gebracht wurde, der Gerechtigkeit Genüge zu tun, das Angebot des Verteidigers anzunehmen, und setzte den Beginn des Verfahrens für März 1993 fest.

Am 9. Februar 1993, fast drei Jahre nach dem Tag des folgenschweren Transports der »Bangkok Six« und unter dem Eindruck des Vorwurfs der Anklagebehörde, Block sei in ein Komplott mit dem KGB verwickelt, bei dem die Orang-Utans nach Rußland eingeschmuggelt werden sollten, bekannte sich Matthew Block schuldig. Das Urteil wurde am 15. April verkündet. Matthew Block wurde in Miami zu einer Gefängnisstrafe von 43 Monaten und einer Geldstrafe von 30 000 Dollar verurteilt (Washington Post vom 17. 4. 1993 [Anm. des Übersetzers]). Die Höchststrafe liegt bei fünf Jahren Gefängnis und einer Geldstrafe in Höhe von 250 000 Dollar.[21]

Von den jungen Orang-Utans haben nur zwei überlebt.[24] »Ollie und Bimbo starben in meinen Armen«, sagte Taylor-Snow und berichtet, sie habe kaum glauben können, daß sie noch lebten, als sie sie fand. »Sie waren grau« und zeigten nicht die normale tief rotbraune Farbe der Orang-Utans. Später hörte sie, daß auch Fossey und Thomas gestorben waren. Sie erlagen den Dauerschäden, die jeder Säugling davonträgt, der Nahrung, Wasser und frische Luft entbehren muß, wie im Fall der »Bangkok Six« geschehen.[22]

Solange der Handel mit Orang-Utans weitergeht, kann das jedem von ihnen geschehen, der das Unglück hat, in den Wäldern von Borneo und Sumatra gefangen und der Mutter weggenommen zu werden.

Ende der siebziger Jahre wurde das Geld für die Forschung mit Gorillas knapp, denn ihr Unterhalt kostete etwa das Fünffache dessen, was für die gleiche Zahl von kleineren Affen ausgegeben werden mußte. Da Schimpansen als »bedrohte« und nicht als »gefährdete« Spezies wie Gorillas und Orang-Utans klassifiziert wurden, blieben sie in den Laboratorien, während die meisten Gorillas und Orang-Utans an Zoos übergeben wurden. 1988 hatte Yerkes, das einzige Primatenforschungszentrum, das auch Gorillas hielt, vor, alle seine Gorillas und Orang-Utans bis 1990 in Zoos unterzubringen, obwohl einige von jeder Spezies bei Yerkes verblieben.

Der Silberrücken Timmy, ein Flachlandgorilla, verbrachte ab 1966 sein Leben im Cleveland Metroparks Zoo. Dort lebte er dreißig Jahre getrennt von den anderen Gorillas. Mit zwei weiblichen Gorillas, die zu ihm gebracht wurden, kam er nicht gut aus und paarte sich auch nicht mit ihnen. 1990 jedoch wurde eine Gorillafrau in Timmys Umzäunung gebracht, die etwas älter war: Katie oder auch Kribe Kate genannt. Timmy und Katie zeigten sehr bald Zuneigung zueinander, spielten zusammen, hatten sexuelle Beziehungen miteinander und schliefen Arm in Arm.

Der Metroparks Zoo hat sich dem Gorilla Species Survival Plan (SSP) angeschlossen, der 1983 von der American Association of Zoological Parks and Aquariums (AAZPA) ins Leben gerufen wurde, »um die Möglichkeiten für die Nachzucht gefangener Tiere in den nordamerikanischen Zoos zu verbessern«.[23] Man hoffte, daß auch Timmy und Katie Nachkommen zeugen würden, aber es stellte sich heraus, daß bei Katie, die in der Vergangenheit bereits geboren hatte, der Eileiter blockiert war und sie nicht mehr empfangen konnte. Der Zoo plante, Timmy an den Bronx Zoo in New York abzugeben. Das führte zu Meinungsverschiedenheiten zwischen denjenigen, die glaubten, Timmy sollte in erster Linie als Teil des SSP behandelt werden – als Vertreter seiner Spezies, deren Population in der Wildnis zurückgeht, weil Menschen sie essen und ihren Lebensraum zerstören – und denjenigen, die ihn als individuellen Gorilla respektiert sehen wollten, der in einer engen Beziehung mit einem anderen zusammenlebt. Wie sich zeigte, hatte Timmy nur eine sehr geringe Spermienzahl, was seine Fortpflanzungschancen verringerte.

Steve Gove, ein Tierpfleger im Katzen- und Primatengebäude von Metroparks, der zu der Zeit, als die Kontroverse entbrannte, schon achtzehn Jahre mit Timmy gearbeitet hatte, sprach sich gegen die Verlegung von Timmy nach New York aus:

> Timmy ist kein sehr anpassungsfähiger Gorilla, das hat er bewiesen. Es hat Jahre gebraucht, um eine Partnerin zu finden, mit der er sich wohlfühlt. Meine größte Sorge ist, daß der Streß der Verlegung bei ihm einen Herzanfall oder einen Gehirnschlag auslösen könnte. Wir fürchten auch, daß die anderen Gorillas ihn nicht akzeptieren und verletzen könnten.
>
> Das mindeste, was passieren könnte, ist, daß sich Timmy durch das Trauma wieder gegen die Außenwelt abschirmt. Seit 1966 ist er sehr scheu gewesen. Erst als Katie hierher kam, ist er zugänglicher geworden. Er könnte sehr leicht wieder so werden, wie er am Anfang war. Keiner von uns möchte erleben, daß das geschieht.

Der Zoodirektor Steve Taylor, der die Verlegung vorantreiben wollte, soll gesagt haben:

> Es macht mich krank, wenn Leute anfangen, in Tieren menschliche Emotionen zu sehen. Und es erniedrigt die Tiere. Wir dürfen sie nicht als eine Art großartiger menschlicher Wesen sehen; es sind Tiere. Wenn die Leute sagen, Tiere hätten Emotionen, dann überschreiten sie die Brücke zur Wirklichkeit.[24]

Der Generaldirektor der zoologischen Gesellschaft in New York, zu der auch der Bronx Zoo gehört, schrieb in einem Leserbrief an eine Zeitung, Gorillas seien nicht monogam, und »Timmys biologische Natur ist es, einen Harem zu führen«.[25]

Die kalifornische Tierrechtsorganisation In Defense of Animals, das Network for Ohio Animal Action und die Animal Protection League in Ohio unternahmen alles, um die Verlegung zu verhindern. Mehr als eintausendfünfhundert Personen unterzeichneten Protesterklärungen gegen die Verlegung. Demonstrationen fanden statt. Die Rechtsanwältin Gloria Rowland-Homolak beantragte einen Gerichtsbeschluß gegen die Verlegung Timmys vom Metroparks Zoo in den Bronx Zoo, und das Verfahren verzögerte seinen Abtransport. Aber im November 1991 wurde Timmy mit Medikamenten ruhiggestellt und in einer Kiste auf einen Lastwagen Richtung New York verladen, wie es der SSP vorgesehen hatte.

Nachdem Timmy aus dem Metroparks Zoo weggebracht worden war, wurde ein Gorilla namens Oscar zu Katie gesteckt. Die beiden Gorillas kämpften miteinander. Oscar biß Katie in einen Zeh, der daraufhin amputiert wurde, und zusätzlich mußte Katie wegen einer Rückenquetschung behandelt werden. Schließlich entschloß sich der Metroparks Zoo, Katie in einen anderen Zoo zu verlegen, um weitere Angriffe durch Oscar zu vermeiden, dessen aggressives Verhalten angeblich bereits eine Vorgeschichte in einem Zoo in Kansas hatte. Im November 1992 wurde Katie in einer Kiste auf einen Zug Richtung Texas verladen. Dort lebt sie jetzt im zoologischen Garten von Fort Worth.

Wenige Tage nach der tätlichen Auseinandersetzung zwischen Katie und Oscar wurde berichtet, daß Timmy sich mit den weiblichen Gorillas im Bronx Zoo nicht paarte, und der begleitende Kurator der zoologischen Gesellschaft in New York, James Doherty, soll gesagt haben: »Wir wollen, daß die weiblichen Gorillas gedeckt werden. Niemand hat ein größeres Interesse an Gorilla-Babies als wir«, und daß, wenn dieser Affe das nicht »bewerkstelligt«, »wir Timmy nicht ewig behalten werden«.[26]

Es vergingen sieben Monate bis Timmy, im Mai 1992, zum erstenmal dabei beobachtet wurde, wie er sich mit einem weiblichen Gorilla im Bronx Zoo paarte. Trotz mehrfacher Paarungen wurde bis November 1992 bei keinem der weiblichen Gorillas eine Schwangerschaft bestätigt. Gewöhnlich werden weibliche Gorillas erst nach mehreren Östruszyklen schwanger, doch Timmys geringe Spermienzahl macht die Aussichten auf Nachkommen um so unwahrscheinlicher. Ein Tierschützer, der die Ereignisse im Leben von Timmy und Katie beobachtet hat, schrieb:

> Im September 1992 war ich im Bronx Zoo und sah Timmy zweimal. Bei beiden Gelegenheiten saß Timmy während acht Stunden die meiste Zeit auf einem Stein. Er stand von diesem Stein nur einmal auf, um sich etwa zwanzig Minuten lang an eine Wand zu lehnen... Vor meiner Reise nach New York war ich in Cleveland. Während meines Aufenthalts dort sprach ich mit fünf Menschen, die auch den Bronx Zoo besucht hatten, und ihre Beobachtungen waren die gleichen wie meine.[27]

Dank des Verfassers: Der Verfasser möchte Christine Jackson, ›senior writer‹ von People for the Ethical Treatment of Animals (PETA) für den Entwurf des zweiten Teils dieses Aufsatzes danken.

Anmerkungen

1. United States Department of Health and Human Services, Vertrag Nr. NO 1-AI-52566 vom 18. Dezember 1984.
2. United States Department of Health and Human Services, National Institute of Allergies and Infectious Diseases, Animal Study Form (NIH 79-6), 1. Oktorber 1986.
3. United States Department of Health and Human Services, *Guide for the Care and Use of Laboratory Animals* (Rev. 1985), S. 11–12.
4. Ebenda, S. 14.
5. United States code of Federal Regulations, Titel 9, Abschnitt A.
6. United States Department of Agriculture, Animal and Plant Health Inspection Service, Inspection of Animal Facilities, Sites or Premises, Form 18-8, 9. August 1989. Siehe auch People for the Ethical Treatment of Animals (PETA), »Investigative Report: SEMA Laboratory, Rockville, Maryland«, 1986.
7. PETA, »Investigative Report«.
8. PETA, »Breaking Barriers« (Videoband), 1987.
9. Ingrid E. Newkirk, Brief an Dr. Jane Goodall vom 29. September 1992.
10. William Labbee, »The primate debate«, *New Times* (Miami's News and Arts Weekly), 20. bis 26. November 1991, S. 21.
11. »Gericht lehnt Antrag auf Einstellung des Verfahrens im Fall Matthew Block ab«, *AWI Quarterly*, Herbst 1992.

12. »More about the ›Bangkok six‹«, *IPPL Newsletter*, August 1990, S. 5.
13. »Background on the ›Bangkok six‹«, *IPPL Newsletter*, August 1990, S. 6.
14. »›Punishment‹ – Singapore Style«, *IPPL Newsletter*, August 1990, S. 6.
15. »›Punishment‹ – Singapore Style«, S. 6.
16. Shirley McGreal, »Matthew Block indicted on four counts of the Endangered Species Act«, *Animal Welfare Institute Quarterly*, Frühjahr 1992.
17. Dianne Taylor-Snow, »Remembering Bimbo«, *IPPL Newsletter*, Dezember 1991, S. 9–10.
18. Labbee, »The primate debate«, S. 22.
19. Albert Stern, »Matthew Block animal importer«, *New Miami*, April 1989, S. 40-43.
20. Kathy Glasgow, »Dead on arrival«, *New Times*, 14. bis 20. Oktober 1992, S. 6.
21. Stern, »Matthew Block«, S. 41.
22. »Miami man admits a plot to ship apes to Eastern Europe«, *New York Times*, 10. Februar 1993.
23. Dianne Taylor-Snow, Gespräch mit dem Verfasser, 19. Februar 1993.
24. American Association of Zoological Parks and Aquariums (AAZPA), *Annual Report on Conservation and Science* (1990-1).
25. Michael Sangiacomo, »Zoo to end love affair, hopes gorilla will mate«, *Cleveland Plain Dealer*, 3. September 1991.
26. William G. Conway, »Bronx gorillas waiting«, *Cleveland Plain Dealer*, 2. Oktober 1991.
27. Roberta White, »Impotent! Zoo's big ape ist just a shy guy«, *New York Post*, 24. Februar 1992.
28. Forence Semon, persönliches Gespräch, 10. November 1992.

29
Die Schimpansenfarm

von Betsy Swart

Betsy Swart leitet das Büro der Friends of Animals in Washington, DC. Sie hat über die verschiedensten Fragen des Tierschutzes und der Gewaltlosigkeit geschrieben und gesprochen und ist Doktorandin an der Universität von Maryland. Hier schildert sie ihren Besuch in der sogenannten Schimpansenfarm in Florida, einer der mehr als eintausendzweihundert am Straßenrand gelegenen Privatzoos in den Vereinigten Staaten. Dieses Kapitel ist eine überarbeitete Version eines Artikels, der zum erstenmal in Action Line, *einer von den Friends of Animals herausgegebenen Zeitschrift veröffentlicht wurde.*

Nachdem wir das Eintrittsgeld von 2,25 Dollar bezahlt hatten, betraten wir Noell's Ark – die Schimpansenfarm – und begegneten dort einer Frau mit drei kleinen Kindern. Sie standen vor einem kahlen Betonkäfig und bestaunten den einsamen Schimpansen.

»Hey, du«, rief eines der Kinder dem Schimpansen zu, »willst du eine Erdnuß? Dann TU etwas.«

»Kannst du nicht tanzen?» brüllte ein zweites Kind.

Die Kinder kicherten, hüpften vor dem Käfig auf und ab und machten die Bewegungen des Schimpansen nach. Aber der Schimpanse in seinem Käfig gab keinen Ton von sich. Er saß nur da, schaukelte still vor und zurück und schlug dabei seinen Kopf ganz leicht gegen die Betonwand des Käfigs. Seine Haltung war Ausdruck völliger Verzweiflung und Einsamkeit.

Die Frau hatte offenbar die Absicht, mit ihren Kindern einen Rundgang durch die Farm zu machen, und ich fragte mich, weshalb sie ihre Kinder etwas so Traurigem aussetzen wollte.

»Glauben Sie, daß diese Tier glücklich sind?« fragten wir sie und zeigten auf die langen Reihen von Käfigen, in denen Schimpansen, kleinere Affen und andere Tiere untergebracht waren.

»Aber *natürlich* sind sie glücklich«, sagte sie geringschätzig. »Was ist das für eine Frage? Es sind doch nur Tiere.«

Dann begann sie mit ihren Kindern den Rundgang, vorbei an den langen, trostlosen Reihen dieser elenden Käfige.

Noell's Ark ist einer der bekanntesten Privatzoos, die man überall in den Vereinigten Staaten irgendwo am Straßenrand finden kann. Er gehört Bob und Mae Noell, die ihn auch leiten. Das Ehepaar begann seinen Start ins »Showgeschäft« auf der Varietébühne, kam dann aber sehr bald zu der Überzeugung, daß sich auf anderen Gebieten der Unterhaltungsindustrie mehr Geld verdienen ließ.

1939 besuchten die Noells die Weltausstellung. Hier kam Bob zum erstenmal auf die Idee, Tiere bei ihrer »Nummer« zu verwenden, die damals aus einer wandernden Medizinshow bestand, die sie der ländlichen Bevölkerung im Osten und Süden der Vereinigten Staaten darboten. Sehr bald nach der Weltausstellung kaufte er von einem Tierhändler einen Gorilla und reiste mit diesem neuen »Mitglied« der Familie quer durch das Land. Der Gorilla wurde zum Publikumsliebling, besonders nachdem Bob auf die Idee kam, den Gorilla mit Menschen »boxen« zu lassen.

Bob und Mae erkannten sehr bald, daß sie damit ins Schwarze getroffen hatten. Nun kauften sie weitere Tiere und begannen schließlich sie zu züchten.

Sehr bald wurden auch Schimpansen bei diesen Boxkämpfen eingesetzt, und es zeigte sich, daß sie mit den auf ihren Rundreisen veranstalteten Scheinkämpfen recht gut verdienen konnten. Die Schimpansen, die sie als »Boxer« benutzten, wurden natürlich an Ketten gelegt, angegurtet oder auf andere Weise gebändigt. Aber mancher Kraftprotz war gerne bereit, dafür zu zahlen, daß er sich mit einem Schimpansen messen konnte – besonders da er wußte, daß er den Kampf nicht verlieren würde.

Nun sind die Wanderjahre der Noells vorbei. Aber die Tiere, die sie im Laufe der Jahre angeschafft haben – und viele viele mehr –, leben jetzt im Beton-Dschungel an einer Landstraße bei Tarpon Springs in Florida. Alljährlich besuchen Hunderte von Touristen die Schimpansenfarm. Am Eingang werden sie von Bob und Mae, die ihnen dort die Eintrittskarten verkaufen, stolz begrüßt.

Karnevalistisch aufgemachte, bunte Hinweisschilder kündigen beiderseits des Eingangs an, daß hier »ECHT LEBENDIGE« Schimpansen, Gorillas und Alligatoren zu sehen sind. Vor dem Haupteingang zur Schimpansenfarm stehen sogar cartoonartige Sperrholzfiguren der Tiere. Die Touristen werden aufgefordert, ihre Gesichter in die ausgeschnittenen Öffnungen zu stecken, wo sonst die Gesichter der Tiere sind, um sich so fotografieren zu lassen. »Schau doch, wie *du* als Gorilla aussehen würdest!« ruft einer der Mitarbeiter einem Kind zu, als es gerade die Figur erklettert.

Die gleiche karnevalistische Einstellung gegenüber den Tieren wird auch innerhalb der Schimpansenfarm ermutigt. Affenfutter und Nüsse werden an der Kartenausgabe oder in Kaugummiautomaten zum Verkauf angeboten. Die Besucher werden aufgefordert, die Tiere zu füttern. Leider füttern die meisten sie mit allem, was sie in die Käfige werfen können, und die gelangweilten und gestreßten Tiere nehmen gerne alles, was sie bekommen. Auf dem Grundstück sind einige Tafeln angebracht, die das aggressive Verhalten der Touristen zügeln sollen, aber weder die Noells noch ihre Mitarbeiter haben ein wachsames Auge auf die Gesundheit oder die Sicherheit der Tiere.

Während meiner zwei Besuche habe ich gesehen, wie Touristen ihnen Kaugummi, Süßigkeiten, Plätzchen, Coca Cola und sogar Zigaretten gaben.

Aber man kann leicht einsehen, warum diese »Genüsse« den Tieren so willkommen sind. Sie leben unter den ödesten und erbärmlichsten Bedingungen, die man sich vorstellen kann. Sie haben nichts, womit sie spielen könnten – außer vielleicht ihrem eigenen

Kot. Ihre Käfige sind aus nacktem Beton, und es wird innen nichts gestattet, das die Säuberungsaktionen der Noells behindern könnte, die bloß darin bestehen, daß die Käfige mit den Tieren darin abgespritzt werden.

Selbst der Inhaber eines örtlichen Lebensmittelgeschäftes, der ihnen Obst und Gemüse für die Tiere anbot, wurde von den Noells abgewiesen, weil es nur »Schmutz« machen würde und weil die Noells es für unangebracht hielten. In einigen Käfigen hängt gelegentlich ein Autoreifen von der Decke herab, aber darüber hinaus gibt es keinerlei psychologische Anregungen in den Käfigen. Der vorhandene Raum ist minimal. Die einzigen Tiere, die zu mehreren in einem Käfig leben, sind diejenigen, von denen sich die Noells eine Nachzucht erhoffen. Für keines der Tiere gibt es Platz, um sich körperlich zu betätigen; es gibt keine Streu, um darauf zu schlafen, und in einigen Fällen gibt es nur einen minimalen Wetterschutz.

Auf meinem Rundgang über die betonierten Wege durch die Anlage versuchte ich, die Lebensgeschichte der einzelnen Tiere zu rekonstruieren.

Am Eingang der Farm befindet sich – als sollte es die Besucher hereinlocken – ein Schimpansen-Baby in einer Kiste aus Plexiglas und Sperrholz. Eine an das Plexiglas geklebte Aufschrift besagt, daß dieses Baby das achtundfünfzigste ist, das in der Anlage der Noells geboren wurde.

Das Baby verbringt den ganzen Tag damit, hin und her zu laufen und mit den Fäusten gegen die Wände seines Gefängnisses zu schlagen. Manchmal preßt es den Kopf gegen das Plexiglas und versucht den Kopf eines Kindes, das draußen steht, zu berühren. Ganz offensichtlich bittet es um Hilfe und Gesellschaft, die es nie bekommen wird.

Noch schlimmer wird es dadurch, daß es außer ein paar Teppichfetzen nichts zu spielen hat. Mae Noell sagte mir, daß »ein freiwilliger Helfer, wenn einer verfügbar ist, ihm Bewegung verschafft«.

Aber der Raum, der dafür zur Verfügung stand, war kaum größer als der Käfig.

Sie erzählte uns auch, daß sie sehr stolz auf den Erfolg bei der

Nachzucht von Tieren auf der Farm seien. Die Babies locken die Besucher an, sagte sie. Als wir fragen, wo die Babies hinkämen, wenn sie keine Säuglinge mehr sind, erhielten wir die erwartete Antwort. Manchmal, sagte sie, sei es notwendig, die Babies zu verkaufen, um die Betriebskosten für die Farm zu bezahlen.

Und wer kauft die Tier? Zirkusse, Zoos und Forschungslaboratorien.

Ein Stück weiter steht ein Käfig mit einem Schimpansen darin, namens Konga. Er war 1948 geboren und gehörte ursprünglich zu den boxenden Schimpansen der Noells. Tatsächlich trägt er zum Beweis noch immer die festsitzende Kette um seinen Hals.

Jetzt sieht er alt, müde und verlassen aus, und sein Gesicht ist vom Alter, vom Wetter und vom Streß zerfurcht. Den vorübergehenden Touristen streckt er durch die Gitterstäbe seine Hände entgegen in der Hoffnung, von ihnen etwas Futter zu bekommen.

Im Käfig nebenan lebt Johnnie. Auf einer Tafel davor kann man lesen, daß er früher ein »Showschimpanse« war und irgend jemand ihn das Sprechen gelehrt hat. Als er die Hand nach einer Erdnuß ausstreckt, um die er einen Vorübergehenden bittet, spricht er deutlich die Silben »MaMa«.

Dann zieht er sich wieder bis an die Rückwand seines Käfigs zurück, setzt sich hin und schaukelt unaufhörlich vor und zurück, wobei seine Augen nur in eine Richtung blicken, vielleicht in eine andere Welt.

Rosie, die früher einmal als »Haustier« gehalten wurde, ist ein trauriges Beispiel dafür, was aus einem exotischen Tier werden kann, das zu groß geworden ist, um noch in eine häusliche Umgebung zu passen. Einst war sie irgend jemandes »Baby«. Jetzt ist sie eine Gefangene in einer schmutzigen Zelle.

Schimpansen wie Rosie verbringen oft zwanzig oder dreißig Jahre in Einzelhaft ohne die geringste geistige Anregung oder die Berührung eines anderen Lebewesens, nur weil sie aus dem Alter herausgewachsen sind, wo sie sichere und kuschelige Spielgefährten des Menschen waren. Rosies Augen erzählen eine Geschichte von Schmerz und Verlust jenseits aller Worte.

So bedauernswert der Zustand dieser Tiere ist, so gehören sie immerhin noch zu den vorzeigbarsten Tieren der Schimpansenfarm. Sie leben im vorderen Teil der Anlage und haben am ehesten die Möglichkeit, mit den Besuchern Kontakt aufzunehmen.

Andere Tiere wie Cheetah, die, wie die Noells behaupten, mit Johnny Weismüller in dem berühmten Tarzanfilm mitgewirkt hat, sind in der Gefangenschaft verrückt geworden. Sie werden durch Milchglasscheiben vor der Öffentlichkeit versteckt. Alles, was die Öffentlichkeit sehen kann, sind die Schatten von Tieren, die unaufhörlich hin und her laufen.

Im rückwärtigen Teil der Farm, isoliert von der Öffentlichkeit durch einen Kettenzaun, einige Meter Abstand und hohe Eisenstangen, sitzen einige andere Schimpansen, die die Noells nur wenig respektabel finden.

Einige von ihnen sind offensichtlich verrückt – zu ihnen gehört auch Mike, der einem Tierhändler abgekauft wurde und angeblich schwer schädigenden Laborexperimenten ausgesetzt war. Andere verhalten sich aggressiv und werfen Kot und Futter nach den Besuchern, die vorübergehen.

Wieder andere laufen ziellos hin und her, beißen sich selbst oder rütteln an den Gitterstäben. Eine Schimpansin liegt wie ein Embryo zusammengerollt auf dem Boden und kein noch so lautes Geschrei kann ihr eine Reaktion entlocken. Sie bleibt sogar liegen, wenn sie mit Futter beworfen und laut beschimpft wird. Ihre Augen sind geöffnet, und sie ist wach. Aber sie hört nicht länger hin.

Das sind nur einige der bedauernswerten Tiere, die in der Schimpansenfarm gefangengehalten werden. Außer ihnen gibt es dort noch Paviane, Orang-Utans, einige kleinere Affenspezies, Gorillas, Schweine und einen großen Bären, dessen Käfiggröße sowohl den staatlichen als auch den bundesstaatlichen Vorschriften hohnspricht.

Er und all die anderen sind dazu verurteilt, den Rest ihres Lebens bis zu ihrem natürlichen Tod in Gefangenschaft und Elend zuzubringen.

Die Schimpansenfarm ist nur einer von mehreren hundert am Straßenrand gelegenen Privatzoos in den Vereinigten Staaten.

Als wir die Schimpansenfarm verlassen wollten, kam die Frau, mit der wir am Anfang gesprochen hatten, auf uns zu. Ich dachte, sie wollte uns noch ein Lektion erteilen. Doch statt dessen sah sie uns etwas verlegen an.

»Wissen Sie, Sie hatten recht«, sagte sie. »Diese Tiere sind nicht glücklich. Sie sehen aus wie Geisteskranke. Ich werde nicht wieder hierherkommen.«

Als sie fort ging, dachte ich, daß wir dem Tage, an dem jeder Mensch Orte wie diesen als die elenden Gefängnisse erkennen würde, die sie sind, gerade einen Schritt näher gekommen waren.

30
Sie sind wir

von Geza Teleki

1986 gehörte Geza Teleki zu den Begründern des Committee for Conservation and Care of Chimpanzees in Washington, DC. Heute ist er Vorsitzender dieses Ausschusses. Teleki lehrte Anthropologie an der George Washington University in Washington, DC., aber gegenwärtig bemüht er sich um die Einrichtung eines neuen Nationalparks für Schimpansen in Sierra Leone. Er ist Verfasser des Buches The Predatory Behavior of Wild Chimpanzees *und mit Robert Harding Herausgeber von* Omnivorous Primates. *In diesem Kapitel erzählt er, wie ihn seine Begegnungen mit freilebenden Schimpansen verlaßt haben, seine ursprünglichen Pläne für eine wissenschaftliche Laufbahn aufzugeben und sich statt dessen der Verteidigung der Interessen von Schimpansen zu widmen. Er schildert den Handel mit Schimpansen aus Afrika und vergleicht ihn mit dem Sklavenhandel. Dr. Teleki erinnert uns daran, daß jeder Schimpanse ein Individuum mit dem Recht auf Freiheit und Selbstbestimmung ist.*

Als ich vor zweieinhalb Jahrzehnten als junger Student die George Washington University besuchte, war das Studium lebender Primaten, selbst der Schimpansen, uninteressant für mich. Damals träumte ich davon, als Paleoanthropologe irgendwo in Ostafrika den Überresten früher Hominiden nachzuspüren. So verbrachte ich wie viele andere meines Alters und meiner Zeit die Tage hinter festen akademischen Mauern, die mein Blickfeld auf Friedhöfe und

Asyle von Primaten verengten, die ich in den naiven sechziger Jahren in Form von Museen und Zoos kannte.

Als ich 1968 zum erstenmal nach Ostafrika reiste, um wildlebende Schimpansen im Gombe Nationalpark in Tansania zu beobachten (und zwar auf Drängen von Louis Leakey, der vielleicht meiner postalischen Bemühungen um eine Ausgräberkarriere in der Oldowayschlucht überdrüssig wurde, und der mich überraschend zu Jane Goodall schickte), hätte ich meine akademischen Studien an der Pennsylvania State University fast beenden müssen, weil meine Professoren einwandten, daß zwei Jahre mit wildlebenden Schimpansen nur Zeitverschwendung seien. Nur durch das Eingreifen von Ray Carpenter, der als einziger unterstützte, was andere für einen nutzlosen Zeitvertreib hielten, behielt ich meine Immatrikulation als Student der biologischen Anthropologie.

In Gombe nahm mein Interesse an toten Dingen zusehends ab, und meine Faszination für lebende Wesen wurde immer stärker. Die engen Beziehungen, die ich mit diesen Schimpansen erlebte, führten dazu, daß sich meine Ansichten grundlegend und weitgehend änderten. Das führte, allerdings erst einige Jahre nach meiner Abreise aus Gombe im Jahr 1971, dazu, daß sich meine Ambitionen als Wissenschaftler in eine wahre Berufung als Naturschützer verwandelten.

Es war kein einzelnes Ereignis, das diese Veränderung in Herz und Kopf bewirkte, aber ein Abend in den Bergen von Gombe ist in meinem Gedächtnis als Keim dieser Wandlung verankert. Nachdem ich monatelang den Schimpansen gefolgt war, brauchte ich eine kurze Erholungspause und nahm mir einen freien Tag, um die steilen Kämme zu besteigen, die zu den hochgelegenen Steilabbrüchen führen, die die Ostgrenze des Parks bilden. Als ich allein auf dem mit Gras bewachsenen Gipfel des Kammes saß und in wunderbarer Einsamkeit und Stille den großartigen und doch gewohnten Sonnenuntergang über dem silberglänzenden Wasser des Tanganjika-Sees genoß, bemerkte ich plötzlich zwei erwachsene männliche Schimpansen, die auf den einander gegenüberliegenden Hängen in meine Richtung heraufkletterten. Sie sahen sich erst, als sie den Scheitel des Kammes erreicht hatten, nur wenige Meter von dem

Platz entfernt, wo ich unter einem Baum saß. Daraufhin richteten sich beide plötzlich auf und gingen rasch aufrecht durch das hüfthohe Gras aufeinander zu. Sie standen nah beieinander, von Angesicht zu Angesicht, streckten einander ihre rechten Hände entgegen, ergriffen und schüttelten sie kräftig, während sie mit den Köpfen nickten und sanft keuchten. Wenige Augenblicke später setzten sie sich, und wir drei beobachteten, wie das Licht der untergehenden Sonne den Park umhüllte. Als die Dämmerung einsetzte, stiegen meine beiden Begleiter ins Tal hinunter, um sich dort in den Wipfeln der Bäume ihre Plattform-Schlafstellen zu bauen. Während ich ins Feldlager hastete, um vor Dunkelheit zu meinem Bett zu kommen (einer niedrigeren Plattform), wurde mir bewußt, daß ich Schimpansen niemals mehr als »bloße Tiere« betrachten würde. An diesem einen Abend, an dem auch die Dämmerung meiner Jugend einsetzte, hatte ich meine Spezies in der Haut einer anderen gesehen.

Von geringen Unterschieden abgesehen – wenige Zoll in der Körpergröße und eine etwas stärkere Körperbehaarung – hatten dort auf einem Gebirgskamm in Afrika zwei Kollegen ein Begrüßungsritual vollzogen, das man täglich auf jedem Campus in Amerika sehen kann. Die Wissenschaft war bei dieser Gelegenheit kein Schlüssel zur Einsicht, und der Anthropomorphismus war für mich eine bloß akademische Frage. Diese Episode und später ähnliche andere haben in mir eine Vertrautheit mit Individuen geschaffen, die schließlich zu einem tiefen Respekt vor einer verwandten Spezies wurde. Und das wiederum hat dazu geführt, daß ich mein Leben der Verbesserung der Überlebenschancen aller Schimpansen verschrieben habe.

Nach jedem Kriterium, das je ersonnen wurde, um die Menschheit an die Spitze der Speziesentwicklung zu setzen – sei es ein soziales, psychologisches, biologisches oder auf Verhalten bezogenes Kriterium –, erweisen sich die Schimpansen als die nächsten lebenden Verwandten, die wir Menschen auf diesem Planeten haben. Sie gleichen uns zwar nicht, insofern, als jede Spezies per Definition unterschieden ist, aber sie sind uns außerordentlich ähnlich – sozusagen Nachbarn in einem planetenweiten Spektrum der Vielfalt.

Wissenschaftliche Hinweise, die die nahe Verwandtschaft bestätigen, finden sich in zahlreichen gemeinsamen Merkmalen. Zum Beispiel zeigen Schimpansen viele technische Fertigkeiten, von der Verwendung von Steingeräten bis zur Herstellung der verschiedensten Werkzeuge aus Pflanzenteilen, die jeweils bestimmten Zwekken dienen. Diese Fähigkeiten werden durch Lernen erworben und weisen kulturelle Variation auf. Ein weiteres Beispiel ist, daß Schimpansen zahlreiche kognitive Fähigkeiten mit uns teilen wie etwa ein Langzeitgedächtnis, die Fähigkeit, sich selbst zu erkennen, einen Sinn für Humor und sogar ein gewisses Sprachvermögen. Darüber hinaus gleichen uns die Schimpansen in der Struktur und der chemischen Zusammensetzung ihres Körpers so weit, daß Bluttransfusionen und Organverpflanzungen möglich sind. Schließlich sind die emotionalen Zustände von Schimpansen und Menschen so gleichartig, daß jeder intuitiv versteht, wie er mit dem anderen interagieren kann. Die Liste der Ähnlichkeiten ist sehr lang, auch wenn man nur die wissenschaftlich verifizierbaren Merkmale berücksichtigt; sie wird noch sehr viel länger, wenn man auch erzählte Beobachtungen als gültige Grundlage für einen Vergleich anerkennt.

Wir Menschen reagieren gewöhnlich überrascht, wenn wir entdecken, daß Schimpansen etwas tun können, was wir für spezifisch menschlich halten. Jeder Nachweis einer Überschneidung der Intelligenz stößt auf die größte Skepsis, denn die Einzigartigkeit dieser Qualität bei uns ist unsere am sorgsamsten gepflegte Illusion. Aber ist diese Abwehrreaktion etwas anderes als ein sichtbares Zeichen dafür, daß wir die Welt aus einer anthropozentrischen Perspektive sehen? Wäre es nicht viel ungewöhnlicher, wenn eine Spezies, die so weitgehende genetische Überschneidungen mit uns hat, nicht auch Handlungen vollzieht, Gefühle empfindet und Gedanken hat, die unseren ähnlich sind?

Das Vorurteil, das wir beschwören, um andere Spezies kollektiv abzuwerten und manchmal auch menschliche Populationen selektiv herabzusetzen, ist in unserem kulturellen Erbe verwurzelt. Herabsetzende Ausdrücke wie »hundsgemein« und »dumm wie ein Pavian« spiegeln übliche Haltungen in menschlichen Gesellschaften wider. Die enge Vertrautheit mit Individuen, menschlich oder nichtmenschlich, ist der Schlüssel, um solche Vorurteile als unbegründete Mythen abzulegen.

Nachdem ich einige Jahre zusammen mit freilebenden und gefangenen Schimpansen verbracht habe, kann ich die Ansicht der meisten Menschen nicht mehr teilen, Schimpansen seien niedrige Wesen. Wenn man mich heute, vierundzwanzig Jahre nach meiner ersten Reise nach Gombe, fragt, was meine persönliche Sorge um das Wohlergehen und das Überleben der Schimpansen antreibt, kann ich nur antworten: »Es sind die Individuen, die ich kenne oder die ich vielleicht eines Tages kennenlernen werde.« Und darin liegt der Kern der Lektion, die ich in Gombe gelernt habe, wo jeder Schimpanse seinen individuellen Charakter hatte und für das Gemeinschaftsleben eine wichtige Rolle spielte. Wenn ich Individuen kenne, dann kann ich nicht mehr vom Standpunkt abstrakter Vorurteile aus denken. Meine Ansicht über Schimpansen ist ganz ähnlich wie meine Ansicht über Menschen: Manche sind Schurken und manche sind Heilige, und die meisten stehen irgendwo zwischen diesen beiden Extremen.

Um Kritikern zu begegnen, die behaupten könnten, ich hätte bloß eine panzentrische Voreingenommenheit für Schimpansen entwickelt und meine Loyalität von Menschen zu Schimpansen verschoben, sollte ich hinzufügen, daß ich die Hunde in meiner Nachbarschaft ebenso betrachte, weil ich auch sie als Individuen kenne. Die Vertrautheit mit den Mitgliedern jeder Bevölkerungsgruppe oder Spezies ist für mich das wirksamste Gegenmittel gegen die Gleichgültigkeit hinsichtlich des Wohlergehens und des Überlebens anderer. Wäre ich nie einem Schimpansen auf der gleichen Ebene begegnet, in einer Situation gegenseitiger Freiheit, dann hätte ich vielleicht an meinen tiefsitzenden anthropozentrischen Vorurteilen festgehalten, ohne es zu bedauern.

So gern ich das Gegenteil glauben würde, besteht für mich kaum ein Zweifel daran, daß die zunehmend zersplitterten Schimpansenpopulationen, die so dünn über Äquatorialafrika verstreut sind, in der absehbaren Zukunft aussterben werden. Das von Primatologen skizzierte Szenarium sieht bestenfalls düster aus. Die Landdegradierung und die Ausbeutung der natürlichen Rohstoffquellen beschleunigen überall das Verschwinden der Lebensräume und der Gemeinschaften von Schimpansen.

Solange sich die Menschen weiterhin so schnell vermehren wie jetzt, kann es auf diesem Planeten keinen sicheren Zufluchtsort für andere große Säugetiere geben. In Äquatorialafrika leben heute mindestens dreihundert Millionen Menschen, dagegen aber weniger als dreihunderttausend Schimpansen. Diese tausendfache Kluft vergrößert sich noch mehr angesichts einer jährlichen Zuwachsrate der menschlichen Population um 3,1 Prozent, während der Rückgang der Schimpansenpopulation schneller vor sich geht. Wenn der Trend so weitergeht, ist es dann nicht völlig phantastisch zu erwarten, daß es Ende dieses Jahrhunderts irgendwo in Afrika noch Platz gibt für Schimpansen?

In ihren wilden Zufluchtsorten werden freilebende Schimpansen durch Wogen von Menschen mit Hacken, Sägen und Gewehren attackiert. Wenige Schimpansengemeinschaften in Afrika sind heute vor menschlichen Übergriffen und Verfolgung sicher.

Die in den einzelnen Nationen vorgenommenen Schätzungen der Bevölkerungszahlen lassen die Alarmglocken läuten. In den fünfundzwanzig Nationen, über die sich die historische Verbreitung der Spezies erstreckt, gibt es in vier gar keine Schimpansen mehr, und in fünfzehn anderen leben mittlerweile jeweils weniger als fünftausend. Auch in den übrigen sechs Nationen, wo die Populationen noch verhältnismäßig intakt sind, ist das Überleben aufgrund der jüngsten Vergabe von Konzessionen für die Abholzung großer Waldgebiete nicht mehr gesichert.

Nach einer Anfang der achtziger Jahre vorgenommenen Schätzung, gab es in Gabun, wo sich einige der besten Habitate befinden, noch etwa vierundsechzigtausend freilebende Schimpansen. Biomedizinische Forscher, die schon immer ein konsumierendes Interesse an diesen Menschenaffen hatten, führten sofort Gabun als Beweis dafür an, daß es in Afrika immer noch einen »reichlichen Vorrat« an freilebenden Schimpansen gäbe, die zur Verfügung stünden, zur Rettung von Menschenleben »geerntet« zu werden. Aber im April 1988 berichteten die Gutachter Caroline Tutin und

Michel Fernandez, daß »sich die Situation in den fünf Jahren seit dem Ende der Erhebung verändert hat«, und zwar so, daß »die Schimpansenpopulation in Gabun 1996 als Folge der Veränderungen in ihrem Lebensraum durch das selektive Abholzen um mindestens zwanzig Prozent zurückgehen wird«. Andere bedeutende Populationskerne in Kamerun und Zaire sind durch rapide Veränderungen in ähnlicher Weise bedroht.

In ihren Gefängnissen leiden Schimpansen weiterhin unter mißbräuchlicher Behandlung, sozialer Isolation, mentalen Entbehrungen, emotionalem Trauma und ähnlichem. Nach meiner Schätzung gibt es auf der ganzen Welt viertausend bis fünftausend Schimpansen in medizinischen Einrichtungen, zoologischen Ausstellungen, in Privatzoos, in der Unterhaltungsbranche und in den Häusern, wo sie als Haustiere gehalten werden. Die Lebensbedingungen in der Gefangenschaft können variieren, aber nach meiner Überzeugung ist es offensichtlich wahr, daß heute kein Schimpanse in Gefangenschaft das erhält, was ich als optimale Lebensbedingungen und angemessene Behandlung betrachten würde.

Die Not der Schimpansen in den medizinischen Laboratorien bereitet mir die größte Sorge. In den Vereinigten Staaten, wo sich die Daten der Erhebungen über gefangene Schimpansen am leichtesten beschaffen lassen, werden in den biomedizinischen Einrichtungen etwa zweitausend bis dreitausend Schimpansen festgehalten. Es ist in der Tat eine traurige Aussage über menschliche Werte, daß gerade die Institutionen, die ihre Hingabe verkünden, Leiden und Schmerzen bei Menschen zu lindern, Schimpansen in ein solches Elend stürzen. Und es ist ebenso bestürzend, daß die medizinischen Wissenschaftler die entschiedensten Gegner neuer Gesetze sind, mit denen freilebende Schimpansen besser geschützt und die Behandlung gefangener Schimpansen verbessert werden könnten. Ich möchte meinen Standpunkt mit zwei Beispielen für diese erstaunlich inkonsistente Haltung verdeutlichen.

Erstens: Nachdem mehrere Naturschutzgruppen beim US Department of Interior's Fish and Wildlife Service den Antrag gestellt hatten, Schimpansen gemäß dem Gesetz über gefährdete Spezies auf die Liste der vom Aussterben bedrohten Arten zu setzen, erhielt die Regierung 1988 54 212 Briefe, die diesen Antrag unterstützten, und nur neun Briefe, in denen er abgelehnt wurde. Die den Antrag unterstützenden Briefe kamen von den verschiedensten Institutionen, aber von keiner biomedizinischen Forschungseinrichtung, während acht von den Briefen, die sich gegen den Antrag aussprachen, von biomedizinischen Forschungszentren und einer von einem Zirkus kamen. Im Interesse der medizinischen Gemeinschaft starteten die National Institutes of Health der Regierung mit ihren Lobbyisten eine intensive Kampagne mit dem Ziel, den Kongreß davon zu überzeugen, daß es nicht gerechtfertigt sei, Schimpansen in die Liste der vom Aussterben bedrohten Spezies aufzunehmen, weil es in Afrika noch einen »reichlichen Vorrat« an Schimpansen gäbe. Da das gesammelte Datenmaterial von 39 Feldforschern nicht ohne weiteres bestritten werden konnte, attackierten einige Mitglieder der biomedizinischen Gemeinschaft statt dessen die Glaubwürdigkeit der Experten.

Zweitens: Erst fünf Jahre nachdem der Senat der Vereinigten Staaten 1985 ein Nachtragsgesetz verabschiedet hatte, das von Laboratorien verlangte, für »eine physische Umgebung, die das psychische Wohlbefinden von Primaten fördert«, zu sorgen, schlug das amerikanische Landwirtschaftsministerium neue Bestimmungen im Rahmen des Tierschutzgesetzes vor. Die Verzögerung wurde durch Widerstand von seiten der Mediziner verursacht, der von beispiellosem Ausmaß war. Die Bestimmungen wurden in öffentlichen Anhörungen, die etwa zwölftausend Zuschriften an das amerikanische Landwirtschaftsministerium zur Folge hatten, immer wieder neu überarbeitet. Eine Runde von Vorschlägen, die am 15. August 1990 veröffentlicht wurde, erhielt 1372 kritische Stellungnahmen von Institutionen und ungezählte persönliche Einwände aus der medizinischen Forschungsgemeinschaft. Der enorme Druck der Lobbyisten auf dem Kongress zielte darauf, das US-Landwirtschaftsministerium auf diesem Wege zum Nachgeben zu drängen. Die Kapitulation erfolgte am 15. Februar 1991. Nach den nun erlassenen Bestimmungen galten für die Unterbringung und Versorgung von Primaten die gleichen Mindestnormen, wie sie vor vielen Jahren von den staatlichen National Institutes of Health festgelegt worden waren. Die empfohlene Käfiggröße für einen einzelnen, auf Dauer eingesperrten erwachsenen Schimpansen blieb zum Beispiel bei mageren 1,52 mal 1,52 mal 2,13 Metern, und nicht einmal den Säuglingen wurde eine Gemeinschaftsunterbringung garantiert.

Das Verbindungsstück zwischen Freiheit und Gefangenschaft ist der Transportweg des internationalen Handels, der bei den Schimpansen mehr Leiden und ein größeres Trauma verursacht als die Bedingungen, denen sie am Anfang oder am Ende dieses Weges ausgesetzt sind. Die Händler, die sich durch nichts, und am allerwenigsten durch gesetzliche Bestimmungen, daran hindern lassen, ihre Geldgier zu befriedigen, und ihre Kunden, die ihre Augen vor den grausamsten und zerstörerischsten Methoden des Erwerbs dieser Tiere verschließen, um sich so eine Illusion von Anstand zu bewahren, arbeiten zusammen, um diesen Transportweg offenzuhalten, gleichgültig wie viele gesetzliche Handelsverbote erlassen werden.

Aufgrund sicherer Beweise aus einer Vielzahl von Quellen, kann ich bestätigen, daß mindestens zehn Schimpansen für jeden Säugling sterben müssen, der mehr als ein Jahr an seinem Bestimmungsort in Übersee überlebt. Wenn ein Land wie Sierra Leone, in dem ich vier Jahre als Direktor eines Nationalparks gearbeitet habe und daher Zugang zu offiziellen Unterlagen hatte, nachprüfbar in zwei Jahrzehnten nicht weniger als dreitausend Säuglinge exportiert, dann ist es eine absolute Tatsache, daß in diesem Prozeß etwa dreitausend Schimpansen aus der Region vernichtet wurden. Hätten wir nicht unsere anthropozentrischen Scheuklappen auf, um uns solchen Realitäten zu entziehen, dann hätte schon das allein zu einer allgemeinen Anklage der Auffassung führen müssen, Schimpansen könnten legitime Handelsobjekte sein. Die nackten Einzelheiten verlangen noch eine weit schärfere öffentliche Verurteilung, denn der moderne Schimpansenhandel ähnelt in seinen Methoden und Motiven sehr dem historischen Sklavenhandel.

Die Händler und ihre Kunden interessieren sich in erster Linie für junge Schimpansen, die noch keine zwei Jahre alt sind, noch gesäugt werden und deshalb ohne ihre Mütter nicht überleben können. Das Gemetzel beginnt in der Wildnis, wo Jäger die Mütter der

Schimpansenbabies und andere Mitglieder der Gruppe, die sie beschützen wollen, mit Schrotflinten oder Steinschloßgewehren, die mit kleinen Steinen oder Metallsplittern geladen sind, überfallen. Viele Säuglinge sterben, wenn diese grobe Munition streut und nicht nur die Mütter, sondern auch die Kinder trifft, die sich an ihnen festklammern. Um die erwachsenen Schimpansen zu töten, die die Jungen verteidigen, werden auch Fallgruben, vergiftetes Futter, Drahtschlingen, Netze und sogar Meutehunde eingesetzt. Noch mehr Tote gibt es während des Transports zum nächsten Dorf. Oft werden die Säuglinge mit Draht an Händen und Füßen gefesselt, was zu Kreislaufstörungen und eitrigen Wunden führt. Lastwagen bringen sie in die Städte, in winzigen Käfigen oder fest zugebundenen Säcken, oft unter schweren, erstickenden Lasten, damit sie an den Kontrollstationen nicht entdeckt werden. Nur wenige werden unterwegs versorgt, daher sind Verhungern und Verdursten Alltäglichkeiten. Während sie auf den Weitertransport nach Übersee warten, sterben wieder einige durch die Unterversorgung in den schmutzigen Verschlägen und auf Flughäfen, wo es durch Flugverspätungen zu Erfrierungen kommt. In winzige Käfige gestopft oder sogar im Privatgepäck transportiert, müssen die Opfer oft tagelange Reisen über mehrere Transitstationen hinweg erdulden, die reichlich Gelegenheit bieten, um Dokumente zu fälschen. Einigen Säuglingen gelingt es, trotz der schlechten Chancen, alle diese Strapazen zu überleben, nur um dann am Bestimmungsort am Zusammenwirken des physischen und psychischen Traumas zu sterben.

Wenn man bedenkt, daß die meisten der vier- bis fünftausend Schimpansen, die heute weltweit in Gefangenschaft gehalten werden, aus Westafrika stammen, dann wird einem klar, daß der kommerzielle Handel im Verlauf von etwa zwanzig Jahren – das ist die Lebensdauer einer einzigen Generation von Schimpansen – dort vierzigtausend oder mehr Schimpansen vernichtet hat. Wenn man andere dezimierende Faktoren hinzurechnet, ist es dann überraschend, daß die westliche Subspezies nur zehn Prozent der in Afrika überlebenden Gesamtzahl ausmacht?

Meine Arbeit zu Fragen des Überlebens und Wohlbefindens von Schimpansen hat im Verlauf der letzten Jahre gewisse Einsichten, aber keine einfachen Lösungen für diese schreckliche Situation geliefert. Ich glaube jedoch, daß jeder Schimpanse die Rechte auf Freiheit und Selbstbestimmung hat, die für uns einen so hohen Wert besitzen. Und weil ich Schimpansen als Individuen betrachte, mit denen ich einige Erfahrungen und Erinnerungen teile, fühle ich mich moralisch verpflichtet, die Mitglieder einer verwandten Spezies zu respektieren. Wenn ich Schimpansen von dort, wo ich stehe, ansehe, Auge in Auge, und nicht, meine spitze Nase rümpfend, auf sie herabsehe, dann ist es für mich reine Arroganz, an den anthropozentrischen Auffassungen festzuhalten, die meine Vorfahren nur deshalb entwickelt haben, weil es dem kollektiven menschlichen Impuls entsprach. Wie Pogo einst in einem denkwürdigen Cartoon sagte: »Wir sind unseren Feinden begegnet, und sie sind wir.«

VII

EPILOG

31
Das Great Ape Projekt – und darüber hinaus

PAOLA CAVALIERI und PETER SINGER

Warum dieses Projekt?

Aristoteles bezeichnete menschliche Sklaven als »beseeltes Eigentum«. Dieser Ausdruck beschreibt exakt den derzeitigen Status nichtmenschlicher Tiere. Die menschliche Sklaverei stellt daher eine aufschlußreiche Parallele zu dieser Situation dar. Wir werden sie untersuchen und dabei eine Reaktion der damaligen Zeit auf die Versklavung von Menschen aufzeigen, die möglicherweise auch eine angemessene Antwort auf die heutige Tierversklavung sein könnte.

Vor nicht allzulanger Zeit hätte man diesen Vergleich empörend gefunden. Heutzutage jedoch findet die Forderung wachsende Anerkennung, daß eine wohlbegründete Ethik frei sein muß von Vorurteilen und willkürlicher Diskriminierung zugunsten der eigenen Spezies. Diese Anerkennung macht es möglich, die ausbeutenden Praktiken, die unsere Zivilisation kennzeichnen, unparteiischer zu beurteilen.

Die Sklaverei der Antike war unter Historikern schon immer Gegenstand lebhafter Debatten. Wie ist sie entstanden? Warum hörte sie auf? Gab es eine charakteristische Produktionsmethode unter Einsatz von Sklaven? Auf all diese Fragen müssen wir nicht näher eingehen. Statt dessen werden wir uns auf das entscheidende Element der Sklaverei konzentrieren: die Tatsache, daß der Mensch im strengen Sinne des Wortes zum Eigentum wird. Im Englischen wird dies manchmal mit dem Begriff »chattel slavery« bezeichnet – ein Ausdruck, der auf die Parallele zwischen der menschlichen Institution der Sklaverei und dem Besitz von Tieren hinweist, denn das Wort »cattle« [Vieh] leitet sich von »chattel« [Eigentum] ab. Sklavenhaltergesellschaften sind jene Gesellschaften, in denen die Sklaverei einen wesentlichen Faktor darstellt. Sie kommen in der Menscheitsgeschichte verhältnismäßig selten vor. Die bekanntesten Beispiele existierten in der Antike und in Nord- und Mittelamerika nach der Kolonisation durch die Europäer.

Wir werden uns auf die Sklaverei des klassischen Altertums in Griechenland und Italien konzentrieren, da die Sichtweise dieser Zeit unserer eigenen in gewissem Sinne näher ist. In der Antike wurde die Vorstellung, daß einige Menschen anderen absolut untergeben sein sollten, als so selbstverständlich betrachtet, daß sie praktisch nicht in Zweifel gezogen wurde. In dieser Hinsicht unterscheidet sich die Sklaverei des klassischen Altertums von der jüngeren Institution der Sklaverei in Amerika, die von Anfang an auf Kritik stieß. Zwar erwähnt auch Aristoteles einige Gegner der Sklaverei, aber die Spur, die sie hinterließen, war so gering, daß es sogar schwer ist, sie überhaupt zu identifizieren; und die seltenen kritischen Töne, die sich über eine Zeitspanne von mehreren hundert Jahren hinweg finden lassen – kamen sie nun von den Sophisten, den Stoikern oder den Kynikern – sind entweder nicht eindeutig oder ohne jede Auswirkung geblieben.[1] Sie beschränken sich auf die abstrakte Feststellung, daß niemand als Sklave geboren wird oder auf die Interpretation der Sklaverei als »eines Zustands der Seele«. Die eigentliche Praxis war tatsächlich so weitgehend akzeptiert und die Gesellschaft durchdringend, daß behauptet wird, »es gab keine Handlung und keine Überzeugung oder Institution in der griechisch-römischen Antike, wo nicht auf die eine oder andere Weise die Möglichkeit bestand, daß irgendein Beteiligter ein Sklave sein könnte«.[2] Hier gibt es eine auffällige Parallele zu der Art und Weise mit der die meisten Menschen die absolute Unterwerfung der Tiere durch die Menschen noch immer als selbstverständlich betrachten.

Was bedeutete es nun für einen Menschen im alten Athen oder Rom, ein Stück Eigentum zu sein? Offensichtlich war dies abhängig von Zeit und Umständen, in denen der Sklave lebte, aber einige allgemeine Feststellungen lassen sich doch treffen. Sklaven hatten weder in der sozialen Hierarchie noch in der Wirtschaft irgendeinen festen Platz inne. Leibeigene Sklaven konnten Bauern, Bergarbeiter, Lehrer, Hirten, Ammen oder Handwerker sein. Sie lebten möglicherweise zu zweit oder zu dritt bei einem Kleinbauern oder waren Teil großer Arbeiterkolonnen, die zum Gut eines Großgrundbesitzers gehörten. Manchmal teilten sie auch das städtische Leben einer aristokratischen Familie, in deren Diensten sie standen. Aufgrund dieser Unterschiede gehen die Meinungen unter den Historikern über die Frage, wie schwer das Los war, das die Sklaven auf sich zu nehmen hatten, stark auseinander. Einige haben auf die erschrekkende Situation der Sklaven hingewiesen, die in den griechischen Silberminen von Laurion arbeiteten, von wo während des Peloponnesischen Krieges nicht weniger als zwanzigtausend flohen. Ebenso hart war die Behandlung der Kettensklaven, die die riesigen Farmen von Sizilien bewirtschaften mußten, auf denen es gegen Ende des zweiten Jahrhunderts v. Chr. immer wieder zu Rebellionen kam. Andere Gelehrte, die eher geneigt sind, den guten Ruf der Zivilisation des klassischen Altertums zu verteidigen, verweisen auf die emotionalen Bindungen, die zwischen den Familiensklaven und ihren Herren bestehen konnten, für die sich auf zahlreichen Grabinschriften und in vielen Geschichten über die Loyalität und Zuneigung von Sklaven Hinweise finden lassen.

Solche Meinungsunterschiede und die vielfältigen Möglichkeiten, die sie aufzeigen, machen es schwer, zu verstehen wie die Situation der Sklaven wirklich war. Wenn wir jedoch hinter die Vielfalt der äußeren Bedingungen blicken, dann finden wir ein stabiles Element: einen Zustand der Machtlosigkeit. Die Behandlung, die dem Sklaven zukommt, hängt ausschließlich von seinem Herrn ab. Als Leibeigene haben Sklaven die Kontrolle über ihr eigenes Selbst verloren. Und an der Wurzel der Macht des Herren über den Sklaven liegt die Tatsache, daß der Sklave von der Gemeinschaft nicht anerkannt wird. Der Sklavenstatus wird durch das charakterisiert, was er nicht ist: Sklaven sind nicht frei, sie können nicht darüber bestimmen, wie sie ihre Arbeit einsetzen, sie können kein Eigentum besitzen, im allgemeinen dürfen sie nicht als Zeugen vor Gericht aussagen, und wenn sie es dürfen, dann geschieht dies gewöhnlich unter Folter; selbst ihre Familie ist nicht ihre eigene, denn obgleich familiäre Bindungen in der Praxis anerkannt werden mögen, haben Sklaven keinerlei elterliche Rechte, denn ihre Kinder gehören den Herren. Gekauft und verkauft wie Gegenstände, körperlicher Bestrafung und sexueller Ausbeutung ausgesetzt, stehen sie außerhalb des moralischen Schutzbereiches des klassischen Gemeinwesens.

All dies bestätigt die Parallele, die wir zu Anfang gezogen haben. Wie bei den Sklaven der Antike so variiert heute bei Tieren die Behandlung – von der liebevollen Fürsorge des »Haustierhalters« bis zur nackten Ausbeutung des »Massentierhalters«, der nur noch daran interessiert ist, seine Gewinne zu vergrößern. Wieder gibt es eine Gemeinsamkeit, die hier darin besteht, daß die Tiere einen totalen Verlust der Kontrolle über ihr eigenes Leben erlitten haben. Die Unterschiede in Interessen und Fähigkeiten menschlicher und tierischer Sklaven haben keinen Einfluß auf die grundlegende Identität ihres Status. Wie leibeigene Sklaven stehen nichtmenschliche Tiere außerhalb des moralischen Schutzbereiches der modernen Gesellschaft.

Politisches Handeln zugunsten von Tieren konzentriert sich heute auf die Abschaffung bestimmter Praktiken wie den Stierkampf oder die Haltung von Hühnern in Legebatterien; oder auf die Veränderung bestimmter Behandlungsmethoden wie beispielsweise die Bemühungen, das Brandmarken mit einem heißen Eisen durch weniger schmerzhafte Identifizierungsmöglichkeiten von Rindern zu ersetzen oder bei verstümmelnden Eingriffen wie Kastration oder Schwanzkupieren bei Schweinen, Rindern und Schafen lokale Betäubungen vorzunehmen. Ein Blick auf die Geschichte der Sklaverei zeigt, daß diese Art der Vorgehensweise nur eine geringe Wirkung hatte. Gladiatorenkämpfe wurden abgeschafft, aber auf die allgemeine Situation der Sklaven hatte dies keinen Einfluß. Auch die Einführung zweifellos wünschenswerter Vorschriften, die die gröbsten Formen der Mißhandlung, z. B. Brandmarken des Gesichts oder Kastration untersagten, führten zu keiner grundlegenden Änderung ihrer Situation.

Sklaven stand jedoch ein Mittel zur Verfügung, das Tiere nicht haben: sie konnten Widerstand leisten. Dies mag als ein wichtiger Unterschied erscheinen, aber er hatte nur geringe Auswirkung. Obwohl die Auseiandersetzungen um die Gründe für das Ende der klassischen Sklaverei sehr lebhaft und noch immer ungelöst sind, sieht kein Gelehrter in den Sklavenaufständen einen bedeutenden Faktor für ihre Beendigung.[3] Die angebotenen Erklärungen variieren und mögen wirtschaftlichen, politischen, religiösen oder soziologischen Gründen den Vorrang geben. Doch was die Sklavenaufstände betrifft, so dienen die Tausende von Kreuzen, die nach der Niederlage von Spartakus die Straßen von Capua und Rom säumten, noch immer als Symbol für den üblichen Ausgang solcher Ereignisse. Andererseits bekräftigten die wenigen kurzfristig erfolgreichen Aufstände nur den Ausschluß von Sklaven aus der Gemeinschaft, denn sie ließen Banden von Ausgeschlossenen zurück, die an den Grenzen der bewohnten Gebiete weiterlebten, ähnlich wie es verwilderte Tiere in der modernen Welt tun.

In der Antike gab es nur eine Möglichkeit, das Niemandsland des Sklaven zu verlassen: die Freilassung durch den jeweiligen Herren. Der englische Begriff »manumission«, der wörtlich »etwas aus der Hand geben« bedeutet, vermittelt deutlich, daß die Kontrolle über etwas aufgegeben wird. Doch die Freilassung war wiederum eine einseitige Handlung durch den Herren. Indem dieser seine Herrschaft durch einen entweder religiösen, zivilen, formellen oder informellen Akt aufgab, genehmigte er die Beendigung des Eigentumszustandes der Sklavin oder des Sklaven und den Beginn einer Form der Anerkennung innerhalb der moralischen Gemeinschaft.[4] Im republikanischen Rom war die Veränderung noch dramatischer: Neben der Freiheit erhielt der Sklave die Bürgerrechte und gelangte auf diese Weise mit einem Schritt vom Status des absoluten Außenseiters zu dem eines vollen Mitglieds der herrschenden Gruppe.

Ein Einwand, der häufig gegen die Idee der Tierbefreiung erhoben worden ist, lautet, daß Tiere nicht für sich selbst kämpfen können. Sie können nur durch andere befreit werden. Und doch gilt die Parallele zur Sklaverei der Antike praktisch auch in dieser Hinsicht, da Sklavenaufstände auf die Institution als Ganzes so geringe Wirkung hatten. Und so wie die Freilassung für Sklaven der einzige Ausweg war, scheint sie darüber hinaus auch die Antwort zu sein, die wir für Tiere brauchen. Sie bezieht sich nicht nur direkt auf die Frage des Status; sie ist auch ein altbewährtes und wohlbekanntes Instrument bei der Gewährung der Freiheit für jene, die sie nicht selbst erringen können. Auf Tiere angewendet hat die »manumission« darüber hinaus noch einen weiteren Vorteil. Obwohl sie nicht auf alle Tiere gleichzeitig angewendet werden kann (aus praktischen Gründen und weil sie ihrem Wesen nach eine reformistische Maßnahme ist), so kann sie doch einen Präzedenzfall schaffen. Als Instrument für ein systematisches Eingreifen fordert sie uns bei jedem Gebrauch dazu auf, auch die Möglichkeit der Anwendung dieses Instruments in anderen Situationen zu erwägen.

Doch es gibt noch andere Probleme. Selbst wenn die Freilassung eine große Anzahl von Sklaven betraf, so war doch die Befreiung eines jeden Sklaven rechtlich gesehen ein einzelnes Ereignis. In bezug auf Tiere scheint statt dessen eine andere, eher symbolische Gewährung von Freiheit und moralischem Status vonnöten. Ist etwas Derartiges jemals in der griechisch-römischen Antike vorgekommen? Es gibt zumindest eine solche Begebenheit, obwohl sie nicht die Sklaven betraf, die Leibeigene einzelner Herren waren, sondern eine andere Institution, die manchmal als »kollektive Leibeigenschaft« bezeichnet wird. Die spartanischen Heloten sind wohl das bekannteste Beispiel. Sowohl der Ursprung als auch die Einzelheiten ihres Status sind recht unklar und werden noch immer diskutiert, aber die Heloten scheinen die Klasse der Arbeiter gewesen zu sein, auf deren Ausbeutung sich die äußerst hierarchisch strukturierte Gesellschaft Spartas gründete. Die Heloten wurden meistens in der Landwirtschaft eingesetzt, so daß sie normalerweise von der herrschenden Gruppe entfernt lebten. Sie hatten die Erlaubnis, eine Familie zu gründen und eine Art Gemeinschaftsleben zu führen. Ihre Lage war jedoch nicht wesentlich besser als die anderer

Sklaven. (Es genügt zu erwähnen, daß ihre Unterwerfung jährlich durch rituelle Handlungen bekräftigt wurde, die sich von der modernen Sportjägerei hauptsächlich durch die Tatsache unterscheidet, daß die Beute Menschen waren.)[5]

Da die Heloten zusammenlebten, waren sie eine größere Gefahr für ihre Herren, und viele Aufstände der Heloten erschütterten die spartanische Gesellschaft. Im Jahre 369 v. Chr. während des Krieges zwischen Sparta und Theben passierte jedoch etwas Außergewöhnliches: Nachdem Epaminondas, der Führer der thebanischen Streitkräfte, die Spartaner bei Leuktra besiegt hatte, ließ er die Heloten von Messinia *en bloc* frei. Dieser Akt gestattete die Wiedergeburt eines ganzen Volkes und die rasche Rückkehr aller im Mittelmeerraum verstreuten Heloten; er bewirkte auch die Umformung der klassischen Gesellschaftsstruktur, auf der Sparta bis dahin basierte. In den Händen der siegreichen Thebaner war eine *kollektive* Freilassung zum folgenschweren politischen Instrument geworden.

Der Einfluß, den die erste nichtmenschliche Freilassung haben könnte, wäre wesentlich größer. Das gleiche gilt jedoch auch für die Schwierigkeiten, die mit ihr verbunden sind. Um dies richtig einzuschätzen, genügt es, daran zu erinnern, wie während der 2300 Jahre, die seit Epaminondas Geste vergangen sind, Formen der menschlichen Leibeigenschaft überall in der Welt überdauerten, ihren Höhepunkt in den Sklavenhaltergesellschaften der Neuen Welt erreichten und nicht früher als 1962 auf der arabischen Halbinsel ihr offizielles Ende fanden.[6] Wenn es so lange gedauert hat, aus der Idee Wirklichkeit werden zu lassen, daß kein Mitglied unserer Spezies ein Besitzgegenstand sein kann, dann wird die Gewährung von Freiheit und Gleichheit für Mitglieder einer anderen als unserer eigenen Spezies als ein mühsames und unmögliches Unterfangen erscheinen.

Zwar hat das Vorhaben, die moralische Gemeinschaft über die Speziesgrenze hinaus zu erweitern, die Kraft der rationalen Herausforderung auf ihrer Seite, die beginnend mit der Aufklärung, wenn nicht früher, die theoretische Grundlage für so viele Kämpfe um Gerechtigkeit lieferte und die alle Rechtfertigungsversuche, die vorgebracht wurden, um den Ausschluß einiger Menschen aus der moralischen Gesellschaft zu verteidigen, unterwanderte. Die Notwendigkeit, die egalitäre Haltung über die Grenzen der menschlichen Spezies hinaus zu vertreten, scheint sogar im Traum der Aufklärung von einer universellen Rationalität geradezu enthalten zu sein. Aber das allein reicht nicht aus, um den Erfolg des Vorhabens zu gewährleisten. Die Geschichte anderer sozialer Bewegungen zeigt, daß wir bewußte Strategien brauchen, um zu erreichen, was Darwin »die graduelle Erleuchtung des menschlichen Geistes«[7] nannte. Für diejenigen, die eine Veränderung wollen, ist es von entscheidender Bedeutung, den Rahmen zu verstehen, in dem sie handeln müssen, um sich die Widersprüche in den Positionen der Gegner zunutze zu machen.

Warum die Großen Menschenaffen?

Eine starre Barriere sorgt dafür, nichtmenschliche Wesen aus dem moralischen Schutzbereich unserer Gemeinschaft herauszuhalten. Um es mit den einflußreichen Worten Thomas von Aquins zu sagen, ist es kraft dieser Barriere »nicht falsch, wenn der Mensch sie tötet oder auf andere Weise benutzt«.[8] Hat diese Barriere irgendwo eine schwache Stelle, auf die wir unsere Anstrengungen konzentrieren können? Gibt es eine Grauzone, in der die Gewißheiten des menschlichen Chauvinismus zu verblassen beginnen und eine unbehagliche Ambivalenz den Rückgriff auf eine kollektive Tierbefreiung politisch durchführbar macht? Wie die Philosophen, Zoologen, Ethologen, Anthropologen, Juristen, Psychologen, Pädagogen und andere Wissenschaftler, die sich entschlossen haben, dieses Projekt zu unterstützen, zeigen, gibt es in der Tat diese Grauzone. Sie umfaßt den Bereich, wo die Zweige des evolutionären Stammbaumes den unseren am nächsten sind. Einige Aspekte, auf die hingewiesen wird mit der Absicht, das Prinzip der Gleichheit und andere moralische Privilegien auf menschliche Wesen zu beschränken, anstatt sie auf alle empfindungsfähigen Wesen auszudehnen, können im Falle der anderen Großen Menschenaffen, dem Schimpansen, dem Gorilla und dem Orang-Utan, durchaus ein zweischneidiges Schwert sein und genau in die entgegengesetzte Richtung weisen. Die Argumente, mit denen gewöhnlich der besondere moralische Status menschlicher Wesen gegenüber den nichtmenschlichen Tieren verteidigt wird, sind Argumente, die auf biologischer Verbundenheit oder, was noch bedeutender ist, auf dem Besitz einiger spezifischer Eigenschaften oder Fähigkeiten beruhen. Bei der Forderung nach einer radikalen Befreiung unserer Mitaffen können diese Argumente aber gerade gegen den Status quo ins Feld geführt werden.

Schimpansen, Gorillas und Orang-Utans nehmen auch in anderer Beziehung eine besondere Position ein. Das Auftreten von Menschenaffen, die in einer menschlichen Sprache kommunizieren können, markiert einen Wendepunkt in der Mensch-Tier-Beziehung. Zwar können Washoe, Loulis, Koko, Michael, Chantek und die Gefährten, die mit ihnen leben, nicht direkt ihre allgemeine Freilassung fordern – obwohl sie verlangen können, aus ihren Käfigen herausgelassen zu werden, wie Washoe dies einmal getan hat[9] –, aber sie können uns sehr viel genauer als es andere Tiere je zuvor getan haben, eine nichtmenschliche Sicht von der Welt vermitteln. Über diese Sichtweise können wir nicht länger hinweggehen. Ihre Vertreter sind unwissentlich zu Vorkämpfern geworden, und zwar nicht nur für ihre eigenen Artgenossen, sondern für alle nichtmenschlichen Tiere.

Nichtsdestoweniger könnte der Einwand erhoben werden, daß wir einen zu hohen Maßstab für die Einbeziehung in die Gemeinschaft der Gleichen ansetzen, wenn wir uns auf so hochbegabte Tiere wie die Großen Menschenaffen konzentrieren, und somit einen weiteren Fortschritt für die Tiere, deren Begabungen weniger den unsrigen entsprechen, verhindern oder zumindest erschweren. Kein Maßstab, gleich welcher, kann endgültig sein. »Die Idee der Gleichheit ist ein Instrument, das dazu dient, Ungerechtigkeiten zu beseitigen ... Wie für Reformen oft notwendig, funktioniert sie nur in einem begrenzten Rahmen.«[10] Reformer können nur von einer gegebenen Situation ausgehen und sich von dort aus vorarbeiten; sobald sie einige Fortschritte erzielt haben, wird ihr nächster Ausgangspunkt ein wenig weiter vorgerückt sein, und wenn sie stark genug sind, können sie von diesem Punkt aus Druck ausüben.

Wie können wir die Einbeziehung oder den Ausschluß ganzer

Spezies befürworten, wenn die wesentliche Aussage der Tierbefreiungsethik immer die war, die moralische Gültigkeit von Speziesgrenzen zu bestreiten und zu betonen, daß sich die Eigenschaften von Mitgliedern unserer Spezies mit denen von Mitgliedern anderer Spezies überschneiden? Haben wir nicht immer gesagt, daß die Speziesgrenze ein moralisch irrelevantes Unterscheidungsmerkmal ist, das sich auf bloße biologische Fakten stützt? Laufen wir nicht Gefahr, wieder in eine neue Form des Speziesismus zurückzufallen?

Dieses Problem hat etwas mit Abgrenzungen zu tun, und im vorliegenden Fall hängen diese mit dem *kollektiven* Charakter der vorgeschlagenen Freilassung zusammen. Was also läßt sich, abgesehen von der Anerkennung ihres deutlichen symbolischen Wertes, zugunsten einer solchen kollektiven Befreiung anführen? Wir meinen, daß sich wiederum ein Hinweis in der Geschichte finden läßt. Es ist mittlerweile klar, daß die kollektive Freilassung der Heloten von Messinia im klassischen Altertum dramatische soziale Veränderungen bewirkte, während die beliebige Freilassung einzelner Sklaven niemals zu einem bemerkenswerten sozialen Fortschritt führte. Selbst in jüngerer Zeit, wo ein bewußtes politisches Vorhaben nicht nur machbar war, sondern tatsächlich auch verfolgt wurde – nämlich in der ersten Phase der Kämpfe der Sklavereigegner in den Vereinigten Staaten im 19. Jahrhundert –, war es für die Anti-Sklaverei-Bestrebungen insgesamt wenig dienlich, wenn einzelne Sklaven oder gar alle Sklaven einer Plantage von einem aufgeklärten Plantagenbesitzer freigelassen wurden. Angesichts der Tatsache, daß eine globale Einbeziehung nichtmenschlicher Tiere in die Gemeinschaft der Gleichen zur Zeit nicht in Frage zu kommen scheint, besteht die Möglichkeit, einen ähnlichen Fehlschlag zu vermeiden, darin, sich auf ganze Spezies zu konzentrieren und sich für (ansonsten fragwürdige) starre Grenzen zu entscheiden.

Wir können auch nicht die Zweifel an der praktischen Durchführbarkeit des Vorhabens und die konkreten Konsequenzen, die es hätte, Schimpansen, Gorillas und Orang-Utans in die Gemeinschaft der Gleichen einzubinden, ignorieren. Relativ neue Probleme werden wahrscheinlich auftauchen, doch sie werden nicht unüberwindbar sein, und die Lösung eines jeden wird zeigen, daß es nur scheinbare Hindernisse sind, die der Überwindung der Grenzen zwischen den Spezies entgegenstehen. In der Tat tauchten in ähnlichen Situationen, in denen es um Menschen ging, ebenso Schwierigkeiten auf, aber dies war kein Grund, das gesamte Vorhaben der Befreiung aufzugeben. Der Leser muß wohl nicht daran erinnert werden, daß die Befreiung der amerikanischen Sklaven nach dem Bürgerkrieg nicht dazu führte, ihnen auch gleiche Bürgerrechte zu gewähren. Statt dessen ergaben sich auf dem Weg zur Gleichheit eine ganze Reihe neuer Hindernisse, von denen einige erst durch die Bürgerrechtsbewegung in den 60er Jahren überwunden werden konnten, während andere noch heute ein Problem darstellen.

Insbesondere für die Absicht, eine Rückführung von Schimpansen, Gorillas und Orang-Utans in ihre Herkunftsländer zu ermöglichen, können wir einen genauen historischen Vorläufer angeben: die Gründung des Staates Liberia in Afrika, von dem sich die amerikanische Kolonisationsbewegung eine neue Heimat für jene Menschen erhoffte, die von anderen Mitgliedern ihrer Spezies versklavt und über den Ozean verschifft worden waren. Die Tatsache, daß ein unabhängiger Staat mit dem Namen Liberia noch immer existiert, zeigt, daß das Vorhaben durchführbar war, und wenn es Dinge gab, die schiefgingen, dann waren dies bezeichnenderweise solche, die mit typisch menschlichen Problemen zusammenhingen, beispielsweise mit der bald einsetzenden Diskriminierung der Eingeborenen dieser Region durch die Einwanderer.[11]

Sicherlich lassen sich in bezug auf nichtmenschliche Tiere noch zusätzliche Probleme anführen. Sie werden nicht in der Lage sein, am politischen Leben der Gemeinschaft teilzunehmen. Anders als die Nachfahren der amerikanischen Sklaven werden sie sich nicht zur Verteidigung ihrer eigenen Rechte oder eines Territoriums erheben können, das ihnen in Afrika oder in anderen Ländern gewährt würde. Wie wird es dann möglich sein, ihnen den gleichen Schutz zu sichern, der vollen Mitgliedern unserer Gemeinschaft gewährt wird? Hier bricht die Analogie zur Freilassung der Sklaven ab; aber in gewissem Sinne können wir je nach Art der Situation, in der die befreiten Menschenaffen leben werden, auf zwei weitere Modelle verweisen. Wenn sie unter natürlichen Bedingungen in ihren eigenen Territorien leben, ob in ihren Heimatländern oder in den Ländern, in die sie zwangsweise transportiert wurden, dann werden sie unseren Beistand nicht brauchen; das einzige, was sie dann brauchen, ist, in Ruhe gelassen zu werden. Wir haben Weltinstitutionen – wenn auch keine perfekten –, deren Aufgabe es ist, schwächere Nationen vor stärkeren zu schützen. Wir haben auch beträchtliche historische Erfahrung mit den Vereinten Nationen als Schützern nicht-autonomer von Menschen besiedelter Regionen, sogenannter UN-Treuhandgebiete. Ein internationales Organ dieser Art könnte mit dem Schutz der ersten nicht von Menschen beanspruchten unabhängigen Territorien und einer regulativen Rolle innerhalb der Territorien mit einer gemischten menschlichen und nichtmenschlichen Population betraut werden.

Wo sich andererseits Individuen an das Leben in unserer Gesellschaft bereits so sehr gewöhnt haben, daß es nicht in ihrem eigenen Interesse wäre, in ihre ursprünglichen Lebensräume zurückgebracht zu werden, könnte der zu gewährleistende Status und Schutz genau der gleiche sein wie der, den wir nicht-autonomen Angehörigen unserer eigenen Spezies zukommen lassen. Wie im Falle von Kindern und geistig Behinderten könnte der in der nationalen Gesetzgebung verankerte Schutz durch die Ernennung eines jeweiligen speziellen Vormunds ergänzt werden. Tatsächlich sind es nicht nur Tiere und nicht-autonome Menschen, die nicht in der Lage sind, sich für die Verteidigung der eigenen Rechte einzusetzen; oftmals sind es normale erwachsene Menschen, die einen solchen Schutz brauchen. Das ist die *raison d'être* vieler internationaler Organisationen wie der ehrwürdigen »Anti-Slavery Society for the Protection of Human Rights« oder der »Fédération International des Droits de L'Homme«, die nach der Dreyfus-Affäre gegründet wurde, oder der erst in jüngerer Zeit entstandenen »Amnesty International«, die den »Obhut«-Charakter ihrer Arbeit dadurch deutlich macht, daß sie von der »Adoption« eines politischen Gefangenen spricht, wenn eine örtliche Gruppe sich für sein Anliegen einsetzt. Innerhalb der Grenzen ihres moralischen Einflusses, ihrer politischen Macht und der Sanktionen, die sie ausüben können, überprüfen diese nicht-staatlichen Organisationen die Umsetzung der verschiedenen internationalen Menschenrechtserklärungen in den unterzeichnenden Nationen. Ihre Arbeit ist ein weiterer Hinweis auf die Notwendigkeit, eine solche Weltinstitution, wie wir sie hier ins Auge fassen, zu gründen. Durch die Kombination einiger Funktionen bereits existierender Modelle könnte eine solche Institution in der Lage sein, die komplexe Aufgabe zu übernehmen, die Erfüllung einer Rechtsdeklaration für die Großen Menschenaffen zu kontrollieren, wo immer diese auch leben mögen.

Die Gründung eines solchen internationalen Organs zur Erweiterung der moralischen Gemeinschaft auf alle Großen Menschenaffen wird keine einfache Aufgabe sein. Wenn sie gelingt, wird sie einen unmittelbaren praktischen Wert für Schimpansen, Gorillas und Orang-Utans auf der ganzen Welt haben. Vielleicht noch bedeutender wird jedoch ihr symbolischer Wert sein, denn sie repräsentiert greifbar den ersten Durchbruch der Barriere zwischen den Spezies.

Anmerkungen

1. Siehe Giuseppe Cambiano, »Aristotle and the anonymous opponents of slavery« in Moses I. Finley (Hrsg.), *Classical Slavery*, London 1987; siehe auch Robert Schlaifer, »Greek theories of slavery from Homer to Aristotle« in Moses I. Finley (Hrsg.), Die Sklaverei in der Antike, München 1981; einen allgemeinen Überblick über die Stimmen des Protests bietet Zvi Yavetz in *Slaves and Slavery in Ancient Rome*, New Brunswick, NJ, 1988, S. 115–118.
2. Moses I. Finley, *Ancient Slavery and Modern Ideology*, Harmondsworth 1980, S. 65
3. Zur Debatte über das Ende der klassischen Sklaverei siehe zum Beispiel Finley, *Ancient Slavery*, S. 11–66; Yvon Garlan, *Les esclaves en Grèce ancienne*, Paris 1984, S. 13–26; Jean Christian Dumont, *Servus: Rome et l'esclavage sous la République*, Rom 1987, S. 1–20; Zvi Yavetz, *Slaves and Slavery*, S. 115–153
4. Zur Sklavenfreilassung in Griechenland siehe Aristide Calderini *La manomissione e la condizione dei liberti in Grecia*, Mailand 1908; zur Sklavenbefreiung in Rom siehe W. W. Buckland, *The Roman Law of Slavery*, Cambridge 1908, Teil II. Neuere Arbeiten über die Sklavenbefreiung in Griechenland und Rom sind William L. Westermann, *The Slave Systems of Greek and Roman Antiquitiy*, Philadelphia 1955, besonders S. 18 ff., 89, 90 und Thomas Wiedemann, *Greek and Roman Slavery*, London 1981, 3. Kapitel.
5. Zu dieser Institution, der sogenannten »krypteia«, siehe den Aufsatz von Pierre Vidal-Naquet, »Le chasseur noir et l'origine de l'éphébie athé-

nienne« in P. Vidal-Naquet, *Le chasseur noir: Formes de pensée et formes de société dans le monde grec,* Paris 1981.

6. »Slavery in Saudi Arabia ended by Faisal edict«, *New York Times*, 7. November 1962. Siehe auch die Antwort von Saudi Arabien auf die erste Frage des Fragebogens der Vereinten Nationen über die Sklaverei in Mohamed Awad, *Rapport sur l'esclavage,* Vereinte Nationen, New York, 1967, S. 126–129.
7. Aus einem Brief, den Darwin angeblich an Karl Marx, wahrscheinlich aber an den Schwiegersohn von Marx, Edward Aveling, geschrieben hat und der in einem Artikel von Erhard Lucas veröffentlicht wurde: »Marx und Engels: Auseinandersetzung mit Darwin zur Differenz zwischen Marx und Engels«, *International Review of Social History,* Bd. 9, 1964, S. 433–469, zitiert in James Rachels, *Created from Animals,* Oxford 1990, S. 101.
8. Thomas von Aquin, *Summa Contra Gentiles,*, Buch 3, Teil II, Kapitel CXII, abgedruckt in T. Regan und P. Singer (Hrsg.), *Animal Rights and Human Obligations,* 2. Auflage, Englewood Cliffs, NJ, 1989, S. 8.
9. Eugene Linden, *Silent Partners,* New York 1986, S. 30.
10. Mary Midgley, *Animals and Why They Matter,* Athens, GA, 1983, S. 67.
11. Über die unterschiedliche Art, mit der die »Americo-Liberianer« und die eingeborenen Bewohner von Liberia behandelt wurden, siehe F. J. Pedler, *West Africa,* Birkenhead 1959, S. 134–136 und C. S. Clapham, *Liberia and Sierra Leone,* Cambridge 1976, S. 8–9, 17 ff.

GOLDMANN

Vitus B. Dröscher

... und der Wal schleuderte Jona an Land 11673

Sie turteln wie die Tauben 11670

Die Welt, in der die Tiere leben 12671

Spielregeln der Macht im Tierreich 11672

Goldmann · Der Taschenbuch-Verlag